GUÍA DEL UNIVERSO PARA ESCÉPTICOS

STEVEN NOVELLA

CON BOB NOVELLA, CARA SANTA MARIA,
JAY NOVELLA Y EVAN BERNSTEIN

GUÍA DEL UNIVERSO PARA ESCÉPTICOS

CÓMO SABER LO QUE ES REAL EN UN MUNDO CADA VEZ MÁS FALSO

OCEANO

GUÍA DEL UNIVERSO PARA ESCÉPTICOS
Cómo saber lo que es real en un mundo cada vez más falso

Título original: THE SKEPTICS GUIDE TO THE UNIVERSE. How to Know What's Really Real in a World Increasingly Full of Fake

Traducción: Ana Pedrero Verge

Diseño de portada: Jarrod Taylor
Portada © 2018, Hachette Book Group, Inc.

D. R. © 2020, Editorial Océano de México, S.A. de C.V.
Homero 1500 - 402, Col. Polanco
Miguel Hidalgo, 11560, Ciudad de México
info@oceano.com.mx

Primera edición: 2020

ISBN: 978-607-557-027-3

Impreso en México / *Printed in Mexico*

Dedicado a Perry DeAngelis,
amigo y notorio escéptico.

Índice

Introducción

> Existe una teoría que establece que, si en algún momento se descubre cuáles son la función y la razón de ser exactas del universo, éste desaparecerá en el acto y será reemplazado por algo todavía más extraño e inexplicable. Existe otra que dice que esto ya ha ocurrido.
>
> —Douglas Adams

Spock me engañó.

Pero Spock (o, más bien, Leonard Nimoy en su papel de presentador de la serie de televisión *In Search of…*, tan célebre como discutible) no fue el único que me mintió; a él se sumaron medios de comunicación, periodistas, corporaciones, políticos, agentes comerciales y, en general, todos los adultos y figuras de autoridad que había en mi vida. Algunos mentían de forma deliberada, mientras que otros maquillaban la verdad con sus mejores intenciones. Sin embargo, la mayoría simplemente estaban equivocados o desinformados, o bien se habían autoengañado y ahora difundían información que creían verdadera, pero que no era más que las mentiras que otros les habían contado.

De pequeños, todos creemos prácticamente todo lo que nos cuentan. La brecha de conocimiento y experiencia entre los adultos y los niños es tan abismal que los más pequeños perciben a cualquier adulto como la máxima autoridad en cualquier campo. A medida que maduramos, nos damos cuenta de que no todos los adultos están de acuerdo, lo que significa que algunos deben de estar equivocados. Nuestra elección de figuras de autoridad se vuelve más sofisticada, pero seguimos tendiendo a apoyarnos en otras personas para saber qué pensar, ya sea en expertos, líderes, figuras religiosas, famosos, presentadores o, sencillamente, en el "saber popular".

La ciencia es otra autoridad. De pequeño, me fascinaba todo lo que tuviera que ver con la ciencia. Y es que los científicos eran quienes mejores historias contaban: que los gigantescos dinosaurios habían habitado la Tierra hacía millones de años; que nuestros primitivos ancestros fabricaban herramientas de piedra; que el Sol, la Tierra y la Luna se formaron hace miles de millones de años; que una célula se desarrolla hasta producir un humano; y que la vida evolucionó a partir de criaturas simples hasta convertirse en todo lo que vemos hoy.

Mis hermanos y yo veíamos todos los documentales sobre ciencia que se emitían por televisión; sabíamos, de forma instintiva, que eran mucho mejores que cualquier serie o película sentimentaloide. Sin embargo, los documentales sobre ciencia convivían, en la misma categoría, con lo que hoy sé que se trata de pseudociencia o de falsos documentales. Y aquí es donde entra Leonard Nimoy, como presentador de la conocida serie *In Search of…*, emitida desde 1977 hasta 1982.

En cada capítulo, Nimoy explicaba que los científicos habían descubierto que fueron los alienígenas quienes trazaron las líneas de Nazca (esos enigmáticos dibujos grabados en las arenas del desierto de Nazca, en Perú), o que estaban a punto de descubrir una enorme criatura que vivía en el lago Ness. Presentaba unos argumentos de lo más convincentes (o eso me parecía a mí) sobre la existencia de la percepción extrasensorial, de la Atlántida y del yeti. Igual que los presentadores de otros documentales sobre ciencia que veíamos, nos mostraba pruebas y entrevistaba a expertos. Y nosotros nos lo tragábamos todo.

Paralelamente, estábamos siendo educados para ser buenos católicos. Al echar la vista atrás, me maravilla ver hasta qué punto, de pequeño, llegué a acomodar mi creencia en la evolución con mi creencia en Adán y Eva. Para mí, Abraham, María y José eran personajes históricos sobre cuyas vidas se me enseñaba con la misma autoridad que sobre las hazañas de George Washington. En la iglesia nos enseñaban que la fe era una virtud absoluta, así que, para ser buena persona, había que creer.

El apasionante mundo de los relatos fantásticos que la sociedad me había metido en la cabeza —la evolución, el Génesis, los monstruos del lago Ness, entre muchos otros— no era sostenible. Llegó el momento en el que debí enfrentarme a los evidentes conflictos que existían entre todas estas explicaciones. Los argumentos de la biología evolutiva y la interpretación literal del Génesis no podían coexistir como verdaderos. Empecé a cuestionar y a dudar. Debía decidir qué explicaciones iba a creer y cuáles iba a rechazar.

He aquí la esencia del escepticismo: ¿cómo discernir lo que debemos creer de lo que debemos cuestionar?

Una vez que empiezas a hacerte preguntas del estilo de: "¿Cómo sabemos qué es verdad?", tus creencias empiezan a derrumbarse una tras otra. ¿Cómo podemos saber si los alienígenas han estado visitando la Tierra, o si clavar agujas en puntos especiales del cuerpo cura enfermedades? Este tipo de cuestionamientos no siempre termina bien, ya que muchos deciden ignorar la ciencia para poder conservar su convicción en los extraterrestres o en los milagros. Otros lo cuestionan todo. El proceso es interminable; es un camino sin fin.

La pregunta es: ¿hasta dónde estás dispuesto a llegar, y en qué dirección piensas ir? En última instancia, este viaje es una odisea personal, pero no estamos totalmente solos. Formamos parte de círculos sociales que no paran de crecer, círculos que comparten nuestro interés por el conocimiento y el entendimiento. El mayor círculo de todos abarca a toda la humanidad. Como especie, hemos emprendido un viaje hacia el descubrimiento en el que tratamos de discernir qué debemos creer y qué conocimiento es fiable.

Este viaje te llevará por sendas interesantes y excitantes. A veces, puede que te dé miedo. En algún momento deberás enfrentarte a una creencia que deseas con todas tus fuerzas que sea real, que puede incluso que forme parte de tu identidad, pero que no supera un análisis exhaustivo. Y es que éste es un viaje de autoconocimiento, y esperamos que este libro te sirva como guía durante tu camino. En estas páginas aprenderás sobre las muchas formas en las que tu cerebro falla; su tendencia a preferir las historias limpias, sin astillas y tranquilizadoras; el caos absoluto que es tu memoria; y todos los sesgos preprogramados que empañan tu raciocinio.

También descubrirás los muchos sentidos en los que la sociedad fracasa y las imperfecciones de las instituciones científicas, de conocimiento y periodísticas. Es descorazonador darse cuenta de que vivimos en un mundo en el que la desinformación, los sesgos, los mitos, los engaños y el conocimiento deficiente campean a sus anchas. De que todos somos niños y que no hay adultos. De que no existen las figuras de autoridad definitivas; de que nadie tiene el secreto; de que no existe el conocimiento revelado; y de que no existe ninguna fuente a la que recurrir para buscar respuestas definitivas a nuestras preguntas (ni siquiera Google).

Todos luchamos por comprender las complejidades de nuestro universo, igual que todos los que vinieron antes que nosotros.

Abrir los ojos ante esta esencia de la condición humana puede convertirnos en cínicos y llevarnos a rechazar todo conocimiento. Sin embargo, al hacerlo estaremos cayendo en otro sesgo, otro relato en el que apoyarnos para lidiar con el caos. Además, ser cínico sale barato, ya que es muy sencillo limitarse a cuestionarlo o a negarlo todo, pero el cinismo no nos lleva a ningún sitio, ni a nosotros mismos ni a la sociedad en general. El escepticismo va más allá que el cinismo. Aunque compartan el cuestionamiento como punto de partida, éste no es más que el principio, no el fin. No existe ningún conocimiento definitivo o final (no hay ninguna Verdad en mayúscula), pero sí podemos depurar y quedarnos con el conocimiento sobre el mundo que es lo suficientemente fiable como para concederle la categoría de cierto de modo provisional y avanzar con base en él. Por ejemplo, podemos enviar sondas a Plutón y recibir imágenes hermosísimas de un lugar que, hasta ahora, había sido todo un misterio para nosotros. Si nuestro conocimiento sobre el universo no se fundamentara en datos al menos mínimamente ciertos, nuestros esfuerzos por ver Plutón no se habrían visto recompensados con maravillosas imágenes de aquel mundo tan gélido y lejano.

Así, aunque no podamos confiar en las historias que nos llegan, en la tradición, en la fe, en los relatos convenientes o tranquilizadores, en personajes carismáticos o incluso en nuestros propios recuerdos, poco a poco podemos construir un proceso que nos permita evaluar cualquier argumento que afirme estar en posesión de la verdad y del conocimiento. En gran medida, este proceso está gobernado por la ciencia, la cual tiene por objeto poner a prueba, de forma sistemática, nuestras ideas frente a la realidad mediante el uso de datos lo más objetivos posible. La ciencia es un proceso enrevesado e imperfecto, pero es un proceso. A su favor tiene su capacidad de autocorregirse para que nuestras creencias avancen cada vez más en la dirección de la realidad. En esencia, la ciencia es el proceso mediante el cual nos esforzamos al máximo para saber qué es verdaderamente cierto.

Al lado de la ciencia están la lógica y la filosofía, que no son más que formas de pensar en las cosas con mucho esmero para, como mínimo, asegurarnos de que no existan contradicciones internas. Plantear un razonamiento válido, proporcionar observaciones cautelosas y sistemáticas, anotar y contar todos los datos (no sólo los que nos interesan) y tratar de refutar nuestras propias conclusiones requiere mucho trabajo, pero nos hace avanzar en nuestro camino. Los escépticos combinamos el conocimiento sobre ciencia, filosofía, psicología humana y todos los defectos y sesgos del pensamiento humano para evaluar cualquier afirmación y creencia, especialmente las propias.

Personalmente, di un paso agigantado en esta dirección cuando vi la serie *Cosmos*, coescrita y presentada por Carl Sagan. Puede que fuera la primera vez que veía un documental sobre ciencia que no sólo presentaba datos, sino que también se preocupaba por explicar cómo sabemos lo que sabemos. Sagan investigaba lo que pensábamos en el pasado y cómo los nuevos descubrimientos habían cambiado nuestra forma de pensar. En un capítulo, dedicó un segmento a cuestionar las supuestas evidencias de las visitas de los alienígenas. Para mí, ese segmento fue una revelación. Si hubo un momento determinado en el que me incliné por convertirme en escéptico, tuvo que ser aquél. Ante mí tenía a un respetado científico que explicaba meticulosamente, con lógica y con pruebas, por qué el relato a favor de los ovnis no era fiable y que, de hecho, era una patraña. Eso significaba que todos los documentales sobre visitas de extraterrestres que había visto (incluyendo la mitad de los capítulos de *In Search of...*) no sólo presentaban datos erróneos, sino que eran sandeces. Me sentí traicionado.

Esos documentales no eran ciencia auténtica, sino lo que Sagan llamaba "una burda imitación". Pseudociencia. Vaya... ¿y qué otras afirmaciones eran igual de endebles que las pruebas sobre la existencia de los ovnis? Las fichas del dominó empezaron a caer.

En mi camino di otro paso importante cuando me topé con el creacionismo, es decir, la negación de la evolución. Me dejó atónito. Para entonces ya había leído decenas de libros y de artículos sobre la evolución, que era uno de mis temas científicos favoritos, y estaba familiarizado con las montañas de pruebas que los científicos habían acumulado para demostrar que, en la Tierra, la vida ha evolucionado.

Ahora me encontré leyendo u oyendo a personas que rechazaban todas estas pruebas, que negaban que la evolución hubiese existido o que, al menos, se hubiese desarrollado tal como apuntaban los científicos. No pude evitar detenerme y observar con atención, como si se tratara de un espantoso accidente en una autopista. Los argumentos de los creacionistas eran desde absurdos hasta sofisticados, pero en última instancia, todos tenían defectos. Puse lo que pude de mi parte para entender en qué momento se habían equivocado. Al principio creí, ingenuo de mí, que si pudiera explicarles a los creacionistas (cuando surgiera la oportunidad, en encuentros azarosos en persona) los defectos de su razonamiento o los errores objetivos de sus premisas, podría hacerles cambiar de opinión. Y aunque no es imposible que esto ocurra, me quedó claro que era mucho más difícil de lo que había imaginado.

Algo estaba pasando, algo que no comprendía. Fui a la universidad para estudiar ciencias mientras bregaba con todo esto y con mi fe, que menguaba a un ritmo vertiginoso. Ya me había metido de lleno en mi viaje escéptico, un viaje que hoy, tres décadas más tarde, todavía sigue su curso.

A esta obsesión por comprender cómo sabemos lo que sabemos y cómo las creencias humanas se descarrilan le he dedicado toda mi carrera. Adoro el proceso científico y sus hallazgos, y buscar la forma de transmitírselos a los demás. Cuando descubrí que existía un movimiento en activo de personas escépticas que compartían el mismo conjunto de obsesiones, ya nunca volví la vista atrás.

Un día, mi buen amigo y compañero escéptico Perry DeAngelis se dio cuenta de que, a pesar de que había decenas de grupos de escépticos por todo el país, no había ninguno en nuestro estado natal, Connecticut. "Deberíamos fundar nuestro propio grupo", sugirió, y supe de inmediato que habíamos dado con una buena idea.

Se nos unieron un amigo común, Evan Bernstein, y mis dos hermanos, Bob y Jay. Los mismos hermanos que habían visto *In Search of…* conmigo de adolescentes. Nos ayudamos mutuamente durante esos primeros años en los que pasamos de creer todo tipo de bobadas a convertirnos en escépticos. Todavía recuerdo (con la exactitud que nuestras defectuosas memorias nos permiten) el día en el que le dije a Bob que había dejado de creer que la percepción extrasensorial era real. Se quedó atónito, pero una conversación de treinta minutos bastó para explicarle lo sumamente defectuosas que eran las pruebas que apoyaban su existencia.

En 1996, los cinco creamos la Sociedad de Escépticos de Nueva Inglaterra. Nos contentábamos (más o menos) con imprimir un boletín de noticias y organizar pequeñas conferencias. Nos habría encantado involucrarnos más, pero todos teníamos empleos durante el día. Asistíamos a investigaciones y a convenciones sobre ovnis y nos enfrentábamos a los defensores de todo tipo de pseudociencia. Aquéllos fueron los años en los que nos "hicimos un nombre". También tuvimos la oportunidad de conocer a científicos, a filósofos, a magos y a otros activistas escépticos.

Entonces, las redes sociales irrumpieron con fuerza. En 2005, cuando hacer podcasts era una novedad, se me ocurrió la idea de lanzar un podcast semanal sobre ciencia y pensamiento crítico. Nos quedamos con el título *The Skeptics' Guide to the Universe* [*Guía del Universo para Escépticos,* o *SGU* por sus siglas en inglés], inspirado en *The Hitchhiker's Guide to the Galaxy* (*Guía del autoestopista galáctico*), una serie de libros que nos encantaba a todos. En el momento de escribir este libro, todavía seguimos dando guerra.

Por el camino recogimos a una compañera viajera, Rebecca Watson, que presentó el programa junto con nosotros durante nueve años. También perdimos a Perry, quien falleció en 2007 a causa de complicaciones de la esclerodermia que padecía. En 2015 se nos unió la Skeptical Rogue, Escéptica Solitaria (que es como nos autodenominamos), Cara Santa Maria.

Cada semana, los cinco tratamos de dar sentido a un mundo que cada vez parece estar más loco. Internet y las redes sociales han sido una bendición a medias, ya que nos permiten llevar la ciencia y el pensamiento crítico a un público mucho más amplio, pero también facilitan que la información errónea se propague como nunca antes.

En las pasadas dos décadas, mientras luchábamos por la ciencia y la razón, parece que los peligros no han hecho más que crecer. La pseudociencia de la llamada medicina "alternativa" se ha infiltrado en mi propia profesión, la medicina. Existen movimientos enteros dedicados a negar y rechazar los frutos del descubrimiento científico que tanto esfuerzo ha costado cosechar. Y ahora parece que se está dejando a un lado la verdad y los hechos mismos porque se consideran incómodos. Existen personas que piensan, con mucho tino, que la humanidad está dando un paso atrás con respecto de la Ilustración y se está apiñando en cámaras de eco donde resuenan las creencias que son cómodas o, cuando menos, conocidas.

Ésta es una lucha generacional que probablemente jamás llegue a su fin.

Igual que Douglas Adams y su universo, nosotros hemos creado esta útil y alentadora guía que seguro se convertirá en tu mejor aliada en tu viaje escéptico, porque el mundo está tratando deliberadamente de engañarte y meterte historias y mentiras en la cabeza. Las fuerzas de la ignorancia, del pensamiento conspirativo, del antiintelectualismo y de la negación de la ciencia son más poderosas que nunca.

Es cierto que debemos luchar contra esas máquinas hechas de carne increíblemente defectuosas que tenemos alojadas en el cráneo. Pero nos alzamos a hombros de gigantes.

Hay muchas personas inteligentes que, a lo largo de mucho tiempo, se han dedicado a pensar y a discutir minuciosamente sobre la naturaleza de la realidad y nuestra capacidad para comprenderla. Disponemos de herramientas muy potentes, como la ciencia y la filosofía. Hay cosas que sí sabemos, y tenemos formas de extraerles sentido.

Que no cunda el pánico. En realidad, todo esto de pensar por ti mismo y de cuestionarlo todo es bastante divertido y empoderador. Y juntos podemos lograrlo.

PRIMERA SECCIÓN

Conceptos básicos que todo escéptico debería conocer

> La verdad puede ser desconcertante. Puede que cueste trabajo llegar a ella. Puede desafiar a la intuición. Puede contradecir prejuicios fuertemente enraizados. Puede que no concuerde con algo que queremos desesperadamente que sea verdad. Pero nuestras preferencias no determinan qué es verdad.
>
> —Carl Sagan

Antes de emprender cualquier viaje, hay que equiparse como es debido. Por eso vamos a reunir las herramientas necesarias, algo para paladear por el camino, un buen abrigo y calzado cómodo. En esta sección de la guía, te dotaremos del equipamiento escéptico (como si se tratara de un moderno cinturón de herramientas) y te proporcionaremos todo aquello que hemos considerado importante para tu viaje, unos recursos que al menos te ofrecerán opciones para cuando necesites lidiar con los obstáculos o trampas con los que puedas toparte por el camino.

Estas herramientas —los conceptos básicos del escepticismo científico— se pueden clasificar en cuatro categorías. El primer conjunto de habilidades comprende lo que me gusta llamar "humildad neuropsicológica". Esta categoría incluye el conocimiento sobre todas las limitaciones o defectos de la función cerebral. La herramienta principal que usamos para investigar y comprender el universo es el cerebro, y todos deberíamos comprender mejor cómo funciona.

La segunda categoría del "equipamiento" escéptico se llama *metacognición* (pensar sobre el pensamiento), la cual nos permite explorar todos los sesgos del pensamiento. Es cierto que esta categoría se superpone con la primera, pero se centra más en las habilidades de pensamiento crítico que en el hardware del cerebro. Estaría muy bien que los humanos fuéramos seres perfectamente lógicos, igual que cierto personaje de ficción de orejas puntiagudas mencionado en la introducción, pero no lo somos. Somos criaturas emocionales, semirracionales y afectadas por toda una serie de sesgos, atajos mentales y errores de pensamiento.

El tercer tipo de equipamiento escéptico está relacionado con la ciencia: con cómo funciona, con la naturaleza de la pseudociencia y del negacionismo, y con cómo puede fallar.

La cuarta categoría de conceptos básicos te llevará a embarcarte en viajes históricos para repasar muestras icónicas de la pseudociencia y del engaño que constituyen ejemplos admonitorios.

Equiparte con todos estos recursos escépticos te ayudará a prepararte para tu aventura y a dar el primer paso (o a seguir avanzando, si ya has iniciado tu camino). No se trata de una escapada de fin de semana; este viaje dura toda la vida.

¿Estás listo para formar parte de la cruzada épica que nos ha llevado de amontonarnos en oscuras cuevas a pisar la superficie lunar? (Porque sí, la hemos pisado.) Como todas las aventuras, ésta es, por encima de todo, un viaje de autoconocimiento. Los monstruos que matarás y los desafíos a los que te enfrentarás son, en su mayoría, construcciones de tu propia mente. Pero si eres capaz de domesticarlos, la recompensa será enorme.

1. Escepticismo científico

Sección: Conceptos básicos

Véase también: Pensamiento crítico

El escepticismo científico, un término popularizado por Carl Sagan, es una visión general del conocimiento que antepone las creencias y conclusiones que son fiables y válidas a las que son tranquilizadoras o convenientes. Ésta es la razón que lleva a los escépticos científicos a someter todas las afirmaciones empíricas, especialmente las propias, a los métodos científicos y de la razón de forma rigurosa y abierta. Un escéptico científico aceptará provisionalmente una afirmación en una magnitud directamente proporcional al respaldo que ésta reciba de una lógica válida y de la valoración imparcial y exhaustiva de las pruebas disponibles. Un escéptico también estudia las trampas del raciocinio humano y los mecanismos de engaño para evitar ser estafado, ya sea por los demás o por él mismo. El escepticismo valora el método por encima de cualquier conclusión concreta.

> Ignoramos el entendimiento público de la ciencia por nuestra propia cuenta y riesgo.
>
> —Eugenie Scott

Estás leyendo la *Guía del Universo para Escépticos* porque abogamos por la visión del mundo general conocida como escepticismo científico. Sin embargo, puede haber mucha confusión sobre lo que significa ser escéptico. ¿Qué hacemos y qué creemos los escépticos?

Ser escéptico significa cuestionar, pero el escepticismo filosófico no es lo mismo que el escepticismo científico, y ésa no es nuestra posición. En esencia, el escepticismo filosófico es una posición de duda permanente: ¿podemos llegar a saber cualquier cosa? ¿Cuál es la naturaleza del propio conocimiento? Antes de que la ciencia revolucionara nuestra forma de pensar, el escepticismo filosófico era una posición razonable. El conocimiento se apoyaba principalmente en la autoridad y en la tradición, así que hacer borrón y cuenta nueva cuestionándolo todo probablemente fuera un paso en la dirección correcta. La famosa máxima de René Descartes nos dice que lo único que verdaderamente sabemos es: "Pienso, luego existo". Su idea consistía en desechar todo lo que se consideraba conocimiento hasta ese momento para empezar de cero y tratar de ver qué era capaz de razonar a partir de primeros principios (puntos de partida evidentes).

Afortunadamente para nosotros, no vivimos en una era precientífica. Siglos y siglos de conocimiento acumulado con esmero han sentado las bases del conocimiento actual. Los filósofos se centran en cómo pensar de una forma clara, precisa, inequívoca y con coherencia interna. La ciencia trabaja de acuerdo con la filosofía del naturalismo metodológico (todo efecto tiene una causa natural) y se sirve de un refinado conjunto de procesos para poner a prueba las teorías frente a la realidad.

Todavía no somos capaces de saber nada con un grado de certeza metafísica del 100%, pero sí podemos saber cosas. Podemos construir, metódicamente, un conjunto de conocimientos que gocen de coherencia interna y de validez lógica y que no se limiten únicamente a encajar con nuestras observaciones acerca de la realidad, sino que también nos ayuden a predecir el comportamiento del universo.

Es esto lo que distingue a los escépticos "científicos" de los escépticos filosóficos, quienes profesan que el conocimiento no es posible. Tampoco somos cínicos, ya que en su caso, el cuestionamiento constituye una postura social o bien adoptan una actitud por lo general negativa con respecto de la humanidad. Tampoco nos oponemos sistemáticamente a toda opinión predominante. Del término "escéptico" también se han apropiado los negacionistas que quieren ser vistos como auténticos escépticos (es decir, como individuos que plantean preguntas incómodas y difíciles) pero que en realidad únicamente siguen la línea de la negación por cuestiones ideológicas.

Somos escépticos científicos porque sí, cuestionamos, pero siempre intentamos distinguir, con mucha cautela, todo lo que podemos saber y lo que sabemos, frente a la fantasía, los deseos, los sesgos y la tradición.

En mi opinión, el escepticismo científico moderno tiene varias facetas, no es únicamente una visión del mundo sino también un conjunto de conocimientos y un campo de especialización. He aquí las herramientas y los métodos que los escépticos científicos emplean para diseccionar la realidad:

El respeto por el conocimiento y la verdad. Los escépticos valoramos la realidad y lo que es cierto. Por lo tanto, tratamos de basarnos en la realidad, tanto como podemos, cuando se trata de nuestras creencias y opiniones. Esto implica someter toda afirmación a un proceso de evaluación fundamentado.

Los escépticos creemos que el mundo es cognoscible porque sigue ciertas reglas o leyes de la naturaleza, y que el único método legítimo para conocer cualquier dato empírico sobre el universo obedece a este supuesto naturalista. En otras palabras, en el reino de lo empírico (conocimiento fáctico basado en la evidencia), uno no puede apoyarse en la magia o en lo sobrenatural.

Difusión de la ciencia. La ciencia es el único conjunto de métodos legítimos para investigar y comprender el mundo natural, lo que la convierte en una herramienta poderosa y en uno de los mejores desarrollos de la civilización humana. Quienes decidimos convertirnos en activistas promovemos el papel de la ciencia en nuestra sociedad, la comprensión pública de los métodos científicos y sus hallazgos, y la formación científica de calidad. Esto implica proteger la integridad de la ciencia y la educación de la intrusión ideológica o de ataques anticientíficos. También implica apoyar la ciencia de calidad, lo que requiere analizar el proceso, la cultura y las instituciones científicas en busca de defectos, sesgos, debilidades y fraudes.

Promoción de la razón y del pensamiento crítico. La ciencia va de la mano de la lógica y de la filosofía, y por ello los escépticos también promueven una mejor comprensión de dichos campos y de la habilidad de ejercer el pensamiento crítico.

Ciencia *versus* pseudociencia. Los escépticos constituyen la primera, y a menudo la última, línea de defensa contra las incursiones de la pseudociencia. Al desempeñar este papel, buscamos identificar y dilucidar las fronteras entre la ciencia legítima y la pseudociencia, denunciar ésta como lo que es y promover el conocimiento que permita detectar las diferencias. Si tuviera que describir brevemente cuál es nuestro campo de especialización principal, diría que la pseudociencia. Cuando se rebaten creencias comunes pero falsas, no basta con comprender los datos científicos pertinentes, sino que también hay que saber en qué falla la ciencia, cómo las personas forman y conservan sus falsas creencias y cómo las promueven. Este aspecto suele brillar por su ausencia en los centros educativos convencionales, lo que explica la presencia de los escépticos.

Libertad ideológica / investigación libre. La ciencia y la razón sólo pueden progresar en una sociedad libre en la que no se imponga ninguna ideología (religiosa o de cualquier tipo) a los individuos ni a los procesos de la ciencia y de la investigación libre.

Humildad neuropsicológica. Ser un escéptico funcional requiere tener conocimiento acerca de las distintas formas que tenemos de engañarnos a nosotros mismos, de los límites y los defectos de la percepción y de la memoria humana, de los sesgos y falacias inherentes a la cognición, y de los métodos que pueden contribuir a mitigar todos estos defectos y sesgos.

Protección del consumidor. Los escépticos pretendemos protegernos a nosotros mismos y a los demás del fraude y del engaño. Esto lo hacemos denunciando los embustes y educando al público y a los legisladores con tal de que sepan reconocer las afirmaciones o prácticas que son engañosas o falaces.

Además, los escépticos tendemos a ser una fuente de memoria institucional. Las mismas estafas y falsas creencias tienden a volver una y otra vez, como si cada generación necesitara cometer los mismos errores por sí misma. Es muy útil que quienes estudian la historia de las estafas, de los errores y de la pseudociencia nos ayuden a reconocer y evitar este tipo de cosas cuando, inevitablemente, resurgen.

Y aunque los activistas escépticos tendemos a ser divulgadores científicos, no somos *únicamente* eso. Tenemos un bagaje específico y de nicho que abarca el conocimiento de la pseudociencia, de los mecanismos del engaño y cómo luchar contra la información errónea. Hace una generación, los divulgadores científicos pensaban que lo único que tenían que hacer para combatir las creencias de la pseudociencia y de los mitos era enseñar ciencia. Ahora sabemos que, desgraciadamente, ése no es el caso.

Por ejemplo, un estudio llevado a cabo por John Cook *et al.* en 2017, que confirmaba investigaciones previas, demostró que exponer a las personas a informaciones erróneas sobre el consenso científico acerca del calentamiento global tenía consecuencias polarizadas según su ideología política. Quienes ya habían aceptado el consenso se obstinaban aún más a él, y quienes lo rechazaban se aferraban a su postura con mayor convicción. Corregir esa información errónea prácticamente no logró reducir la polarización, ya que, sencillamente, los hechos no bastaban para hacer que los sujetos cambiaran de opinión.

Sin embargo, si se empezaba por explicar a los sujetos que se puede utilizar a expertos falsos para rebatir el consenso científico con datos ficticios, el efecto polarizante de la información errónea se veía completamente neutralizado.

Ésa es precisamente la razón por la que decidimos promover la ciencia, en parte mediante la denuncia de la pseudociencia, y no centrarnos solamente en la información falsa de la ciencia de mala calidad, sino también en las tácticas tramposas (en ocasiones de autoengaño) de las que se sirven los pseudocientíficos. No basta con enseñar ciencia al público, también hay que enseñarles cómo funciona la ciencia y cómo pensar de forma válida. Este libro pretende ser una efectiva vacuna contra la ciencia de mala calidad, el engaño y el pensamiento defectuoso.

Nadie está diciendo que éstas sean las cuestiones más importantes del mundo. A menudo se nos critica por abordar un tipo de creencia en lugar de otra, pero eso es a lo que llamamos la falacia de la privación relativa, es decir, la idea de que lo que estás haciendo no tiene ningún valor porque existen otras cuestiones más importantes que requieren atención. "No te molestes en hacer nada hasta que curemos el cáncer infantil", por ejemplo.

A esto lo llamo "la lógica de *La isla de Gilligan*".* Naturalmente, si eres parte de un grupo reducido de personas que ha naufragado y termina en una isla desierta, deberás centrarte primero en los problemas de supervivencia más urgentes. Pero en un planeta de más de siete mil millones de habitantes, eso no tiene ningún sentido. Cada uno debería sentirse libre de centrar su atención en las cuestiones que le parezcan importantes, o en la dirección en la que vayan sus talentos e inclinaciones.

Así que cuando aparezca la palabra *escéptico* en este libro estaremos hablando de un defensor de la ciencia y del pensamiento crítico. Y tal vez, para cuando termines de leerlo, tú también te consideres escéptico.

* *La isla de Gilligan* fue una serie estadunidense emitida entre 1964 y 1967 sobre un grupo de personas cuyo barco naufraga y terminan atrapados en una isla desierta. *(N. de la T.)*

Humildad neuropsicológica y mecanismos de engaño

A principios del siglo XX, la invención del aeroplano —una máquina voladora más pesada que el aire— se esperaba con ansias. En las décadas previas a que los hermanos Wright presentaran su invento en el año 1903 en Kitty Hawk, Carolina del Norte, e incluso durante un tiempo después, hubo una oleada de avistamientos de dichas máquinas voladoras. Los rumores de avistamientos surgían y se extendían por comunidades enteras. Los periódicos locales informaban sobre ciudadanos prominentes (la policía, el alcalde) que habían visto las naves y podían incluso distinguir al piloto que estaba al mando. Muchas personas juraban haber oído el rugido lejano del motor. Otros decían haber encontrado restos que se habían desprendido de las aeronaves, o incluso haberse subido a una. A menudo se daba por hecho que inventores famosos de la talla de Thomas Edison estaban involucrados.

Ahora sabemos que todos estos incidentes fueron fraudes y engaños masivos. No existían tales aeronaves. Los supuestos aeroplanos que dibujaron los testigos tienen el aspecto de estrafalarios armatostes con alas batientes, y no tienen nada que ver con los aviones que se desarrollaron con el tiempo.

Lo que reflejan estos y muchos otros incidentes es la naturaleza construida y poco fiable de la percepción, de la memoria y de las creencias. Son producto de la expectación, de la influencia cultural y de la psicología.

Cuando finalmente se descubrió que la historia de las aeronaves no había sido más que un fraude, muchas de las personas que se lo habían creído se enfurecieron. Sospecho que el blanco principal de su enfado eran ellas mismas, por haber pecado de crédulas. Pero, como veremos más adelante, de lo único que pecaron fue de ser humanos.

2. La falibilidad de la memoria y el síndrome del falso recuerdo

Sección: Humildad neuropsicológica

Véase también: Percepción, autoengaño

Nuestros recuerdos son poco fiables en muchos sentidos. De hecho, no es difícil que nos inventemos recuerdos totalmente falsos, a veces a manos de terapeutas insensatos.

> La psicología cognitiva nos dice que la mente humana, si no cuenta con ayuda, es vulnerable a muchas falacias e ilusiones porque recurre a la memoria en busca de anécdotas vívidas en lugar de buscar estadísticas sistemáticas.
>
> —Steven Pinker

Nuestra experiencia del mundo en tiempo real es fugaz. Cuando experimentamos algo, al momento siguiente ya se ha convertido en un recuerdo; primero se almacena en la memoria a corto plazo, y una parte de la experiencia más tarde se consolidará en la memoria a largo plazo. Todo lo que conocemos personalmente sobre el mundo es un recuerdo.

Pero ¿hasta qué punto es fiable la memoria humana? Concibe un recuerdo vívido de tu infancia, el tipo de recuerdo en el que piensas a menudo y que representa una parte importante de tu historia y de tu identidad. Lamento tener que decirte esto (en realidad no, no lo lamento), pero lo más probable es que ese recuerdo sea, en gran parte e incluso quizás en su totalidad, falso.

Puede que esta idea te resulte inquietante, y que ahora mismo estés pensando: "Para nada. Me acuerdo perfectamente de esa vez que fui a la juguetería a los diez años. Es imposible que sea falso". Pero siento decirte que tienes en tu contra a todo un siglo de investigaciones sobre la memoria.

Nuestros recuerdos no son registros precisos o pasivos del pasado. No tenemos cámaras de video blanditas en nuestros cráneos. Los recuerdos se construyen a partir de percepciones imperfectas que se filtran a través de nuestras creencias y sesgos, y luego, con el tiempo, mutan y se fusionan. Nuestros recuerdos sirven más para respaldar nuestras creencias que para proporcionarles información. En cierto sentido, conforman una historia en evolución que nos contamos a nosotros mismos.

En algún momento, todos hemos tenido una discusión acalorada. Una vez que las cosas se calman y todas las partes tratan de resolver las discrepancias, se hace patente que cada persona guarda un recuerdo distinto de la conversación que acaba de tener lugar. En este tipo de situaciones, puedes estar tentado a suponer que tu memoria es precisa y que todos los demás se están volviendo locos. Y, naturalmente, eso es lo que los demás piensan de ti.

También puedes haber recordado un momento que ocurrió mucho tiempo atrás con alguien que también estuvo presente. En un episodio del podcast, Bob, Jay y yo estábamos recordando un viaje familiar que hicimos a Pompeya y Herculano en nuestra infancia. Bob y Jay recordaban claramente un encuentro con un guía turístico de lo más extraño que disfrutaba de manera perversa enseñándole a nuestra madre todas las representaciones antiguas de penes. Mi recuerdo es que nuestra madre nos contó que aquello había ocurrido en su viaje anterior a Pompeya y que nosotros nunca llegamos a conocer a aquel guía. Bob y Jay se quedaron atónitos al descubrir que sus recuerdos eran, en su mayor parte, inventados (aunque insisten obstinadamente en que el recuerdo defectuoso es el mío).

Los investigadores de dicha materia han descubierto muchas cosas sobre el proceso de la construcción de los recuerdos. Como veremos en el tercer capítulo, "La falibilidad de la percepción", todo lo que percibimos minuto a minuto también es un proceso activo de construcción. Los diversos flujos sensoriales filtran la información importante, establecemos suposiciones sobre lo que es probable que estemos percibiendo y las comparamos, en tiempo real, con toda la demás información y con los modelos existentes y las suposiciones que ya sostenemos sobre el mundo. Y para asegurar que todo encaje perfectamente, damos preferencia a la continuidad.

Dicho flujo perceptivo se convierte en un recuerdo. Existen investigaciones recientes que apuntan a que los recuerdos a corto y largo plazo pueden formarse a la vez, sólo que la memoria a corto plazo domina en un principio para luego desvanecerse rápidamente. Tras unos días, el recuerdo a largo plazo se puede consolidar y volverse dominante. Es probable que la complejidad de la relación entre la memoria a corto y a largo plazo sea mayor, y de hecho las investigaciones siguen en curso, pero éste es su funcionamiento básico.

Existen distintos tipos de memoria a largo plazo, y aunque se superponen en gran medida, sus "correlatos neuroanatómicos" son distintos (es decir, que trabajan con distintas redes neuronales).

Existe la memoria declarativa (también llamada memoria explícita), la cual consiste en el conocimiento factual que se encuentra almacenado en la memoria a largo plazo y que se recuerda de forma consciente. Es en lo primero que piensa la mayoría de las personas cuando hablamos de memoria. La memoria procedimental (también llamada memoria implícita) es más automática y tiene que ver con aprender a llevar a cabo acciones motoras, como lanzar una pelota de basquetbol o escribir en letra manuscrita.

La memoria declarativa está a su vez dividida. La memoria episódica es la de los acontecimientos y de las experiencias propias, y los recuerdos episódicos constituyen lo que denominamos memoria autobiográfica, es decir, la memoria de lo que ha ocurrido en nuestras vidas y que suele recordarse en primera persona. También existe un tipo específico de recuerdos autobiográficos conocidos como recuerdos vívidos, unos recuerdos extraordinariamente fieles de un acontecimiento de gran importancia emocional. Dónde estabas y qué hacías cuando te enteraste del ataque del 11/S u otros sucesos similares serían recuerdos vívidos.

La memoria semántica es memoria factual sobre el mundo, ya no específica sobre tus propias experiencias. Este tipo de memoria también tiene componentes distintos que se almacenan por separado. Tenemos una memoria para los hechos, una memoria distinta para los "estados de certeza" de cada hecho (¿es verdadero o falso?), y otra para la fuente del hecho. Por eso es frecuente recordar que has oído algo en algún sitio, pero no saber dónde, y puede que ni siquiera recuerdes si es cierto o no.

Los recuerdos son maleables

Los recuerdos son imperfectos desde el momento en el que los construimos y, además, no se mantienen estables a lo largo del tiempo. Cada vez que evocamos un recuerdo, lo que hacemos es reconstruirlo y actualizarlo. La memoria, igual que la percepción, da importancia a la coherencia interna. Alteramos nuestros recuerdos para que encajen con nuestros relatos internos sobre la realidad, y a medida que dichos relatos van cambiando, actualizamos los recuerdos para que se ajusten a ellos.

La vida de un recuerdo es una aventura caótica que discurre por un camino sinuoso. Éstas son algunas de las formas que tenemos de moldear nuestros recuerdos:

Fusión. En ocasiones fusionamos los detalles de distintos recuerdos, mezclándolos o incluso combinando dos recuerdos distintos en uno solo. Piensa en esa hipotética visita que hiciste a la juguetería de pequeño. Puede que recuerdes un encuentro perturbador con un desconocido en la tienda. Pero es posible que ese encuentro con un desconocido ocurriera en otro lugar y en otro momento, y por alguna razón has combinado esa experiencia con tu recuerdo de la visita a la juguetería. También es posible que ese encuentro perturbador ocurriera en una película, o que le ocurriera a otra persona, y que lo hayas combinado con tu propio recuerdo.

Fabricación de recuerdos. Hablando directamente: nos inventamos todo tipo de cosas. Se trata de un proceso completamente automático y subconsciente. Porque recordemos que nuestro cerebro quiere construir un recuerdo continuo y coherente, así que si le falta alguna pieza, la inventa para rellenar los huecos. Las personas que padecen de demencia tienden a fabricar recuerdos más a menudo, porque sus débiles memorias y cognición crean más huecos que hay que rellenar. En los casos graves, es posible que los pacientes de demencia fabriquen sucesos que no han existido jamás, y no hace falta que nadie les dé pie. La invención de detalles sirve para dar énfasis a la importancia emocional de un acontecimiento determinado. De hecho, la importancia temática y emocional general de un recuerdo se almacena en un lugar independiente de los detalles secundarios. En 2008, cuando a Hillary Clinton le preguntaron acerca de su visita a Bosnia unos años atrás, respondió:

> Desde luego que recuerdo ese viaje a Bosnia, y como ha dicho Togo, en la Casa Blanca se decía que si un lugar era demasiado pequeño, demasiado pobre o demasiado peligroso, el presidente no podía ir, así que mandaban a la primera dama. Y ahí es adonde fuimos. Recuerdo que cuando aterrizamos, unos francotiradores estaban en pleno ataque. Se suponía que se iba a celebrar una ceremonia de recibimiento en el aeropuerto, pero lo que ocurrió fue que corrimos agachando la cabeza para meternos en los vehículos que nos llevarían a nuestra base.

Clinton fue víctima de la era del video. La prensa encontró una grabación que recogía ese momento y en la que se veía a Clinton caminando tranquilamente con su hija, Chelsea, sin ningún tipo de prisa o miedo aparentes. Incluso se detuvo en la pista de aterrizaje para saludar a una niña. La versión de Clinton y el video son completamente contradictorios.

A Clinton se le criticó enormemente por "mentir" sobre el suceso, pero dicha acusación es superflua. Ella recuerda el miedo y la ansiedad que rodeaban a sus viajes a lugares conflictivos por todo el mundo, y es probable que su cerebro rellenara los huecos con detalles que apoyaran ese estado emocional.

En 1995, Elizabeth Loftus y Jacqueline Pickrell llevaron a cabo un estudio que ha pasado a conocerse como "Perdido en el centro comercial". Entrevistaron a los familiares mayores de veinticuatro sujetos para crear un cuaderno en el que cada uno debería explicar los detalles de cuatro historias de su niñez. Sin embargo, sólo tres de las historias eran verdaderas; la cuarta era una historia totalmente inventada sobre una vez que se perdieron en el centro comercial.

Los sujetos fueron capaces de recordar algunos detalles sobre el 68% de las historias verdaderas. Sin embargo, el 29% de ellos también recordó el suceso falso, ya fuera parcial o íntegramente. Algunos de los sujetos relataron el suceso falso con todo lujo de detalles, y presentaban un alto grado de confianza en la precisión de su relato.

Un estudio llevado a cabo por Isabel Lindner *et al.* en 2010 arrojó que tan sólo observar a otra persona llevar a cabo una acción puede crear el falso recuerdo de que nosotros mismos la hemos llevado a cabo. Explican que:

> En tres experimentos, los participantes observaron acciones, algunas de las cuales no habían llevado a cabo antes, y fueron sometidos a un test para determinar la fuente del recuerdo. Observar la acción provocó una sólida generación de recuerdos falsos acerca del propio desempeño respecto de las condiciones de control.

Esta investigación sigue los pasos de otra que demostró que imaginar un suceso suele bastar para crear un falso recuerdo de dicho suceso. La imaginación activa muchas de las zonas cerebrales que un recuerdo auténtico activaría. En esencia, el recuerdo de algo imaginado puede, con el tiempo, volverse indistinguible del recuerdo de un suceso real, dando paso así a un recuerdo falso.

Esto adquiere especial relevancia cuando se trata de muchos terapeutas especializados en casos de abducción extraterrestre que emplean la hipnosis y animan a sus clientes a imaginarse a sí mismos siendo abducidos. Y es que, en realidad, esta "investigación" está optimizada para producir (que no desenterrar) recuerdos falsos sobre abducciones extraterrestres.

Un estudio llevado a cabo por Julia Shaw y Stephen Porter en 2015 halló que muchos adultos pueden estar convencidos de haber cometido un crimen inexistente tras sólo tres horas de interrogatorios policiales. Dicho estudio dice que:

> Nuestros hallazgos demuestran que es sorprendentemente fácil generar falsos recuerdos sobre la comisión de un crimen tras el contacto con la policía, y que dichos recuerdos pueden ir acompañados de detalles de una complejidad equivalente a la de los recuerdos reales.

En esencia, nuestros cerebros nos mienten constantemente. Nos cuentan historias que construimos a partir de múltiples fuentes y añaden los detalles necesarios para rellenar cualquier hueco.

Personalización. Existe la tendencia de trasladar los recuerdos de la experiencia de los demás a la propia. Si alguien nos cuenta una historia emocionalmente apasionante sobre un encuentro, puede que meses o años después nos recordemos a nosotros mismos como los protagonistas de la historia, o al menos como si hubiéramos estado presentes. (Tal vez esto explique el recuerdo manifiestamente falso que Bob y Jay guardan de Pompeya.)

El presentador de la NBC Brian Williams también pudo haber sido víctima de este fenómeno. A lo largo de los años, ha explicado que estuvo en un helicóptero que se vio obligado a aterrizar porque estaba siendo el blanco de fuego enemigo mientras sobrevolaba Irak. El problema es que su relato ha evolucionado con los años y difiere de los recuerdos de otras personas que estuvieron presentes. Con el tiempo, parece haber personalizado la historia de otro helicóptero que fue forzado a aterrizar y haberla fusionado con su propio viaje en helicóptero, menos turbulento. Lo más probable es que sí le dispararan a Williams, pero también que sus recuerdos sean igual de imperfectos que los de todos los demás.

Contaminación. Los humanos somos seres sociales, el hecho de que concedamos un gran valor al testimonio de los demás forma parte de nuestra naturaleza social. Cuando algunas personas hablan de un suceso que vivieron juntas y cada una comparte los detalles de sus recuerdos individuales, es probable que contaminen la memoria de las demás. Cada una tomará los detalles aportados por otra persona y los incorporará sin fisuras a sus propios recuerdos.

Ésa es precisamente la razón por la que no está permitido que los testigos judiciales se reúnan o hablen entre ellos antes de ofrecer su testimonio.

Distorsión. También es posible que los detalles de un recuerdo sencillamente cambien o se distorsionen. Los detalles pueden cambiar de dirección con el tiempo, o incluso mudar de una forma específica para apoyar el relato emocional del recuerdo.

Las sugerencias pueden distorsionar los recuerdos. Basta con sugerir un detalle a alguien mientras está evocando un recuerdo para que incorpore dicho detalle a su recuerdo. Si, por ejemplo, ese alguien vio a una persona encapuchada pero no fue capaz de discernir su género, el hecho de que el entrevistador se refiera al encapuchado en femenino puede ser suficiente para que el recuerdo cambie y se convierta en el de una mujer encapuchada.

Los distintos elementos de un recuerdo también se pueden distorsionar independientemente unos de otros. Un estudio de Skurnik *et al.* de 2005 apoya la idea de que recordamos el "estado de certeza" de los hechos con independencia de los propios hechos. Es como si hubiera una casilla al lado de los recuerdos en la que indicamos si son verdaderos. Skurnik expuso a sus sujetos a afirmaciones factuales y les dijo que algunas de ellas eran mitos. Un ejemplo sería: "Es un mito que las vacunas causen autismo". Tres días después, entrevistaron a los sujetos y observaron que el 27% de los adultos jóvenes que habían participado en el estudio recordaba erróneamente afirmaciones falsas como verdaderas. La cifra ascendía al 40% en los adultos de más edad. Parece ser que no prestamos la atención que deberíamos a esa pequeña casilla.

Seguridad y precisión

Tal vez uno de los estudios sobre la memoria más icónicos sea el que publicaron Neisser y Harsch en 1992, en el que se centraron en recuerdos vívidos relacionados con la explosión del transbordador espacial *Challenger*. En una clase de introducción a la psicología, entregaron a ciento seis alumnos un cuestionario en el que les pedían que recordaran cómo se habían enterado de la explosión del *Challenger*, que había ocurrido en las últimas veinticuatro horas. Les hicieron siete preguntas concretas sobre lo que estaban haciendo y cómo se habían sentido. Dos años y medio después, los mismos alumnos completaron un cuestionario de seguimiento. En esta ocasión, les pidieron que anotaran su grado de seguridad en la precisión de su recuerdo en una escala del uno al cinco.

De los siete detalles que habían proporcionado la primera vez, los alumnos sólo recordaban 2.95 de ellos en promedio. La puntuación de una cuarta parte de los alumnos fue de cero sobre siete, y la puntuación de la mitad del grupo fue de dos o menos. A pesar de la pobreza de sus recuerdos sobre el suceso, la puntuación promedio de la seguridad en la precisión de sus recuerdos fue de un asombroso 4.17 sobre 5. Otros estudios también han demostrado la ausencia de relación alguna entre la seguridad sobre un recuerdo y su precisión. Tendemos a pensar que la viveza y la seguridad predicen la precisión, pero no es así.

La clara lección que podemos extraer de esto es que debemos ser humildes cuando se trata de la precisión de nuestros propios recuerdos. Como veremos, desconocer la verdadera naturaleza de la memoria puede dar lugar a terribles fechorías.

El síndrome del falso recuerdo

Los sistemas de creencias y los mitos gozan de una inercia cultural enorme y es difícil erradicarlos por completo. Por eso la creencia en la astrología persiste, aunque sólo la abrace una minoría.

No obstante, esto debería ser distinto para los profesionales. Las profesiones de la salud deben estar sometidas a unas normas básicas de cuidado, las cuales a su vez deben basarse en algo real, lo que significa que se les debe aplicar la evidencia científica. Los profesionales, especialmente los del ámbito médico, no tienen excusa para seguir persistiendo en falsas creencias desacreditadas hace ya mucho.

En la década de 1980, la idea de que las personas pueden suprimir recuerdos de hechos traumáticos y que dichos recuerdos reprimidos pueden manifestarse mediante problemas de salud mental aparentemente inconexos, como pueden ser la ansiedad o los trastornos alimentarios —algo que jamás ha gozado de fundamento científico—, alcanzó su cenit. Esta idea ganó popularidad gracias al libro *The Courage to Heal* [*El coraje de sanar*] (1988). En él, las autoras abogaban por animar a los pacientes en terapia, y en especial a las mujeres, que padecían los mencionados problemas de salud mental, para que recuperaran recuerdos sobre abuso. Sostenían que si dichos recuerdos podían ser desenterrados, podía concluirse que eran reales.

El concepto de los recuerdos reprimidos fue en parte responsable del pánico satánico surgido en la década de 1980, y muchas de las personas que fueron sometidas a técnicas de recuperación no sólo "recordaban" haber sufrido abusos, sino también haber sido víctimas de rituales satánicos.

El síndrome de los recuerdos recuperados supuso un enorme fracaso para la profesión de la salud mental. Estas extraordinarias ideas jamás se demostraron empíricamente. Además, las respuestas que se ofrecían para responder las preguntas más básicas eran insuficientes. Por ejemplo, ¿existe alguna evidencia empírica que apoye los asombrosos acontecimientos que salen a la luz gracias a la terapia? ¿Es posible que los recuerdos recuperados sean un artefacto producto de la terapia y que no sean reales?

Ahora, con tres décadas de perspectiva, podemos afirmar ciertas cosas con un alto grado de seguridad. El síndrome de los recuerdos recuperados es en gran medida, o incluso por completo, un mito. En general, las personas no reprimen los recuerdos de un trauma extremo, y la existencia de contadas excepciones sigue generando controversia. Además, tal como apuntó Elizabeth Loftus, los recuerdos son construcciones y son maleables. Asimismo, las investigaciones independientes llevadas a cabo por el FBI, otras fuerzas del orden y académicos nunca encontraron evidencia alguna que respaldara la veracidad de los casos de abusos sexuales en rituales satánicos, de asesinatos y de demás atrocidades surgidas de sesiones de recuperación de recuerdos. Porque, sencillamente, dichos sucesos no ocurrieron jamás.

Lo que surgió de este lamentable episodio fue una creciente comprensión de lo que hoy se conoce como síndrome del falso recuerdo, es decir, la construcción de recuerdos completamente falsos. A ello se llega mediante las visualizaciones guiadas, la hipnosis, la sugestión y la presión de grupo. Estas técnicas quebrantan una de las reglas básicas de la investigación: no guiar jamás a nadie poniendo palabras en su boca. Y esto cobra una especial relevancia si la persona es vulnerable y está confundida.

Aunque existe cierta controversia legítima sobre si es siquiera posible reprimir dichos recuerdos y recuperarlos con precisión en el futuro, no hay duda de que el gigantesco negocio de los recuerdos reprimidos de las décadas de 1980 y 1990 no estaba fundamentado en la evidencia científica. En esencia, fue este negocio lo que generó el síndrome de los recuerdos falsos. El hecho de que una idea controvertida se pusiera en práctica de una forma tan extendida, a pesar de los riesgos a los que se exponía a los pacientes y a sus familiares, evidencia la falta sistémica de autorregulación en el seno de la profesión de la salud mental.

Todavía más descorazonador resulta el hecho de que la terapia de los recuerdos recuperados siga practicándose hoy en día. Incluso si deseas sumarte a la opinión minoritaria entre los expertos sobre la memoria de que es posible reprimir los recuerdos, la evidencia no justifica la práctica de la recuperación de dichos "recuerdos". Tan sólo el daño potencial es motivo más que suficiente para suspender este ejercicio hasta disponer de evidencias.

En 1990, George Franklin fue condenado por asesinato tras un solo día de deliberación por parte del jurado. La condena se basó únicamente en los recuerdos "recuperados" de su hija, quien no recordó el presunto asesinato hasta veinte años después de que ocurriera. Sus recuerdos de haber presenciado cómo su padre violaba y asesinaba a su amiga de ocho años le volvieron con el tiempo y a consecuencia de la terapia tras haber sido "reprimidos" durante dos décadas. No existían pruebas físicas que apoyaran la acusación. Tras haber cumplido cinco años de su condena a cadena perpetua, la pena de Franklin fue revertida y no se le sometió a un segundo juicio, en parte por el uso incorrecto que se había dado a los "recuerdos recuperados" y a la hipnosis durante el caso. Parece ser que el jurado quedó lo suficientemente asombrado por la viveza y la seguridad de los recuerdos de la hija de Franklin como para condenarlo a cadena perpetua sin derecho a libertad condicional.

No deberían haberse dejado impresionar.

Incluso cuando no eres miembro de un jurado, es importante recordar la auténtica naturaleza de la memoria. Cuando te oigas a ti mismo decir "Recuerdo perfectamente...", detente. Porque no es verdad. Tienes un recuerdo construido que es probable que esté fusionado, contaminado, fabricado, personalizado y distorsionado. Y cada vez que evocas ese recuerdo lo reconstruyes y lo modificas todavía más.

Cuando se trata de la memoria, debemos ser escépticos y humildes. A menos que el recuerdo sea un viaje a Pompeya, en cuyo caso, es evidente que tus hermanos se equivocan.

3. La falibilidad de la percepción

Sección: Humildad neuropsicológica

Véase también: Ilusión

El acto perceptivo es un proceso cerebral constructivo activo, complejo y altamente filtrado. No percibimos los estímulos externos de forma pasiva como lo haría una cámara, y de ahí que este proceso constructivo dé pie a todo tipo de ilusiones y de percepciones erróneas.

> Nuestras creencias no flotan pasivamente en nuestros cerebros mientras esperan a que entre información que las confirme o las contradiga, sino que moldean en gran medida nuestra visión del mundo.
>
> —Richard Wiseman

¿A quién no le ha maravillado alguna vez una ilusión óptica? Estás viendo una imagen de rocas cubiertas de nieve y de pronto te encuentras observando la imagen de un dálmata. O, si no, estás viendo una serie de líneas claramente onduladas y alguien te dice que, en realidad, son rectas y paralelas. Y al principio no lo crees, así que las comparas con algo recto y ¡caray! Es cierto que son rectas. ¿Cómo puede ser?

Las buenas ilusiones ópticas nos asustan un poco porque nos obligan a enfrentarnos cara a cara con una realidad que tendemos a ignorar en nuestra vida diaria: lo que creemos que vemos no es objetivo; es un proceso de nuestros cerebros, un proceso que es sensible a los engaños.

La percepción se construye

La idea básica es la que sigue: tus percepciones en tiempo real no son un registro pasivo del mundo exterior, sino una construcción activa de tu cerebro. Por lo tanto, la relación entre la realidad exterior y el modelo de la realidad que esculpe tu cerebro es imperfecta. Naturalmente, este modelo nos sirve para interactuar con dicha realidad, y ésa es precisamente la cuestión. La percepción construida no está optimizada para ser precisa, sino para ser funcional.

Para empezar, tan sólo una diminuta fracción de la información del mundo exterior llega siquiera a alcanzar las partes del cerebro que construyen la percepción. Gran parte de ella se pierde por el camino porque nuestros órganos perceptivos no son perfectos y las compensaciones abundan. Por ejemplo, tan sólo la diminuta fóvea de nuestros ojos registra las imágenes detalladamente. Esto significa que sólo tenemos el potencial de observar con agudeza visual de 20/20 en el espacio que ocuparía un sello postal a un brazo de distancia. Esa pequeña área de visión, repleta de células sensibles a la luz, transporta aproximadamente la mitad de la información a la retina. La otra mitad queda repartida en el resto de la retina, y por lo que respecta a esa parte de la visión, estás oficialmente ciego. Fuera de la fóvea, tu visión es un caos borroso.

También tenemos un punto ciego en cada ojo que corresponde al lugar de la retina en el que el nervio óptico sale del ojo. No percibimos los puntos ciegos o la borrosidad porque el cerebro produce una imagen sin fisuras a partir de la información que recibe. Cosa que hace, eso sí, tras mucho procesamiento.

Dicho procesamiento extrae los colores de la información de los conos. Realza los bordes, ajusta el contraste y también ajusta la imagen para proporcionar la perspectiva aparente. Y con ello tan sólo ha logrado crear una imagen bidimensional; el cerebro también debe procesar todos los datos relativos a la distancia, al tamaño, a la posición relativa, hacer las mejores suposiciones posibles y luego construir un modelo visual tridimensional a partir de una información que es parcial y está enormemente procesada.

Pero espera, porque esto es sólo el principio. Ahora tienes una imagen moldeada, pero que todavía no significa nada. La siguiente parte de la corteza visual asigna significado a la imagen (¿es un árbol o una ballena?). Tras emparejarla con un significado, ajusta aún más el procesamiento básico para que la imagen que ha construido encaje mejor con la idea de lo que cree que está viendo.

¿Ves lo que quiero decir? El procesamiento visual es una calle de doble sentido. La información visual básica se va procesando a lo largo de la cadena mientras el cerebro construye una imagen con significado, y entonces el cerebro devuelve la información hacia el otro lado de la cadena para modificar la construcción para que encaje mejor. En resumen, si la corteza visual asociativa cree que estás viendo un elefante, se comunicará con la corteza visual primaria y le dirá: "Oye, haz que se parezca todavía más a un elefante", cambiando así lo que estás viendo en realidad, no sólo cómo lo interpretas. Y todo esto ocurre de forma automática, sin que tú seas consciente de nada.

Y todavía no hemos terminado. Ahora hemos modificado la imagen de un objeto, pero ¿qué significa este objeto para ti? ¿Parece estar moviéndose en un marco no inercial (en otras palabras, su movimiento no sigue pasivamente a la gravedad)? De ser así, debe tener libertad de acción. Entonces, tu cerebro envía esta transmisión visual por una vía distinta y asigna un significado emocional a la imagen.

Pero espera, que todavía tenemos que animar la imagen. A medida que un objeto se mueve por nuestro campo visual, sus imágenes se transforman y la luz baña sus superficies. Y para que no nos confundamos, nuestro cerebro lo afina con el tiempo para que lo veamos como un único objeto que se mueve por nuestro campo de visión. Todo este procesamiento también lleva tiempo (algunos cientos de milisegundos). Para cuando vemos que la pelota se acerca a nuestra cara, puede que ya nos haya alcanzado, así que nuestro cerebro proyecta el movimiento un poco en el futuro con tal de compensar por el retraso provocado por la duración del procesamiento.

Si crees que eso es todo, te equivocas, porque hasta el momento sólo he hablado de procesamiento visual. Nuestro cerebro procesa, de forma simultánea, la información auditiva, las sensaciones corporales, la información vestibular sobre la orientación gravitacional y la aceleración, y la información que le envían los músculos para saber cómo nos estamos moviendo. Nuestro cerebro da prioridad a la continuidad y a la coherencia interna sobre la precisión, de forma que todas estas transmisiones de información se comparan en tiempo real y se aplican nuevos ajustes para que todo encaje perfectamente. De algún modo, nuestro cerebro construye el relato de lo que está ocurriendo y hace que dicho relato tenga sentido para nosotros.

No obstante, en dicha transmisión también se encuentran nuestros conocimientos y expectativas previas. Sabemos que los elefantes son grandes, así que cuando vemos un elefante pequeño, nuestro cerebro tiende a asumir que es grande y que, por lo tanto, debe de estar lejos. Pero podría ser pequeño y estar cerca (de acuerdo, pero entonces será un elefante en miniatura).

A menudo se dan fallas cuando el estímulo es ambiguo o contradictorio. A estas fallas las llamamos ilusiones. Nuestro cerebro es capaz de construir la información de varias formas. Puede incluso pasar de una a otra, pero cada construcción será convincente mientras sea dominante. Fijémonos, por ejemplo, en la ilusión de la bailarina. Esta imagen animada está especialmente diseñada para que sea igualmente plausible que gire en una dirección u otra. Pero no podemos ver a la bailarina girando hacia la izquierda y hacia la derecha al mismo tiempo; la ves girando en una dirección o en la opuesta, mientras tu cerebro cambia de suposición y la construcción resultante.

Para ilustrar cómo nuestro cerebro compara distintas transmisiones sensoriales y luego las modifica, tengamos en cuenta el llamado *efecto McGurk*. Cuando escuchas a alguien hablar, te fijas en cómo se mueven sus labios, y si los sonidos que oyes son ambiguos, no sólo leerás sus labios, sino que tu cerebro cambiará lo que oyes para que coincida con cómo parecen moverse los labios. (Disculpa, ¿me acabas de decir que me vaya al moño?)

El cerebro también construye el modelo interno del cuerpo. Es probable que des por hecho que estás en tu cuerpo, que tu cuerpo es tuyo y que puedes controlarlo. Estas sensaciones pueden parecer consecuencias inevitables del hecho evidente de que tú eres tu cuerpo. Pero no es cierto. Las sensaciones corporales son construcciones activas producidas por el cerebro, y requieren circuitos específicos destinados a dicho propósito. Para empezar, sentimos que estamos dentro de nuestros cuerpos porque nuestros cerebros comparan lo que vemos y lo que sentimos. Nos vemos, literalmente, en nuestro propio cuerpo, y notamos las partes de nuestro cuerpo, y cuando ambas cosas se sincronizan, nuestro cerebro construye la sensación de que estamos en nuestro cuerpo.

Esta construcción puede verse interrumpida, lo que provoca una sensación extracorpórea. Este efecto lo pueden provocar algunas drogas, las lesiones en ciertas partes del cerebro e incluso los ilusionismos sencillos. Los investigadores han observado que es notablemente sencillo hacer que las personas se sientan como si estuvieran en un cuerpo virtual o postizo en lugar de en el propio. La cosa funciona así: primero, te pones unos lentes de realidad virtual que transmiten las imágenes en tiempo real que graba una cámara que tienes detrás de ti, de forma que ves tu propia espalda. Entonces, alguien te toca el hombro. Ves tu propia imagen virtual frente a ti y cómo alguien te toca a la vez que sientes el contacto. Con esto basta para que tu cerebro construya la sensación de que ocupas la imagen virtual de ti mismo en lugar de habitar tu propio cuerpo.

Lo que esto implica es fantástico para los amantes de los videojuegos. Imagina participar en un juego de realidad virtual y sentir que de verdad eres tu avatar (la representación virtual de ti mismo en el juego). Alucinante.

En el cerebro también encontramos un área llamada *módulo de propiedad.* Éste forma parte de un circuito que alberga información somática y procesamiento emocional. Básicamente, sientes que tu brazo es tu brazo, que pertenece a tu cuerpo y forma parte de ti. Luego están los circuitos que te hacen sentir que controlas las partes de tu cuerpo. Estos circuitos comparan información sobre tu intención de moverte con la sensación visual y táctil de tus movimientos reales. Cuando tus movimientos se corresponden con tus intenciones, tu cerebro produce la sensación de que controlas tu cuerpo. Sin embargo, cuando se interrumpe este circuito, el resultado es algo llamado síndrome de la mano ajena, el cual hace que parezca que una parte de tu cuerpo actúa *motu proprio*, ajena a tu control.

Lo que esto nos enseña es que incluso los componentes más básicos de tu existencia son producto de la construcción activa del cerebro. Cada uno de los componentes puede ser interrumpido y eliminado.

¿Cómo afecta todo esto al pensamiento crítico? Pues bien, igual que ocurre con la memoria, ten cuidado cuando digas "Sé lo que vi". Porque… no, no lo sabes. Lo que tienes es el recuerdo construido de una percepción construida basada en una sensación parcial filtrada, que a su vez está modificada por tu conocimiento y tus expectativas. Los psicólogos han detectado algunas manifestaciones específicas e impresionantes de los límites de la percepción humana. La carrera del mentalista Derren Brown se basa, en parte, en convertir algunas de estas demostraciones psicológicas en trucos de magia, porque son asombrosas.

Entre estos fenómenos encontramos la ceguera por falta de atención, es decir, que no vemos aquello a lo que no estamos prestando atención, incluso si ocurre delante de nuestras narices. Una clásica demostración de esta afirmación la encontramos en un video de 1999 grabado por los investigadores Daniel Simons y Christopher Chabris, en el cual se ve a unos alumnos vistiendo camisetas blancas o negras pasándose balones de basquetbol. Tu misión es contar cuántas veces los alumnos de blanco pasan el balón.

Si tienes el celular a mano, busca "selective attention test" (test de atención selectiva) en YouTube antes de seguir leyendo si no quieres que te revele el experimento.

Bien, ¿ya? ¿Has visto al gorila? Aproximadamente el 40% de las personas no ve al gorila; se les pasa por alto algo que ocurre justo delante de ellas. La primera vez que vi el video, yo no vi al gorila, y como la mayoría de las personas, volví a verlo para asegurarme de que estaba ahí y que no me estaban engañando. Pero no era eso: la única que me estaba engañando era mi propia percepción limitada.

Este estudio demuestra cómo la atención afecta a la percepción. Nos concentramos en los alumnos de blanco y todo lo demás nos pasa por alto, lo que refleja el hecho de que la atención es un recurso limitado para nuestros cerebros. Sólo somos capaces de prestar atención a una cierta cantidad de cosas. Así, podemos o bien ensanchar nuestro foco de atención y sacrificar los detalles, o centrarnos en algo concreto para captarlos y que se nos escape todo lo demás. Tomando este estudio como punto de partida, los psicólogos Janelle Seegmiller, Jason Watson y David Strayer observaron que los sujetos que poseían una mejor memoria de trabajo tenían más probabilidades de ver el gorila que quienes obtuvieron una puntuación menor en un test de memoria de trabajo, lo que es probable que refleje un mayor cupo de atención.

Trafton Drew, en otro estudio complementario, pidió a un grupo de radiólogos que leyeran una tomografía computarizada de unos pulmones. Drew colocó una imagen muy visible de un gorila en la parte oscura de la tomografía que se veía claramente, y aun así, el 82% de los radiólogos calificados pasó por alto al gorila. Los radiólogos, a pesar de ser expertos en la lectura de este tipo de pruebas, no dejan de ser humanos. No buscan un gorila, sino tumores y otras patologías conocidas, y uno no ve lo que no está buscando.

Además, resulta que las investigaciones que demuestran la ceguera por falta de atención se remontan bastante tiempo atrás. Es posible que los primeros estudios se publicaran en el *Journal of the Society for Psychical Research* en 1959, aunque lo cierto es que tocaron la cuestión de la ceguera por falta de atención por casualidad. Al investigador le interesaban las visiones de fantasmas, así que se atavió con una sábana y se paseó por un campus universitario en un estudio, y por un cine (mientras se emitía un anuncio) en otro. En el primer caso, nadie dijo haber visto nada fuera de lo normal, y en el segundo, apenas la mitad del público reparó en él. El autor concluyó que los testimonios "reales" sobre avistamientos de fantasmas debían ser diferentes, puesto que debían contener algún componente paranormal (extrasensorial). Sin embargo, lo que de verdad había documentado era el primer experimento que demostraba la ceguera por falta de atención. Al fantasma se le prestó tanta atención como al gorila. Tal vez los resultados habrían sido mejores de haberse tratado de un gorila fantasma.

Naturalmente, la ceguera por falta de atención afecta a nuestra vida diaria de muchas formas, y un caso nada irrelevante lo encontramos en la conducción. Existen cada vez más estudios que demuestran los peligros de las distracciones al volante. Otro ejemplo nos llega de un estudio de 2012, en el cual únicamente se pidió a los sujetos que dijeran dónde se encontraba el extintor más cercano a su lugar de trabajo. Tan sólo trece de cincuenta y cuatro sujetos (24%) fueron capaces de ubicarlo correctamente, aunque llevaran años trabajando en el mismo sitio. Tras leer este estudio, traté de recordar el extintor más cercano a mi oficina y me di cuenta de que no sabía que había uno, sin exagerar, a medio metro de la puerta de mi despacho.

Los investigadores puntualizan que esto podría deberse a la falta de memoria así como a pasar por alto los extintores. Sin embargo, en un estudio complementario llevado un mes más tarde, los cincuenta y cuatro sujetos del estudio original recordaban la ubicación del extintor. Dirigir la atención al extintor había provocado un efecto duradero en su memoria. Desgraciadamente, esto justifica que los auxiliares de cabina repitan el aburrido procedimiento de seguridad cada vez que te subes a un avión. Los recordatorios ayudan, pero eso no significa que quieras aguantarlos.

Existe un fenómeno relacionado llamado *ceguera al cambio*, el cual refleja nuestra incapacidad de advertir los cambios en general. Sí tendemos a advertir los cambios que ocurren justo delante de nosotros, pero no cuando ocurren fuera de nuestra visión directa. Por ejemplo, si estás observando una imagen compleja o un cuadro muy detallado, y uno de los detalles cambia justo delante de ti, es probable que te des cuenta. Sin embargo, si la imagen parpadea (es decir, si miras hacia otro lado y luego vuelves a mirar la imagen, o si una imagen de computadora desaparece y vuelve a aparecer) y el cambio tiene lugar durante el parpadeo (lo que se conoce como alteración visual), es poco probable que lo adviertas. De esta forma incluso podemos llegar a pasar por alto cambios significativos.

Otro video icónico que demuestra este efecto es el truco de la carta que cambia de color ejecutado por nuestro amigo Richard Wiseman y que puedes encontrar en YouTube si buscas "colour changing card trick", "el truco de la carta que cambia de color". Búscalo y prepárate para que te deje con la boca abierta. También puedes buscar "change blindness", "ceguera al cambio", en Google, y verás la cantidad de maravillas que encuentras.

La ceguera al cambio puede ser muy impresionante. Muchos experimentos psicológicos han demostrado que puedes no advertir que estás hablando con alguien distinto de la persona con quien estabas hablando hace un momento. Dan Levin y Dan Simons han llevado a cabo una serie de experimentos en los que el investigador se acerca a un desconocido en la calle para pedirle indicaciones. Entonces, otro investigador pasa entre ellos con una puerta y, una vez que ha terminado de pasar, el desconocido está hablando con otra persona (que había estado escondida tras la puerta y ha intercambiado posiciones con la persona original). Tan sólo aproximadamente la mitad de los sujetos se da cuenta del cambio.

El mismo experimento se ha llevado a cabo con interacciones con alguien que atiende detrás de un mostrador. El investigador se agacha para recoger un impreso y quien se levanta es una persona distinta; tan sólo aproximadamente la mitad de los sujetos se percata del cambio.

Hay que tener en cuenta que existe una serie de factores que afectan al número de personas que se dan cuenta. Es más probable que lo advirtamos si nos enfrentamos a cambios de género, raza o grupo de edad, lo que sugiere que tendemos a clasificar a las personas en categorías amplias —estoy hablando con un hombre blanco de edad avanzada—, y que hasta ahí lleguen los detalles que apreciamos. Mientras la persona que ha hecho el cambio pertenezca a la misma categoría general, puede que no detectemos el cambio. Pensemos en lo que estas investigaciones implican en relación con los testigos oculares: ¿de verdad vio el testigo al acusado en la escena del crimen? ¿Cómo podemos confiar en su testimonio cuando la mitad de los sujetos no se dan cuenta de que una persona ha intercambiado su lugar con otra?

Si tenemos en cuenta todas las limitaciones que afectan a nuestra percepción, puede resultar asombroso que seamos siquiera capaces de actuar. Pero la percepción cotidiana funciona perfectamente. Nos enfrentamos a fallas constantemente, como cuando entendemos mal algo que ha dicho alguien, y nos reímos de dichas experiencias porque no suelen suponer grandes consecuencias. Sin embargo, en ocasiones nos encontramos en una situación inusual, o puede que ocurra algo inesperado. Puede que las condiciones visuales sean pobres o que estemos cansados. En estos casos, nuestras percepciones se vuelven todavía menos fiables.

Vemos algo súbita y brevemente de reojo y nuestro cerebro construye una imagen de lo que cree que hemos visto. Y ésa es la imagen que recordamos. No es más que una historia que nos ha contado nuestro cerebro, pero recordamos haberlo visto de verdad. Puede que veamos tres luces brillantes en el cielo, y nuestro cerebro ate cabos y ahora resulta que vemos un enorme objeto que en realidad no está ahí. Puede que estemos viendo algo pequeño que está cercano a nosotros y se mueve lentamente, pero nuestro cerebro asume que es grande y que por lo tanto está lejos y se mueve rápido. Entonces, ahora que ya creemos que estamos viendo una nave espacial, nuestro cerebro completa los detalles. Y así es como una brizna de hierba se convierte en un ovni.

A lo largo de la historia encontramos muchos ejemplos icónicos de este tipo de errores de percepción. El 17 de julio de 1996, el vuelo 800 de Trans

World Airlines estalló sobre el estrecho de Long Island. Muchos testigos oculares juraron haber visto un misil alcanzar el avión. Sin embargo, gracias a muchas reconstrucciones del desastre y otras líneas de evidencia, sabemos que tal misil nunca existió. Los testigos presenciaron un acontecimiento súbito, inusual e inesperado y sus cerebros completaron los detalles como pudieron con tal de darle sentido.

Naturalmente, en el momento en que percibes algo, se convierte en un recuerdo, y ya hemos hablado de lo poco fiables que son los recuerdos. Aunque te cueste creerlo, lo que viste en el parque no era un gorila fantasma, aunque la anécdota sea fantástica. La falibilidad de la memoria y de la percepción supone un doble revés para la soberbia que podamos albergar sobre la fiabilidad de lo que creemos que sabemos.

4. Pareidolia

Sección: Humildad neuropsicológica

Véase también: Apofenia

El término *pareidolia* hace referencia al proceso de percepción de una imagen en un contexto aleatorio, como podría ser ver un rostro en los cráteres y mares de la Luna.

> Si te fijas en cualquier pared que esté moteada de manchas o que presente una mezcla de distintos tipos de piedra, y estás a punto de crear una escena, podrás ver en ella un parecido con distintos paisajes adornados con montañas, ríos, rocas, árboles, planicies, profundos valles y varios grupos de colinas. También serás capaz de ver diversos combates y figuras en movimiento y extrañas expresiones faciales y vestidos extravagantes, y un número infinito de cosas que luego pueden reducirse a formas individuales y bien concebidas.
>
> —Leonardo da Vinci

En algún momento de tu vida, seguramente cuando eras joven y alocado y disponías de tanto tiempo que no sabías qué hacer con él, te habrás acostado en el suelo y observado las nubes. Las nubes son hermosas, sus estructuras son fascinantes y nos ofrecen algo de perspectiva sobre lo enorme que es en realidad el mundo. Pero también es divertido tratar de encontrar imágenes que nos acechan desde las masas nebulosas blancas y vaporosas.

Aunque es común encontrar patrones de animales y rostros flotando sobre nuestra cabeza, nadie piensa realmente (o nadie debería pensar) que las detalladas formas de las nubes no son aleatorias. Entendemos intuitivamente que cuando "vemos" un conejito en una nube estamos imponiendo dicho patrón sobre la aleatoriedad. Pero la profundidad de este fenómeno va mucho más allá que unos niños imaginando una colección de fieras en el cielo, y refleja cómo nuestros cerebros procesan e interpretan la información.

El término que da nombre a este fenómeno es *pareidolia*, y se refiere a la precepción de patrones conocidos aunque vacíos de significado en sonidos o estímulos aleatorios. Suele usarse en relación con la visión de patrones visuales, pero en ocasiones se usa también para otras sensaciones como el sonido (en cuyo caso se aplicaría el término pertinente de *audio-pareidoli*a).

El término técnico para hablar del fenómeno más general de ver patrones donde no los hay es *apofenia*, la tendencia de ver patrones ilusorios en datos inconexos. La información ni siquiera tiene que ser sensorial; el patrón puede aparecer en números o en acontecimientos. (En este sentido, las teorías de la conspiración pueden surgir de la apofenia, donde se detectan perversos patrones en incidentes aleatorios o que no guardan relación entre sí.)

No hay nada inherentemente malo en ver un rostro en la tortilla que envuelve un taco; se trata simplemente de un subproducto de nuestros sistemas de percepción evolucionados, igual que muchas de las otras ilusiones de las que somos víctimas los humanos. En este sentido, nuestras capacidades tienen tantos matices y son tan potentes que incluso a las supercomputadoras valoradas en muchos millones de dólares, capaces de hacer mil billones de operaciones por segundo, les cuesta ponerse a nuestro nivel.

Neurológicamente, existen dos razones importantes que explican la tendencia humana de ver patrones en la aleatoriedad. La primera es que nuestros cerebros (a diferencia de las computadoras) están diseñados para el procesamiento paralelo masivo. Esta organización es perfecta para hallar patrones, establecer asociaciones y depurar grandes cantidades de datos (véase el capítulo 17 sobre minería de datos).

La segunda razón es que, tal como hemos visto en el capítulo 3, nuestra percepción es un proceso constructivo activo. Una parte de este proceso consiste en tomar una imagen para pasar a depurarla rápidamente a través de nuestro propio catálogo de posibles coincidencias y encontrar la más adecuada, para luego asignarla a la imagen. Esa masa informe se parece a un caballo, así que tu cerebro lo empareja con un caballo y luego rellena los detalles para lograr que se parezca todavía más a un caballo.

Esto también se aplica al discurso. Oímos sonidos que el cerebro interpreta como fonemas (partes del discurso). Entonces, el cerebro busca en su base de datos de fonemas y palabras hasta encontrar la mejor coincidencia, y eso es lo que oímos.

Las expectativas tienen un papel crucial en este proceso. Por eso, cuando tu amigo te dice: "Oye, ¿ves un dragón en esa nube? Ahí está la cabeza", la imagen comienza a existir. Tu cerebro ha dado con el patrón y la construcción de esa imagen se coloca en su sitio. O, por ejemplo, si alguien te dice que si escuchas "Stairway to Heaven" al revés oirás a Robert Plant decir: "*Here's to my sweet Satan*" ("Brindo por mi dulce Satán"), entonces escucharás esa supuesta alabanza al diablo.

A pesar de que la pareidolia se puede manifestar de varias formas y a través de cualquiera de los sentidos, el rostro humano es el símbolo por excelencia de este fenómeno. Recuerdo que una vez vi una serie que recogía historias de terror en la que una mujer no dejaba de ver inquietantes rostros en los patrones del techo. La mujer preguntaba si alguien se había cuestionado alguna vez por qué tendemos a ver caras más que cualquier otra cosa en esos patrones. La respuesta que se daba en ese programa era que las caras eran demonios de otra dimensión. La respuesta verdadera es mucho más interesante, aunque menos espeluznante. En general, nuestra capacidad para reconocer patrones es bastante sólida, pero somos manifiestamente susceptibles a ver rostros.

Existe una conocida razón neurológica tras nuestra afinidad por los rostros humanos: una parte específica de la corteza visual asociativa, la del área fusiforme de las caras, se especializa en reconocer y recordar rostros. Cualquier daño causado en la región correspondiente a dicha área —por ejemplo, a consecuencia de una apoplejía— puede provocar un trastorno conocido como prosopagnosia, es decir, la incapacidad de reconocer caras. Las personas que padecen casos graves de prosopagnosia no pueden siquiera reconocer a sus cónyuges o familiares basándose únicamente en la vista. También existe la prosopagnosia congénita, un déficit relativo que puede ser leve.

No es sorprendente que los patrones faciales sean los preferidos por el cerebro humano. Esto se observa incluso en los bebés. Dedican más tiempo a mirar a un rostro humano que a cualquier otra imagen de complejidad similar.

Es fácil imaginar por qué las presiones de la evolución selectiva han favorecido nuestra gran capacidad para ver rostros, teniendo en cuenta que somos una especie enormemente social. Entre nuestros antepasados, aquellos que eran más capaces de distinguir con rapidez al amigo del enemigo o de determinar los estados emocionales que manifestaban los rostros de seguro gozaron de una ventaja para la supervivencia. En realidad, el reconocimiento facial y de rasgos es subcortical (es decir, tiene lugar en el sector profundo del cerebro). Este análisis subconsciente parece ocurrir incluso antes de que la imagen sea enviada a otras partes del cerebro para que sea sometida a un procesamiento más intrincado. Es sencillo ver en qué sentido esto nos supone una ventaja, ya que reconocer que alguien está bastante enojado contigo y que está a punto de romperte la crisma puede venirte muy bien para sobrevivir.

La cara más famosa vista como consecuencia de la pareidolia es, sin duda, la Cara de Marte. En 1976, la sonda espacial *Viking* de la NASA estaba fotografiando Marte cuando captó la imagen de una meseta o cuello volcánico en la región de Cidonia que se asemejaba a una cara. Los científicos sabían que la cara era producto de la pareidolia, a pesar de no disponer todavía de una palabra para el fenómeno. Estaban acostumbrados a lo que los juegos de luces y sombras podían producir en el variado relieve de Marte. Pero la cultura popular abrazó con mucho entusiasmo la Cara de Marte y le confirió vida propia.

Se han escrito libros sobre ella como *The Mars Mystery* [*El misterio de Marte*] y *The Monuments of Mars* [*Los monumentos de Marte*], y una infinidad de "documentales" han hablado sobre la importancia del rostro y lo que significa para la historia de Marte y la vida en dicho planeta. (Hum… ¿nada?)

Esa "cara" es poco más que un rostro ensombrecido en el que sólo se adivina un ojo, una boca y un punto que hace las veces de nariz. En realidad, la nariz apareció a causa de un corte en la transmisión de datos que casualmente se instaló en lo que sería la fosa nasal. Cuando la NASA sacó una foto de mayor resolución en 1998, quedó claro que la cara no era más que una pila erosionada de detritus rocosos que no tenía más de intencional que las protuberancias del techo de tu casa.

Los otros mundos de nuestro sistema solar y las características de sus superficies también son una gran fuente de materia prima para la pareidolia. La NASA nos ha proporcionado imágenes de la Rana René, el yeti y una enorme cara sonriente en Marte. También hay una bonita imagen de Homero Simpson en Mercurio e infinitos "artefactos extraterrestres" en la Luna y otros lugares. El propulsor de teorías de la conspiración Richard Hoagland (hay que pronunciarlo "Hoaaaglaaand", como si fueras el coronel Klink de la serie *Los héroes de Hogan*) ha fundamentado prácticamente la totalidad de su carrera en la pareidolia surgida de imágenes de la NASA.

Podemos encontrar asombrosos ejemplos de pareidolia incluso en la Tierra, y la aplicación Google Earth ha convertido en un sencillo pasatiempo el encontrarlos. Mi favorito es el de Medicine Hat, en Canadá, que muestra el perfil de una mujer que parece llevar auriculares (el cable de los auriculares es una carretera de acceso).

En una ocasión, Perry y yo investigamos el rostro de la Virgen María que se veía en un árbol en Hartford, cerca de donde vivimos. No era otra cosa que los habituales patrones arremolinados que encontramos en la corteza de los árboles, pero un poco de pareidolia los convirtió en un rostro y las creencias culturales se ocuparon del resto. Miles de fieles acampaban alrededor del árbol, convencidos de que estaban presenciando un milagro. Para Perry y para mí, aquello no era más que una corteza de árbol y un ejemplo bastante insulso de una de las peculiaridades del procesamiento cerebral.

Cuando observamos estos conocidos ejemplos de pareidolia, parece imposible que sean casuales. Pero todo tiene que ver con los trucos de los que se sirve el cerebro para construir estos patrones. El cerebro resta importancia a los detalles que no encajan con el patrón y enfatiza los que son importantes para ese patrón. Los detalles que faltan, se completan; el cerebro une los puntos. Es asombrosa la pequeña cantidad de detalles que necesita nuestro cerebro, siempre en busca de patrones, para detectar una cara e incluso una expresión emocional. Algo tan nimio como un par de puntos para los ojos y algún tipo de línea para la boca bastará para que nuestros cerebros vean a Elvis o al papa.

La pareidolia puede resultar divertida, pero si no eres consciente de nuestra inclinación y amor por los patrones, una ilusión interesante y entretenida puede alimentar un engaño. Como veremos, algunos patrones ilusorios resultan más malvados que ver un conejito en una nube.

5. Detección de agencia hiperactiva

Sección: Humildad neuropsicológica

Véase también: Coincidencia

La detección de agencia hiperactiva es la tendencia a interpretar los acontecimientos como si fueran el producto de la intención deliberada de un agente consciente en lugar de una consecuencia de las fuerzas naturales o de acontecimientos caóticos no dirigidos.

> La naturaleza humana presenta una extraordinaria inclinación a conferir a los objetos externos las mismas emociones que observa en sí misma y a encontrar en todas partes las ideas que le son más presentes.
>
> —David Hume

Algo no termina de cuadrar. El hombre más poderoso del mundo, John F. Kennedy, ¿asesinado por un don nadie loco y solitario? ¿Un avión se estrella contra el Pentágono y no se encuentran los restos esperables? ¿Y por qué no se ve ninguna estrella en las fotos de la NASA del alunizaje del Apolo?

Algún agente oculto debe de estar detrás de todo ello, conspirando para engañarnos y llevar a cabo un plan siniestro.

Al menos, así es como nuestros cerebros están predispuestos a pensar, los de unos más que otros. El psicólogo Justin Barrett acuñó el término "dispositivo de detección de agencia hiperactiva (o hipersensible)" —DDAH— para describir esta tendencia.

Entender que el DDAH es una característica intrínseca de la naturaleza humana representa un elemento fundamental del conocimiento básico de cualquier escéptico.

En los últimos años, los psicólogos y neurocientíficos han demostrado que nuestros cerebros están programados para distinguir los elementos de nuestro entorno que están vivos de los que no lo están. Pero estar "vivo" (desde el punto de vista psicológico) no tiene nada que ver con la biología, sino con la agencia; se refiere a la capacidad de actuar en el mundo, que tiene voluntad propia y que puede provocar que ocurran cosas. Naturalmente, ésta es una propiedad de todo lo vivo, pero no es así como nuestros cerebros organizan las cosas. Podemos percibir agencia en objetos inanimados si actúan como si tuvieran mente propia. Como hemos dicho anteriormente, incluso nuestro sistema visual divide el mundo entre elementos con y sin agencia. Así pues, en un nivel primario, nuestros cerebros tratan a los agentes de forma distinta de los objetos, y esto ocurre desde el primer momento en el que los vemos.

Bruce Hood, autor de *SuperSense* [*SuperSentido*], desgrana los estudios psicológicos que han documentado y descrito la tendencia humana de pensar en los objetos de forma distinta de los agentes. Ya desde bebés infundimos una esencia, una fuerza viva única, a los agentes. Los objetos son entes genéricos y son totalmente intercambiables, mientras que los agentes tienen su propia esencia única. Curiosamente, los niños pueden llegar a considerar que su juguete favorito (un animal de peluche, por ejemplo) posee las propiedades de un agente, de forma que lo tratan como a un ser vivo. Esto refuerza la idea de que la distinción que hacemos no es entre un ser viviente y uno inanimado, sino entre un agente y un objeto. Es probable que esto también explique por qué podemos ver dibujos animados y albergar reacciones emocionales hacia los personajes como si fueran reales; no están vivos, pero los consideramos agentes.

Según Barrett, el funcionamiento del DDAH se basa, en parte, en la detección de cualquier movimiento que no sea inercial, es decir, algo que parece moverse por voluntad propia. Entonces, asumimos que el objeto está actuando con agencia y reaccionamos en consecuencia. Es probable que ello nos proporcionara una ventaja evolutiva: es mejor asumir que ese crujido entre los arbustos no lo causa el viento, sino un león hambriento. Así que es probable que descendamos de unos homínidos que eran más paranoicos que otros y que presentaban detección de agencia hiperactiva, porque dichos primates tenían menos probabilidades de ser devorados por los depredadores.

El DDAH detecta más que el movimiento: puede percibir un patrón en acontecimientos que, de otra forma, no guardarían relación alguna entre ellos; en detalles que no se pueden explicar fácilmente, o en consecuencias que parecen desproporcionadas en relación con sus causas. Cuando se activa el DDAH, tendemos a ver a un agente oculto trabajando en las sombras, provocando que los acontecimientos se desarrollen como lo hacen e incluso borrando sus pasos de forma deliberada. Cuando entra en acción el DDAH y creemos identificar a un agente oculto, éste nos llama de un modo extremadamente primario. En algunas personas, la percepción de la agencia oculta se vuelve arrolladora y domina todos los demás procesos de pensamiento. A estas personas las conocemos como partidarios de las teorías de la conspiración. Pero todos llevamos dentro un pequeño conspiracionista.

Existen estudios que han demostrado que es más probable que el DDAH se active cuando el estímulo es ambiguo. Así pues, ésta tiende a ser nuestra asunción por defecto: un objeto será un agente mientras no estemos seguros de que no es más que un objeto. Además, nuestro DDAH se vuelve más activo en situaciones en las que tenemos menos control (lo que contribuye a la existencia de creencias supersticiosas).

Barrett y otros más han especulado que puede que el DDAH desempeñe un papel importante en el desarrollo de las religiones, puesto que, en ellas, Dios es el agente invisible definitivo. Hasta el momento, esta hipótesis no ha sido investigada de forma significativa, pero parece verosímil. Considerar que los acontecimientos naturales o aleatorios son la voluntad de un agente es un DDAH.

En muchos sentidos, el escepticismo es un filtro para el DDAH. Los escépticos nos preguntamos: "¿Es realmente cierto?". Vemos muchos patrones, pero sólo algunos de ellos representan una realidad subyacente. Necesitamos un proceso para identificar los que sí son reales; dicho proceso es la ciencia y el escepticismo.

Creo que resulta liberador entender que, en la mayoría de las situaciones, en lugar de haber un agente invisible sobrenatural o improbable trabajando en las sombras, la explicación más sencilla es que así es la vida.

6. Hipnagogia

Sección: Humildad neuropsicológica

Véase también: Abducciones

La hipnagogia es un fenómeno neurológico en el que se fusionan los estados de vigilia y de sueño, provocando así experiencias inusuales que a menudo se malinterpretan como paranormales.

> El estado de conciencia de vigilia es un sueño, pero es un sueño constreñido por la realidad externa.
>
> —Oliver Sacks

En una entrevista, Jessica Alba relató una experiencia terrorífica:

> No tengo duda alguna de que había algo en la antigua casa de mis padres… Algo me destapó mientras dormía y no fui capaz de levantarme de la cama […] Sentí una presión y no me podía levantar, no podía gritar, no podía hablar, no podía hacer nada […] No sé qué era. De verdad, no tengo palabras para explicarlo.

La experiencia de Jessica Alba, a pesar de ser ciertamente inusual, no es en absoluto única. Tal vez a ti también te haya pasado algo parecido. Yo he vivido episodios similares muchas veces, especialmente cuando estoy falto de sueño. En cuanto te duermes, de pronto te despierta un ruido o una sensación o incluso un olor que te parece extraño. Y ahora que estás despierto, eres incapaz de moverte. No puedes levantar los brazos ni girar la cabeza. Sientes que hay algo en la habitación, una presencia malvada, seguramente amenazadora y, desde luego, no deseada. Tratas de dar una bocanada de aire, pero sientes que algo te está apretando el pecho e inhibiendo tu capacidad de tomar aire y pedir ayuda. Por mucho que lo intentes, no puedes emitir ningún sonido. Te sientes postrado y vulnerable, a merced de eso que está provocando tu impotencia.

Es una experiencia aterradora que han experimentado millones de personas. Pero lo más importante es que se trata de una serie de fenómenos que se han desentrañado relativamente bien y que no requieren explicaciones paranormales o pseudocientíficas.

La hipnagogia es un fenómeno neurológico que puede ocurrir cuando el individuo se está despertando (en estado hipnopómpico) o se está quedando dormido (estado hipnagógico). Es un estado intermedio en el que la persona no está ni totalmente despierta ni totalmente dormida. En este estado, podemos experimentar imágenes y sonidos muy realistas. Aunque las alucinaciones visuales y auditivas son las más comunes, las experiencias de este tipo pueden ir desde oír que alguien susurra tu nombre hasta otras que involucran a todos los sentidos, incluido el tacto. En esencia, son experiencias oníricas que ocurren mientras estás medio despierto. Estos sueños de vigilia pueden ser extraños y aterradores.

La parálisis temporal, a menudo llamada parálisis del sueño, también está asociada con la hipnagogia. El sueño normal contiene fases de sueño MOR (movimientos oculares rápidos), durante los cuales el tallo cerebral inhibe las neuronas motoras de la columna vertebral, evitando así todo movimiento, excepto el de los ojos. Normalmente, esto sólo ocurre durante la fase del sueño. La razón más evidente tras la parálisis del sueño es nuestra seguridad. Sin esta salvaguardia, llevaríamos a cabo todas las acciones de nuestros sueños y podríamos incluso lesionarnos. Esto es precisamente lo que les ocurre a los sonámbulos. La parálisis persiste durante los sueños de vigilia porque las neuronas afectadas no se han reactivado de forma inmediata, tal como hacen normalmente. Por eso, los sueños de vigilia son, en cierto sentido, una fusión del estado despierto de conciencia normal y de las características específicas de la fase de sueño. Sí, estamos despiertos, pero la parálisis y las extrañas imágenes típicas de los sueños todavía no se han disipado del todo.

¿Es muy común la parálisis del sueño? En el artículo publicado en 2011 "Lifetime Prevalence Rates of Sleep Paralysis" [Índices de frecuencia de la parálisis del sueño a lo largo de la vida], los investigadores del sueño Brian Sharpless y Jacques Barber combinaron más de treinta estudios sobre la frecuencia de la parálisis del sueño llevados a cabo en distintas culturas y grupos, lo que les ofreció una muestra bastante grande formada por más de treinta y seis mil sujetos. Concluyeron que aproximadamente el 8% de las personas experimenta la parálisis del sueño, cifra que se eleva al 28% en los grupos de alto riesgo (personas cuyos patrones del sueño son deficientes o interrumpidos, como es el caso de los estudiantes), y hasta el 35% en quienes padecen trastornos psiquiátricos como la ansiedad o la depresión, lo que representa a una masa importante de población.

Experiencia interna *versus* experiencia externa

Para las mentes críticas, la lectura más importante de todo esto es que usamos nuestro cerebro para percibir el mundo, y que el cerebro a veces falla. Un episodio hipnagógico es un tipo de falla del cerebro, ya que se queda estancado entre dos estados. Las mayores complicaciones surgen de asumir que este fenómeno refleja una realidad externa y no una experiencia interna que está ocurriendo en el cerebro.

Yo mismo he experimentado muchos episodios hipnagógicos y sé de primera mano lo dramáticos y terroríficos que pueden ser, incluso cuando sabes de qué se tratan. Es comprensible que alguien que ha pasado por ello y para quien esta experiencia se sale de lo normal recurra a una explicación extraña.

Se sabe que esto ha ido ocurriendo a lo largo de la historia, ya que existen muchos relatos e incluso cuadros que representan un episodio hipnagógico típico. Estas extrañas experiencias se han interpretado dentro del contexto de cada cultura. En la Europa medieval, la gente creía recibir visitas de demonios que a veces se les sentaban en el pecho y los paralizaban con sus poderes oscuros. Cuando los fantasmas se popularizaron, los episodios se explicaban como visitas de espíritus que robaban la energía de las personas. En Terranova, a estos visitantes nocturnos los llamaban "viejas brujas". De hecho, la palabra inglesa *nightmare* (pesadilla) surge de dichas creencias: *maere* es un vocablo del inglés antiguo usado para designar a una diabla que asfixia a las personas mientras duermen.

Naturalmente, en las culturas más modernas, las personas son demasiado sofisticadas como para creer en brujas o demonios, así que culpan a los extraterrestres de dichas "visitas". Puede que el mejor ejemplo de ello sea el autor Whitley Strieber, quien cree haber sido abducido por los alienígenas y narra su experiencia en el libro que publicó en 1987, *Communion: A True Story* [*Comunión: una historia verdadera*]. Explica que se despertó, sintió una presencia en la habitación y fue inmediatamente paralizado. Sentía que estaba despierto, no soñando. Todos los rasgos cuadran con una descripción clásica de la hipnagogia. También documenta muchos otros relatos de personas que dicen haber sido abducidas, la mayoría de las cuales refleja la misma experiencia.

Es evidente que las causas de las experiencias hipnagógicas son neurológicas y que no requieren explicaciones externas tales como fantasmas, demonios, brujas o alienígenas. De hecho, siempre que alguien nos narra una experiencia extraña que ocurre en un contexto de sueño, debemos tomárnosla con escepticismo.

Pero el cerebro falla de muchas otras formas. Todos somos susceptibles, hasta cierto punto, a las ilusiones y a las alucinaciones. Nuestro cerebro se ve fácilmente afectado por las emociones extremas o por algo tan simple como una leve falta de sueño. Nuestra forma de dirigir la atención está sujeta a las fallas e incluso a la manipulación deliberada (como ocurre, por ejemplo, en los números de magia).

Lo más importante que podemos aprender sobre lo que sabemos de la hipnagogia es que no podemos asumir que nuestros cerebros siempre funcionan a la perfección y que, por ende, todo lo que experimentamos es real. Y es que, a veces, una historia de fantasmas no es más que eso: una historia.

7. El efecto ideomotor

Sección: Humildad neuropsicológica

Véase también: Radiestesia, Comunicación facilitada

El efecto ideomotor es un movimiento muscular inconsciente imperceptible e involuntario motivado por la expectación que crea la ilusión de que el movimiento se debe a una fuerza externa.

> Si alguien es capaz de demostrarme que lo que pienso o hago es incorrecto, cambiaré encantado, puesto que busco la verdad, la cual nunca ha dañado a nadie. Aquellos que persisten en su autoengaño e ignorancia son quienes padecen el daño.
>
> —Marco Aurelio

Existen muchas formas de engañarse a uno mismo, y a veces el propio cuerpo se convierte en cómplice del engaño. Fijémonos en la radiestesia, por ejemplo. Según la Sociedad Británica de Radiestesia, "Practicar la radiestesia consiste en buscar, con la ayuda de sencillas herramientas o instrumentos de mano, lo que de otra forma permanece oculto a la vista o al conocimiento. Se puede aplicar a la búsqueda de un gran número de artefactos y entidades".

A pesar de que algunos practicantes de la radiestesia usan varios dispositivos de mano, la mayoría de ellos se inclinan por un método que consiste en dos "varillas detectoras" delgadas y metálicas. Imagina, por ejemplo, dos piezas con forma de L extraídas de un gancho de alambre. El radiestesista agarra las piezas de metal por la línea más corta de la L y apunta con ellas hacia delante, de manera paralela, como si se tratara de un *sheriff* del Lejano Oeste que sostiene un par de revólveres a la altura de la cintura. Sostiene los alambres sin apretar, hasta el punto de que parece que puedan balancearse por sí mismos. Entonces, el radiestesista se concentra en lo que sea que afirme que es capaz de encontrar. En la mayoría de los casos, tratan de "detectar" agua subterránea; sin embargo, muchos radiestesistas afirman poder localizar metales preciosos, túneles subterráneos e incluso a personas desaparecidas. Entonces proceden a caminar hasta que se cruzan los alambres, ya que así es como avisan de la ubicación del hallazgo (o, si lo prefieres, puedes imaginarte la cruz de los mapas del tesoro).

Para quienes practican la radiestesia, este "don" es tan convincente como cualquier otra cosa que perciben como real. A estas alturas, ya podemos empezar a distinguir el patrón: la experiencia puede parecer real, pero ¿se trata de la manifestación de fuerzas verdaderas que existen en el mundo o de una falla del circuito cerebral? ¿Existe una fuerza mística que surge del suelo y afecta al movimiento de las varillas detectoras? Puesto que esta explicación requeriría nuevas leyes de la física, tal vez se trate de un proceso más sencillo.

El efecto ideomotor describe los movimientos musculares imperceptibles e inconscientes que llevan a cabo las personas y que tienen como consecuencia el movimiento de objetos. El doctor Ray Hyman, conocido detractor de la parapsicología, ha escrito extensamente sobre el efecto ideomotor y lo ha resumido como sigue:

> Bajo una serie de circunstancias, nuestros músculos actúan de forma inconsciente de acuerdo con una expectativa implantada. Lo que confiere tanta importancia a este sencillo hecho es que no somos conscientes de que nosotros mismos somos la fuente de la acción resultante. Esta ausencia del sentido de voluntad lo encontramos en muchas acciones cotidianas.

La gente fue consciente de las acciones ideomotoras por primera vez en el siglo XIX, pero no fue hasta 1852 cuando la "influencia de la sugestión en la modificación y dirección del movimiento muscular, independientemente de la voluntad" fue etiquetada como "acción ideomotora" por el psicólogo y fisiólogo William B. Carpenter.

El efecto ideomotor explica mucho más que la radiestesia. Quienes mueven pequeños péndulos sobre objetos (por ejemplo, para obtener orientación divina) o sobre el vientre de una mujer embarazada (para conocer el sexo del feto) nunca tienen en cuenta las fuerzas ideomotoras. Tanto los niños como los adultos a quienes les fascinan las tablas de ouija experimentan el efecto ideomotor cuando colocan las puntas de los dedos "ligeramente" sobre el puntero, ven cómo se mueve "mágicamente" por la tabla y creen que los espíritus se están comunicando con ellos.

Podría pensarse que investigar la radiestesia, los péndulos y las tablas de ouija carece de importancia. Estas actividades podrían excusarse por ser meros entretenimientos en el mejor de los casos, o malinterpretaciones inofensivas en el peor. Pero incluso las afirmaciones aparentemente absurdas, como la radiestesia, pueden tener efectos graves en el mundo real.

El empresario británico James McCormick amasó una fortuna de más de cuarenta y cuatro millones de euros con las ventas de un localizador de pelotas de golf que, en realidad, no era más que una elegante varilla detectora (que consistía en una empuñadura unida a una varilla que se movía libremente). Tomó este dispositivo (el ADE651), que inicialmente se vendía para encontrar pelotas de golf perdidas, y lo anunció como si se tratara de un detector de bombas para ubicar explosivos en Irak y otros lugares. El dispositivo es inútil, pero sorprendentemente, sigue siendo utilizado por los servicios de seguridad de distintas partes del mundo. Tan sólo en Irak, se cree que este utensilio fue responsable de centenares de muertes. Actualmente, McCormick está en la cárcel, cumpliendo una condena de diez años por fraude.

Desconocer el efecto ideomotor también puede tener consecuencias devastadoras en otros campos. Puede que el ejemplo más evidente sea la comunicación facilitada, es decir, la práctica de ayudar a un cliente con discapacidades del lenguaje a comunicarse sujetando su mano mientras señala letras en una tabla u oprime los botones de un tecleado. Tal como explicaré con más detalle en el capítulo 26 ("Las cacerías de brujas"), la comunicación facilitada no es más que autoengaño que explota el efecto ideomotor. Puede que los facilitadores crean que están ayudando a sus clientes discapacitados a comunicarse, pero la comunicación procede exclusivamente de sus mentes. La comunicación facilitada no es más que una tabla de ouija con una persona que sufre una discapacidad cognitiva.

La comunicación facilitada supone un aterrador derroche de recursos. No es sólo que sencillamente no funcione, sino que también ha provocado daños psicológicos imposibles de cuantificar, ya que ha proporcionado a los padres la falsa esperanza de que sus hijos, con graves discapacidades, son intelectualmente normales. Pero, por encima de todo, existen muchos casos de acusaciones criminales —e incluso de testimonios en los tribunales— hechos mediante la comunicación facilitada.

Los científicos que no están familiarizados con la existencia del efecto ideomotor y otros mecanismos de autoengaño pueden verse absorbidos por ellos. El doctor Steven Laureys es un investigador de éxito cuyo trabajo se centra en los pacientes en coma. Ha llevado a cabo magníficos estudios, pero en 2009 estuvo convencido de que un paciente a quien estaba estudiando, Rom Houben, que llevaba en coma veintitrés años, era capaz de establecer contacto mediante la comunicación facilitada. Afirmaba que el diagnóstico de Houben era erróneo, que no se encontraba en un estado vegetativo persistente sino que, de hecho, estaba "atrapado", es decir, consciente pero paralizado.

El problema residía en el hecho de que el facilitador era la única fuente de evidencia que sostenía que Houben estaba consciente. En internet circularon videos que mostraban la facilitación, durante la cual Houben a menudo no mira al teclado. Suele tener los ojos cerrados. Y, aun así, se supone que Houben está controlando el tecleo, guiando al facilitador hacia la letra correcta, cosa que es imposible sin mirar siquiera al teclado. Mientras tanto, el facilitador mueve su mano por el teclado, con agilidad y precisión. Dicha precisión sería imposible incluso si Houben se encontrara neurológicamente intacto, y mucho más en un estado de parálisis severa. Llegué incluso a enviarle un correo electrónico a Laureys para expresar mis preocupaciones sobre el caso, pero él estaba convencido de que era real. Sin embargo, a su favor diré que más adelante llevó a cabo un experimento a ciegas y demostró que la comunicación procedía del facilitador y no de Houben. Pero durante cierto tiempo, incluso un neurólogo reconocido como Laureys cayó presa del engaño de un efecto neurológico básico.

El efecto ideomotor es un fenómeno sencillo y muy bien entendido. Igual que los sueños de vigilia y las ilusiones, no es más que otro ejemplo de cómo nos pueden engañar nuestros cerebros. También nos alerta de la necesidad de tener siempre presente la compleja relación entre lo que está ocurriendo en el mundo y los modelos de realidad internos que crea el cerebro, especialmente cuando experimentamos algo inusual o extraordinario. Antes de lanzarnos a elaborar hipótesis sobre espíritus, fuerzas nuevas o habilidades sobrenaturales, debemos considerar que *—quizá—* nuestro cerebro (igual que el de cualquier otro ser humano del planeta) tiene sus rarezas y puntos débiles. He aquí el significado de la humildad neuropsicológica.

Metacognición

Casi todos los años, los Escépticos Solitarios asistimos a un gran congreso sobre ciencia y escepticismo que se celebra en Las Vegas, Nevada. La ironía sobre organizar un congreso dedicado al pensamiento crítico en una ciudad cuya industria principal se apoya básicamente en el pensamiento confuso no se nos pasó por alto. Sí, puede que algunas personas vayan por su oferta de entretenimiento, pero son miles de millones de dólares los que entran en la ciudad porque muchas personas confían en un pensamiento que es imperfecto.

La esperanza de "vencer a las probabilidades" se basa en falacias lógicas y sesgos cognitivos. La superstición y la creencia en la "suerte" (muy incentivadas por los casinos) campean a sus anchas. Los propios casinos no confían en la suerte; saben que son las matemáticas puras y duras las que les garantizarán una entrada de ingresos estable. Nuestras intuiciones sobre el riesgo, los presentimientos sobre la probabilidad y las estadísticas, y el sentido común sobre la relación de causa y efecto nos hacen vulnerables ante quienes cuentan con un poco de conocimiento sobre psicología y una calculadora.

Incluso cuando nuestra memoria y percepción funcionan bien, todavía tenemos que razonar con la información de la que disponemos. Es ése un viaje por una senda sinuosa plagada de callejones sin salida y obstáculos. Afortunadamente, los psicólogos llevan décadas estudiando muchas de las formas en las que nuestro pensamiento se descarrila. En este apartado te proporcionaremos un mapa para que te orientes en ese camino serpenteante, una guía para ayudarte a pensar sobre tu propio pensamiento para que no tengas que confiar en la casualidad, en tu pata de conejo de la suerte o en la ropa interior que llevabas puesta cuando ganaste el concurso de ortografía en tercero de primaria.

8. El efecto Dunning-Kruger

Sección: Metacognición

Véase también: Sesgo de confianza excesiva

El efecto Dunning-Kruger describe la incapacidad de evaluar las propias capacidades, lo que lleva a la tendencia general de sobreestimar las habilidades propias.

> El mayor enemigo del conocimiento no es la ignorancia, sino la ilusión del conocimiento.
>
> —Daniel Boorstin

¿Recuerdas al personaje de David Brent, interpretado por Ricky Gervais en la versión británica de la serie *The Office* (el personaje análogo fue interpretado por Steve Carell en la versión estadunidense)? David es un personaje clásico porque es una ligera exageración de alguien a quien todos conocemos en la vida real, esa persona que es demasiado incompetente y engreída como para darse cuenta de lo sumamente incapaz que es en realidad.

¿Por qué parece que el mundo está lleno de personas que creen que son inteligentes y eficaces cuando en realidad son ignorantes e ineptas? ¿Es esta percepción tan sólo un sesgo de confirmación (que explico en detalle en el capítulo 12) o hay algo de cierto en ella? En 1999, el psicólogo David Dunning y su estudiante de posgrado Justin Kruger publicaron un artículo en el que describen lo que se conoce (acertadamente) como el efecto Dunning-Kruger. En un artículo publicado en 2014 en el que hablaba de su famoso artículo, Dunning sintetizó el efecto: "Las personas incompetentes no reconocen —no, borra eso: no son capaces de reconocer— lo incompetentes que son".

Y luego explica:

> Lo que resulta curioso es que, en muchos casos, la incompetencia no lleva a las personas a ser cautelosas o a que se sientan desconcertadas o perplejas. Al contrario, los incompetentes suelen estar bendecidos con una inapropiada seguridad en sí mismos azuzada por *algo* que a ellos les parece que es conocimiento.

Como se observa en la gráfica siguiente, los individuos más competentes tienden a infravalorar un poco su capacidad relativa, pero la mayoría de las personas (75% de las puntuaciones más bajas) cada vez sobreestiman más su capacidad, y todo el mundo cree estar por encima del promedio. A veces oigo cómo este efecto se describe erróneamente como "cuanto más incompetente eres, más sabio te crees". Como puedes ver, las autoestimaciones sí decrecen a medida que decrece el conocimiento, pero la diferencia entre el desempeño y la autoevaluación aumenta a medida que tu desempeño decae.

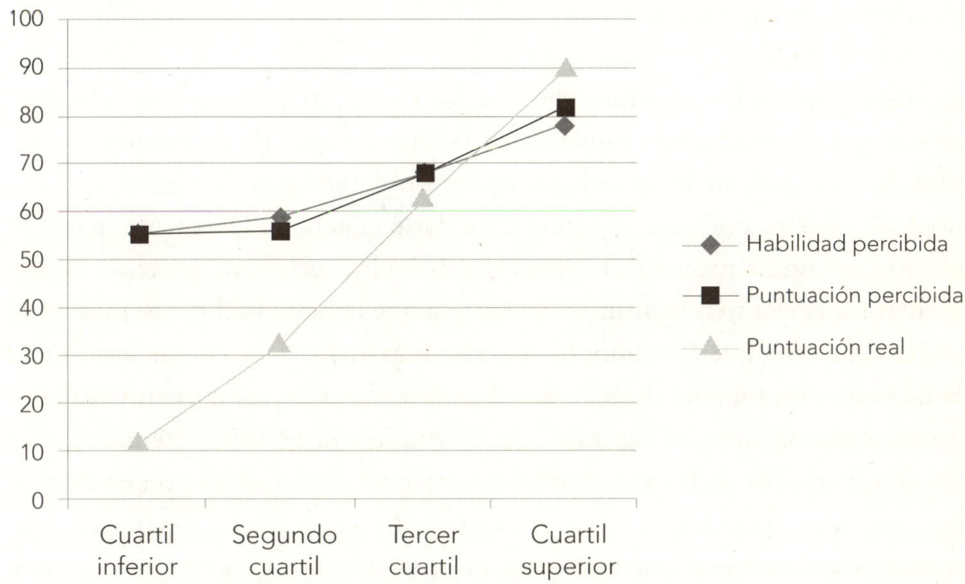

Son muchos los estudios que han documentado el efecto Dunning-Kruger en multitud de campos. El efecto se debe a varias causas posibles. Una es el mero ego: nadie quiere pensar de sí mismo que está por debajo del promedio, así que los sujetos inflan su autoevaluación. A las personas también les resulta más fácil reconocer la ignorancia en los demás que en sí mismos, lo que crea la ilusión de que se encuentran por encima del promedio, incluso cuando su desempeño se encuentra entre el 10% más bajo.

Sin embargo, el núcleo del efecto parece ser lo que describe Dunning: la ignorancia trae consigo la incapacidad de evaluar la propia ignorancia con exactitud. Dunning también observa algo que a todo escéptico veterano le resultará familiar:

> Una mente ignorante no es, precisamente, un receptáculo inmaculado y vacío, sino uno lleno de la maraña de experiencias, teorías, hechos, intuiciones, estrategias, algoritmos, descubrimientos heurísticos, metáforas y presentimientos irrelevantes o engañosos que, desafortunadamente, tienen la apariencia de conocimiento útil y preciso.

Esta observación describe con mucho tino a las personas que albergan creencias acientíficas o no fundamentadas con las que me enfrento todos los días. Si lees los comentarios de cualquier publicación de la página de Facebook de nuestro podcast, no tardarás en darte cuenta de lo potente que es el efecto Dunning-Kruger. (Y si resulta que has ido a echar un vistazo a los comentarios, lo siento muchísimo. No tendría que haberte hecho pasar por eso.)

Lo que creo que Dunning ha descrito más arriba —una conclusión con la que estoy totalmente de acuerdo— son los diversos componentes del sesgo de confirmación (ver capítulo 12). En nuestro intento por comprender el mundo, partimos de los conocimientos y paradigmas que ya poseemos; formulamos ideas para luego, sistemáticamente, buscar información que las confirmen; consideramos que cualquier información contraria se trata de una excepción y la rechazamos; interpretamos que ciertas experiencias ambiguas encajan con nuestras teorías; hacemos consideraciones subjetivas que refuerzan todavía más nuestras creencias; asimilamos estas aparentes confirmaciones y, con el tiempo, nuestros recuerdos se van modificando para que la apariencia de dicha confirmación parezca todavía más destacada.

Al final, lo que nos queda es una fuerte sensación de conocimiento, pero se trata de conocimiento falso. El sesgo de confirmación conduce a un alto grado de seguridad: sentimos en nuestras entrañas que tenemos razón. Y cuando nos encontramos con alguien que nos dice que estamos equivocados o que aboga por una visión alternativa, tendemos a ponernos a la defensiva, incluso a comportarnos de forma hostil.

El efecto Dunning-Kruger no es una mera curiosidad de la psicología, ya que se adentra en un aspecto muy importante del funcionamiento por defecto del pensamiento humano y en una grave deficiencia de nuestra forma de pensar. Además, afecta a todo el mundo: todos nos encontramos en un punto u otro de la línea en relación con distintos campos de conocimiento. Puede que seas un experto en ciertas cosas y competente en otras, pero también hay campos en los que te posicionarás en el punto más bajo de la línea.

Admítelo: hasta este momento, probablemente te estabas imaginando a ti mismo en la parte superior de la línea, mirando desde arriba con una sonrisa burlona a los pobres patanes de más abajo. Pero todos estamos ahí abajo en algún momento. El efecto Dunning-Kruger no sólo es aplicable a los demás, nos afecta a todos. Por eso el mundo está lleno de incompetentes e ilusos, porque todos lo somos.

Sin embargo, este patrón sólo describe cómo funcionamos por defecto. No es nuestro destino. Dentro de la filosofía escéptica, de la metacognición y del pensamiento crítico está el reconocimiento de que todos estamos a merced de unos sesgos cognitivos que son tan poderosos como sutiles. Lo primero que debemos hacer es reconocerlos para luego hacer un esfuerzo activo por luchar contra ellos, siendo plenamente conscientes de que el proceso es infinito. En parte, para hacerlo debemos cuestionarnos a nosotros mismos de forma sistemática. Debemos sustituir el proceso que Dunning ha descrito anteriormente por un proceso lógico y científico.

He aquí un ejemplo ilustrativo. Estoy involucrado en la formación de estudiantes de medicina y residentes. El efecto Dunning-Kruger está muy presente en este contexto, pero existen ciertas diferencias interesantes. En una tutoría, observé que todos los nuevos residentes creían que estaban por debajo del promedio en su clase. Entrar de lleno en una profesión en la que tu conocimiento es constantemente examinado y evaluado, en parte porque dicho conocimiento se traduce directamente en decisiones específicas, parece reforzar la modestia (cosa que es buena). Tampoco ayuda que tus mentores tengan más años o décadas de experiencia que tú, ya que el contraste puede resultar brutal.

Y, aun así, el efecto Dunning-Kruger es palpable. Incluso entre estos jóvenes profesionales, la distancia entre la autoevaluación y las capacidades reales crece a medida que nos acercamos al punto más bajo de la escala de capacidades.

La formación médica es un caso especial porque la autoevaluación es una capacidad específica que se enseña y evalúa. Es de suma importancia que los médicos se hagan una idea bien clara de sus propios conocimientos y capacidades. Tratamos de que los alumnos sean conscientes de todo lo que no saben, y el pozo aparentemente sin fondo que es la información médica está siempre a la vista.

Recuerdo haber visto, en mis tiempos de residente, un enorme libro de dos tomos que trataba únicamente sobre las enfermedades musculares que me hizo pensar: "¡Madre mía! Ése es el volumen de todo lo que no sé sobre enfermedades musculares". Existen libros similares de cualquier otro aspecto diminuto de la medicina. Puede resultar sobrecogedor.

A medida que los estudiantes y los residentes avanzan en su formación, nosotros seguimos moviendo la zanahoria frente a sus narices. A medida que ganan seguridad en sus capacidades básicas, tenemos que asegurarnos de que no se vuelvan arrogantes. Yo hablo con mis residentes específicamente sobre la diferencia entre capacidad, pericia y dominio.

Una lección concreta que trato de transmitir siempre que puedo, tanto en el contexto de la formación médica como en general, es la que sigue: piensa en un campo en el que goces de gran conocimiento, en el que tengas pericia o dominio (o en un área de interés especial en la que tu conocimiento esté por encima del promedio). Ahora, piensa sobre cuánto sabe una persona común sobre tu tema de especialización. No sólo sabrá poco en comparación, sino que además es probable que no sea consciente de lo poco que sabe y del volumen de conocimiento especializado que existe. Asimismo, es posible que gran parte de lo que cree saber sea erróneo o confuso.

Y aquí viene la parte crítica: ahora, date cuenta de que eres igual de ignorante que esa persona común en todos los campos en los que no eres un experto. El efecto Dunning-Kruger no habla únicamente de personas ignorantes que no saben lo ignorantes que son. También tiene que ver con la psicología humana básica y los sesgos cognitivos. Todos somos víctimas del efecto Dunning-Kruger.

Amén de los demás aspectos del pensamiento crítico, la autoevaluación es una capacidad para cuyo desarrollo podemos esforzarnos de forma específica. Pero la regla de oro es pecar siempre de humildes. Si presupones que sabes relativamente menos de lo que crees saber y que existe más conocimiento del que siquiera tienes constancia, lo más probable es que estés en lo cierto.

9. El razonamiento motivado

Sección: Metacognición

El razonamiento motivado es el proceso sesgado que utilizamos para defender una posición, ideología o creencia que albergamos desde una perspectiva emocional.

> Vemos ciertas informaciones, ciertas ideas, como aliadas. Queremos que ganen. Queremos defenderlas. Y otras informaciones o ideas son el enemigo, y queremos pegarles un tiro.
>
> —Julia Galef

¿Has formado parte alguna vez de una discusión política acalorada? Qué demonios, ¿has interactuado alguna vez con otros seres humanos? Entonces, lo más probable es que sepas lo frustrante que resulta tener delante a alguien que está desafiando a la lógica, agarrando con pinzas o distorsionando los hechos y defendiendo una postura de una forma totalmente tendenciosa. Y sí: tú también lo haces.

Existen estudios sobre psicología que demuestran que las personas tratan de forma distinta las diferentes creencias. En lo referente a la mayoría de las creencias, en realidad, las personas suelen ser (generalmente) racionales en el punto de partida. Tendemos a seguir un enfoque bayesiano, es decir, actualizamos nuestras creencias a medida que descubrimos información nueva. Si alguien nos dice que un acontecimiento histórico fue distinto de lo que recordamos, enseguida cambiamos nuestras creencias sobre dicho acontecimiento. Asimismo, cuanta más información tengamos sobre algo, y por lo tanto más sólida sea nuestra creencia, más tardaremos en cambiar dicha creencia. No nos limitamos a saltar de una versión de la creencia a la siguiente, sino que incorporamos la información nueva a la vieja.

En realidad, éste es un enfoque muy científico. A mí no me resultaría fácil cambiar mi creencia sobre que el Sol se encuentra aproximadamente en el centro de nuestro sistema solar. Necesitaría una gran cantidad de descubrimientos sumamente fiables que contrarrestaran la sólida masa de información científica en la que se basa mi creencia actual. Sin embargo, si una fuente fiable me diera un dato sobre George Washington que no he oído nunca antes, lo aceptaría con mucha más facilidad. Es una forma de ser razonable, y así es como actúan la mayoría de las personas en su día a día.

He dicho que este proceso es "generalmente" racional porque, incluso en el mejor de los casos, las personas tenemos sesgos cognitivos y seguimos procesos heurísticos (o atajos mentales; ver capítulo 11) que no son estrictamente válidos. Estos sesgos limitan nuestro raciocinio. Sin embargo, la limitación del raciocinio es mucho mayor cuando tenemos entre manos un conjunto especial de creencias que vemos desde una perspectiva emocional. Me refiero a supuestos hechos o creencias sobre el mundo que apuntalan nuestro sentido de identidad o ideología. Puede que formen parte de nuestra visión del mundo. Entre los escépticos es común llamar "vacas sagradas" a este tipo de creencias.

Todos nos apoyamos en relatos que nos permiten comprender el mundo y nuestro lugar en él. Algunos relatos son clave para nuestro sentido de identidad. Nuestros preferidos son los que apoyan nuestra visión del mundo, nuestra pertenencia a un grupo o la percepción que tenemos de nosotros mismos como individuos buenos y valiosos. Todos disponemos de relatos y creencias que satisfacen nuestras necesidades psicológicas básicas, como la necesidad de cierta sensación de control. Cuando alguien pone dichas creencias en entredicho, no adoptamos un enfoque racional e imparcial, sino que nos ponemos tercos y nos entregamos a lo que se conoce como razonamiento motivado. Defendemos nuestras creencias fundamentales a capa y espada, hacemos pedazos la lógica, rechazamos los hechos incómodos, nos inventamos hechos a conveniencia, seleccionamos cuidadosamente los que nos gustan, nos damos al pensamiento mágico y usamos juicios subjetivos a placer pasando totalmente por alto la coherencia interna. En conjunto, estos procesos constituyen el razonamiento motivado, algo que a los humanos suele dársenos de maravilla.

El razonamiento motivado lo activa algo que los psicólogos denominan *disonancia cognitiva*. La primera persona en formular la teoría de la disonancia cognitiva fue Leon Festinger, en 1957. Festinger planteaba que el malestar psicológico surge cuando se nos ofrecen dos informaciones que se contradicen mutuamente. Albergamos una creencia, pero ahora disponemos de una información que la contradice. Lo ideal sería resolver el conflicto de una forma racional y objetiva, y modificar la creencia según fuera necesario, en función de la naturaleza y validez de la información nueva. Sin embargo, cuando una creencia está arraigada y ligada a las emociones, cambiarla es muy difícil. Si la creencia se encuentra en el corazón de nuestra visión del mundo, modificarla podría provocar una reacción en cadena, lo que a su vez magnificaría la disonancia cognitiva.

Emocionalmente, es mucho más fácil rechazar la información nueva, cuestionar su procedencia, racionalizar sus implicaciones e incluso inventar una conspiración que la explique. De hecho, cuando se trata de creencias comunes, puede que el razonamiento motivado incluso ya esté listo para usarse. Existen movimientos organizados que disponen de detalladas listas de racionalizaciones e informaciones incorrectas que, convenientemente, rechazan las evidencias que respaldan la evolución, el calentamiento global, la efectividad de las vacunas, la brecha salarial entre géneros, la seguridad de los organismos modificados genéticamente e incluso la esfericidad de la Tierra. Son una especie de bálsamo para la disonancia cognitiva que tan sólo hay que aplicar generosamente.

El razonamiento motivado encuentra un aliado en el hecho de que gran parte de la información de la que disponemos es subjetiva o requiere de juicio. Ningún estudio científico es perfecto, por lo que siempre es posible señalar limitaciones si lo que se pretende es negar las conclusiones. Ninguna fuente es impecable, y todos nos equivocamos, así que podría tratarse de un error. Existen distintas fuentes con argumentos diferentes y cada uno es libre de creer el que mejor apacigüe su disonancia cognitiva.

Las implicaciones de los hechos pueden interpretarse de muchas maneras distintas, incluso cuando los propios hechos no están siendo discutidos. Si una persona es rica, puedes concluir (si te cae bien) que es exitosa e inteligente, o (si no te cae bien) que es corrupta y avariciosa. La misma persona puede ser o bien valiente o bien insensata, firme o testaruda, gran líder o autoritaria. Todo depende de tu perspectiva.

En general, las opiniones políticas tienden a entrar en la categoría de "vacas sagradas". Las personas suelen identificarse con su tribu política y quieren creer que ésta es virtuosa e inteligente, mientras que la contraria está formada mayoritariamente por un puñado de necios embusteros. Naturalmente, estas dicotomías se encuentran dentro de un espectro. Puedes sentir un cierto apego emocional por una creencia o puede ser un pilar fundamental de tu visión del mundo y de tu identidad. Tus ideas políticas pueden ser un poco tribales, o puedes ser absolutamente partidista.

La neurociencia que explica el razonamiento motivado

Una gran porción de la investigación psicológica sobre el razonamiento motivado tiene que ver con las opiniones políticas. Cuantiosos estudios han demostrado que las personas persiguen dos objetivos muy definidos al formar sus opiniones políticas: el objetivo direccional y el objetivo de la precisión. El objetivo direccional los conduce a la opinión que es coherente con su identidad partidaria, mientras que el de la precisión los lleva a tratar de construir una opinión lo más correcta posible.

Los investigadores han observado que, cuanto más partidistas sean el individuo y el objeto de su evaluación, más direccional será su razonamiento. Sopesarán las evidencias con mayor interés si éstas apoyan su identidad partidaria; en cambio, si la evidencia va en contra de la línea del partido, la rechazarán. Asimismo, los individuos también se ven sesgados (afectados de forma inconsciente por un estímulo) con facilidad. Es mucho más probable que consideren que una propuesta de ley es buena y la apoyen si creen que es su partido quien la está impulsando y no el partido contrario.

Los psicólogos hablan de este fenómeno como si estuvieran describiendo un programa de computadora. Las personas tratan de ajustar sus creencias para maximizar dos cosas a la vez: la alineación de dichas creencias con los hechos y su bienestar emocional. Es casi como una ecuación matemática. Cuanto más elevado sea el malestar emocional (la disonancia cognitiva) que provoca un hecho, más nos esforzaremos en racionalizarlo hasta hacerlo desaparecer.

Puede que el estudio más trascendental sobre este fenómeno sea el que Brendan Nyhan y Jason Reifler llevaron a cabo en 2010. En él, los autores pretendieron demostrar la existencia de un efecto "adverso": cuando se confrontaba a los sujetos con información que contradecía una de sus opiniones políticas, su creencia en la información errónea aumentaba. Más concretamente, estudiaron la afirmación de la existencia de armas de destrucción masiva en Irak. Sin embargo, un estudio complementario llevado a cabo en 2016 por Thomas Wood y Ethan Porter arrojó que dicho efecto adverso era poco frecuente, y que sólo se observaba en una pregunta de treinta y seis: la afirmación sobre las armas de destrucción masiva. Incluso entonces, el efecto dependía de la forma en que se presentaba la información.

Es evidente que este efecto adverso debe ser investigado más extensamente: ¿cuándo se activa y cuánto dura el efecto? Los partidarios pueden aceptar la corrección a corto plazo y, con el tiempo, volver a sus ideas previas. Pero estos resultados apoyan la idea de que existe un conflicto entre el objetivo direccional y el de precisión.

Los neurocientíficos han empezado a fijarse en lo que ocurre en el cerebro cuando se confronta a los sujetos con hechos que plantean un problema para sus creencias políticas y cuando se les ofrecen justificaciones que les ayudan a resolver el problema. Drew Westen *et al.* se sirvieron de la imagen por resonancia magnética funcional, usada para captar imágenes de la actividad cerebral, mientras se planteaba a los sujetos información neutral o aquella que entraba en conflicto con sus afiliaciones políticas. Observaron que los sujetos usaban partes distintas del cerebro en ambas situaciones.

Cuando se les planteaba información ideológicamente neutral, los sujetos usaban la parte cognitiva del cerebro. Cuando se les planteaba información partidaria, se activaba una parte totalmente distinta, la que se sabe que está asociada con la identidad, la afinidad y la emoción. Resulta igualmente curioso que, después de alcanzar una conclusión motivada, lo que mitigaba las emociones negativas del conflicto, a los sujetos se les activaba la parte del cerebro que está asociada con la recompensa y recibían una buena dosis de dopamina.

El razonamiento motivado tiene un impacto doble: reduce la emoción negativa que sentimos cuando los hechos chocan con nuestra identidad o creencias e induce emociones positivas asociadas con la recompensa. Este proceso puede tener un efecto condicionante muy fuerte, puesto que refuerza el comportamiento.

Un estudio llevado a cabo en 2016 por Jonas Kaplan, Sarah Gimbel y Sam Harris confirma en cierto modo esta comprensión básica. Se escanearon los cerebros de cuarenta sujetos de filiación de izquierda mientras se les planteaban afirmaciones que estaban diseñadas para ser o bien políticas o bien apolíticas. Entonces se les plantearon contraargumentos, algunos de los cuales eran exagerados o falsos.

Un ejemplo de afirmación política que usaron es que Estados Unidos invierte una cantidad demasiado elevada de sus fondos en el ejército. El contraargumento es que el arsenal nuclear de Rusia dobla en volumen al de Estados

Unidos (cosa que no es cierta: Rusia tiene 7,300 misiles nucleares frente a los 7,100 de Estados Unidos). Un ejemplo de afirmación apolítica es "Thomas Edison inventó la bombilla". Un contraargumento para esta afirmación es que "Humphry Davy presentó una lámpara eléctrica en la Royal Society cerca de setenta años antes del invento de Edison". Es cierto, pero es una exageración porque la bombilla incandescente de Davy no era funcional. La bombilla de Edison no fue la primera, pero sí fue una de las primeras en reunir las propiedades necesarias para que su uso generalizado fuera viable. (En realidad, el inventor inglés Joseph Swan se adelantó a Edison en la invención de la bombilla funcional y ganó en los tribunales al denunciar a Edison por infracción de patentes.)

Los investigadores observaron la actividad en los cerebros de los sujetos cuando se les planteaban contraargumentos asociados con opiniones políticas y apolíticas. Cuando se cuestionaba una creencia política, se activaba una parte mayor del cerebro, incluidas las regiones conocidas como "red funcional por defecto" y la amígdala. La primera puede estar relacionada con la identidad, y la segunda con las emociones negativas.

Interpretar este tipo de estudios siempre es complicado. Para empezar, cuarenta sujetos son un grupo pequeño, y la imagen por resonancia magnética funcional presenta una relación señal-ruido baja. Suponiendo que los resultados sean válidos, tampoco sabemos qué significan exactamente. Que veamos que una parte del cerebro se ilumina no significa que sepamos qué está haciendo. Una misma estructura cerebral participa en diversas redes neuronales que se superponen y ejecutan diferentes funciones, a su vez también superpuestas. Sin embargo, lo que sí parece estar claro es que el cerebro reacciona de formas distintas ante las incitaciones políticas y las apolíticas, lo que apunta a la existencia de una respuesta emocional.

Los investigadores también evaluaron hasta qué punto los sujetos cambiaban de opinión sobre los hechos cuestionados. Los cambios de opinión eran más constantes en relación con las ideas no políticas que con las políticas.

Insisto, aquí entran en juego muchas variables y ningún estudio las tendrá todas en cuenta, pero es un principio interesante.

Este estudio reciente es congruente con investigaciones anteriores sobre la cuestión del razonamiento motivado, y señala el camino a seguir en investigaciones futuras. Sería muy útil que surgieran estudios posteriores con sujetos conservadores, sobre otras ideologías (religiosas, sociales, históricas), con un enfoque más directo en otras variables (por ejemplo, el grado de verdad o de verosimilitud de los contraargumentos) y grupos de sujetos más grandes.

Los estudios centrados en la psicología y en las correlaciones neuronales del razonamiento motivado proporcionan un conocimiento fundamental sobre el comportamiento del cerebro humano y acentúan lo difícil que puede ser adoptar un pensamiento crítico coherente. Esto apunta a que debemos hacer un esfuerzo activo por mantener la distancia cuando se trata de creencias ideológicas. Las creencias fácticas sobre el mundo no deberían constituir una fuente de identidad, puesto que los hechos pueden ser incorrectos, parcialmente incorrectos o incompletos.

Naturalmente, es más fácil decirlo que hacerlo. Yo he seguido la estrategia de asociar mi apego emocional con el escepticismo. Me enorgullezco de mostrar distancia hacia las afirmaciones fácticas, de seguir un proceso lógico y empírico válido y de cambiar de opinión cuando es necesario. Me centro en la validez del proceso, no en afirmaciones específicas o conjuntos de creencias concretos. Desde el punto de vista psicológico, intento seguir el proceso del razonamiento de la precisión, nunca el direccional. Hacerlo requiere práctica y vigilancia, pero con el tiempo termina saliendo de forma automática.

También debemos recordar que las personas que no están de acuerdo con nosotros son personas, no demonios. Tienen sus propias razones para creer lo que creen. Sienten que tienen razón tanto como nosotros, y no disienten de nuestra opinión porque nosotros seamos virtuosos y ellos malvados. Tan sólo siguen un relato diferente del nuestro, que a su vez está reforzado por un conjunto de hechos y juicios subjetivos distintos.

Con esto no estoy diciendo que todas las opiniones sean igual de válidas. Lo que digo es que deberíamos hacer un esfuerzo por centrarnos en la lógica y en las evidencias y no en las presuposiciones de superioridad moral que obedecen a nuestros intereses.

10. Argumentos y falacias lógicas

Sección: Metacognición

Una falacia lógica es una conexión inválida entre una premisa y una conclusión en la cual dicha conclusión no surge necesariamente de la premisa (o premisas), pero se presenta como si lo hiciera.

> Estoy convencido de que pensar lógicamente no puede en ningún caso ser natural para la mente humana. Si lo fuera, las matemáticas serían la asignatura más fácil para todos los alumnos, y a nuestra especie no le habría llevado varios milenios dar con el método científico.
>
> —Neil deGrasse Tyson

Lo que sigue es un comentario que recibí en uno de los artículos sobre medicina alternativa que publiqué en el blog, en el que criticaba a la Clínica Mayo por promover el curanderismo. Es un ejemplo típico e incluso dulce del tipo de argumentos con el que me encuentro a diario:

> Claramente, la Clínica Mayo está gestionada por un puñado de curanderos y charlatanes que carecen de interés por la salud y el bienestar del público. Cómo se atreven siquiera a considerar cualquier alternativa a la cirugía o a la medicación con receta para contribuir a la recuperación de los pacientes. Cada vez tengo más la sensación de que los artículos de esta clase los escriben los esbirros de las empresas farmacéuticas. Es evidente que este artículo está escrito desde el miedo; miedo a que existan ideas y prácticas en el mundo que no entiende y ante las cuales su último recurso es el ataque. En este caso, está atacando a una de las

instituciones médicas más respetadas del mundo. ¿Piensa usted, señor autor, que tal vez sea usted quien no tiene ni idea?

¿Cómo es posible que las personas disientan tan enérgicamente incluso sobre los hechos (y no sólo sobre opiniones subjetivas)? A menudo, la discordia surge simplemente a partir de argumentos pobres, de los cuales el comentario anterior ofrece muchos ejemplos que analizaremos a continuación. El comentario no es persuasivo porque su construcción es muy torpe. Si su autor pretendía hacerme cambiar de idea, fracasó estrepitosamente porque sus argumentos contenían graves defectos.

Entre las capacidades centrales propias del pensamiento crítico encontramos la habilidad de formular un argumento coherente que siga una lógica válida, de comprobar la validez de tu propia lógica y de reconocer una lógica deficiente en los argumentos de los demás. Todo argumento que se base en una lógica que no es válida se considerará una falacia lógica.

¿Qué es un argumento?

Si alguna vez has dedicado tiempo a conversar con otras personas, lo más probable es que hayas participado en alguna discusión; puede que incluso te ocurra a diario. Discutir es una de esas cosas que hacemos todos, pero que pocos comprenden. Y, aun así, discutir es una capacidad esencial para el pensamiento crítico. Nuestra forma de discutir refleja nuestra forma de pensar, los métodos que usamos para evaluar nuestras propias conclusiones y cómo ponemos en duda las creencias de los demás.

Incluso la propia finalidad de la discusión suele malinterpretarse. Yo tengo discusiones casi todos los días, lo que no significa que me pelee físicamente con los demás día tras día, sino que mantengo conversaciones cuyo propósito es intentar convencer a la otra parte de una conclusión específica o bien reconciliar conclusiones distintas sobre una cuestión fáctica. En la mayoría de las discusiones, la otra persona abandera una posición y la defiende con mucho celo, como si fuera un abogado cuyo cliente le ha pagado unos buenos honorarios a cambio de su defensa. Pero el enfoque del antagonista no es constructivo. Lo que ambas partes de la discusión deberían hacer es tratar de encontrar un punto en común y partir de él con cuidado para resolver sus diferencias.

Lo primero que debemos entender sobre los argumentos lógicos es que siguen un formato específico. Se basan en una o más premisas, que son los hechos subyacentes que el argumento da por hecho o sobre las que se construye. Y, por último, existe una cierta conexión lógica que demuestra cómo dichas premisas conducen necesariamente a una conclusión concreta.

A veces, las personas utilizan afirmaciones como si fueran argumentos. Un argumento debe establecer algún tipo de conexión entre una premisa y una conclusión. Las afirmaciones simplemente exponen una conclusión (o una premisa) sin ningún tipo de apoyo. Por ejemplo, decir que mi crítica a la Clínica Mayo se basaba en mi miedo a unas ideas nuevas es una mera afirmación. El autor del comentario no fundamentó su conclusión en nada. Por mi parte, mi argumento original era que la Clínica Mayo afirma basarse en pruebas fehacientes (es decir, ofrecer sólo los tratamientos cuya eficacia está suficientemente demostrada) y, aun así, promueve la acupuntura, la cual no se basa en la evidencia (éstas son mis premisas). Por lo tanto, está traicionando la misión que dice perseguir (ésta es mi conclusión). ¿Ves la diferencia?

He aquí otra cosa importante a tener en cuenta: si las premisas de un argumento son verdaderas y suficientemente completas, y la lógica es válida (en cuyo caso se entiende que el argumento es "sólido"), entonces la conclusión será verdadera. Para que una conclusión sea falsa, hace falta que una o más de sus premisas sean falsas, que alguna de las premisas esté oculta o incompleta, o que la lógica no sea válida. Si los productos homeopáticos no contienen otra cosa que agua y el agua no tiene ningún efecto médico concreto (al margen de la hidratación), la homeopatía no es medicina.

Así pues, si el argumento es sólido, la conclusión es verdadera. Sin embargo, si la situación es la contraria, el resultado no es el mismo. Es posible que un argumento no sólido esté ligado a una conclusión que resulta ser verdadera, a pesar de que el argumento no la apoye. Alguien podría decir que el Sol es esférico porque las esferas son bonitas; el argumento no es sólido, pero la conclusión sigue siendo cierta.

Si dos personas han alcanzado conclusiones distintas sobre una afirmación fáctica, quiere decir que una de ellas, o ambas, se equivocan. Las dos no pueden estar en lo cierto. Por lo tanto, una de ellas, o ambas, habrá cometido un error en los argumentos que se han empleado para extraer las conclusiones. Ambas partes deben examinar juntas sus argumentos y resolver los errores que contengan.

Hay que recordar que esto sólo funciona si los argumentos tienen relación con afirmaciones fácticas, no con sentimientos subjetivos o juicios de valor. Por ejemplo, las diferencias de opinión sobre la estética no se pueden resolver de forma objetiva. Si prefieres Mozart a Beethoven, no hay forma alguna de demostrar la superioridad de Mozart mediante hechos o lógica. Por eso es muy útil identificar si una conclusión contiene una opinión estética o una elección moral, porque te ahorras discutir hasta el infinito sobre una cuestión que es inherentemente irresoluble.

Empieza mirando hacia dentro

Muy a menudo soy testigo de cómo algunas personas usan su conocimiento sobre los argumentos y la lógica para deconstruir los argumentos del otro. Es muy fácil que esta práctica se convierta en un intento de detectar algún defecto en los argumentos de aquel a quien perciben como su adversario para así declararse victoriosos. Pero el conocimiento sobre los argumentos y la lógica se debe usar, en primera instancia, para examinar la propia postura. Si alguien está en desacuerdo con otra persona, lo mejor es que empiece por deconstruir su propia postura para asegurarse de que sus premisas son ciertas, que no existen premisas ocultas y que su lógica es válida. Debe estar abierto a la posibilidad de que la información de la que dispone sea incompleta o errónea, o de que haya cometido un error mental.

Fuera de ciertos círculos, como un club de debate o tal vez los tribunales, donde el cometido es el de defender una posición concreta, lo deseable es que tu postura sea válida y verdadera. Y para ello hace falta examinar los propios argumentos con total transparencia.

En otras palabras: la lógica y los argumentos deben usarse como herramientas, no como armas. Cuando se usa la lógica como arma, distorsionarla ligeramente para satisfacer las propias metas se vuelve demasiado fácil.

Naturalmente, también es bueno deconstruir los argumentos de los demás. Pero es importante tratar de ser lo más justo posible. A esto se le llama *principio de caridad.* Concede a tu interlocutor el beneficio de la duda; quédate con la mejor interpretación posible de su postura y deconstrúyela.

Porque, insisto, el objetivo no debería ser "ganar", ya que no se trata de ir sumando puntos. El propósito del pensamiento crítico y del escepticismo es adoptar la postura más válida posible, lo que implica tener en cuenta los mejores argumentos que contradicen nuestra postura.

Examina tus premisas

Como ya se ha dicho, para que un argumento sea sólido, todas sus premisas deben ser ciertas. A menudo vemos cómo las personas llegan a conclusiones diferentes porque parten de premisas distintas. Por eso, examinar todas las premisas de los dos lados de la misma discusión es un buen punto de partida.

Las premisas son susceptibles a cuatro tipos de problemas. El primero y más obvio es que *una premisa puede ser errónea.* Si alguien dice, por ejemplo, que la teoría de la evolución es falsa porque no existen formas transicionales, el argumento no será sólido porque la premisa —la ausencia de formas transicionales— es falsa. De hecho, la existencia de fósiles de formas transicionales es abundante.

Otro tipo de falla relativa a las premisas se da cuando *una o más premisas son presuposiciones injustificadas*. Puede que la premisa sea cierta, pero que no se haya establecido lo suficiente como para utilizarla como premisa en un argumento. Identificar todas las presuposiciones de las que depende un argumento suele ser el paso más importante en el análisis del argumento. A menudo, cuando se llega a conclusiones distintas es porque se parte de presuposiciones discordantes.

Con frecuencia, las personas escogen las presuposiciones que mejor encajan con la conclusión que más les agrada. De hecho, existen experimentos psicológicos que demuestran que la mayoría de las personas parten de las conclusiones que les satisfacen y construyen a partir de ellas los argumentos que las apoyan; a este proceso se le llama racionalización.

Una forma de resolver el problema del uso de presuposiciones como premisas es identificar y poner de manifiesto dichas presuposiciones desde el primer momento. Este tipo de argumentos suelen llamarse *hipotéticos*, o suelen introducirse con la expresión "Podemos asumir, por el bien del argumento...". Además, si dos personas examinan sus argumentos y se dan cuenta de que están usando presuposiciones distintas como premisas, al menos podrán "aceptar las diferencias". Se darán cuenta de que no podrán resolver su desacuerdo hasta que dispongan de más información que aclare qué presuposición es más probable que sea cierta. Por ejemplo, dos personas pueden disentir sobre si debería subirse el salario mínimo porque están basando sus conclusiones en presuposiciones de partida distintas. Una de las partes puede presuponer que subir el salario mínimo conlleva la eliminación de empleos, mientras que la otra puede presuponer lo contrario. Cualquier otro argumento será fútil hasta que se resuelva esta diferencia.

El tercer tipo de dificultad en relación con las premisas es el más traicionero: *la premisa oculta.* Naturalmente, si los cimientos de un desacuerdo son una premisa oculta, la resolución será imposible. Por eso, cuando se llega a un callejón sin salida al tratar de resolver diferencias, siempre es buena idea volver atrás y ver si hay alguna premisa implícita que no se haya abordado.

Volvamos al ejemplo de las formas transicionales. ¿Cómo es que los científicos creen que disponemos de un gran número de formas transicionales, mientras que los negacionistas de la evolución (creacionistas o defensores del diseño inteligente) creen lo contrario? Podría parecer que ésta es una afirmación fáctica sencilla, de fácil resolución, puesto que sólo hay que remitirse a las evidencias. En ocasiones, quienes niegan la evolución sencillamente desconocen las evidencias o están siendo intelectualmente deshonestos. Sin embargo, los negacionistas más sofisticados son plenamente conscientes de las pruebas relacionadas con las formas transicionales y se sirven de una premisa oculta para negar la existencia de las propias formas transicionales.

Cuando los paleontólogos hablan de las formas "transicionales" se refieren a las especies que ocupan un lugar ubicado morfológica y temporalmente entre dos especies conocidas. Puede que se trate de un antepasado común, en cuyo caso la forma transicional será más antigua que las dos especies que descienden de ella; o puede encontrarse en un punto temporal intermedio entre dos especies, siendo así descendiente de una y antepasado de otra. Pero lo cierto es que a menudo no sabemos si las especies transicionales son realmente un antepasado o simplemente un pariente cercano del verdadero antepasado. Puesto que la evolución es un proceso muy ramificado, no lineal, la mayoría de los especímenes que encontramos se encuentran en una rama evolutiva lateral (es decir, el parentesco será equivalente al de un tío, no al de un padre). Pero si ocupan un hueco morfológico entre especies conocidas, evidencian la existencia de una conexión evolutiva y, por lo tanto, pueden considerarse transicionales. Por ejemplo, puede que el *Archaeopteryx* no esté directamente emparentado con las aves de hoy, pero está claro que ocupa un espacio transicional entre los dinosaurios terópodos y las aves modernas y que uno de sus parientes cercanos es un antepasado directo de las aves modernas.

Cuando quienes niegan la evolución dicen que no existen las formas transicionales, su gran premisa implícita es que parten de una definición de "transicional" distinta de la aceptada por la comunidad científica en general. Suelen definir "transicional" como una especie de monstruo imposible de estructuras inútiles y a medio formar. O, en ocasiones, su definición de transicional incluye únicamente a los fósiles cuya condición de verdadero antepasado está fundamentada en pruebas independientes, en lugar de estar sencillamente emparentados con un antepasado directo, lo que constituye una condición inalcanzable.

Otra premisa oculta de su argumento es el número de formas transicionales de las cuales se debería tener constancia. Naturalmente, siempre tienen margen para fijar una cantidad arbitraria elevada y afirmar que no son suficientes.

El cuarto problema posible relacionado con las premisas puede resultar muy sutil, ya que consiste en *la presencia de un juicio subjetivo en la premisa.* Se podría tomar como premisa que cierta fuente de noticias es fiable. Pero ¿qué criterios, y de quién, la convierten en fiable? Las evaluaciones subjetivas permiten ajustar las premisas para que encajen con la conclusión deseada con una facilidad apabullante.

Fijémonos de nuevo en la crítica del autor del comentario. Tiene "la sensación" de que los artículos que critican la propagación de la pseudociencia en el campo de la medicina proceden de esbirros de las grandes empresas farmacéuticas, lo que le permite rechazar los argumentos que no son de su agrado. Su sensación es subjetiva: se basa en una conclusión preexistente que pasa a convertirse en una premisa presupuesta.

Esto hace que las premisas subjetivas se conviertan en razonamiento circular, ya que no son más que un mero filtro a través del cual vemos el mundo con el fin de confirmar lo que ya creemos.

Falacias lógicas

Incluso cuando podemos establecer que todas las premisas de un argumento son ciertas, el argumento todavía puede seguir siendo poco sólido si la lógica empleada no es válida; a esto se le llama *falacia lógica*. El cerebro humano es una máquina maravillosa con capacidades que, en ciertos aspectos, siguen superando a las supercomputadoras más potentes. Sin embargo, nuestros cerebros no parecen haber evolucionado de forma específica en lo que a la lógica exacta se refiere. Nos enfrentamos a una cantidad ingente de trampas lógicas en las que nuestros cerebros tienden a caer, a menos que seamos plenamente conscientes de su existencia y nos esforcemos por evitarlas.

Asimismo, dada la tendencia de partir de las conclusiones deseadas para luego construir argumentos que las apoyen, muchas personas se sirven de falacias lógicas para plantear sus argumentos. De hecho, siempre que alguien trata de formular un argumento para apoyar una conclusión que no es cierta, debe servirse o bien de una premisa falsa o de una falacia lógica. Recordemos que un argumento sólido (construido a partir de premisas verdaderas y que sigue una lógica válida) no puede conducir a una conclusión falsa. Así que no queda otra opción que utilizar premisas falsas o una lógica deficiente para defender una conclusión falsa. Para evitar usar falacias lógicas en la construcción de argumentos poco sólidos, debemos entender cómo identificar la lógica falaz.

A continuación detallaremos las falacias lógicas más comunes, cada una con un ejemplo ilustrativo que nos ayudará a evitar los argumentos endebles. Cabe destacar que se trata de falacias lógicas informales, lo que significa que la lógica es cuestionable pero su validez suele depender del contexto, de forma que no siempre serán inválidas en el sentido más estricto del término.

Las falacias lógicas formales siempre son inválidas. Por ejemplo, si parto de las premisas de que A = B y que B = C, y concluyo que A no es igual a C, estaré utilizando una falacia lógica formal. La conclusión siempre es errónea.

En cambio, como veremos, las falacias lógicas informales son más... escurridizas.

Non sequitur

Este término procedente del latín se traduce como "no se sigue" y hace referencia a un argumento en el que la conclusión no sigue necesariamente las premisas. En otras palabras, se implica una conexión lógica donde no la hay. Se trata del tipo más básico de falacia lógica y, de hecho, todas las falacias lógicas son *non sequitur*.

Así, por ejemplo, si dijera que el queso suizo es bueno para la salud porque es amarillo, se trataría de un caso de *non sequitur* porque no existe conexión lógica entre la premisa y la conclusión.

Argumento de autoridad

La estructura básica de este tipo de argumentos es la siguiente: el profesor X sostiene que A, el profesor X habla desde la autoridad, ergo A es verdad. A menudo, este argumento se valida al subrayar los muchos años de experiencia o nivel de formación académica de la persona que hace cierta afirmación. A veces también se emplea la forma contraria de este argumento, es decir, que si alguien no posee ninguna autoridad, sus afirmaciones serán falsas. Esto último también se puede considerar una falacia lógica *ad hominem* (ver más abajo).

En la práctica, puede ser complejo lidiar con esta falacia lógica. Es legítimo tener en cuenta la formación y la experiencia de una persona al examinar su posición sobre una afirmación concreta. Además, que una opinión científica goce de consenso trae consigo cierta autoridad legítima. Pero sigue siendo posible que las personas muy formadas y un consenso amplio se equivoquen;

hablar desde una posición de autoridad no siempre convierte una afirmación en verdadera.

Volvamos al comentario anterior, cuyo autor apelaba a la autoridad de la Clínica Mayo. Se trata de una institución respetada, lo que significa que todo lo que apoye será legítimo. Sin embargo, su argumento no rebate mi crítica específica sobre el comportamiento de la clínica como promotora de un tratamiento que no está apoyado por evidencia alguna.

Esta falacia lógica también adopta formas más sutiles. Por ejemplo, los defensores de la existencia de los ovnis han planteado que los avistamientos de éstos por parte de pilotos comerciales deberían gozar de una consideración especial porque están entrenados para la observación, su opinión es fiable y están formados para mantener la calma en situaciones de emergencia.

Muy a menudo se concede un gran peso a las opiniones de los ganadores de un Premio Nobel. Si nos remitimos a la historia, veremos que esto ha llevado a que ciertas posiciones francamente pseudocientíficas, adoptadas por ganadores de premios Nobel en un punto más avanzado de sus carreras, hayan sido tomadas en serio únicamente gracias al apoyo de los galardonados. El ejemplo más notorio lo encontramos en Linus Pauling.

Linus Pauling ganó dos Nobel: el Premio Nobel de Química, en 1954, y el Nobel de la Paz, en 1962, por su activismo en contra de las armas nucleares. Pauling fue un investigador magnífico, no cabe duda. Sin embargo, con el tiempo fue sucumbiendo a la curandería y pasó a defender la ingesta de dosis elevadas de vitamina C para combatir las infecciones, entre ellas el resfriado común. Éste era un ámbito de su apoyo más amplio de la medicina "ortomolecular", un término que él mismo acuñó. Según Pauling, las sustancias que hallamos en el cuerpo de forma natural pueden usarse para combatir las enfermedades.

Éste es el ejemplo perfecto de un magnífico científico que se sale de su campo de especialización y aplica unos principios erróneos a otra disciplina. El concepto de medicina ortomolecular puede tener cierto sentido para un químico que se centra en el comportamiento químico de las sustancias biológicas, pero es probable que los investigadores médicos consideren dichas ideas extremadamente ingenuas (incluso teniendo en cuenta la época en que fueron formuladas). Pauling no fundamentó sus ideas en investigaciones clínicas y tampoco tuvo en cuenta la necesidad de trasladar la comprensión científica básica sobre temas como la bioquímica a las aplicaciones clínicas reales. Nuestro conocimiento es avanzado, pero el cuerpo humano es increíblemente complejo y es esencial medir los efectos clínicos netos. No podemos limitarnos a extrapolar nuestro conocimiento científico básico a las afirmaciones clínicas, tal como hizo Pauling.

Afirmar que la medicina ortomolecular debe ser válida porque contó con el apoyo de un científico de la talla de Pauling entraría en la categoría de falacia lógica basada en el argumento de autoridad.

Paralelamente, decir que debemos tomar muy en serio el consenso de los científicos que creen que la vida es la consecuencia de la evolución orgánica no sería falaz. Se trata de un consenso sólido (de más del 98% de los científicos) construido sobre una gran cantidad de evidencias y que ha sido examinado y discutido durante más de un siglo. Catalogar tranquilamente un consenso científico sólido como un "argumento de autoridad" sería hacer un uso incorrecto de esta falacia lógica. También nos proporciona un valioso ejemplo de la importancia del contexto al evaluar las falacias lógicas informales.

Se nos presenta aquí una ocasión perfecta para hablar de otro aspecto de las falacias lógicas informales: el debate del "agrupamiento *versus* desglose". ¿Debemos agrupar tipos similares de falacias lógicas dentro de una categoría amplia, o las desglosamos y asignamos un nombre propio a cada ligera variación? Yo tiendo al agrupamiento. Considero que es importante comprender la esencia de una falacia y ver cómo funciona en general.

Por ejemplo, existen muchos tipos de argumentos de autoridad. Se puede apelar a la autoridad de la opinión popular (argumento que recibiría el nombre específico de argumento *ad populum*); o se puede apelar a la celebridad, o a la autoridad implícita del futuro, cuando —presuntamente— tus opiniones hayan sido validadas. Siempre que te apoyes en la fuente de un argumento o de una posición en lugar de en los hechos y la lógica, podrías estar esgrimiendo un argumento de autoridad.

Argumento del resultado final

Este tipo de argumentos (también llamados teleológicos) se basan en la reversión de la causa y el efecto, porque defienden que algo es el producto de su consecuencia última o del propósito que persigue. Los creacionistas cristianos han defendido, por ejemplo, que la teoría de la evolución no puede ser correcta porque, de serlo, conduciría a la inmoralidad (de nuevo una falsa premisa).

El pensamiento evolutivo ingenuo también puede ser teleológico, como vemos por ejemplo en el argumento de que las aves desarrollaron plumas para poder volar, cuando de hecho lo más probable es que las plumas se desarrollaran antes que el vuelo y que los antepasados de las aves no supieran que terminarían usando las plumas para el vuelo. La evolución no puede mirar al futuro. El desarrollo de las protoplumas tuvo que perseguir una finalidad existente en ese momento, como el aislamiento térmico.

Post hoc ergo propter hoc

Puede que ésta sea la falacia lógica más común. Sigue el formato básico de que A precedió a B, y por lo tanto A provocó B, presuponiendo así una relación de causa y efecto entre dos hechos simplemente porque están relacionados temporalmente (la frase latina se traduce como "después de esto, por lo tanto a causa de esto"). Esta falacia lógica suele emplearse en la defensa de varias formas de medicina alternativa: estaba enfermo; tomé el tratamiento A; mejoré; por lo tanto, el tratamiento A mejoró mi situación. Se trata de una falacia lógica porque es posible recuperarse de una enfermedad sin tratamiento alguno.

Confusión entre correlación y causalidad

Este tipo de falacia es similar a la falacia *post hoc* porque presupone una relación de causa y efecto entre dos variables únicamente porque ocurren paralelamente. Esta falacia suele usarse para asignar una interpretación causal a una correlación estadística. Por ejemplo, en la década de 1990, tanto la asistencia a servicios religiosos como el consumo de drogas ilegales aumentaron en Estados Unidos. Sería una falacia concluir que la asistencia a servicios religiosos conduce al consumo de drogas ilegales. También sería posible que el consumo de drogas conduzca a una mayor asistencia a servicios religiosos, o que tanto el consumo de drogas como la asistencia a servicios religiosos aumenten a causa de una tercera variable, como podría ser el malestar social. Es perfectamente posible que no exista ningún tipo de relación entre ambas variables, y que el hecho de que aumenten al mismo tiempo se trate de una simple coincidencia.

En esencia, cualquier correlación aparente siempre admite cuatro interpretaciones posibles. La primera es que la correlación no es causal. La segunda es que A causa B. La tercera es que B causa A. La cuarta es que tanto A como B están causadas por otra variable, C. Es útil repasar todas las posibilidades antes de concluir que cualquier patrón causal es verdadero.

Esta falacia suele combinarse con la minería de datos, es decir, la observación de grandes conjuntos de datos en busca de alguna correlación aparente. La gente suele subestimar la elevada cantidad de correlaciones que pueden darse únicamente como fruto de la casualidad cuando el conjunto de datos es lo suficientemente extenso.

A modo de ilustración, puedes consultar la página web Spurious Correlations diseñada por Tyler Vigen. Esta página te permite introducir variables de las bases de datos que la página ha enlazado entre sí para luego obtener una gráfica que te muestra la correlación entre las variables.

Por ejemplo, la correlación entre la inversión de Estados Unidos en ciencia, en el espacio y en tecnología entre los años 1999 y 2009 y los fallecimientos por ahorcamiento, estrangulación y asfixia es muy estrecha. También existe una correlación asombrosa entre la cantidad de personas que se ahogaron al caerse en una piscina y la cantidad de películas en las que aparece Nicolas Cage. Eso sí, mi favorita es la estrecha correlación entre las ventas de comida orgánica y los diagnósticos de autismo. Todas estas correlaciones son, presuntamente, fruto de la casualidad.

Esta falacia —la confusión entre la causalidad y la correlación— suele usarse de forma excesiva o errónea para negar las evidencias estadísticas. De hecho, esto constituye una falacia lógica en sí misma: la negación de la causalidad. Este uso excesivo se hace manifiestamente claro en la frase, a menudo mal citada, "La correlación no implica causalidad". Y es que, en realidad, sí implica causalidad, y puede estar provocada por una causalidad concreta: a veces, A sí causa B. Sería más acertado decir que la correlación no implica necesariamente una causalidad, o que la correlación no demuestra la causalidad por sí sola. Aunque sí constituye una línea de evidencia sobre dicha relación.

Para interpretar la implicación de una correlación aparente de forma adecuada, debemos fijarnos en la propia evidencia. Si la correlación es parte de un experimento en el que se hayan controlado todas las variables posibles, como sería el caso de un ensayo médico doble ciego controlado con placebo, es probable que cualquier correlación observada sea una consecuencia del tratamiento. Si el tratamiento se correlaciona con un resultado mejor, y todos los resultados del placebo han sido controlados, es probable que la correlación sea el resultado de la causalidad del tratamiento sobre el efecto en la curación.

En segundo lugar, incluso cuando se dispone de evidencias puramente epidemiológicas o estadísticas, sigue siendo posible construir un argumento científico sólido que apoye una relación de causa y efecto específica. El punto débil de estos datos observacionales es que los factores de confusión no están controlados, lo que significa que pueden obtenerse muchas causas que expliquen una correlación aparente. Sin embargo, podemos tener en cuenta muchas correlaciones independientes para comprobar si todas apuntan a la misma relación causal. La triangulación nos puede acercar a la causa más probable.

Por ejemplo, se observó que fumar cigarrillos se correlacionaba con el desarrollo de cáncer de pulmón. La industria tabaquera, apelando a la falacia lógica de que "la correlación no es causalidad", argumentó que dicha correlación no demostraba que fumar causara cáncer de pulmón. Como explicación alternativa ofrecieron el "factor X", una tercera variable que provoca tanto el ansia por fumar como el cáncer de pulmón. Pero se pueden establecer predicciones basadas en la hipótesis de que "fumar provoca cáncer". De ser cierta, la duración del hábito de fumar debería correlacionarse con el riesgo de padecer cáncer, dejar de fumar debería disminuir el riesgo de cáncer y fumar cigarrillos sin filtro debería suponer un riesgo más elevado de padecer cáncer que fumar cigarrillos con filtro. Si todas estas correlaciones resultan ser ciertas —que lo son—, entonces podemos servirnos de la triangulación para establecer que la hipótesis de que "fumar provoca cáncer" es la relación causal más probable para explicar la correlación entre fumar y el cáncer de pulmón.

El alegato especial o el razonamiento *ad hoc*

Se trata de una falacia imperceptible a menudo difícil de reconocer. En esencia, se basa en la introducción arbitraria de elementos nuevos en un argumento con el fin de reforzarlo apresuradamente para que parezca válido. Un buen ejemplo de ello es el rechazo *ad hoc* (literalmente, "para este propósito") de los resultados negativos de las pruebas. Por ejemplo, se podría decir que la percepción extrasensorial (PES) nunca ha sido demostrada bajo condiciones de estudio válidas, lo que significa que la PES no existe como fenómeno. Sus defensores han tratado de refutar este argumento introduciendo la premisa arbitraria de que la PES no funciona ante la presencia de escépticos. O, si no, que funciona y deja de hacerlo, según convenga, para explicar rachas de buena suerte halladas en los datos. O que los poderes de la PES disminuyen con el tiempo por alguna extraña razón, lo que explica por qué sus efectos desaparecen cuando se implementan controles científicos más rigurosos.

Los defensores de la existencia del yeti han afirmado que estas criaturas tienen poderes psíquicos, de forma que saben cuándo se les está acercando alguien y se esconden. O quizá se teletransportan. O se vuelven invisibles a placer. Nunca se ha encontrado ningún ejemplar porque queman a los muertos o bien los entierran en lugares muy recónditos.

Carl Sagan planteó posiblemente el ejemplo más famoso de esta falacia en su argumento del "dragón invisible, incorpóreo y flotante que escupe un fuego que no quema y vive en mi garaje". En esencia, afirma que en su garaje vive un dragón y se inventa una razón especial que explica por qué todas las pruebas para demostrar la presencia del dragón fracasan. Cabe destacar que los argumentos del alegato especial no son falaces porque sean erróneos por fuerza. Podría ocurrir perfectamente que un estudio sobre acupuntura no lograra demostrar su efectividad más allá del efecto placebo porque se usaron las agujas inadecuadas o técnicas inapropiadas. Lo que hace a estos argumentos poco convincentes es que se van inventando según vayan siendo necesarios y sin contar con ninguna evidencia que los apoye. Normalmente, la gente es lista y siempre tiene alguna excusa del tipo "Mi perro se comió las pruebas sobre la existencia del yeti" a mano.

Tu quoque

La frase latina *tu quoque* se traduce como "tú también". Se trata de un intento por justificar una acción errónea sobre la base de que otra persona también lo hace: "Puede que mi evidencia sea pobre, pero la tuya también lo es". Esta falacia es común entre los defensores de distintas modalidades de medicina alternativa, quienes afirman que aunque sus terapias carecen de pruebas que demuestren su eficacia, otras modalidades más convencionales tampoco disponen de evidencias. Este argumento, por supuesto, no sirve para justificar un tratamiento que no esté respaldado por evidencia alguna. Además, se trata de una premisa falsa, puesto que el volumen de evidencias reunidas en relación con las terapias convencionales suele ser mucho mayor que las disponibles sobre las terapias consideradas "alternativas".

Ad hominem

Un argumento *ad hominem* es el que trata de refutar las afirmaciones o conclusiones del otro atacando a la persona en lugar de centrarse en el propio argumento. Los creyentes fervientes suelen caer en esta falacia al rebatir los argumentos de los escépticos afirmando que éstos son cerrados de mente (cosa que ampliaremos en el apartado siguiente, "Estrechez de miras"). Por su parte, los escépticos pueden caer en la misma trampa al rechazar, por ejemplo, las afirmaciones de quienes creen en la existencia de los ovnis diciendo que están locos o son ignorantes.

Una versión de esta falacia suele estar presente en los argumentos de los defensores de las teorías de la conspiración (quienes, además, emplean frecuentemente el razonamiento *ad hoc*). Por ejemplo, a veces dicen que el gobierno no puede estar diciendo la verdad porque es corrupto.

La expresión "envenenar el pozo" hace referencia a un tipo de falacia *ad hominem*. Se trata de un intento de desacreditar el argumento de la otra parte implicando que poseen un rasgo despreciable, o que está afiliada con creencias erróneas o personas impopulares. Un ejemplo de este tipo de falacia, que además tiene nombre propio —la Ley de Godwin o la regla de analogías nazis—, hace referencia al intento de envenenar el pozo al trazar una analogía entre la posición del otro y Hitler o los nazis.

Volvamos una vez más al comentario del inicio de este capítulo. El autor tenía la sensación de que yo era cómplice de las empresas farmacéuticas, que escribía desde el miedo y que, sencillamente, no me estaba enterando de nada. En ningún momento rebatía las pruebas que yo ofrecía o mi lógica, tan sólo atacó mis motivaciones y mi carácter. He aquí un ejemplo clásico de falacia *ad hominem*.

Sin embargo, cabe destacar que no todos los insultos constituyen una falacia lógica. Si digo, con una falta total de educación, que alguien con quien no estoy de acuerdo es un imbécil, no estaré empleando una falacia lógica *ad hominem*. Si digo que su argumento es erróneo porque es un imbécil, entonces sí será una falacia. Pero es posible que siga siendo un imbécil.

ESTRECHEZ DE MIRAS

Es probable que la falacia *ad hominem* que se nos dirige a los escépticos con más frecuencia sea que somos estrechos de miras (que es lo mismo que acusar a alguien de falta de fe o de visión). Recurrir a este calificativo para rechazar una crítica válida es una falacia, y a menudo también constituye una premisa incorrecta.

Ser escéptico no es ser estrecho de miras, y lo opuesto a ser escéptico no es tener amplitud de miras, sino ser crédulo. Los científicos, las personas que practican el pensamiento crítico y los escépticos pueden y deben ser totalmente abiertos de mente, lo que significa estar abierto a las evidencias y a la lógica, demuestren lo que demuestren. Si la evidencia apoya una visión, entonces aceptaremos dicha visión en forma directamente proporcional a la evidencia disponible.

Pero ser abierto de mente también significa estar abierto a la posibilidad de que una afirmación sea incorrecta. No significa dar por sentado que todas las afirmaciones sean ciertas ni negarse a concluir jamás que algo sea sencillamente falso. Si la evidencia conduce a la conclusión de que una afirmación es falsa o que un fenómeno no existe, alguien que sea verdaderamente abierto de mente aceptará dicha conclusión en relación a la evidencia existente. Ser abierto de mente va en un sentido y en otro.

Irónicamente, quienes acusan a sus críticos de ser estrechos de miras suelen ser los más cerrados de mente. Están cerrados a la posibilidad de que pueden estar equivocados.

Ad ignorantiam

El argumento de la ignorancia se limita a decir que una creencia concreta es cierta porque no se ha demostrado que no lo sea. Los defensores de la percepción extrasensorial, por ejemplo, suelen subrayar constantemente lo mucho que desconocemos sobre el cerebro humano. Es posible, arguyen, que el cerebro sea capaz de transmitir señales a distancia. Puede que quienes más cometan esta falacia sean los defensores de la existencia de los ovnis. Prácticamente todas las pruebas de los testigos oculares que defienden la existencia de los ovnis se fundamentan, en última instancia, en argumentos de la ignorancia: las luces y objetos que han sido avistados en el cielo no son identificados y, por lo tanto, son naves espaciales.

La teoría del diseño inteligente se basa casi en su totalidad en esta falacia. El argumento central de esta teoría es que existen estructuras biológicas que la evolución no ha sido capaz de explicar íntegramente, lo que significa que un diseñador inteligente debe ser el responsable de su creación. En este contexto, los argumentos de la ignorancia suelen llamarse argumentos del "dios de los vacíos", porque Dios se presenta como la explicación de cualquier vacío en nuestro conocimiento actual.

El argumento de la ignorancia suele defenderse con el dicho de que "la ausencia de evidencia no es evidencia de ausencia". A pesar de que la frase suena contundente, no es estrictamente cierta porque, en realidad, la ausencia de evidencia sí es evidencia de ausencia. Lo que sucede es que no se trata de una prueba absoluta de ausencia.

He aquí una forma más científica de abordar esta cuestión: ¿hasta qué punto es la ausencia de evidencia capaz de predecir la ausencia del fenómeno en cuestión? Esto dependerá de la exhaustividad y sensibilidad que hayamos dedicado al asunto. No se puede demostrar un negativo, pero cuanto más busques algo sin encontrarlo, menor será la probabilidad de que exista. Todavía no hemos encontrado señales alienígenas, pero el universo es enorme y sólo hemos investigado una pequeña parcela. Por otro lado, llevamos décadas explorando el lago Ness y no hay rastro de Nessie, así que no espero que encontremos jamás una criatura gigante acechando bajo las aguas.

En cualquier caso, para hacer una afirmación positiva, debemos ofrecer evidencias positivas que apoyen dicha afirmación. La ausencia de una explicación alternativa sólo significa que no disponemos de ella, no que tengamos vía libre para inventar una explicación específica.

Confundir "pendiente de explicación" con "inexplicable"

El hecho de que por el momento no dispongamos de una explicación adecuada para determinado fenómeno no significa que vaya a ser inexplicable para siempre, o que desafíe a las leyes de la naturaleza o requiera una explicación paranormal. Es frecuente encontrar esta confusión de la mano del argumento de la ignorancia, ya que se da por hecho que nuestra falta de conocimiento actual no se verá jamás suplida con conocimiento nuevo.

Por ejemplo, suele decirse que, puesto que no comprendemos cómo el cerebro crea el fenómeno de la conciencia, las causas materiales de ésta son inescrutables y espirituales. Pero lo cierto es que la neurociencia está avanzando a buen ritmo y que nuestro conocimiento sobre el cerebro es cada vez más profundo.

Falso continuo

La idea del falso continuo se basa en que, puesto que no existe una línea de demarcación clara entre dos extremos, la distinción entre los extremos no puede ser real o significativa. Por ejemplo, la línea que separa las sectas de las religiones es borrosa, y por lo tanto, en realidad son lo mismo.

Esto es como decir que nadie es alto o bajo, puesto que los propios conceptos de baja y alta estatura son inválidos porque no existe una línea divisoria definida entre ambos. Sin embargo, los extremos sí pueden existir, ser significativos y estar claramente reconocidos, incluso cuando la frontera que los separa es difusa.

Esta falacia lógica suele combinarse con la de *tu quoque*. Por ejemplo, alguien que se alinea con la pura pseudociencia puede alegar que los científicos que siguen las corrientes convencionales a veces también rompen las reglas al usar tamaños reducidos de la muestra, resultados subjetivos u otros métodos deshonestos similares. Lo que significa que no existe una diferencia real entre la ciencia y la pseudociencia.

Este tipo de argumento está íntimamente relacionado con otra falacia lógica, la de la falsa equivalencia. Que todo el mundo haga alguna trampa de vez en cuando no convierte a los enormes fraudes en aceptables.

Falsa dicotomía

Esta falacia implica reducir, de forma arbitraria, un conjunto de muchas posibilidades a tan sólo dos. Por ejemplo: la evolución no es posible, así que alguien nos debe haber creado (dando así por sentado que éstas son las únicas dos posibilidades). Esta falacia también puede emplearse para simplificar un continuo de variaciones hasta obtener dos opciones contrarias. La ciencia y la pseudociencia no son dos entidades separadas, por ejemplo; los métodos y afirmaciones de cualquiera que trate de explicar la realidad forman parte de un continuo que discurre desde un extremo hasta el otro. Si catalogáramos todas las afirmaciones fácticas como pura ciencia o pura pseudociencia, estaríamos creando una falsa dicotomía.

Falsa analogía

Una analogía falsa o imperfecta es aquella que da por hecho que, puesto que dos o más cosas se asemejan en un sentido determinado, también se asemejarán en otros, ignorando así cualquier distinción importante existente entre ellas.

Se podría decir que el complejo proteico que impulsa el flagelo de una bacteria es como un motor. Los creacionistas presentan entonces esta semejanza como una evidencia contra la teoría de la evolución, porque los motores son diseños, lo que significa que el flagelo también tuvo que diseñarlo alguien. Se sirven de una metáfora cuya intención era comparar un significado para transmitir otro diferente, convirtiendo así una analogía legítima en una falsa analogía. Los flagelos se parecen a los motores en el sentido de que consisten de varias partes móviles que colaboran para crear un movimiento específico. Y aquí termina la metáfora. El flagelo es un motor biológico, y por tanto, su origen es biológico. En cambio, los motores de los autos no son biológicos, sino inanimados y, por lo tanto, incapaces de evolucionar por sí mismos.

Una falsa analogía puede ser una falacia lógica muy sutil. Siempre debemos hacernos la pregunta siguiente: ¿son los elementos que se están comparando verdaderamente análogos, e incluso si lo son en ciertos aspectos, son análogos en los sentidos concretos que se están discutiendo?

Creo que las falsas analogías son comunes porque representan una función esencial del cerebro humano. Nuestros cerebros se basan en gran medida en el reconocimiento de patrones, y a menudo tratamos de entender lo nuevo comparándolo con lo conocido. Dichas comparaciones son extremadamente útiles, igual que lo es detectar las características compartidas por fenómenos distintos para poder percibir un patrón subyacente. El problema es que se nos da muy bien reconocer patrones, y en ocasiones vemos patrones donde no los hay. Y esto se extiende a la tendencia de establecer analogías donde tampoco existen.

Y luego está el otro lado de esta falacia: se puede usar para negar una analogía legítima porque las dos cosas que se están comparando no son iguales en todos los aspectos. Para que una analogía sea válida, dos elementos tendrán que ser similares en un sentido importante y pertinente para el argumento en cuestión. No tienen por qué ser idénticos, ya que si ése fuera el caso, dejarían de ser análogos para ser, sencillamente, la misma cosa.

No obstante, algunas personas tratan de rechazar una analogía válida hallando una diferencia trivial o irrelevante entre los elementos que se están comparando. Puede que yo diga que las vacunas proporcionan inmunidad ante una enfermedad de la misma forma que lo hace una infección. A lo que una persona que está contra las vacunas podría decir que mi analogía es falsa porque las infecciones ocurren de forma natural, mientras que las vacunas no son naturales. Éste sería un argumento de "falsa analogía falsa", porque la vía de exposición no afectará necesariamente a la reacción del sistema inmunitario.

Falacia genética

En este contexto, el término *genética* no se refiere al ADN ni a los genes, sino a los orígenes. Esta falacia entra en acción cuando se discute algo con base en su procedencia, en lugar de plantearse si es válido o no en su forma actual.

Por ejemplo, alguien podría decir que la empresa Volkswagen no es una empresa aceptable porque fue fundada por Hitler. Sin embargo, la empresa fue fundada en 1937, y es improbable que sus orígenes, que se remontan a ochenta años atrás, influyan en modo alguno a su comportamiento actual.

Asimismo, la astronomía surgió de la astrología, pero nadie podría decir con un mínimo de seriedad que la astronomía no es una ciencia legítima a causa de sus orígenes.

Incongruencia

No es válido aplicar criterios o reglas a ciertas creencias, afirmaciones, argumentos o posiciones y no a otras. Algunos defensores de los consumidores sostienen que la regulación de los medicamentos con receta debería ser más estricta con tal de garantizar su seguridad y efectividad, pero al mismo tiempo afirman que los medicamentos herbolarios deberían venderse sin ser sometidos a ninguna regulación relacionada con su seguridad o efectividad.

Esta falacia suele consistir en el uso de definiciones incongruentes de los términos. Para poder mantener una discusión coherente o formular una hipótesis científica válida, la definición de todos los términos debe ser unívoca. Emplear una definición ambigua según convenga crea confusión, tal vez el tipo exacto de confusión que se pretende.

Por ejemplo, algunos defensores del diseño inteligente usan el término *información* de forma incongruente en sus argumentos. William Dembski, defensor del diseño inteligente, ha tratado de afirmar que la evolución no puede crear información aumentada en el ADN sin disponer de orientación inteligente. Pero está confundiendo la información matemática con el significado filosófico (la información semántica). La información matemática puede describir los conjuntos de datos mínimos necesarios para describir algo por completo. En realidad, se necesita más información matemática para caracterizar una secuencia arbitraria y sin significado, porque no hay patrones que sintetizar. Por lo tanto, la mutación arbitraria puede aumentar este tipo de información en el ADN, incluso sin contar con orientación inteligente alguna. En sus argumentos, Dembski va pasando de un tipo a otro de "información" sin definirlos en ningún momento. Existen distintos tipos de información que disponen de definiciones matemáticas precisas. Por lo tanto, es necesario que, en cualquier conversación científica que gire en torno a la información, se identifique detalladamente el tipo de información del que se está hablando en cada momento. Al usar definiciones ambiguas e incongruentes, se puede crear la ilusión de que existe un conflicto donde no lo hay.

Los defensores de la acupuntura suelen emplear una definición incongruente del término *acupuntura*. En general, éste se refiere a la introducción de agujas en puntos acupunturales para obtener un supuesto efecto terapéutico. Sin embargo, sus defensores suelen usar el término para referirse a la "electroacupuntura", la cual consiste en la estimulación eléctrica y tiene sus propios efectos concretos, enturbiando así las aguas.

Cuando un estudio de 2009 centrado en la efectividad de la acupuntura para el alivio del dolor de espalda crónico demostró que la posición e incluso la introducción de las agujas no afectan al resultado (no se observaron diferencias entre la acupuntura "real" y la acupuntura de placebo), sus autores sostuvieron que la "acupuntura" funcionaba, sólo que no estaba claro qué mecanismo la hacía funcionar. En esencia, lo que hicieron fue ampliar la definición de acupuntura para que incluyera la acción de clavar la piel con palillos aleatoriamente.

Falacia naturalista

La falacia naturalista hace referencia al problema del ser y el deber ser al confundir lo que es cierto con lo que debe ser cierto. No se debe confundir con la falacia de apelación a la naturaleza (en la que profundizamos en el capítulo 14), la cual defiende que la cualidad de natural es en sí misma una virtud y que todo lo natural es inherentemente superior a todo lo artificial.

La falacia naturalista suele implicar juicios morales. Por ejemplo, puede que alguien recurra al comportamiento de los animales para justificar que un comportamiento humano concreto es "natural". Los animales se matan entre ellos, de forma que es moral que los humanos también lo hagan. Sin embargo, los juicios morales son distintos de lo que encontramos en la naturaleza. El propósito primero de la ética es derivar un sistema justo que permita a los humanos convivir en sociedad. Las estrategias que desarrollaron los animales para sobrevivir, y que no disponen de filosofía ética, carecen de importancia.

Esto no significa que no podamos utilizar el mundo natural para nutrir nuestro razonamiento moral, sólo que la naturaleza no determina qué es moral.

La falacia del Nirvana

Una frase de uso común que captura la esencia de la falacia del Nirvana es la siguiente: "Lo perfecto es enemigo de lo bueno". En esencia, este tipo de argumento parte de la premisa de que algo no es perfecto, y concluye que, por lo tanto, carece de valor. Las vacunas no tienen una efectividad de 100%, de forma que no son útiles. La ciencia es imperfecta, de forma que en realidad no sabemos nada.

Otra versión de esta falacia es el alegato de que algo no funciona de una forma o que no cumple el propósito para el que fue pensado. Por ejemplo, algunos creacionistas han defendido que la selección natural no aumenta la variabilidad, que sólo la reduce. Este argumento es cierto, pero irrelevante. La mutación y la recombinación aumentan la variabilidad genética, y luego la selección actúa como fuerza adaptativa. Este tipo de argumentos son el equivalente de decir que el volante de un coche es inútil porque no sirve para acelerar o frenar el vehículo.

El falso escocés

El nombre de esta falacia proviene de un ejemplo ilustrativo clásico. La premisa es que todos los escoceses son valientes, y cuando se presenta el contraejemplo de un escocés cobarde, la afirmación original se defiende diciendo que se trata de un "falso escocés".

En esencia, esta falacia consiste en convertir un argumento en verdadero mediante la modificación arbitraria de un término clave de forma que el argumento sea verdadero por definición. Así pues, podemos considerarlo un caso especial de falacia de razonamiento circular.

Otro ejemplo podría ser el de alguien que afirma que todos los cisnes son blancos. Al introducir el caso de los cisnes negros en la discusión, la primera persona dice que los cisnes negros no son cisnes "de verdad" porque los cisnes son blancos.

Reductio ad absurdum

En la lógica formal, el argumento *reductio ad absurdum* (que literalmente significa "reducción al absurdo") es legítimo. Sigue la siguiente fórmula: si damos las premisas por verdaderas, la lógica necesariamente nos conducirá a una conclusión absurda (falsa), lo que significará que una o más premisas son falsas. Hoy en día, este término se utiliza para referirse a un uso excesivo de este tipo de argumento, cuando la lógica se lleva demasiado lejos para forzar una conclusión absurda. Por ejemplo, un fanático de los ovnis dijo una vez que, puesto que soy escéptico de la existencia de visitas de seres extraterrestres, también lo seré de la existencia de la Gran Muralla China, ya que tampoco la he visto con mis propios ojos. Éste es un caso de *reductio ad absurdum* porque está ignorando las evidencias que no se basan únicamente en pruebas visuales, además de la inferencia lógica. En resumen: ser escéptico sobre la existencia de los ovnis no exige rechazar la existencia de la Gran Muralla.

Pendiente resbaladiza

Esta falacia lógica se basa en el argumento de que una posición no es coherente o defendible porque aceptar dicha posición significa aceptar también el lado extremo de dicha posición. Pero las posiciones moderadas no tienen por qué hacernos resbalar por la pendiente hasta llevarnos al extremo. Esta falacia es de uso común en la política. Por ejemplo, algunas personas contrarias a la investigación con células madre embrionarias han defendido que permitir el uso de embriones humanos para la investigación (incluso de los que se han creado para la fecundación *in vitro*, que de no usarse se desecharán de todos modos) conducirá inevitablemente a la creación específica de embriones para la investigación, a la creación de un mercado negro de embriones humanos, o incluso a la extracción forzosa de óvulos en mujeres para investigar.

El hombre de paja

Un argumento del tipo hombre de paja es aquel en el que se construye una versión débil de la posición de la otra persona para convertirla en un blanco fácil de derribar. Es lo opuesto al principio de la caridad, en el que se parte de la versión más sólida de la posición contraria. A menudo se discuten posiciones que nadie sostiene. Esta falacia puede hacer que parezca que has salido airoso de las objeciones a tu postura, y también puede emplearse para que la opinión contraria parezca simplona o fácil de refutar.

Algunos creacionistas sostienen que, puesto que el ojo debe haber evolucionado, la teoría de la evolución exige que los humanos tuvieran un antepasado con medio ojo inservible. Sobra decir que ningún científico apoya dicha afirmación. En realidad, existe una secuencia verosímil de ojos más simples pero totalmente funcionales, y se dispone de múltiples ejemplos en especies vigentes.

Una vez más, el comentario del inicio del capítulo nos proporciona un buen ejemplo. Su autor caracteriza mi posición con esta burla:

> Claramente, la Clínica Mayo está gestionada por un puñado de curanderos y charlatanes que carecen de interés por la salud y el bienestar del público. Cómo se atreven siquiera a considerar cualquier alternativa a la cirugía o a la medicación con receta para contribuir a la recuperación de los pacientes.

Naturalmente, ésa no es mi postura y no es algo que haya dicho jamás. Lo que en realidad dije fue que la Clínica Mayo, así como muchos otros centros médicos académicos, tienen un punto débil cuando se trata de los tratamientos no convencionales porque carecen de conocimiento sobre dichos tratamientos específicos y sobre la pseudociencia en general. También está el extendido hombre de paja de que los médicos convencionales sólo abogan por los medicamentos y la cirugía, cuando en realidad también recurrimos a la nutrición, a la terapia física, a los cambios de estilo de vida y a otras intervenciones en nuestros tratamientos estándar.

Atacar a un hombre de paja puede hacerte sentir satisfecho en el momento, pero no te lleva a ninguna parte.

Tautología

Una tautología es un argumento que emplea el razonamiento circular, lo que significa que la conclusión coincide con la propia premisa. La estructura de estos argumentos es A = B y, por lo tanto, A = B, aunque la premisa y la conclusión pueden formularse de formas distintas, lo que hace que la tautología no sea detectable a primera vista. Por ejemplo, decir que el toque terapéutico funciona porque manipula la energía vital es una tautología porque la definición de toque terapéutico es la presunta manipulación (sin llegar a tocar) de la energía vital.

A menudo se llama a esta falacia "petición de principio", lo que significa que la premisa supone la conclusión, o que el argumento supone su punto inicial. Tal vez el ejemplo más común sea el de alegar que sabemos que la Biblia es la palabra literal de Dios porque así lo dice la Biblia.

Falacia del francotirador

Esta falacia debe su nombre a su ejemplo más ilustrativo. Un francotirador dice ser capaz de acertar siempre en la diana. Entonces apunta a un lado del granero, agujerea la madera de un tiro, se acerca y dibuja una diana alrededor del agujero que acaba de dibujar, de forma que el tiro quede justo en el blanco.

Esta analogía hace referencia a cuando alguien escoge los criterios que establecen el éxito o el fracaso después de conocer el resultado. Se convierte en una forma de razonamiento *post hoc*, mediante el cual se decide que una prueba concreta sirve como evidencia para demostrar la conclusión deseada, pero sólo después de saber en qué consiste dicha evidencia. Sin embargo, para que dicha evidencia resulte útil para apoyar la conclusión, es necesario disponer con antelación de unos criterios específicos basados en principios válidos que determinen el éxito.

Las teorías de la conspiración hacen un uso generoso de esta falacia. Por ejemplo, algunas teorías de la conspiración sobre el 11/S apuntan al tamaño del agujero abierto por el avión que se estrelló contra uno de los lados del Pentágono como prueba de la existencia de una conspiración. Afirman que si un avión se hubiese estrellado de verdad contra el lado del Pentágono, el agujero sería mayor, pero no existe una razón previa que permita llegar a dicha conclusión. ¿Acaso sabemos de qué tamaño debería ser un agujero creado por un avión que se estrellara contra el Pentágono? Los defensores de las teorías de la conspiración decidieron, después de ver el agujero, que era demasiado pequeño y que por lo tanto servía como evidencia de una conspiración.

Ésta puede ser una falacia muy sutil que aparecerá siempre que nuestros razonamientos partan de resultados conocidos.

La portería móvil

Este método de negación implica mover de forma arbitraria los criterios que debe cumplir una evidencia existente para que pueda considerarse como "prueba" o como "aceptable". Y cuando surge una nueva evidencia que cumple los criterios previos, la portería se mueve todavía más lejos con tal de excluirla. En ocasiones se establecen criterios imposibles desde el principio, haciendo así que la portería sea inalcanzable y que sea posible negar cualquier conclusión no deseada.

Los que están en contra de las vacunas afirmaban que la vacuna triple vírica provocaba autismo. Cuando los estudios científicos derribaron dicha afirmación, trasladaron su objeción al tiomersal (un conservante que contiene mercurio y que se utiliza en algunas vacunas, pero no en la triple vírica). Su previsión sostenía que, tras la retirada del tiomersal de las vacunas estándar de Estados Unidos en 2002, los índices de autismo caerían en picada, cosa que no ocurrió. Así que ahora pasaron a decir que el mercurio de otras fuentes, como las fábricas de carbón, compensaba la caída de la exposición al mercurio de las vacunas. Cuando la evidencia no apoyó dicha afirmación, comenzaron a culpar al aluminio como causa (de nuevo: no). Así que ahora simplemente hacen referencia a una serie de "toxinas" imprecisas.

Por muchos datos de los que dispongamos sobre la seguridad de las vacunas, nunca serán suficientes, porque no dejan de movernos la portería.

Metafalacia

Insisto: que un argumento no sea sólido no significa que la conclusión deba ser falsa a la fuerza. Yo podría decir que el problema del calentamiento global es real porque el cielo es azul. Estaría cometiendo una falacia *non sequitur* y, por lo tanto, mi argumento sería débil. Pero, casualmente, podría ser cierto que el calentamiento global sea un fenómeno real. Lo único que implica que un argumento no sea sólido es que no será válido como apoyo para la conclusión, pero la conclusión puede ser verdadera o falsa. La metafalacia surge cuando se concluye que una afirmación es falsa porque uno de los argumentos presentados no es válido.

La metafalacia también puede estar presente en una situación en la que alguien acusa a otro de haber cometido una falacia sin ser cierto. Si yo te acusara de utilizar la falacia del hombre de paja cuando en realidad has resumido mi posición de forma justa y precisa, estaría cometiendo una metafalacia.

Es fácil caer en esta trampa porque, como ya hemos visto, las falacias informales dependen del contexto y suelen requerir de juicio para ser reconocidas acertadamente. ¿Cuándo constituye una referencia a las opiniones de los expertos una falacia basada en el argumento de autoridad? Si señalo que alguien fue condenado por fraude, ¿estoy envenenando el pozo, o se trata de una información legítima? Si lo que pretendes es tergiversar un argumento para que parezca una falacia, puedes darle la vuelta en lugar de usar la lógica más válida posible.

A menudo me encuentro con casos extremos de rufianes cibernéticos en las redes sociales que piensan que si logran calificar el argumento del otro de falaz, habrán "ganado". Cometen ambos tipos de metafalacia, ya que califican un argumento sólido como falaz cuando no es así para luego afirmar que, forzosamente, la conclusión será errónea.

Aplicar la lógica a diario

En cuanto descubrí las falacias lógicas más frecuentes empecé a detectarlas por todas partes. De pronto, te conviertes en la persona más divertida de las fiestas (¡ejem!). En parte, esto se debe al fenómeno Baader-Meinhof, según el cual una vez que te encuentras con una palabra o hecho poco conocido, ya no dejas de cruzarte con él, aparentemente contra todo pronóstico. Aquí entran en juego tanto la pura coincidencia como el sesgo de percepción. Es probable que ya te hubieras topado con la palabra o hecho en cuestión, sólo que no habías reparado en ello.

En cuanto te familiarizas con las falacias lógicas informales más comunes, lo más probable es que tú también las veas por todas partes, puesto que son muy frecuentes. Puede que sientas la tentación de señalarlas siempre que te parezca detectarlas. Desde luego, a mi mujer le encanta que señale sus falacias lógicas cuando tenemos una "conversación" acalorada.

Principalmente, trato de usar mi conocimiento sobre la lógica para purgar mi propio pensamiento de razonamientos poco rigurosos. Es difícil, pero el esfuerzo merece la pena. Comprender la lógica válida también es esencial para analizar las noticias, opiniones y afirmaciones cotidianas. Pensar sin lógica es como orientarse por la jungla sin una brújula o un mapa. Seguramente avanzarás en círculos y no llegarás al destino que pretendes.

DETECTA LA FALACIA LÓGICA

En un comentario en una publicación de un blog que escribí, en el que exponía un estudio negativo de la percepción extrasensorial, uno de sus defensores escribió:

> Steven Novella,
>
> Los humanos han tenido experiencias parapsicológicas a lo largo de la historia y en todas las culturas. Nuestra cultura occidental moderna es prácticamente la única que rechaza la parapsicología. Tu posición es contraria a la experiencia colectiva de la humanidad.
>
> Por lo tanto, deberías proporcionar algunas razones que apoyen tu suposición de que no existe, en lugar de contentarte sencillamente con criticar las investigaciones.

¿Cuántas falacias lógicas eres capaz de detectar en su breve aportación? Yo veo una enorme premisa implícita, un argumento de popularidad y antigüedad y un intento de transferir la carga de la prueba.

11. Sesgos cognitivos y heurística

Sección: Metacognición

Véase también: Falacias lógicas

Los sesgos cognitivos son imperfecciones del procesamiento de información por parte de nuestro cerebro. La heurística es similar, ya que comprende todas esas reglas de oro o atajos mentales en cuya certeza no podemos confiar y que, por lo tanto, también conducen al pensamiento sesgado.

> La seguridad de las personas en sus creencias no sirve para medir la calidad de la evidencia, sino la coherencia de la historia que la mente ha logrado construir.
>
> —Daniel Kahneman

Lo cierto es que no somos como Spock y nuestras construcciones mentales y procesos no son puramente lógicos. Nuestro razonamiento se ve fácilmente influido por sesgos y factores superficiales tan nimios como la forma en que se presenta la información. No hablo sólo de los casinos, ya mencionados en la introducción de este capítulo, sino de toda la industria del marketing, la cual se ha construido sobre el hecho de que las personas solemos tomar decisiones irracionales por razones emocionales o inestables que no siempre comprendemos.

La metacognición —es decir, pensar sobre el pensamiento— nos permite mitigar estos defectos y sesgos cognitivos. El escepticismo es, en gran medida, un ejercicio sistemático de metacognición para comprender cómo pensamos y sortear los obstáculos mentales más comunes. La mente humana es como un velero en un mar de fuertes corrientes y viento constante.

Tendemos a limitarnos a seguir las corrientes de nuestros sesgos y somos fácilmente manipulables y dirigibles. La metacognición te permite tomar el timón, mover las velas y dirigirte hacia las conclusiones fiables, incluso a contracorriente y desafiando el vendaval.

En el capítulo anterior hemos hablado de las falacias lógicas, es decir, argumentos en los que se emplea una lógica inválida. En éste nos centraremos en otros dos tipos de razonamiento imperfecto: los sesgos y la heurística. Son muy parecidos, las dos caras de una misma moneda. Un sesgo cognitivo es la tendencia a pensar de una forma determinada, a favorecer cierto tipo de información y a preferir unas conclusiones antes que otras. Los sesgos suelen desviar nuestro razonamiento de la realidad.

La heurística es el conjunto de atajos mentales que empleamos. Son reglas de oro que nos permiten aproximarnos a una respuesta probable rápidamente, pero no son ciertas en estricto sentido y a menudo nos conducen al error. La heurística puede ser útil y orientarnos a la conclusión correcta, pero sus reglas están demasiado simplificadas. Una heurística imperfecta puede conducir a un sesgo cognitivo, y un sesgo cognitivo puede, a su vez, afectar a la heurística. En cualquier caso, estos fenómenos están relacionados entre sí y se pueden considerar patrones de pensamiento sesgados o limitados; son corrientes en el mar de tus pensamientos. Ser consciente de ellos te ayudará a tomar las riendas de tu propio pensamiento.

Sesgos cognitivos

¿Te has preguntado alguna vez si realmente importa que un objeto cueste 19.99 dólares en lugar de 20.00? La respuesta es que sí importa, por muy ridículo que parezca cuando te paras a pensar en ello. Un centavo no debería suponer ninguna diferencia, pero resulta que tenemos un sesgo de dígito izquierdo, es decir, que el dígito que más nos influye en cualquier cifra es el que está más a la izquierda. Es probable que este sesgo proceda de nuestra tendencia de lidiar con sobrecargas de información mediante su simplificación. Tendemos a centrarnos en el dígito del extremo izquierdo para hacernos una idea rápida de lo elevada que es la cifra. En general, esta regla no es mala, pero se explota fijando un precio tan improbable como deliberado que termina en una serie de nueves.

Luego está el sesgo de lateralidad, que ilustra a la perfección la frecuencia con la que tomamos decisiones por debajo del nivel de percepción consciente. Cuando se nos ofrecen dos opciones equivalentes (es decir, cuando no existe razón alguna por la que un sujeto debería preferir una opción y no la otra), un estudio observó que era más probable que los sujetos diestros eligieran la opción de la derecha, mientras que lo más probable era que los zurdos se quedaran con la de la izquierda. (Y si una persona diestra se había lesionado la mano derecha, escogía la opción de la izquierda.)

Puede que esto refleje un aspecto profundo de nuestro pensamiento llamado *cognición corporizada*. Tendemos a entender el mundo basándonos en las relaciones físicas, un entendimiento que luego extrapolamos a los razonamientos más abstractos. Por ejemplo, decimos que nuestro jefe está "por encima" en la jerarquía; no está por encima de ti físicamente, pero nos servimos de esta analogía espacial. Podemos clasificar un argumento de "débil" o "fuerte", o si es especialmente malo, podemos incluso decir que "cojea". Podemos estar "ciegos" ante la realidad y hacer "oídos sordos" a las preocupaciones de los demás. Una teoría puede ser "hermosa", podemos tener "grandes" ideas. Usamos términos físicos para describir, y por lo tanto pensar sobre conceptos abstractos que no tienen carácter físico.

Otro sesgo importante y generalizado es el sesgo del marco. Tu pensamiento sobre cualquier cosa puede verse afectado de manera radical únicamente por cómo se te presenta. Por ejemplo, que el médico te diga que una operación tiene un índice de mortalidad del 10% o un índice de supervivencia del 90 por ciento. Sobra decir que la información es idéntica, pero las personas reaccionan de forma muy distinta según como se enmarque la información. Muchas más personas decidirán someterse a una operación que tenga un índice de supervivencia del 90% que a una operación que se presente con un índice de mortalidad de 10 por ciento.

Otro ejemplo es el de una encuesta que arrojó que el "62% de las personas no estaba de acuerdo con que se permitiera la 'condena pública de la democracia', pero tan sólo el 46% estuvo de acuerdo con que 'prohibir la condena pública de la democracia' fuera lo correcto". De nuevo, ambas informaciones desembocan en el mismo resultado.

En parte, lo que explica la diferencia es cómo pensamos en el riesgo. Los humanos tendemos a mostrar aversión por el riesgo cuando hay en juego resultados positivos, y propensos a él cuando los resultados son negativos. No nos gusta desaprovechar los resultados positivos, y por eso nos quedamos con la opción más segura: preferimos la garantía de cien dólares que un 50% de posibilidades de ganar doscientos dólares. Sin embargo, estamos dispuestos a correr un riesgo mayor para evitar un resultado negativo. Por eso, los pacientes con enfermedades terminales asumen grandes riesgos al seguir tratamientos fantasiosos e inverosímiles.

La falacia del jugador está relacionada con nuestros sesgos de evaluación de riesgos. Si lanzas una moneda al aire y sale cara cinco veces seguidas, la mayoría de las personas creerá que ahora toca que salga cruz. El sesgo está en pensar que los hechos pasados influyen en los futuros, incluso cuando no existe relación causal alguna. Puesto que cada lanzamiento de la moneda es independiente, no importa lo que pasó antes. La posibilidad de que vuelva a salir cara seguirá siendo del 50 por ciento. A los casinos les encanta este sesgo porque crea la ilusión en los jugadores de que pueden predecir la próxima tirada de dados o el siguiente resultado en una ruleta. Toca que salga el rojo, así que me lo apuesto todo.

También estamos sujetos al sesgo de nuestra psicología básica, centrada en atender nuestras necesidades emocionales. Necesitamos sentir que somos parte de un grupo en el que somos valorados y aceptados. De ahí surge el sesgo intergrupal: nuestro sesgo nos inclina hacia nuestro grupo, de forma que emitimos juicios mucho más favorables hacia el grupo al que pertenecemos que hacia cualquier otro. Nos concederemos todos los beneficios de la duda existentes e interpretaremos nuestra propias acciones desde la perspectiva más favorable.

También estamos motivados para minimizar la disonancia cognitiva, esa incómoda sensación que hemos visto en el capítulo 9 que tiene lugar cuando los hechos entran en conflicto entre ellos o con nuestros deseos. Si compramos un objeto, nuestra evaluación sobre la calidad de dicho objeto aumenta. Tratamos de justificarnos su compra ante nuestros propios ojos. De hecho, si nos dan a escoger entre varias opciones y nos damos cuenta de que nuestra primera opción no está disponible, es probable que dejemos de lado la segunda opción y nos quedemos con la tercera. Pero esto no tiene ningún sentido, ¿por qué íbamos a hacer eso? Es probable que sea porque ya hemos tenido que rechazar la segunda opción a favor de la primera. Una vez que escogemos, debemos justificar nuestra elección minimizando la calidad de la segunda opción. Por lo tanto, la segunda opción es ahora peor que la tercera, que es la que en este momento preferimos. (Qué locura, ¿verdad? Qué bobos somos los humanos.)

También tendemos a asumir que los demás piensan igual que nosotros, un fenómeno llamado *sesgo de proyección*. Es nuestra forma de pensar y entender lo que es probable que piensen los demás. Tendemos a usar nuestra propia mente como una plantilla para hacer predicciones sobre cómo van a actuar y pensar los demás. Así, si algo nos molesta, asumimos que también molesta a los demás. Esta inclinación está íntimamente relacionada con el sesgo del consenso. Tendemos a asumir que nuestras opiniones son mayoritarias, compartidas por el mayor número de personas.

En una reunión con amigos y familiares, un pariente lejano mío se quedó de piedra al descubrir que mi amigo era afín al Partido Republicano. Mi pariente se rio de sí mismo al darse cuenta de que asumía directamente que cualquier persona a quien conocía era demócrata, como él. En su mente, los republicanos no eran personas verdaderas a quienes podía conocer en una fiesta.

El sesgo retrospectivo o *a posteriori* puede resultar escurridizo. Una vez que sabemos cuál es el resultado de una situación, ese conocimiento tiñe nuestra interpretación de lo que ocurrió y de por qué ocurrió. Tendemos a pensar que lo que ha ocurrido era inevitable, que estaba destinado a pasar, incluso si ocurrió por poco. Piensa en la cobertura informativa de unas elecciones generales recientes. Una vez que sabemos qué candidato ha salido victorioso, los críticos no tienen problema en explicar por qué el resultado era de esperar. El candidato perdedor no tenía nada que hacer.

Nuestro entendimiento de la evolución también está contaminado por el sesgo retrospectivo. ¿Con cuánta frecuencia has oído que los dinosaurios estaban condenados a extinguirse por culpa de algún defecto o debilidad? Era evidente que los mamíferos estaban destinados a dominar el mundo. ¿Recuerdas la película *Ice Age* [*La era del hielo*]? El dodo aparecía representado como un ave totalmente indefensa y bobalicona, casi suicida. Aparentemente, su extinción proporciona evidencias suficientes de su comportamiento. El sesgo retrospectivo es parecido al razonamiento *post hoc*, puesto que una vez que conocemos el resultado, se nos da maravillosamente bien inventar razones que lo "explican".

Puede que el sesgo cognitivo más trascendental de todos sea el sesgo de confirmación. Su importancia es tal que le hemos dedicado un capítulo entero (que es lo que nos permite deducir que es importante, ¿cierto?).

La heurística

La heurística es una forma de sesgo cognitivo, pero responde a un propósito y puede ser medianamente útil. Tiendo a pensar en ella como las "reglas del

90%". Si alguien me llama por teléfono para contarme una historia y termina pidiéndome que le dé el número de mi tarjeta de crédito, presupongo que se trata de una estafa. Sé que puede que no lo sea, pero como regla, me resulta útil. Asimismo, si siempre presupones que una situación es más complicada de lo que piensas, casi siempre estarás en lo cierto.

La clave es ser consciente de las reglas que estás utilizando y reconocer que no siempre son válidas. Algunos atajos inconscientes están sesgados y pueden terminar siendo más engañosos que útiles.

Por ejemplo, la heurística de disponibilidad es la presuposición implícita de que si somos capaces de invocar fácilmente un ejemplo de algo, significa que es común o importante. Si eres capaz de recordar un episodio en el que un funcionario de la Oficina de Transportes fue maleducado, es probable que pienses que su comportamiento es típico. Si conoces a alguien que fuera víctima de un atraco en Nueva York, pensarás que los atracos son habituales en la Gran Manzana.

Por supuesto, ninguna de estas conclusiones es necesariamente cierta, porque tus anécdotas personales no son nada más que eso; son infrecuentes y no representativas. Desde el punto de vista intelectual, sabemos que necesitamos disponer de datos estadísticos sistemáticos para hacer juicios sobre la frecuencia de algo, pero aun así sacamos nuestras propias conclusiones con base en la disponibilidad mental de un ejemplo.

Una heurística de temática estadística habitual es la de la representatividad. Tendemos a pensar que es probable que algo o alguien pertenezca a una categoría si presenta rasgos típicos de dicha categoría. Aunque hay ciertos elementos de verdad en ello, hacemos un uso excesivo de esta regla e ignoramos otros dos datos críticos. El primero es la tasa base, es decir, cuán frecuente es la categoría. Si la categoría es infrecuente, la probabilidad de que alguien pertenezca a ella puede ser ínfima, incluso si encaja con el perfil típico. El segundo es el valor predictivo, puesto que un rasgo puede ser típico de una categoría, pero no exclusivo de la misma.

Sherlock Holmes usó el conocido ejemplo del repiqueteo de las pezuñas para explicar este principio a Watson. Si oyes un repiqueteo de pezuñas detrás de ti en las calles de Londres, pensarás en un caballo, no en una cebra. La cultura médica se ha apropiado de este ejemplo: cuando los estudiantes de medicina sugieren un diagnóstico raro, se trata de una "cebra".

Digamos que un paciente presenta palpitaciones, jaquecas, sudores y presión arterial elevada. Todos ellos son síntomas muy típicos de una enfermedad conocida como feocromocitoma (un tumor que segrega adrenalina). Sin embargo, esta enfermedad es extremadamente rara. Por lo tanto, incluso al presentar los síntomas típicos, es mucho más probable que el paciente sufra de ansiedad, hipertiroidismo o, en definitiva, cualquier otra cosa que pueda provocar estos síntomas. Así de raro es el feocromocitoma. Sin embargo, un estudiante de medicina inexperto pondrá en práctica la heurística de representatividad y sugerirá este diagnóstico. Sus experimentados mentores se reirán entre dientes, dirán algo sobre una cebra y explicarán lo sumamente raros que son los casos de feocromocitoma. Sí, claro, al paciente se le hará la prueba correspondiente para asegurarnos, pero nadie esperará con ansias el resultado.

En otras palabras: tener la presión arterial alta no es un factor útil para predecir el feocromocitoma, porque no es exclusivo de ese tumor en concreto. Muchas personas tienen la presión alta y no padecen esta enfermedad rara.

Fijémonos en un ejemplo más general, el mismo que usó Kahneman cuando describió la heurística de la representatividad. Pongamos que John es un entusiasta de la informática introvertido que se obsesiona por los detalles más diminutos. Si John va a la Universidad X, ¿cuál es la probabilidad de que estudie ingeniería y no humanidades?

Puede que estés tentado a decir que es más probable que estudie ingeniería, pero no sabes qué estudia, así que podrías equivocarte. ¿Y si te dijera que el 99% de los alumnos de la Universidad X estudia humanidades y tan sólo el 1% estudia ingeniería? Entonces sería más probable que John fuera un estudiante de humanidades atípico que un estudiante de ingeniería típico (al margen de la validez de dichos estereotipos).

He aquí una heurística más sencilla: el sesgo de la unidad. Surge del deseo de simplificar un mundo complejo para extraer algunas primeras aproximaciones razonables que no siempre son precisas. Tendemos a centrarnos en un rasgo distintivo de un objeto o cosa y a usar dicho rasgo como la única medida de valor, calidad o cantidad. En su estudio llevado a cabo en 2009, Andrew Geier y Paul Rozin pidieron a sus sujetos que estimaran el peso de los demás. Observaron que los sujetos se basaban únicamente en el contorno e ignoraban la altura, lo que llevaba a errores importantes.

El sesgo de la unidad también es muy frecuente en la publicidad de tecnología. ¿Recuerdas lo que era comprar computadoras en los noventa y principios de los años dos mil? Sólo se hablaba de velocidad, de megahercios, del procesador… como si esa única cifra fuera capaz de capturar la potencia total del sistema. Los demás detalles, como la memoria RAM, la tarjeta maestra o el conjunto de chips, eran demasiado complejos para el conocimiento del comprador promedio de computadoras, así que la publicidad se centraba en la velocidad de los microchips.

En esencia, es lo mismo que ocurre con las cámaras digitales: todo son megapíxeles cuando, en realidad, la resolución máxima en megapíxeles es uno de los detalles menos relevantes para la mayoría de los usuarios. Es mejor que te preocupes por la calidad de la lente. (Casi puedo ver a los fanáticos de la tecnología sudando al leer estos ejemplos. El quid de la cuestión es que la mayoría de las personas reduce las complejas características de estos dispositivos tecnológicos a una única cifra.)

Y, finalmente, llegamos a la heurística de anclaje, también de uso común en la publicidad. Digamos que te enseño una casa y luego te pregunto si crees que su valor está por encima o por debajo de cien mil dólares. Entonces te pregunto cuánto crees que vale la casa. Luego voy y pregunto a otro si cree que la misma casa vale más o menos de quinientos mil dólares, y luego les pido que adivinen el precio. La estimación de la persona a quien he "anclado" a la referencia de los cien mil dólares será significativamente menor que la de la persona anclada al precio de quinientos mil dólares, a pesar de estar valorando la misma casa.

Sí, así de fácil es manipularnos. Por eso los anuncios dicen: "¿Estarías dispuesto a pagar cien dólares por este maravilloso producto? ¿Y doscientos? Pues ahora puedes conseguirlo al increíble precio de 19.95". Por eso los psicólogos sugieren que seas tú quien ofrezca la primera cifra, ya que así todas las demás ofertas quedarán ancladas. El anclaje también cruza la frontera del dinero. También anclamos cosas en el tiempo o en el espacio, además de juicios de valor.

Así pues, ¿de verdad es posible ganarle el pulso a las probabilidades en Las Vegas? No: los números juegan en tu contra, y cualquier creencia que puedas tener sobre la posibilidad de ganar a los números estará fundamentada en sesgos cognitivos que hacen muy felices a los casinos (a menos que uses algún proceso analítico como el recuento de cartas, que se considera hacer trampa). La próxima vez que veas un anuncio o las noticias o sencillamente hables con tus amigos, trata de entrar en la "zona de la metacognición". ¿De qué forma estás procesando y evaluando la información? ¿En qué sentido están sesgados tus juicios? ¿Cómo estás siendo manipulado psicológicamente?

Toma el control del timón y navega a contracorriente.

12. Sesgo de confirmación

Sección: Metacognición

Véase también: Pensamiento selectivo

El sesgo de confirmación es la tendencia a recabar o interpretar información nueva para apoyar nociones o creencias preexistentes, incluso cuando dicha interpretación no se sostiene frente a un escrutinio estadístico. Si un deportista siempre se pone unos calcetines concretos para competir porque cree que hacerlo aumenta sus probabilidades de salir victorioso, puede que recuerde las ocasiones en las que ganó mientras llevaba puestos esos calcetines pero olvide todas las veces que ganó con otros puestos, o las veces que perdió mientras llevaba esos supuestos calcetines "especiales".

> Desde el momento en que supe de la existencia del sesgo de confirmación, lo veo por todas partes.
>
> —Jon Ronson

Nos encanta que los oyentes nos envíen sus opiniones, pero hace unos años, uno de ellos nos envió un correo electrónico para quejarse de que una de nuestras secciones del momento, *This Week in Skepticism* [*Esta semana en el escepticismo*], denotaba un claro sesgo a favor de las mujeres, probablemente en el marco de una agenda feminista. Me pareció que la queja podía estar basada en hechos, así que me apresuré a hacer balance del casi centenar de entregas de la sección y descubrí que se centraba en una mujer el 15% de las veces, en un hombre el 45% de las veces, y en ninguna persona concreta el 40% del tiempo restante. Le di las gracias al oyente por haber hecho el apunte y prometí que dedicaríamos más tiempo a hablar sobre científicas y escépticas.

¿Cómo es posible que la percepción de este oyente fuera tan discordante con la clara realidad, y sobre algo que podía resolverse con una suma tan sencilla? La respuesta reside en el sesgo de confirmación.

Es muy probable que el sesgo de confirmación sea el sesgo cognitivo más poderoso y omnipresente de todos (por eso le dedico un capítulo entero), y es importante entenderlo con profundidad. Es un sesgo para gobernarlos a todos; es el rey de Sesgolandia; el capitán del ejército de los sesgos; el sith del lado sesgado de la Fuerza... creo que ya se me entiende.

El sesgo de confirmación es la tendencia a detectar, aceptar y recordar información que parece respaldar una creencia existente y a ignorar, deformar, justificar u olvidar aquella información que parece contradecir una creencia existente. Este proceso funciona de forma indetectable en el trasfondo de nuestras mentes para crear la fuerte ilusión de que los hechos respaldan lo que creemos.

En nuestro empeño por dar sentido a toda la información con la que nos cruzamos, producimos una visión del mundo específica, una especie de marco, de relato o de paradigma. Disponer de un sistema organizador y explicativo para procesar la información es útil, incluso necesario, pero estos procesos pueden llegar a cobrar vida propia. Los relatos que usamos para comprender el mundo no se limitan a organizar la información, sino que la escogen y filtran para atender esos mismos relatos.

Que no se me malinterprete, no estoy diciendo que *queramos* manipular los hechos o reescribir la historia. El sesgo de confirmación suele ser sutil y repleto de matices, y eso es precisamente lo que lo hace especialmente pernicioso. Ya hemos hablado del razonamiento motivado (ver capítulo 9), que es un proceso más consciente cuyo propósito es proteger nuestras amadas creencias. El sesgo de confirmación es más inconsciente. Esta falla de nuestro pensamiento está constantemente trabajando en segundo plano para minar el proceso racional. Acecha en nuestro interior y debemos estar siempre alerta.

Planteémonos la siguiente situación: afuera, las hojas han empezado a cambiar de color. Estás pasando de llevar camisetas de manga corta a ponerte suéteres. Un coro de toses ya suena por los pasillos de la oficina. ¡Ha llegado la temporada de gripe! Es el momento de acudir a la farmacia a vacunarte contra ella. Pero hace años que dejaste de vacunarte porque recuerdas que al día siguiente de ponértela te sentiste mal. Te raspaba la garganta, se te tapó la nariz y te dolieron las articulaciones durante media semana. A partir de esta anécdota, llegaste a la conclusión de que la vacuna contra la gripe hacía que te enfermaras y que no merecía la pena. Entonces, esta conclusión se convirtió en el filtro a través del cual veías el mundo.

Al cabo de un tiempo, tu madre te cuenta que el marido de su prima tuvo fiebre después de ponerse la vacuna, lo que lo obligó a guardar cama una semana. Recuerdas esta historia (incluso puede que tu memoria la haya modificado, porque ¿no le salió también un salpullido?) porque confirma tu creencia. Oyes en las noticias que la vacuna contra la gripe no se corresponde adecuadamente con el virus que está en circulación este año, y que por lo tanto no es tan efectiva; esta historia también te la quedas. Al año siguiente, cuando la vacuna contra la gripe sí fue adecuada y por lo tanto fue especialmente efectiva, no te enteraste, o consideraste que se trataba de una excepción. Sales a cenar con unos amigos y la conversación se centra en la estación actual. Algunos cuentan que siempre se vacunan y que casi nunca contraen gripe. Otros cuentan que la contraen a pesar de vacunarse, o incluso que la vacuna les provoca efectos secundarios. Adivina qué historias recordarás.

Fiarse de la propia percepción subjetiva no solamente es poco seguro, sino que, además, se topa con el sesgo que imponen las creencias existentes. Para saber si la vacuna contra la gripe merece la pena, hay que consultar las cifras objetivas. Todos los años, tan sólo el 0.0001% de las personas que se vacunan contra la gripe padecen una reacción alérgica grave (es decir, una persona de cada millón de dosis). Y no hay forma de saber cuántas personas contraen la gripe antes de que la vacuna alcance su punto óptimo de efectividad. La incubación del virus de la gripe se puede alargar hasta cuatro días, y la vacuna de la gripe no es totalmente efectiva hasta *dos semanas completas* después de haber sido administrada.

Seguramente estás conectado con una gran red de personas, si contamos el segundo y tercer grado de separación. Es probable que alguien de este grupo (que seguramente es más grande de lo que crees) haya tenido una reacción a la vacuna o haya contraído la gripe tras vacunarse, pero antes de que la inmunidad hiciera efecto. Pero el número de personas que se vacunan es significativamente mayor, y gracias a la protección que les proporciona la vacuna, no contraen gripe. Tan sólo en Estados Unidos, los Centros para el Control de Enfermedades informan que, entre 2005 y 2014, la vacuna contra la gripe evitó la muerte de más de cuarenta mil personas. La vacuna contra la gripe es eficaz cuando te fijas en las estadísticas y en grandes grupos, pero puede que un vistazo rápido a tus experiencias cotidianas no refleje lo mismo.

He aquí otro ejemplo, esta vez prestado del psicólogo Thomas Gilovich: un marido cree que siempre baja la tapa del inodoro. Su esposa, con quien comparte el baño, cree que él nunca la baja. Ambos parten del mismo conjunto de datos, y aun así llegan a conclusiones opuestas. ¿Por qué? Porque el marido repara en las veces que recuerda bajar la tapa, y ella repara en las veces que su marido no se acuerda. Él no se percata de las veces en las que olvida hacerlo (porque precisamente eso es olvidar); y ella no advierte las veces en que sí lo hace, porque no hay nada fuera de lo normal que recordar.

Cuando hablamos de los médiums, a esto lo llamamos "recordar los aciertos y olvidar los errores". Un médium lanza todo tipo de afirmaciones, y lo más probable es que el cliente recuerde únicamente las que destacan por su precisión.

El funcionamiento del sesgo de confirmación es todavía más sutil en la vida cotidiana. Puede que nos aferremos al relato de que las personas de ojos azules son maleducadas. Cuando alguien demuestra falta de educación, puede que te fijes en el color de sus ojos. Si tiene los ojos azules, confirmará tu relato y recordarás el incidente como una prueba que lo respalda. Si no tiene los ojos azules, rechazarás la información por ser una excepción y olvidarás el encuentro rápidamente. Así es como suele formarse y mantenerse el sectarismo.

El concepto mismo de la existencia de una excepción implica una conclusión. No es una excepción: son datos, datos tan válidos como los ejemplos que supuestamente respaldan tu relato. Pero, inconscientemente, tratamos los ejemplos confirmatorios como datos, mientras que consideramos que los no confirmatorios son excepciones. O, si no, elaboramos una excusa concreta, como "El de ojos marrones no era tan maleducado", o puede que lo provocaran de tal forma que cualquiera habría reaccionado del mismo modo. Racionalizamos la información y, con el tiempo, la olvidamos. Sin embargo, la historia de la persona de ojos azules que un día fue maleducada contigo se queda en tu interior para siempre, demostrando así tu relato.

Una noche especialmente ajetreada de cuando trabajaba como residente en la sala de urgencias, una enfermera señaló lo frenético que estaba siendo el turno. Luego hizo el siguiente comentario: "Esto parece un zoológico. ¿Hay luna llena?". La respuesta fue que no, no había luna llena. Se encogió de hombros y siguió con su trabajo. Para ella, ese dato carecía de importancia por su irrelevancia, pero si, por casualidad, hubiera sido luna llena, se habría convertido en una prueba contundente a favor de su creencia preexistente de que hay mayor actividad en la sala de urgencias cuando la influencia lunar es máxima.

Por eso el sesgo de confirmación tiene un efecto tan potente. Nos proporciona la poderosa ilusión de estar actuando conforme a la evidencia cuando, en realidad, nuestras creencias están fabricando dichas evidencias. Al final, podemos llegar a tener total seguridad en una creencia totalmente falsa.

El sesgo de confirmación se combina con otros sesgos y procesos de forma sinérgica. El mundo está repleto de información; todos los días nos cruzamos con muchos acontecimientos, personas y datos; a nuestros cerebros se les da muy bien tamizar dichos datos para hallar patrones relevantes, y cuando detectamos uno, pensamos: "¿Cuáles son las posibilidades de que ocurra esto? No puede ser casualidad, y por eso confirma mi creencia". Pero es que, en realidad, las probabilidades son muy elevadas. La posibilidad de que encuentres algo que confirme tu creencia es prácticamente segura, dado el número de oportunidades. Así, el sesgo de confirmación se acopla perfectamente a la minería de datos y al reconocimiento de patrones.

Otro factor que influye en el sesgo de confirmación es el uso de criterios indefinidos, como los análisis *ad hoc* o *post hoc*. A menudo es después de cruzarnos con una información concreta cuando decidimos que confirma nuestra creencia, y readaptamos los nuevos datos para que encajen con nuestra creencia como su confirmación. A esto se le puede llamar validación subjetiva, es decir, la tendencia de servirnos de criterios subjetivos para validar nuestras creencias preexistentes.

Un sesgo que está estrechamente relacionado con el de confirmación es el de la deseabilidad. Nos dejamos llevar por los sesgos a favor de la información que respalda lo que queremos que sea verdad, aunque todavía no lo creamos. En un estudio llevado a cabo en 2016, justo antes de las elecciones presidenciales de Estados Unidos, el psicólogo Ben Tappin y su equipo preguntaron a un grupo de sujetos qué candidato preferían y cuál creían que ganaría. Entonces les proporcionaron datos nuevos procedentes de sondeos que favorecían a un candidato o al otro. Las personas cuestionadas se mostraron mucho más predispuestas a aceptar los datos que favorecían al candidato que querían que ganara que los datos que favorecían al candidato que creían que ganaría. La confirmación de sus deseos tuvo más peso que la de sus creencias.

Lo que sugiere este estudio es lo enormemente complejo que es el pensamiento humano y, por lo tanto, lo difícil que es estudiarlo. No creo que se pueda hacer ninguna afirmación general sobre cómo las personas lidian con las "creencias". Desde el punto de vista psicológico, existen distintos tipos de creencias; tratamos aquellas que albergamos desde la emocionalidad de forma distinta a las que albergamos desde la neutralidad emocional. No tenemos ningún problema en actualizar estas últimas cuando recibimos información nueva, pero nos aferramos con todas nuestras fuerzas a las primeras, y puede que incluso lo hagamos con más ahínco cuando nos enfrentamos a información no confirmatoria (lo que es un efecto contradictorio). Nuestras emociones desencadenan el razonamiento motivado en ciertos casos, pero no en otros.

Así, en el estudio del sondeo electoral, algunos de los sujetos podían haber albergado la creencia de que su candidato iba a ganar como creencia emocional; seguramente, fueron menos los que tenían una implicación emocional con la creencia de que su candidato iba a perder. En el momento en el que se les proporcionaron nuevos datos, los sujetos se aferraron a la noción de que su candidato iba a ganar, pero no a la idea de que iba a perder. Pero incluso esta conclusión es demasiado sencilla. No hay que olvidar que Donald Trump decía que las elecciones estaban amañadas, lo que lleva a pensar que es posible que algunos seguidores de Trump creyeran que Hillary Clinton iba a ganar porque las elecciones estarían amañadas. Cuando los nuevos sondeos mostraron que en realidad Trump podía ganar, no les costó pasarse a la conclusión de que éste gozaba de la popularidad suficiente como para ganar incluso unas elecciones amañadas.

Sin embargo, las personas somos capaces de cambiar de opinión ante la existencia de pruebas apabullantes si son suficientes como para que dejemos atrás nuestro razonamiento motivado. Muchas veces he conversado con personas que niegan el calentamiento global. Cuando se les pone enfrente pruebas contundentes que demuestran que es cierto que la Tierra se está calentando, algunos negacionistas siguen aferrándose a la negación de que el calentamiento es real, pero otros adoptan la posición de que, aunque es posible que la Tierra se esté calentando, no sabemos si es por culpa de los humanos. O incluso que, a pesar de saber que es culpa de los humanos, no sabemos si las consecuencias serán nocivas. O incluso que, en el caso de que las consecuencias sean nocivas, no podemos hacer nada al respecto.

Sin embargo, los negacionistas albergan estas posiciones menos rígidas de mala gana y, a pesar de que técnicamente ahora constituyan creencias preexistentes, dudo que el sesgo de confirmación las respalde. Lo más probable es que el negacionista siga aferrándose a cualquier evidencia que parezca respaldar lo que quiere creer, y que regrese a la creencia de que el calentamiento global ni siquiera está ocurriendo en cuanto surja la oportunidad.

Veo el sesgo de deseabilidad y el sesgo de confirmación como dos caras de la misma moneda, y creo que no es fácil separarlos. En realidad, a menudo nos encontraremos con una compleja red de creencias y deseos que compiten entre sí. Además, no todas las creencias son iguales, puesto que tras cada creencia concreta existe todo un espectro de implicaciones emocionales e identitarias. Y es más, en este estudio pedían que los sujetos hicieran predicciones sobre lo que iba a ocurrir, lo que podría introducir nuevos sesgos, como son el sesgo optimista o el sesgo pesimista.

Los comentarios que siguen proceden de un médico que participó en un foro clínico dedicado a los trastornos de asimetría corporal como explicación de enfermedades crónicas tales como la esclerosis múltiple (EM) o el síndrome de fatiga crónica. A ver si eres capaz de detectar el sesgo de confirmación:

> Personalmente, tengo serias dudas de que exista la "EM" o que la EM sea una "enfermedad autoinmune".
>
> Todos y cada uno de los casos de "EM" que he visto y tratado eran, en realidad, pacientes con disfunciones en la articulación temporomandibular. Espero con ansias mi primer "paciente auténtico de EM".
>
> Actualmente estoy tratando al menos a veinte pacientes con "EM". Muchos de ellos han experimentado beneficios a corto plazo de insuficiencia venosa cerebro-espinal crónica. Todos parecen mostrar mejoras sustanciales gracias a la corrección de la articulación temporomandibular, y la mayoría de los síntomas anteriormente clasificados como "relacionados con la EM" han desaparecido.
>
> Creo que la mayoría de las "lesiones por EM" son una consecuencia del derrame

> de fluido cefalorraquídeo en el estroma del cerebro; no son lesiones del tejido neuronal en sí, ya que de lo contrario, los síntomas persistirían...
>
> Imagina que extraes un trozo de tejido patológico que envuelve cualquier lesión infecciosa [...] Sería muy probable ver una función inmunológica aumentada. Partir de esta base para interpretar la presencia de una enfermedad autoinmune sería un completo disparate. El sistema inmunitario necesita ayuda, no un asalto a su función [que es lo que hacen los medicamentos].
>
> Quedo a la espera de que alguien corrija mi hipótesis.

Habla con bastante aplomo. Pero también es un absoluto dislate. El autor del comentario, un profesional de la terapia dental, afirma que la esclerosis múltiple, así como otras enfermedades, no existen y son en realidad problemas relacionados con la mandíbula y los dientes. Por otro lado, tenemos más de cinco décadas de investigación que nos dicen que la esclerosis múltiple (EM) es una enfermedad autoinmune provocada por el ataque del sistema inmunitario contra los tejidos de la persona, y en el caso de la EM contra el cerebro y la médula espinal. Se han publicado, literalmente, miles de estudios que respaldan esta conclusión mediante muchas líneas de evidencia independientes. El autor del comentario, quien evidentemente tiene muy poca idea sobre inmunología o enfermedades autoinmunes, trata de rechazar algunas de estas evidencias, como las obtenidas a partir del análisis de biopsias o de la exploración en autopsias. Dice que ver inflamación alrededor de las lesiones provocadas por la EM en el cerebro no demuestra que la lesión sea autoinmune, que bien podría ser que el sistema inmunitario esté actuando.

Cuando oyes una afirmación de este tipo sobre una ciencia madura, tienes que preguntarte: entonces, ¿todos los investigadores que se han centrado en esta disciplina durante décadas han pasado por alto esta simple idea? Si algo aparentemente obvio se te ocurre a ti, que no eres un experto, harás bien en pensar que ya se les ha ocurrido a quienes han dedicado sus carreras a investigar esta cuestión. La diferencia entre la actividad inmunológica reactiva y la actividad autoinmune es un concepto básico que cualquier patólogo se plantea cada vez que observa la actividad inmunológica en una diapositiva y se pregunta: ¿inmunidad reactiva o lesión inflamatoria primaria? La EM es una enfermedad autoinmune. Hay evidencia de actividad inmune crónica en el sistema nervioso central, las lesiones son inflamatorias y el tratamiento inmunosupresor es efectivo.

El autor del comentario afirma no haber conocido jamás a un auténtico paciente de EM. ¿En qué criterios se basa? ¿Acaso las lesiones cerebrales típicas y los marcadores de inflamación no le parecen suficientes? Insinúa que si alguien a quien se le diagnostica EM muestra mejora en cualquiera de los síntomas mediante la corrección de la articulación temporomandibular entonces es que no tiene EM. No parece ser consciente del poder ilusorio de los efectos placebo. Cualquier tratamiento, si se observa desde un punto de vista indiscriminado, parecerá surtir efecto para casi cualquier enfermedad. Ése es el poder del sesgo de confirmación. Sólo podemos obtener información fiable sobre los efectos reales de un tratamiento si lo sometemos a un estudio ciego y exhaustivo para eliminar el impacto de todo sesgo.

¿Qué estudios publicados existen que apoyen las afirmaciones del autor de este comentario? Muy pocos, apenas un par de estudios piloto (es decir, estudios preliminares que no son ciegos, controlados o rigurosos en sentido alguno). Los estudios preliminares son poco más que un sesgo de confirmación: contienen un inmenso sesgo positivo y lo más probable es que respalden la hipótesis del investigador. No son confirmatorios, lo que significa que no constituyen evidencia alguna, sino que sencillamente proporcionan una exploración que sirve de guía a investigaciones posteriores.

Al autor del comentario también lo maravilla el hecho de ser capaz de especular enormemente sobre una "explicación" para lo que en apariencia son lesiones provocadas por la EM. Ésta es otra versión del sesgo de confirmación: creemos que el hecho de que se nos ocurra una explicación constituye una especie de confirmación en sí mismo (el campo de la astrología se basa en este proceso). Tendemos a dar poca importancia a nuestra propia creatividad y capacidad de inventar explicaciones *post hoc*. La capacidad de hacerlo no dice nada en absoluto sobre la viabilidad de nuestras creencias, porque podemos inventar explicaciones *post hoc* para cualquier cosa. El quid de la cuestión es: ¿existen evidencias objetivas que respalden la hipótesis? En este caso, la respuesta es no.

El sesgo de confirmación también está íntimamente relacionado con nuestra tendencia a buscar específicamente evidencias que confirmen nuestras creencias, no que las refuten. Incluso cuando ponemos a prueba una hipótesis o una afirmación concreta, tendemos a contextualizar las pruebas de una forma diseñada para que confirme nuestra hipótesis. Si creemos que la música clásica impulsa el crecimiento de las plantas, puede que pongamos la idea a prueba poniendo música a las plantas y observando cómo crecen. Lo que deberíamos pensar es: "Un momento, necesito un grupo de control que no esté expuesto a la música clásica". Es necesario disponer de algún tipo de base comparativa para conocer el efecto que está teniendo la música. La noción del grupo de control procede del pensamiento científico, no es intuitiva.

Menos obvia es la "falacia de la peluca". Algunas personas creen ser siempre capaces de detectar cuándo alguien lleva una peluca (quien dice peluca dice implantes mamarios, lentes de contacto, si alguien está mintiendo, etcétera). La confirmación de esta creencia procede de todas las ocasiones en las que alguien llevaba una peluca y la persona en cuestión se dio cuenta.

Pero la trampa está en que, por definición, la persona no es consciente de los casos en los que alguien llevaba puesta una peluca y no se dio cuenta. Además, a menos que preguntara directamente a todo aquél a quien identificó como usuario de peluca (o le jalara el pelo), no sabrá si ha habido algún falso positivo. A menos que haya puesto a prueba de forma sistemática su capacidad de identificar pelucas, no tiene ni la más remota idea de si puede detectarlas bien.

Pongamos que estableces la conexión de que las personas que conducen autos deportivos tienen más probabilidades de tener gatos como mascotas.

Para poder poner a prueba tu hipótesis, preguntarás aleatoriamente a las personas que encuentres que conducen un auto deportivo si tienen una mascota, y de qué tipo. Entonces harás balance de cuántos dueños de autos deportivos tienen un gato.

Puede que pienses que has puesto a prueba tu hipótesis, pero no es así, ya que tan sólo has buscado confirmarla. También tendrías que preguntar a las personas que no conducen autos deportivos qué mascotas tienen, si es que las tienen.

El poder del sesgo de confirmación reside en que está siempre en funcionamiento en segundo plano, filtrando grandes cantidades de datos, hasta proporcionarte la fuerte ilusión de que las evidencias respaldan tu creencia. En cierto sentido, tu cerebro te está haciendo enloquecer mediante engaños, ya que te está convenciendo de que la realidad es distinta de lo que en verdad es y te está confiriendo una falsa seguridad. Puede resultar increíblemente difícil deshacerse de una creencia que está respaldada por una enorme estructura de sesgos de confirmación. Hacerlo implicaría reconocer que puedes estar profundamente equivocado sobre algo de cuya certeza estás seguro porque has visto cantidades ingentes de evidencia a su favor. Darse cuenta de lo vulnerables que somos ante estos sesgos puede ser inquietante, pero es un paso aleccionador y necesario en el camino hacia el pensamiento crítico.

LA TAREA DE SELECCIÓN DE WASON

Uno de los obstáculos a la hora de aprender sobre el pensamiento crítico y la pseudociencia es que es fácil que la seguridad se convierta en arrogancia. Es importante recordar que conocer los sesgos cognitivos no te inmuniza contra ellos. Leer este libro no es una forma mágica de protegerte contra los errores o los sesgos. No te capacitará para expresar tus opiniones como si fueran una verdad absoluta.

Las habilidades metacognitivas de las que hablamos son herramientas. Hacer uso de ellas requiere atención y toda una vida de práctica y reflexión. Hacerlo te ayudará a minimizar tus defectos y sesgos, pero jamás lograrás librarte totalmente de ellos.

Aquí les presento una curiosa tarea que, al menos a algunos de los lectores, les demostrará que comprender la metacognición no siempre basta para evitar cometer errores mentales.

La tarea consiste en lo siguiente: frente a ti, hay cuatro cartas sobre la mesa. Cada una de ellas tiene una letra en un lado y un número en el otro. Yo tengo una hipótesis: cada carta que tiene una vocal en un lado tiene un número par en el otro. En las cartas se puede leer A, 7, D y 4.

La pregunta que te hago es: ¿qué cartas debo girar para poner a prueba mi hipótesis? Piénsalo antes de seguir leyendo para saber la respuesta.

P. C. Wason llevó a cabo este estudio psicológico en 1966. En su estudio original, tan sólo el 10% de los sujetos acertaron la respuesta (es decir, giraron todas las cartas que eran necesarias y ninguna que no lo fuera). Las repeticiones posteriores del estudio arrojaron resultados similares.

La respuesta correcta es que debes girar las cartas A y 7, pero no D o 4. La razón es que éstas son las dos cartas que pueden demostrar que la hipótesis es falsa. Si la carta A no tiene un número par en el otro lado, o la 7 tiene una vocal, la hipótesis es incorrecta. Las cartas D y 4 son irrelevantes, porque no pueden poner a prueba la regla. La mayoría de las personas gira la 4 para ver si hay una vocal en el otro lado, pero esto tampoco prueba la regla, y la carta 4 no es capaz de demostrar que la regla es falsa porque no sucede nada si hay un número par al otro lado de una consonante. Pero, instintivamente, buscamos evidencias que confirmen nuestra hipótesis en lugar de buscar evidencias que la contradigan.

Lo curioso de la tarea de selección de Wason es que los resultados varían según el contexto. Si, por ejemplo, un lado de las cartas contiene edades y el otro lo que alguien está bebiendo, a los sujetos no les cuesta descubrir si hay algún menor bebiendo alcohol. Según parece, nuestros instintos están más afinados para las interacciones sociales que para los problemas abstractos.

Pero la lección fundamental sigue siendo la misma. Si quieres poner a prueba tu hipótesis, debes tratar de demostrar que es incorrecta; no te limites a buscar evidencias que demuestren que es acertada.

13. Apelación a la antigüedad

Sección: Metacognición

Véase también: Falacias lógicas

Apelar a la antigüedad es un tipo de falacia de apelación a la autoridad. En este caso, la supuesta autoridad es la aceptación de la sabiduría antigua, o la noción de que una idea que ha sobrevivido al paso del tiempo debe ser válida.

> La antigüedad de un relato no es evidencia de su veracidad; al contrario, es un síntoma de su condición de fabuloso.
>
> —Thomas Paine

Las personas mostramos una fascinación comprensible por el pasado. Las pirámides de Egipto, la Gran Muralla de China y el Coliseo de Roma han resistido el paso del tiempo y son monumentos a las civilizaciones antiguas. Algo interior, un hilo eterno que nos ayuda a conectar, de una forma ciertamente tangible, con civilizaciones desaparecidas hace mucho. Tal vez ello nos haga sentirnos conectados con algo inmortal, o al menos de mucha mayor envergadura que una efímera vida humana.

Pero no sólo los monumentos, las murallas y los edificios han sobrevivido durante miles de años. Muchas ideas y nociones de hace milenios sobreviven y florecen en el siglo XXI como verdaderos monumentos a las ideas del pasado. Algunas personas todavía creen en la astrología, es decir, en las profecías basadas en las posiciones de los planetas en relación con las constelaciones del cielo. Recurren a la astrología en busca de ayuda para tomar decisiones de la vida cotidiana, ¡lo hacen incluso los políticos! La astrología representa una visión del universo que carece de cualquier conocimiento real sobre la cosmología o las fuerzas de la naturaleza. Es una creencia supersticiosa que procede de una época anterior a la aparición de la ciencia moderna, cuando los principios básicos de la lógica, como la causa y el efecto, no se aplicaban de forma rutinaria.

Los tratamientos de salud antiguos, como la acupuntura, nos proporcionan otros ejemplos. La concepción moderna de la acupuntura conlleva introducir agujas muy finas en la piel en los supuestos puntos acupunturales para obtener un efecto fisiológico beneficioso. Y lo cierto es que esta idea tan sólo tiene aproximadamente un siglo de edad. Antes de que se sometiera a la acupuntura a este cambio de imagen moderno, el carácter supersticioso de la práctica era más evidente, ya que en realidad era un tipo de flebotomía en el que se utilizaban lanzas o agujas grandes, y los puntos acupunturales también estaban relacionados con la astrología china, uniendo así los cuerpos al cielo. A pesar de esta realidad claramente documentada, la acupuntura suele promocionarse como un tratamiento antiguo cuyo origen se remonta a miles de años atrás. La presuposición es que si la gente lleva tanto tiempo haciéndolo, algo de bueno tendrá.

Típicamente, quienes utilizan este argumento falaz tratan de salvarlo diciendo que es válido porque la antigüedad del método demuestra que ha superado la prueba del tiempo. Sin embargo, este argumento no es válido porque contiene una gran premisa implícita que no es cierta, a saber, que el tiempo se encarga de poner a prueba este tipo de modalidades. La historia ha demostrado que esta presunción es falsa.

Se ha demostrado de forma exhaustiva y científica que la astrología no cumple sus promesas proféticas ni describe con precisión la personalidad de los individuos. También se ha demostrado, con un alto grado de fiabilidad, que los efectos de la acupuntura son totalmente de tipo placebo.

Pero la cultura goza de gran inercia, y las personas creen ciertas cosas porque es lo que les han contado, porque esas cosas ya están asumidas. Además, existen muchos mecanismos de autoengaño que perpetúan las falsas creencias.

Millones de personas pueden creer algo durante miles de años, incluso si la creencia no está fundamentada en la realidad. Un ejemplo libre de controversias es la flebotomía, la cual forma parte de todo un sistema de tratamiento llamado medicina galénica que se basa en la idea de los cuatro humores: la sangre, la flema, la bilis amarilla y la bilis negra. Según este sistema, toda enfermedad es debida a un desequilibrio de estos cuatro humores, y las intervenciones deben restablecer el equilibrio. La flebotomía reduce el excedente de sangre, los purgativos eliminan el excedente de bilis, etcétera.

Este sistema de creencias sobrevivió durante aproximadamente dos mil años y su práctica estuvo extendida. La medicina basada en los cuatro humores no desapareció hasta el advenimiento de la medicina científica. Los cuatro humores no fueron abandonados hasta que la profesión médica adoptó los métodos científicos de manera explícita para poner a prueba sus ideas; el tiempo en sí mismo no bastó.

La atracción por lo antiguo sobrevive incluso en culturas que miran hacia el futuro. Se puede decir que los rápidos avances de la tecnología han hecho que las personas tengan mucha fe en las ideas nuevas. Sin embargo, esas mismas personas pueden respetar lo nuevo y lo antiguo a la vez, tal como pone de manifiesto la frecuente publicidad de productos y servicios en la que se anuncia la combinación de ciencia moderna y sabiduría ancestral. "Los científicos están descubriendo lo que nuestros antepasados ya sabían", nos dicen.

La conclusión es que el tiempo, en sí mismo, no establece si una idea es o no válida, o si una afirmación es cierta, y que debemos seguir recurriendo a la lógica y a la evidencia. Los monumentos no son más que iconos del pasado congelados en el tiempo, mientras que, en ocasiones, deberíamos dejar que nuestras ideas se descongelen.

14. Apelación a la naturaleza

Sección: Metacognición

Véase también: Falacias lógicas

La apelación a la naturaleza es una falacia lógica basada en la presunción injustificada de que las cosas que son naturales son inherentemente superiores a todo lo fabricado. Además, se apoya en una definición imprecisa de lo que es "natural".

> Si es natural, tiene que ser bueno. Bueno, pues la mierda de pájaro y la grava son naturales, ¡pero no pienso comérmelas!
>
> —James "The Amazing" Randi

Parece haber algo intrínsecamente positivo en la "naturaleza". Cuando pensamos en ella, visualizamos un ambiente puro, saludable y libre de las fuerzas artificiales y de las perversiones de los humanos. Evocamos imágenes de bosques frondosos y verdes, ríos azules y cristalinos y vastas llanuras de hierba alta.

Infundimos virtudes inherentes y cualidades positivas en nuestra percepción de la naturaleza, mientras ignoramos todos los inconvenientes, que son igual de inherentes. En otras palabras, si algo es "natural", sentimos que debe ser bueno para nosotros y que no puede hacernos daño.

Ésta es la falacia lógica informal de apelación a la naturaleza. No es lo mismo que la falacia naturalista, que se refiere principalmente a la idea de que todo lo que es en la naturaleza debe ser (el problema de lo que es/debe ser) descrita por David Hume y que hemos visto en el capítulo 10 sobre las falacias lógicas.

En realidad, el término *falacia naturalista* surgió de la mano del filósofo británico G. E. Moore en su libro *Principia ethica* publicado en 1903. Su argumento de que las cualidades asociadas con la bondad son buenas en sí mismas era un poco más estrecho de miras que el de Hume. En otras palabras: si las cosas buenas tienden a ser atractivas a la vista, entonces el atractivo visual también debe ser bueno. (Cosa que no es estrictamente cierta, ya que el atractivo puede coincidir con la bondad moral por casualidad.)

La relación entre la falacia de apelación a la naturaleza y la falacia naturalista es un caso especial: algunas cosas que son buenas son naturales, de forma que todo lo natural será bueno. La otra cara de la moneda de la apelación a la naturaleza es que todo lo que es "no natural" está inherentemente contaminado hasta cierto punto. Tal como lo expresa el cirujano oncólogo David Gorski:

> En definitiva, la idea subyacente de la apelación a la naturaleza es una adoración profana a la naturaleza por ser, en esencia, perfecta, y donde todo lo que hacen los humanos se percibe como "no natural" y se considera inferior —en el mejor de los casos— y como el mal encarnado —en el peor.

La falacia de la apelación a la naturaleza se desmorona rápidamente en cuanto se examinan sus dos pilares principales. El primero es que todo lo que se encuentra en la naturaleza suele ser bueno para los humanos, y el segundo es la posibilidad de establecer una definición de trabajo de lo que es "natural". La naturaleza no le tiene especial cariño a la humanidad. No existe ninguna razón científica que nos haga pensar que la naturaleza demuestra otra cosa que indiferencia hacia nuestra felicidad y nuestro destino. Simple y llanamente, al universo no le importamos.

Desde el punto de vista evolutivo, todo organismo y toda especie se preocupan únicamente por sí mismos. Por ejemplo, las plantas han evolucionado hasta desarrollar todo tipo de sustancias químicas especialmente diseñadas para envenenar a los animales, como medida para evitar que se las coman. En este sentido, la naturaleza trata de matarnos de forma activa. La sustancia más tóxica conocida (por cada gramo), la toxina botulínica, es totalmente natural. Algunos venenos naturales, en dosis purificadas y medidas cuidadosamente, pueden usarse para aprovechar sus efectos fisiológicos. A estos venenos los llamamos "medicamentos". Pero que nadie se equivoque: las plantas que nos proporcionan estas sustancias las usan para librar una guerra química contra cualquiera que sea susceptible de comérselas.

En su evolución, algunas plantas desarrollaron partes comestibles, como la fruta, para que los animales las ayudaran a dispersar y fertilizar las semillas. Incluso en este caso, la gran mayoría de lo que consideramos frutas comestibles son el resultado de cientos o incluso miles de años de interferencia humana contra los pesticidas y compuestos de las plantas que nos harían enfermar. Nuestra provisión de alimentos no tiene mucho de "natural".

Para evadir la evidente conclusión de que los elementos de la naturaleza o bien son indiferentes a nosotros, o bien tienen toda la intención de matarnos, algunos herboristas han adoptado un enfoque decididamente creacionista. Afirman que Dios o algún ser benévolo creó a los seres naturales específicamente para servir a la humanidad. Así de soberbio hay que ser para concluir que la naturaleza es inherentemente buena para los humanos.

Hasta cierto punto, todo el mundo sabe que la naturaleza no es benigna. No conozco a ningún adulto que vaya a comerse cualquier planta desconocida que encuentre en su jardín o en un bosque. Hay muchas posibilidades de caer gravemente enfermo, e incluso morir.

¿Y qué hay del segundo pilar, la posibilidad de establecer qué es natural? Pocos alimentos de los que ingerimos habitualmente han permanecido igual en la naturaleza, como ahora la carne de presa, algunas flores como el diente de león y las variedades silvestres de frambuesas y setas. Casi todo lo demás se ha transformado significativamente, a menudo hasta el punto de ser irreconocible. ¿Son naturales las manzanas? Eso depende de tu definición. No existe una respuesta objetivamente correcta. Las manzanas han sido alteradas en gran medida por el cultivo humano durante milenios. ¿Y si proceso esas manzanas para hacer puré de manzana? ¿Y si le añado un poco de azúcar al puré? ¿Cuánto procesamiento es necesario para que algo sea "no natural"?

Asimismo, ¿cuál es la diferencia entre una molécula de vitamina C que se ha purificado a partir de la rosa mosqueta y una molécula de vitamina C que se ha fabricado en un laboratorio? Por definición, ninguna. Los átomos y las moléculas no saben de dónde proceden. Sus propiedades químicas y biológicas no dependen de su origen.

A pesar de que el argumento de la apelación a la naturaleza carece de base válida, los partidarios de terapias y tratamientos de salud acientíficos suelen invocarlo. Y es todavía más común verlo aparecer cuando se habla de comida. La Administración de Medicamentos y Alimentos de Estados Unidos (FDA, por sus siglas en inglés), la agencia responsable de la seguridad y eficacia de los alimentos, las medicinas y otros productos de consumo, se refiere a lo "natural" de la siguiente forma:

> Desde la perspectiva de la ciencia alimentaria, es difícil establecer que un producto alimentario es "natural" porque es probable que haya sido procesado y que ya no sea un producto de la tierra. Dicho esto, la FDA no ha desarrollado una definición para el uso del término "natural" o sus derivados. Sin embargo, la agencia no se opone al uso del término cuando el alimento no contiene colorantes, saborizantes artificiales o sustancias sintéticas.

En otras palabras, en Estados Unidos no existe una definición legal del término "natural" y la FDA ha decidido mirar hacia otro lado cuando las empresas deciden promocionar sus productos con la afirmación de que son naturales.

Siglos de este tipo de publicidad han creado una aura de salud alrededor del término "natural", y añadir el término a cualquier cosa que se les ocurra constituye una herramienta publicitaria efectiva (aunque engañosa). Las empresas a menudo publicitan un anuncio como "natural" y, como consecuencia, suben el precio. Sin que el producto presente ninguna diferencia, terminas pagando un impuesto sólo porque las tranquilizadoras palabras "100% natural" aparecen en el paquete.

Hay sectores enteros que se basan en esta falsa veneración. La industria de los alimentos orgánicos, por ejemplo, no permite el uso de pesticidas sintéticos, pero sí el uso de los llamados pesticidas "naturales". En muchos casos, los pesticidas naturales son menos efectivos y más nocivos para el medio ambiente que las alternativas sintéticas. Algunos pesticidas naturales, como el sulfato de cobre y la rotenona, pueden ser extremadamente tóxicos. Y, aun así, no se les aplica la misma precaución simplemente porque son "naturales".

Una vez que sabemos que el propio concepto de "natural" es tan impreciso y que no existe ninguna razón que nos permita suponer de antemano que todo lo que es aparentemente natural será seguro o bueno para los humanos, está claro que la etiqueta de "natural" no es otra cosa que un truco publicitario. La ideología y el aura de salud del carácter "natural" de las cosas sustituye a la ciencia y a la evidencia real. Y eso es precisamente lo que se pretende, que dejes de pensar en la evidencia o de exigirla y que confíes en una etiqueta tranquilizadora que, en última instancia, carece de significado.

15. Error fundamental de atribución

Sección: Metacognición

Véase también: Sesgo de correspondencia

El error fundamental de atribución es un sesgo cognitivo que nos lleva a atribuir las acciones de los demás a factores internos, como la personalidad, mientras justificamos nuestras propias acciones como consecuencias de factores externos que escapan a nuestro control.

> Debemos ser cuidadosos al interpretar el comportamiento de los demás. Es posible que comportamientos que nos pueden parecer pereza, falta de honestidad o estupidez atiendan a factores situacionales que desconocemos.
>
> —Robert Todd Carroll

¿Has creído alguna vez en algo que más tarde descubriste que era un sinsentido? Personalmente, yo solía creer en la percepción extrasensorial, las visitas de alienígenas, el Triángulo de las Bermudas y todo tipo de estrafalaria pseudociencia. Es casi una experiencia inevitable, ya que todos empezamos en esta vida sin ningún tipo de información y debemos aprender a medida que avanzamos. En ocasiones, ciertas creencias erróneas o absurdas persisten en la edad adulta. ¿Cómo se explica esto?

Muchos factores pueden causar que alguien albergue una creencia sin fundamento. Puede que dicha creencia sea común en nuestra cultura o en nuestros círculos sociales. Comprender qué hace que la creencia sea incorrecta puede requerir un conocimiento especializado ajeno a nuestra experiencia. Puede que el engaño provenga de una labor periodística pobre o de informaciones erróneas presentadas con astucia. O, sencillamente, puede que la creencia refleje un vacío casual en tu experiencia vital.

Pero ¿qué ocurre si es otro el que alberga una creencia manifiestamente ingenua? En ese caso, puede que estemos más inclinados a concluir que la persona es crédula e ignorante o que persigue un propósito malévolo al profesar dicha creencia.

¿Ves la diferencia? Se nos da muy bien concluir que somos víctimas de las circunstancias, y tendemos a ser plenamente conscientes de los factores externos que influyen en nuestros pensamientos y comportamiento. Sin embargo, cuando se trata de los demás, tendemos a presuponer que lo que los mueve son principalmente los factores internos relacionados con su carácter y cualidades. Tenemos ante nosotros el error fundamental de la atribución, también llamado sesgo de correspondencia.

En parte, este sesgo procede de una simple falta de información. La vida está llena de detalles peculiares. Puede que tengas muy presentes los acontecimientos recientes y los factores que influyen en tu comportamiento, pero no serás tan consciente de los detalles que actúan en los demás. Todos hemos visto a padres y madres perder la paciencia con sus hijos en público. Es fácil ponerse a juzgar, presuponer que son malos padres o que no tienen paciencia. Entonces, puede que tú mismo te encuentres en público, tratando con un niño en plena rabieta mientras intentas llevar a cabo tres labores más, y además estés molesto con tu pareja porque te ha pedido encargarte de todo. También puede que estés atravesando una época especialmente estresante en el trabajo. Puede que alguien cercano a ti acabe de fallecer. El estrés provocado por uno o más de estos factores externos puede sobrepasar a una persona que suele presentar un nivel de paciencia promedio o incluso por encima del promedio. Tu estilo de cuidado parental habitual cede ante la tensión y pierdes los estribos. Y quienes te ven, totalmente ajenos a todo esto, simplemente presuponen que eres un padre o madre duro por norma general.

Los guionistas suelen aprovecharse de este hecho. Te ponen en la situación de un personaje para que puedas ver todos los factores externos que los conducen a una situación fuera de lo común. Entonces, el personaje se verá obligado, o al menos se sentirá fuertemente motivado, a comportarse de una forma inusual y será sometido a las miradas de desprecio o de incredulidad de los testigos. Empatizas con el personaje porque has visto por lo que ha pasado, y condenas a los testigos por pecar de moralistas y por sacar conclusiones precipitadas.

En la vida cotidiana, todos somos esos testigos. Nunca somos conscientes de todos los factores que influyen en el comportamiento de los demás.

A pesar de que soy muy consciente de este sesgo, no dejo de ser presa de él. Éste en concreto requiere mucha vigilancia. Para los escépticos, puede que la manifestación más común del error fundamental de atribución sea la presuposición de que si los demás tienen creencias carentes de sentido es porque son crédulos o ignorantes.

Podemos presuponer que alguien comercializa aceite de serpiente por pura avaricia, pero debemos resistir la tentación de presuponer las motivaciones de los demás. A menudo no las conocemos, y deberíamos cuidarnos de juzgar. Puede que esa persona haya pasado por una experiencia personal que la ha marcado especialmente pero también lo ha desorientado, por ejemplo. O tal vez estén bajo la influencia de alguien cercano.

Es importante tener presente la asimetría entre cómo nos vemos a nosotros y cómo vemos a los demás, mientras lees este libro o exploras el pensamiento crítico por otras vías. Existe la tendencia a aplicar estos principios a los demás en lugar de —o en mayor medida que— en nosotros mismos. La memoria de los demás no es la única que es imperfecta, la nuestra también lo es. Los demás no son los únicos que pecan de sobrestimar su conocimiento, nosotros también lo hacemos.

Todos somos muy comprensivos con nosotros mismos. Imagina si fuéramos igual de compasivos con los demás. Desde una mentalidad abierta y antes de sacar conclusiones, podemos preguntar a los demás por qué dicen o hacen lo que dicen y hacen. También está bien guardarse de juzgar a los demás, reconocer que la vida es compleja y que lo más probable es que no dispongamos de la información necesaria para juzgar una situación. Nos encanta opinar sobre famosos o las personas que salen en las noticias, a menudo basándonos en datos muy poco sólidos. Cuando una versión más completa del caso sale a la luz, suele ser distinta de lo que muchos pensaban.

Cualquier usuario de las redes sociales es testigo del error de atribución a diario. No sólo existe la tendencia de presuponer las motivaciones de los demás; también nos apresuramos a inferir sus argumentos y posiciones con base en el nicho al que creemos que pertenecen. Si no escuchamos lo que están diciendo de verdad, no lo interpretamos con compasión y no les damos la oportunidad de aclarar su posición, nos arriesgamos a atribuirles una posición que no sostienen, a atacar a un hombre de paja y a quedar como tontos. He visto cómo estos intercambios se degradan rápidamente a acusaciones mutuas de ser un trol. Los trols de internet existen y están ahí fuera, pero en ocasiones el troleo está en el ojo de quien mira. A veces, nosotros mismos podemos ser el trol.

El error fundamental de atribución suele asomar la cabeza con las teorías de la conspiración. El supuesto extraño comportamiento de los demás suele ofrecerse como evidencia de una conspiración. ¿Por qué el jefe de bomberos dio la orden de "*pull it*"* en referencia a la Torre 7 del World Trade Center el 11/S? ¿Acaso estaba dando la orden de hacer volar el edificio por los aires? En realidad, estaba ordenando que su equipo saliera del edificio. Visto desde fuera, es posible hacer que cualquier detalle extraño parezca siniestro y atribuir motivaciones internas a las personas. Conocer las circunstancias suele bastar para arrojar luz sobre su comportamiento.

* En inglés, la frase "*pull it*" puede resultar ambigua, ya que bien puede interpretarse como "tirar de algo" o como "sacar algo de algún sitio". De ahí la confusión en la orden, ya que podría parecer que significa activar una explosión en lugar de salir del edificio. *(N. de la T.)*

Aunque requiere atención, es sorprendente lo sencillo que resulta corregir este sesgo. Para empezar, hay que reconocer que nunca se dispone de toda la información. El siguiente paso es no juzgar y conceder a los demás el beneficio de la duda. Imagina que cada persona es un personaje en su propia película. Haz lo posible por conocer el argumento de esa película antes de convertirte a ti mismo en un lugar común.

En el capítulo siguiente veremos de qué forma este principio afecta al universo y no sólo a los demás.

16. La caza de anomalías

Sección: Metacognición

Véase también: Pensamiento conspirativo, Minería de datos

Una anomalía es algo que destaca porque parece que carece de sentido o que contradice el conocimiento establecido o la teoría científica. La falacia de la caza de anomalías surge de buscar algo que resulte inusual, presuponer que cualquier supuesta anomalía es inexplicable, y terminar concluyendo que constituye una evidencia que respalda tu teoría favorita.

> Tal vez el problema sea psicológico y consista en no saber cuándo parar de buscar causas ocultas. Sin embargo, soy de la opinión de que estudiar las teorías de la conspiración, incluso las disparatadas, es útil, aunque sólo sea porque nos obliga a distinguir claramente nuestras "buenas" explicaciones de sus "malas" explicaciones.
>
> —Brian Keeley

En el momento en el que alguien disparó contra el convoy de JFK, se puede ver a un hombre de pie en la acera cercana al coche sosteniendo un paraguas negro abierto. No estaba lloviendo (aunque lo había hecho la noche anterior), y en Dallas ese día nadie llevaba paraguas. El extraño comportamiento de esta persona, que pasó a conocerse como el "Hombre del paraguas", es una auténtica anomalía. No parece haber ninguna razón obvia o incluso racional que explique su conducta. También parece una casualidad mayúscula que este extraño comportamiento ocurriera justo en el lugar en el que dispararon a JFK.

Parece superficialmente razonable concluir que los dos hechos están relacionados, que tal vez el Hombre del paraguas participó en una conspiración.

La verdadera explicación es muy interesante, pero sería imposible adivinarla sin un conocimiento específico. Sin embargo, los partidarios de las teorías de la conspiración enseguida catalogaron al Hombre del paraguas como una anomalía que sólo podía explicarse en el contexto de una conspiración.

Una de las partes más comunes y traicioneras del autoengaño cognitivo es el proceso de la caza de anomalías. Una auténtica anomalía es algo que el modelo de la naturaleza vigente no es capaz de explicar y que no encaja con las teorías existentes. Y es por eso que las anomalías son muy útiles para la investigación científica, ya que abren paso a nuevos conocimientos y tienen el potencial de profundizar o ampliar las teorías existentes.

Por ejemplo, la mecánica newtoniana no era capaz de explicar la órbita de Mercurio, lo que la convertía en una auténtica anomalía. Ésta y otras anomalías apuntaban al hecho de que las leyes del movimiento de Newton eran fundamentalmente incompletas. Los astrónomos trazaron varias hipótesis para explicar las anomalías observadas, incluyendo la existencia de un planeta oculto al otro lado del Sol desde la perspectiva terrestre.

Con el tiempo, Einstein desarrolló su teoría general de la relatividad, la cual explica la gravedad. Las ecuaciones de Einstein demostraron que las leyes de Newton no eran incorrectas pero sí incompletas. Eran un caso especial de una realidad más profunda, una realidad en la que se pueden medir los efectos relativistas de una fuerte gravedad o de una elevada velocidad relativa. Mercurio está lo suficientemente cerca del campo gravitacional del Sol como para que sus efectos relativistas quedaran explicados.

Los pseudocientíficos —aquellos que fingen estar haciendo ciencia (o que tal vez incluso creen de verdad que están haciendo ciencia) y que siguen un proceso totalmente desacertado— usan las anomalías de forma distinta. Suelen practicar la caza de anomalías, es decir, buscan activamente supuestas anomalías. Sin embargo, no buscan pistas para alcanzar un nivel más profundo de conocimiento sobre la realidad. Salen de caza para alimentar el proceso pseudocientífico de alcanzar conclusiones científicas mediante la ingeniería inversa.

Su lógica funciona de la siguiente manera: "Si la teoría que defiendo es cierta, cuando observe los datos hallaré anomalías". La gran premisa implícita de esta lógica es que si su teoría no fuera cierta, no hallarían ninguna anomalía, pero esta idea peca de ingenua, ya que las anomalías aparentes son casi omnipresentes.

Otro elemento de esta línea argumental es el carácter general de la definición de "anomalía". ¿Qué cuenta como anomalía, exactamente? ¿Cualquier cosa que te parezca extraña a ti personalmente, o sólo los fenómenos que no se pueden explicar, incluso tras una investigación rigurosa? Si se utiliza una definición amplia y se observan grandes conjuntos de datos, encontrarás supuestas anomalías casi con total seguridad. Pero hallarlas no demuestra nada. Incluso en un mundo en el que el asesinato de JFK fuera perpetrado por un pistolero solitario que no formaba parte de ninguna conspiración, alguien que estudie minuciosamente todos los detalles que rodearon al asesinato podría encontrar muchas cosas que parecerían extrañas o fuera de lugar.

Presuponer que las anomalías son significativas en lugar de fortuitas es un error de comprensión en la interpretación de las estadísticas, un tipo de analfabetismo numérico. También puede incorporar la falacia de la lotería, en la que se hace la pregunta equivocada. El nombre *falacia de la lotería* procede de su ejemplo ilustrativo más común. Si a John Smith le toca la lotería, tendemos a considerar las posibilidades que tenía John Smith de que le tocara la lotería (que suele ser una entre cientos de millones). Sin embargo, si lo que te preocupa es saber si la lotería es verdaderamente aleatoria o si es necesario invocar a alguna fuerza sobrenatural para explicar los resultados, entonces la pregunta correcta sería: "¿Cuántas posibilidades hay de que le toque la lotería a cualquier persona?". En este caso, las posibilidades se acercarán al 100% (al menos durante varias semanas).

La falacia surge al confundir la probabilidad previa con la probabilidad posterior (una vez que conoces el resultado, te planteas las probabilidades de ese resultado concreto). Quizás esto resulte más evidente cuando consideramos las probabilidades de que a alguien le toque la lotería dos veces. Es algo que ocurre habitualmente, y cuando pasa, la prensa suele afirmar que las probabilidades eran astronómicas. A menudo cometen el error de considerar las probabilidades de que a una persona en concreto le toque dos veces la lotería de forma consecutiva y calculan las probabilidades de que John Smith gane dos veces en lugar de calcular las probabilidades de que a cualquier persona en cualquier lugar le toque dos veces la lotería (en realidad, las probabilidades son bastante favorables y coinciden con la tasa observada).

He estado usando la expresión "anomalía aparente" o "supuesta" porque a veces algo nos puede parecer una anomalía pero, tras un estudio más detallado, desenterramos una explicación de lo más prosaica. En la ciencia auténtica, una anomalía sólo se declara como tal tras el fracaso de exhaustivos esfuerzos por explicarla dentro de las teorías existentes.

En 2011, los físicos del experimento OPERA creyeron haber detectado neutrinos (partículas elementales que interactúan de manera muy débil con la materia) que viajaban a una velocidad superior a la de la luz. Ésta sí habría sido una anomalía auténtica y profunda, puesto que las teorías de Einstein dicen claramente que nada es capaz de moverse con mayor rapidez que la luz y, hasta el momento, la teoría se sostiene. Sin embargo, los científicos no declararon la muerte de la relatividad. Buscaron con mucho ahínco cualquier cosa que pudiera explicar dicha anomalía, sin invalidar la teoría de Einstein. Cuando fracasaron en su intento, apelaron a sus colegas de la comunidad científica en busca de ayuda.

Otros científicos replicaron las condiciones del experimento con equipos distintos y descubrieron que los neutrinos no se mueven más rápido que la luz. Al final, los físicos del experimento OPERA encontraron un cable defectuoso en el mecanismo de cronometraje; la anomalía resultó ser una falla técnica. Las teorías de Einstein vivieron para ver un nuevo día.

Lo que hacen los pseudocientíficos es buscar anomalías *aparentes*, es decir, cosas que no pueden explicar de forma inmediata o, todavía peor, que son meras coincidencias. No hay razón alguna que permita asumir que tu instinto es una buena brújula para saber cómo se desarrollará un acontecimiento de lo más inusual, como por ejemplo que un avión de pasajeros se estrelle contra uno de los costados del Pentágono. A menudo, la conclusión de que algo es una anomalía surge de la falta de conocimiento o experiencia. Por ejemplo, puede que desconozcamos las condiciones en ambientes exóticos, y algo te puede parecer una anomalía simplemente porque careces del conocimiento especializado (científico, técnico, histórico) necesario para saber la explicación real. A menudo somos testigos de la falta de humildad en la forma en que los pseudocientíficos y los partidarios de las teorías de la conspiración declaran que un acontecimiento o rasgo complejo es una anomalía según su limitado conocimiento. A menudo también se centran en los márgenes de lo detectable, donde los datos se vuelven borrosos y es más fácil imaginar anomalías. Piensa en las borrosas fotografías del yeti o de los ovnis, en las que los creyentes se fijan en detalles menos definidos que la propia resolución de la imagen para declararlas auténticas. Esa mancha que no eres capaz de identificar no demuestra la existencia del yeti; quizá lo único que demuestra es que has tapado la lente con el dedo.

Tras hallar una anomalía (de definición amplia) aparente en los datos, Jonny el Pseudocientífico tenderá a cometer un par de falacias lógicas. Para empezar, confunde lo no explicado con lo inexplicable, lo que le conduce a declarar algo como una anomalía auténtica, sin haber tratado de explicarla de forma exhaustiva mediante las vías convencionales. En segundo lugar, utiliza el argumento de la ignorancia para decir que, puesto que la anomalía en cuestión no puede explicarse, la teoría que defiende debe ser cierta. Muchas personas no son capaces de identificar Venus en el cielo nocturno, y puede tener una apariencia inusual a causa de las condiciones atmosféricas. “No sé qué es ese objeto difuso que hay en el cielo —dice el creyente, con la vista puesta directamente en Venus—, así que debe ser una nave extraterrestre.”

Ejemplos de caza de anomalías

Como escéptico en las trincheras, por así decirlo, me he topado con infinitos y a menudo divertidos ejemplos de cazas de anomalías. Puede que mi favorito sea el que me encontré en la conferencia de un "psíquico" a la que asistimos en nuestros primeros días de activismo escéptico. La conversación derivó hacia las visitas de alienígenas, y una de las asistentes proclamó que los círculos en los cultivos son una prueba incontestable. "Algunos son círculos perfectos. ¿Cómo podría alguien hacer un círculo perfecto?" Para ella, se trataba de una anomalía que necesitaba de una explicación extraordinaria.

"Este... ¿con un compás? —pregunté, con todo el tacto del que fui capaz—. ¿Te acuerdas de esas cosas que usábamos en primaria para trazar círculos perfectos?" Una técnica habitual utilizada por quienes crean estos círculos en los cultivos es colocar una estaca en el centro del círculo y atar una cuerda que a su vez está conectada a una tabla que utilizan para apisonar el trigo o el cultivo que corresponda; es decir, un compás efímero.

Las anomalías fantasmales

Prácticamente la totalidad de la caza de fantasmas —consistente en buscar evidencias de que los espíritus de los fallecidos y otros seres vaporosos vagan por la Tierra— se basa en un colosal ejercicio de la caza de anomalías. Incluso antes de la aparición de los *reality shows*, los supuestos cazadores de fantasmas acudían a casas presuntamente encantadas y, básicamente, se dedicaban a buscar anomalías, en ocasiones equipados con instrumental científico que no sabían utilizar.

Si encontraban un punto frío en la casa, ignoraban todas las explicaciones sencillas que justificaran la baja temperatura y declaraban que el fenómeno era "frío fantasmal". Puede que entonces hicieran un intento superficial de justificar otras explicaciones (no hay ninguna ventana abierta) para crear la ilusión de que estaban llevando a cabo una investigación seria.

A los cazadores de fantasmas también les gusta medir los campos electromagnéticos (CEM). ¿Qué frecuencia deberían tratar de detectar? Se contentarán con cualquier cosa que registre su equipo. Se pasean por las casas con su "detector de espectros" basado en los CEM y cualquier actividad que logren descubrir será considerada anómala y, por lo tanto, una evidencia de la presencia de fantasmas. Parece que no les interesa el hecho de que los campos electromagnéticos están por todas partes. Hemos electrificado el mundo entero, y la electricidad en movimiento crea campos electromagnéticos. Incluso un trozo de hierro es capaz de activar un detector de CEM. Lo difícil de verdad sería encontrar un lugar carente de campos electromagnéticos registrables.

Todo esto nos lleva de vuelta al sesgo de confirmación del que hablábamos en el capítulo 12. Nunca he visto que un cazador de fantasmas explore una casa que no se crea que está habitada por fantasmas para recabar datos de control sobre puntos fríos, actividad CEM y documentación fotográfica como las "órbitas espectrales" (es decir, destellos en las lentes). Se centran específicamente en buscar anomalías con tal de confirmar su creencia preexistente en los fantasmas.

El asesinato de JFK y el Hombre del paraguas

Retomemos el caso del Hombre del paraguas, una auténtica anomalía y una coincidencia increíble. La explicación más sencilla es que las personas hacemos cosas extrañas por razones extrañas, y no hay forma de explicar todos los procesos de pensamiento de todas y cada una de las personas implicadas en un acontecimiento. A menudo, las acciones de los demás nos parecen incomprensibles. Nuestro instinto nos lleva a tratar de explicar el comportamiento de los demás como el resultado de motivaciones eminentemente internas y tendemos a subestimar la influencia de los factores externos, como hemos visto en el capítulo anterior. También tendemos a presuponer que las acciones de los demás son deliberadas y planificadas y no aleatorias y accidentales.

En esencia, los teóricos de la conspiración han formalizado la tendencia a presuponer agencia, intencionalidad y motivaciones siniestras en los detalles específicos de los acontecimientos. Cuando inevitablemente hallan anomalías, como la del Hombre del paraguas, asumen que son pruebas de la existencia de una conspiración. Tengamos presente la falacia de la lotería: los teóricos de la conspiración suelen preguntar: "¿Cuáles son las probabilidades de que hubiera un hombre con un paraguas abierto justo al lado del presidente cuando le dispararon?", cuando, en realidad, la pregunta debería ser: "¿Cuáles son las probabilidades de la existencia de cualquier cosa inusual en relación con el asesinato de JFK?".

Entonces, ¿cuál es la explicación para las aparentemente extrañas acciones del Hombre del paraguas? Se pidió al hombre en cuestión (Louie Steven Witt) que acudiera al Congreso para explicarlo, y testificó que el paraguas era una forma de protestar contra las políticas de conciliación de Joseph Kennedy en su época como embajador en la corte de St. James entre 1938 y 1939. El paraguas hacía referencia al que solía llevar consigo el primer ministro británico Neville Chamberlain. No es un comportamiento tan aleatorio como podría parecer, ya que el paraguas abierto era una forma de protesta habitual contra las políticas de conciliación. Según la Sociedad Histórica:

> Las protestas con paraguas surgieron en Inglaterra cuando Chamberlain llegó de la conferencia con su particular accesorio. Siempre que Chamberlain viajaba, el partido de la oposición británico protestaba contra su conciliación en Múnich con paraguas. A lo largo de los años cincuenta y sesenta, los estadunidenses de extrema derecha utilizaron los paraguas para criticar a los líderes que supuestamente estaban empleando políticas de conciliación con los enemigos de Estados Unidos. Algunos políticos incluso rechazaron usar paraguas por ello. El

vicepresidente Richard Nixon prohibió a sus asistentes que llevaran paraguas cuando lo fueran a recoger al aeropuerto por miedo a ser fotografiado y acusado de conciliación.

A principios de la década de 1960, todavía quedaban personas resentidas por los intentos de conciliar con Hitler y los nazis antes del inicio de la Segunda Guerra Mundial. Después de todo, el paraguas no es un detalle tan fortuito. A menos que fueras consciente de este preciso dato histórico, no habrías tenido forma de adivinar por qué Louie Steven Witt estaba tan cerca del recorrido de JFK con un paraguas abierto ese día concreto. Para ti, se trataría de una anomalía.

El engaño de la llegada a la Luna

Hay quien dice que nunca se han enviado astronautas a la Luna, que todo aquello fue un elaborado fraude urdido por Estados Unidos con la intención de intimidar a los enemigos con su pericia aeroespacial. Tal como es habitual en la mayoría de las teorías de la conspiración de gran alcance, no existe ninguna prueba auténtica que respalde dicha afirmación. Ninguna de las muchas personas que necesariamente tendrían que haber estado implicadas han dado un paso al frente para confesar su participación. No ha salido a la luz ningún documento gubernamental y tampoco se han descubierto estudios de grabación secretos. No existe ninguna secuencia en la que aparezca un equipo de escenografía por accidente.

Lo único que tienen quienes teorizan sobre el fraude de la llegada a la Luna no es más que otro ejemplo de caza de anomalías. Apuntan a la ausencia de estrellas en el cielo lunar, a la visibilidad de los astronautas con el Sol tras ellos y a las sombras no paralelas de distintos objetos que están iluminados por la misma fuente. Todo ello surge de nuestra falta de familiaridad con la Luna como paisaje fotográfico, y todas estas anomalías aparentes tienen explicaciones sencillas. Las estrellas no aparecen porque la luz diurna las hace desaparecer (el cielo es negro por la ausencia de atmósfera). El paisaje es irregular, y de ahí que las sombras no sean paralelas. Y la superficie de la Luna es altamente reflectante, lo suficiente como para proporcionar la luz necesaria para que la parte frontal de los astronautas sea visible a pesar de tener al Sol detrás.

Algunos defensores de la existencia del fraude de la Luna dicen ver la bandera estadunidense ondeando en la brisa, a pesar de que en la Luna no hay atmósfera. Sin embargo, la falta de atmósfera permite que la bandera ondee durante mucho rato tras haber sido movida por un astronauta. Las oscilaciones continúan a falta de aire que las disminuya.

Un argumento de naturaleza más técnica que suele utilizarse es que los astronautas habrían muerto a causa de la radiación de los cinturones de Van Allen y de los rayos cósmicos. Este argumento lo presentó por primera vez Bill Kaysing, uno de los primeros partidarios del fraude, en un libro que él mismo publicó: *We Never Went to the Moon: America's Thirty Billion Dollar Swindle* [*Nunca fuimos a la Luna: la estafa de treinta mil millones de dólares de Estados Unidos*]. Pero este argumento es sencillamente falso. Los astronautas del *Apolo XI* recibieron un total de once milisieverts de radiación (la dosis letal se encuentra en aproximadamente ocho mil milisieverts, u ocho sieverts). El límite de exposición a la radiación marcado por la NASA para un astronauta en el curso íntegro de su vida es de un sievert, que es aproximadamente lo que recibirían en un viaje de ida a Marte. Lo que salvó a los astronautas del *Apolo* fue el breve periodo total de exposición a la radiación. Las misiones más largas del *Apolo* duraron menos de trece días.

Además de la falta de evidencias que demuestren una conspiración y de todas las anomalías no anómalas, la conspiración del engaño de la visita a la Luna presenta un enorme problema de credibilidad. ¿Por qué ningún país, como Rusia, jamás ha mostrado evidencias de que su seguimiento de la misión no se corresponde con la versión de la NASA? ¿Y de dónde salieron todas las rocas lunares? (No me digas que de meteoritos; haber atravesado la atmósfera les habría dado una apariencia distinta, y jamás habríamos encontrado tantos procedentes de la Luna.) Es muy poco probable que Estados Unidos hubiera podido sacar adelante el fraude. Algunos dicen que habría sido más fácil enviar a los astronautas a la Luna que ejecutar un engaño de tal calibre.

También existen evidencias incontestables de la presencia de artefactos humanos en la Luna. Cualquiera que disponga del equipo y el conocimiento necesarios puede apuntar un láser a la Luna y hacer que el rayo rebote en el reflector de esquina que se dejó en la superficie lunar.

Los teóricos de la conspiración llevan mucho tiempo preguntando por qué, si acaso fuimos a la Luna, no existen fotografías telescópicas de los lugares en los que se llevó a cabo el alunizaje. La respuesta está en que los telescopios no tienen esa capacidad, mientras que las sondas lunares, sí. La sonda espacial *Lunar Reconnaissance Orbiter* ha tomado fotografías de los lugares en los que aterrizó el *Apolo*, y en ellas se aprecia el equipo que se dejó allí y los rastros de los astronautas. Pero, naturalmente, rechazan estas fotografías sobre la base de que son falsas.

Las pruebas de que la NASA envió varias misiones a la Luna son abrumadoras e incontestables, puesto que dejaron huellas y equipo y trajeron consigo rocas e historia. Pero hay quienes las niegan y se sirven principalmente de la caza de anomalías para justificar sus extravagantes teorías de la conspiración.

Los *terraplanistas*

He aquí uno de los fenómenos recientes más sorprendentes: en el siglo XXI, en regiones desarrolladas e instruidas, hay personas que creen con total seriedad que la Tierra es plana. Sí, lo creen de verdad, no se están riendo de todos los demás. Las entrevistas llevadas a cabo sugieren que los *terraplanistas* modernos, al menos los que están lo suficientemente motivados como para ir a una conferencia sobre el tema, son, ante todo, defensores de las teorías de la conspiración. Y justifican su creencia mediante una retahíla infinita de anomalías aparentes.

Por poner un ejemplo, los *terraplanistas* creen que es posible avistar ciudades a decenas de miles de kilómetros a distancia con unos binoculares de calidad, a pesar de que la supuesta curvatura de la superficie terrestre haría que el horizonte estuviera mucho más cerca. Cuando estás en el suelo, con los ojos a la altura de 1.70 metros, el horizonte está a unos 4.7 kilómetros de distancia. Si te subes a una torre de unos 90 metros de altura, el horizonte se ampliará a unos 34 kilómetros, siempre que el terreno sea llano. La distancia que eres capaz de ver depende en gran medida de tu altura, y con tan sólo subirte a una pequeña colina, tu campo de visión se expandirá significativamente.

Pero con esto no basta para explicar todos los ejemplos. Otro fenómeno entra en juego: la refracción a través de la atmósfera. El aire tiende a curvar la luz como una lente, de forma que crea una curvatura parcial hacia abajo, en dirección a la superficie de la Tierra. Esto puede ampliar significativamente tu campo de visión; literalmente, tu visión atravesará el horizonte.

Por supuesto, todo esto se estableció ya en el siglo XIX. Pero los *terraplanistas* no se han quedado más de dos siglos atrás en lo que respecta al conocimiento científico; se han quedado un par de milenios atrás. Ahí fue cuando una serie de observaciones básicas demostraron que los barcos no se hunden más allá del horizonte, que la sombra de la Tierra sobre la Luna siempre es curva y que las barras verticales proyectan sombras de longitudes distintas según el lugar donde se encuentren a causa de la curvatura de la Tierra. Pero supongo que todas estas antiguas observaciones son una conspiración de la NASA.

Mi ejemplo favorito de una evidencia que destruye por completo el disparate del *terraplanismo* es sencillo y personal. Cuando viajé a Australia saqué varias fotografías de la Luna, que está cabeza abajo en comparación con mi perspectiva habitual desde el hemisferio norte. Esto ocurre porque yo estaba, literalmente, cabeza abajo en comparación con alguien que se encontrara en el hemisferio contrario, porque la Tierra es una esfera. El modelo *terraplanista* no tiene explicación para esta sencilla observación. ¿Cuántos millones e incluso miles de millones de personas han visto esta evidencia con sus propios ojos? ¿Qué nivel de profundidad debería alcanzar esta conspiración?

Lo que demuestra este puñado de ejemplos es que, sirviéndonos de la caza de anomalías y de otros trucos mentales, los humanos tenemos una capacidad casi ilimitada de negar lo evidente y de convencernos a nosotros mismos de probablemente cualquier afirmación, incluso de aquellas que se pueden desmentir con tan sólo alzar la vista al cielo.

17. La minería de datos

Sección: Metacognición

Véase también: Caza de anomalías

La minería de datos consiste en filtrar grandes conjuntos de datos en busca de cualquier correlación posible, muchas de las cuales ocurren por casualidad. A pesar de que esto constituye un método legítimo para generar hipótesis, los datos extraídos no son confirmatorios y es muy frecuente que se haga un mal uso del método.

> Tortura a los datos y te confesarán lo que sea.
>
> —Ronald Coase

En febrero de 2002, un grupo de servicios financieros australiano, Suncorp-Metway Ltd., publicó los resultados de un estudio sobre ciento sesenta mil reclamaciones por accidentes de tráfico. Establecieron una correlación entre las reclamaciones y los signos zodiacales, y observaron que los Géminis, Tauro y Piscis eran los más propensos a tener accidentes, mientras que los Capricornio, Escorpio y Sagitario eran los menos propensos. Pero no te alarmes, que las aseguradoras no se basan en los signos del zodiaco para establecer las cuotas del seguro (al menos por el momento).

Los astrólogos no tardaron en elogiar los resultados de este estudio y de otros similares y elevarlos a la categoría de evidencia que demuestra que su esotérico arte es real, mientras que todos los demás los ignoraron por ser un claro disparate. Lo que este estudio sí demuestra es la trampa que puede suponer la minería de datos en la búsqueda de correlaciones potenciales que, en última instancia, pueden no significar nada.

El problema que supone la minería de datos es tan común como a menudo sutil y fácil de pasar por alto. Está enraizado en la naturaleza del funcionamiento del cerebro humano —el reconocimiento de patrones— y en una falacia lógica frecuente —la confusión entre la correlación y la causalidad.

Es fundamental saber reconocer que en el mundo podemos encontrar muchas presentaciones de patrones que no reflejan la realidad subyacente. Recibimos una cantidad ingente de información sobre el mundo que nos rodea. Estos datos contienen patrones auténticos, como puede ser la sucesión de las estaciones, pero también son, en gran medida, aleatorios. Además, la información aleatoria es susceptible de contener patrones trazados únicamente por la casualidad. Tal como Carl Sagan apuntó muy acertadamente, la aleatoriedad es grumosa. Y nosotros tendemos a fijarnos en los grumos, que sobresalen como patrones en potencia.

Está en nuestra naturaleza utilizar un proceso que consiste en dos pasos para evaluar los datos que nos rodean. Primero está el reconocimiento hiperactivo de patrones, es decir, la tendencia de advertir los posibles patrones, favoreciendo a los falsos positivos. El propósito de esta tendencia sería minimizar la posibilidad de que se nos pasen por alto patrones reales que pueden ser importantes. Luego evaluamos dichos patrones potenciales para ver si son efectivamente reales: ¿tienen sentido y se corresponden con lo que ya sabemos? En psicología, este proceso se conoce como “prueba de realidad”. Nuestros cerebros evolucionaron para permitirnos capturarlo todo y luego erradicar los falsos patrones, pero el primer paso se nos da mejor que el segundo.

Y ahí es donde entra la ciencia. La ciencia es, en parte, el ejercicio de separar los patrones reales de los que son accidentes de grumosidad aleatoria. La ciencia es la formalización de la prueba de realidad.

La minería de datos hace referencia al proceso de observación activa de grandes conjuntos de datos para hallar cualquier patrón (correlaciones). Pero dado que los datos aleatorios son grumosos, deberíamos esperar encontrar correlaciones accidentales, incluso cuando no existe un fenómeno subyacente real que cause dicha correlación. Esto suele ocurrir en el contexto del análisis estadístico de compilaciones de datos, ya se hayan recabado mediante un estudio o extraído de bases de datos biográficos o de otra índole. Practicar la minería en grandes conjuntos de datos incrementa exponencialmente la posibilidad de hallar patrones aparentes.

Una de las trampas metodológicas de la minería de datos es que no se preestablece qué correlaciones potenciales se están buscando, de forma que cualquier correlación contará como hallazgo. En la práctica, es el equivalente de advertir un patrón a pesar de no haber estado buscándolo de forma consciente. Por ejemplo, un médico puede darse cuenta de que, recientemente, ha advertido una incidencia relativamente elevada de una enfermedad especialmente rara. O alguien podría advertir que los martes suele tener un mal día en el trabajo. En efecto, todos minamos la información del mundo que nos rodea a diario en una búsqueda inconsciente de patrones.

Estos patrones pueden ser reales —es decir, pueden reflejar una causa subyacente real—, pero lo más probable es que sean un grumo fortuito. La razón tras este hecho es la gran cantidad de posibles correlaciones que podrían darse por casualidad. Hay tantas que debemos estar preparados para detectar patrones muchas veces al día, tanto si ejercemos la minería de datos de forma consciente como inconsciente.

Desde un punto de vista estadístico, es sencillamente imposible calcular las probabilidades de que una correlación concreta ocurra únicamente por casualidad, puesto que pueden resultar ser increíblemente bajas, de una entre miles o incluso millones. Tal improbabilidad puede parecer convincente, pero es engañosa porque la pregunta planteada es incorrecta (se trata de la falacia de la lotería que ya hemos visto). Dicha pregunta presupone que el patrón que se estaba buscando se ha establecido con anterioridad. Pero, si no es así, entonces la pregunta que debemos hacer es: ¿qué probabilidades hay de que exista *cualquier* tipo de correlación en este conjunto de datos?

Así pues, cualquier patrón o correlación que resulte de buscar (insisto, tanto consciente como inconsciente) cualquier correlación potencial en un gran conjunto de datos debe considerarse únicamente como una correlación *posible* y pendiente de validación posterior. Estas correlaciones pueden utilizarse al inicio de una investigación seria, pero no en su conclusión. El procedimiento científico legítimo dicta que hay que plantear la pregunta de si la correlación es real. El médico del ejemplo anterior debería preguntarse: "¿Estoy delante de un brote real de esta enfermedad rara o de una incidencia aleatoria?". Para confirmar una correlación, hay que plantear la siguiente pregunta con anterioridad: "¿Cuál es la probabilidad de que se dé esta correlación concreta?", para luego poner a prueba un conjunto de datos nuevo y analizar si la correlación se sostiene. Puesto que estará buscando una correlación predeterminada y concreta, ahora ya podrá aplicar la estadística y preguntarse cuál es la probabilidad de que la mencionada correlación ocurra por casualidad.

No obstante, todavía existe otra trampa estadística. Al analizar el nuevo conjunto de datos, no podemos incluir los datos originales que nos llevaron a advertir la correlación. Los datos nuevos deben ser totalmente independientes para así evitar seguir arrastrando una correlación fortuita obtenida de la minería de un gran conjunto de datos.

¿Recuerdas el estudio astrológico sobre los accidentes de tráfico? Como tal, nunca llegó a replicarse, pero otros han analizado datos similares. En 2006, Lee Romanov, presidente de InsuranceHotline.com, analizó cien mil reclamaciones de seguros y observó que los Libra, Acuario y Aries eran quienes conducían peor, mientras que los Leo, Géminis y Cáncer eran los mejores —unos resultados completamente distintos de los del estudio de Suncorp-Metway—, como si todas las correlaciones fueran totalmente fortuitas.

En la ciencia, los errores derivados de la minería de datos son de lo más frecuente. Adquieren mayor prominencia en los estudios epidemiológicos, los cuales se basan esencialmente en depurar grandes conjuntos de datos para buscar correlaciones. Para ser justos, es cierto que la mayoría de las veces se presentan adecuadamente como datos preliminares pendientes de verificación. Entonces, las correlaciones detectadas se pasan por el filtro de la ciencia y, o bien se sostienen, o bien se caen. Pero este proceso puede llevar años. Mientras tanto, los medios suelen hacerse eco de las correlaciones preliminares como si se tratara de conclusiones, sin darles el contexto científico que requieren. Los científicos y las instituciones que promueven estos estudios suelen tener también parte de culpa, ya que publican notas de prensa para anunciar una nueva correlación interesante relacionada con la salud, antes de haberla verificado. Y, como consecuencia, el público recibe una infinita sarta de posibles correlaciones procedentes de científicos sin saber, en gran medida, del papel que desempeñan estos datos en el proceso científico completo.

Aunque la minería de datos no es más que una molestia en la ciencia convencional (ya que los científicos y estadísticos competentes deberían estar muy familiarizados con ella y saber cómo evitarla), en la pseudociencia es endémica. Encontramos un gran ejemplo de ello en la astrología. Los estudios que supuestamente respaldan la astrología se fundamentan prácticamente en su totalidad en la minería de datos, y siempre se desvanecen cuando se aplican métodos estadísticos o independientes válidos.

La minería de datos también es un factor de gran calado en nuestra interacción diaria con el mundo que nos rodea. Los patrones que vemos nos llaman la atención, nos hablan. Nuestro "sentido común" no suele ayudarnos a guiarnos con éxito, ya que tendemos a favorecer enormemente la aceptación de los patrones que detectamos. La única forma de navegar en el mar de patrones en el que vivimos es sirviéndonos de los métodos sistemáticos lógicos y de puesta a prueba que conocemos colectivamente como ciencia.

De lo contrario, podemos caer en el engaño de pensar que los patrones subjetivos de las estrellas harán que tengamos más o menos posibilidades de tener un accidente de tráfico. Personalmente, creo que seguiré confiando en el cinturón de seguridad.

18. La coincidencia

Sección: Metacognición

Véase también: Analfabetismo numérico

El término *coincidencia* hace referencia a la alineación casual de dos variables o hechos que parecen independientes, especialmente cuando parece que su coyuntura desafía todo pronóstico.

> La coincidencia es la ciencia del Verdadero Creyente.
>
> —Chet Raymo

¿Has tenido alguna vez un sueño que parecía "predecir" extrañamente los acontecimientos del día siguiente? Pongamos que sueñas con un amigo al que hace diez años que no ves, y al día siguiente, como de la nada, te llama por teléfono. ¿Es una coincidencia demasiado grande como para no ser más que un hecho fortuito? ¿Es una prueba de que tienes poderes psíquicos? (Atención, te anticipo: no.)

Las coincidencias (la alineación casual de dos o más variables), incluso las más extraordinarias, no son tan sorprendentes. De hecho, la mayoría son hechos inevitables sin ninguna trascendencia especial. A pesar de ello, tendemos a sentir que las coincidencias aparentemente increíbles deben tener alguna explicación. Y la tienen, pero igual que ocurre con muchas de las cuestiones que hemos estado viendo, la explicación no es externa, sino interna.

Existen muchas razones sencillas que explican la frecuente interpretación errónea de las coincidencias. Ya hemos hablado de la propensión humana a detectar patrones, de cómo minamos grandes conjuntos de datos de forma inconsciente (o incluso consciente) en busca de correlaciones, de nuestra tendencia a encontrar causas deliberadas donde no las hay y de nuestros sesgos respecto a los datos para confirmar nuestras creencias preexistentes. Nuestro entendimiento innato sobre la probabilidad y las leyes que rigen a las cifras sumamente altas también es pobre, lo que nos lleva a sorprendernos más de lo que deberíamos ante las coincidencias. De ahí que recurramos con tanta facilidad a las explicaciones especiales e incluso metafísicas. Comprender los fundamentos de la probabilidad puede desmitificar muchas coincidencias aparentes.

¿Qué probabilidades hay de que existan dos personas que hayan nacido el mismo día en una sala en la que hay veintitrés personas? A menudo, la gente suele decir que una entre treinta, o más. Sorprendentemente, es sólo de una entre dos. Si en la sala hay setenta y cinco personas, la probabilidad de que dos de ellas compartan la fecha de su cumpleaños es del 99.9 por ciento. Desconocer este hecho ha llevado a muchas personas a concluir que comparten algún tipo de vínculo especial o que algún poder sobrenatural las ha reunido, cuando, en realidad, simplemente se trata de un desequilibrio entre nuestra intuición sobre la probabilidad y los cálculos reales.

Este desequilibrio forma parte de un fenómeno más amplio que conocemos como analfabetismo numérico, es decir, nuestra carencia general de intuición para la probabilidad y la aleatoriedad. He aquí otro ejemplo curioso: si lanzo al aire una moneda que no esté trucada, ¿qué secuencia será más probable, cara-cara-cruz-cara-cruz-cruz-cruz-cara-cruz, o cara-cara-cara-cara-cara-cara-cara-cara-cara? La mayoría de las personas diría que la primera, pero la respuesta correcta es que ambas son igual de probables. Cada lanzamiento es independiente y las posibilidades de que salga cara o cruz son siempre del 50 por ciento. Por lo tanto, es igual de probable replicar exactamente ambas secuencias, pero nuestra intuición dicta que la secuencia de apariencia más aleatoria tiene que ser más probable.

Las coincidencias también pueden verse de la siguiente forma: más de ocho millones de personas viven en la ciudad de Nueva York, lo que significa que, todos los días, a alguien le ocurre algo cuyo suceso será de una posibilidad entre ocho millones.

El problema no es sólo que nuestra intuición sobre la probabilidad sea terrible —y todavía es peor cuando se trata de cifras elevadas—, sino que nuestra memoria también colabora para distorsionar las cosas aún más. Las experiencias extraordinarias dejan una huella mucho más duradera en nuestras mentes que las cotidianas. Por lo tanto, es normal que recordemos las experiencias que se salen de lo común y que olvidemos las ordinarias.

Volvamos al amigo que te llama al poco tiempo de que te acordaras de él. Este suceso pierde mucha fuerza si pensamos en todas las veces en las que hemos pensado en alguien que no nos ha llamado al poco tiempo. Por otro lado, ¿cuántos detalles hay en todos los sueños que tienes habitualmente a lo largo de un mes? ¿Cuántos detalles te envuelven habitualmente a lo largo de un día? Visto así, que dos detalles de todos ellos parezcan alinearse de vez en cuando no es nada excepcional. Lo que sí sería extraordinario es que este tipo de cosas no sucedieran nunca.

Gracias a la mera casualidad, a lo largo de tu vida acumularás varias coincidencias enormemente improbables (improbables cuando se consideran de forma aislada y no como parte de la infinidad de experiencias que constituyen tu vida). Pensemos de nuevo en los ocho millones de personas que viven en la ciudad de Nueva York o en los miles de millones que viven en el planeta. Seguro que hay muchas historias de lo más asombrosas, y serán esas historias las que la gente contará y recordará.

Nuestra memoria también modifica este tipo de sucesos para que parezcan todavía más extraordinarios. Una vez que tenemos una historia, nuestra memoria la cambia para añadirle dramatismo o para reforzar el tema central. Puede que hayas soñado con tu viejo amigo James, pero cuando Fred te llama al día siguiente, tu neblinoso recuerdo del sueño cambia para encajar con esta información nueva, y de pronto recuerdas haber soñado con Fred. Y cuando se lo cuentas a alguien, la historia de tu profético sueño puede volverse más dramática todavía, gracias a nuevos detalles añadidos que parecen aún más insólitos.

Los supuestos psíquicos explotan este fenómeno. Un ardid habitual (a menudo llamado el efecto Jeane Dixon) consiste en hacer decenas de predicciones desde el conocimiento de que, cuantas más se hagan, mayores serán las posibilidades de acertar. Cuando una se cumple, el psíquico confía en que, convenientemente, olvidaremos las 99% restantes que no se acercaron en absoluto a la realidad, haciendo así que las predicciones correctas parezcan mucho más convincentes de lo que en realidad son. Este comportamiento constituye una forma consciente o deliberada de validación subjetiva, o, dicho más claramente, un fraude.

Supersticiones

La común creencia en las supersticiones se ve reforzada por esos fenómenos de la búsqueda de patrones, por una memoria defectuosa y por una comprensión intuitiva pobre de la probabilidad. Añade una cucharada de pensamiento mágico y ya tienes una superstición. Lamentablemente, puede que no sea más que una coincidencia que tu equipo ganara los dos últimos partidos que viste con la camiseta azul puesta. Por otro lado, tanto la necesidad de control como el sentimiento de falta de control motivan las creencias supersticiosas. Existen investigaciones que demuestran que cuanto más a merced de fuerzas que escapan a su control se sienten las personas, más recurren a creencias supersticiosas que les proporcionan una ilusión de control. Ello puede resultar muy contraproducente, ya que es posible que inviertan sus esfuerzos en llevar a cabo rituales mágicos en lugar de, por ejemplo, estudiar para un examen.

No pretendo decir que todas las coincidencias estén vacías de significado y deban ser ignoradas, ya que, de hecho, los acontecimientos verdaderamente improbables pueden esconder algún significado subyacente, y la búsqueda de sus causas puede ser un ejercicio útil. Sin embargo, la gran mayoría de nuestras experiencias resultan ser mucho más probables de lo que parece tras analizarlas con ojo crítico. Por eso es importante que no confíes en tu intuición en lo que a la probabilidad se refiere: haz los cálculos… o consulta si alguien ya ha hecho la tarea por ti.

Porque si el amigo con el que soñaste te llama al día siguiente, no es más que una mera coincidencia.

EL PROBLEMA DE MONTY HALL

El problema de Monty Hall es un ejercicio de lógica/probabilidad famoso por ser sencillo y a la vez tan sumamente contrario a nuestra intuición que la mayoría de las personas no logra resolverlo, incluso reconocidos matemáticos.

Éste es el planteamiento típico del problema:

A un participante de un concurso televisivo se le ofrecen tres puertas. Detrás de una de ellas hay un premio, digamos que un coche nuevo. Las otras dos esconden algo menos deseable, como cabras.

El concursante debe escoger una de las tres puertas para quedarse con el premio que se esconda tras ella. Una vez que ha elegido, el presentador omnisciente (o que al menos sabe qué esconde cada puerta) abre una de las dos puertas que el concursante no ha seleccionado y que invariablemente revela una cabra.

La pregunta es la siguiente: si el concursante decide cambiar su elección y quedarse con la puerta que queda, ¿aumentarán sus posibilidades de ganar el premio (presuponiendo que desee el coche nuevo por encima de la cabra)?

Ve pensando qué harías tú en esta situación mientras te doy algo de contexto.

Si llevas a tu espalda más décadas de consumo televisivo de las que estás dispuesto a admitir, puede que recuerdes el programa de Monty Hall y su trabajo como presentador del concurso *Let's Make a Deal* [*Hagamos un trato*], muy famoso en la década de 1970. El programa solía esconder regalos auténticos o regalos de broma (como cabras) tras puertas y cortinas que los concursantes debían seleccionar. Sin embargo, el origen de este rompecabezas no fue este concurso, sino que fue planteado por primera vez por Steve Selvin en una carta a la revista *American Statistician* en 1975.

¿Y cómo llegó su pregunta a hacerse famosa? Los rompecabezas probabilísticos no son de lo más demandado en nuestra cultura. No creo que la carta de Selvin al director se hiciera viral en la década de 1970, y el concurso tampoco fue el responsable de la popularización del rompecabezas epónimo. El rastro del gran interés despertado por el problema de Monty Hall nos lleva directamente a una mente prodigiosa que escribía para la revista *Parade*.

Marilyn vos Savant mantuvo su posición en el *Libro Guinness de los Récords* durante cuatro años como la persona con el CI más alto del mundo, en 228. Desde su columna, *Ask Marilyn* [*Pregúntale a Marilyn*], respondió infinitas preguntas a lo largo de los años, pero ninguna de sus respuestas provocó el alboroto que se formó cuando describió la solución correcta al problema de Monty Hall. La verdadera sorpresa no fue que se recibieran miles de cartas expresando enojo, sino el gran porcentaje de ellas que procedían de matemáticos y doctores.

Por ejemplo:

> ¡Has metido la pata pero bien! Dado que parece que tienes dificultades a la hora de comprender el principio básico involucrado en este problema, te lo explicaré. Cuando el presentador te muestra la cabra, tienes una posibilidad entre dos de estar en lo cierto. Cambies tu elección o no, las

probabilidades son las mismas. En este país tenemos suficiente analfabetismo matemático como para que venga el CI más alto del mundo a seguir propagándolo. ¡Qué vergüenza!

—Scott Smith, doctor por la Universidad de Florida
("Ask Marilyn", *Parade*, 9 de septiembre de 1990)

La respuesta correcta, ofrecida por Vos Savant y culpable de tal revuelo, era que la mejor estrategia era cambiar de puerta una vez la cabra había sido descubierta.

Si eres nuevo en esto, es probable que no te parezca correcto. Puede que estés pensando: "Hay dos puertas cerradas. En una hay un premio y en la otra hay una cabra, lo que significa que las probabilidades son del 50 por ciento. ¿Por qué iba a mejorar las probabilidades cambiar de puerta?".

Esta forma de pensar se denomina "presunción de igualdad de probabilidades", y es una intuición común que suele ser incorrecta (ver Ruma Falk, 1992). Tenemos el fuerte deseo de distribuir las probabilidades de forma igualitaria entre todas las opciones desconocidas, cosa que no funciona en el problema de Monty Hall. No funciona porque conocer dónde se encuentra la cabra nos proporciona información nueva que no teníamos al hacer la elección inicial, y este conocimiento nuevo es sumamente importante.

Digamos que has escogido la puerta número 1 y que te muestran que la cabra está en la puerta número 2.

1. Está claro que la puerta que has escogido tiene un tercio de probabilidades de esconder el premio, lo que significa que las otras tienen dos tercios de probabilidades. Si decides cambiar a la puerta número 3, en esencia estarás escogiendo la número 2 y la número 3 a la vez, ya que ahora dispones de información

nueva que te dice que había una cabra tras la puerta número 2. Así, pasas de tener un tercio de posibilidades de ganar a tener dos tercios.

2. Imagina que el juego consistiera en cien puertas tras las cuales hubiera un premio y noventa y nueve cabras. Si escoges la puerta número 1 y el presentador abre noventa y ocho puertas con noventa y ocho cabras, ¿cambiarías tu elección a la única puerta que queda? La respuesta parece evidente. La versión de tres puertas es igual, sólo que con menos puertas.
3. Si todavía no estás convencido y no terminas de entenderlo, no te preocupes. La probabilidad no es algo que dominemos de forma natural. Eso sí, ten en cuenta que las simulaciones por computadora demuestran claramente que cambiar de puerta aumenta las probabilidades tal como he descrito. Y si después de haber visto estas evidencias sigues refutando la respuesta, quizá te merezcas quedarte con la cabra.

Ciencia y pseudociencia

Una pseudociencia clásica con la que me he peleado con frecuencia es la percepción extrasensorial, es decir, la noción de que nuestros cerebros tienen la habilidad de leer las mentes de los demás, de ver el futuro o de visualizar lugares remotos. Los investigadores que dan crédito a esta noción llaman a estas habilidades *cognición anómala.* Lidiar con las afirmaciones de los defensores de la percepción extrasensorial puede resultar complicado para los escépticos porque ésta se encuentra justo en el límite entre la ciencia y la pseudociencia. Hay investigadores serios que llevan a cabo experimentos rigurosos y que afirman disponer de resultados significativos. A menudo he sido increpado por creyentes muy versados en estas investigaciones que me han puesto a prueba con una gran cantidad de citas.

El problema está en que ninguna de estas investigaciones llega al punto de ser evidencia convincente de la existencia de la percepción extrasensorial. Pero llegar a esta conclusión requiere una comprensión profunda de en qué consiste la evidencia científica convincente y de cómo todo un campo de investigación científica puede quedarse corto. La ciencia convencional suele presentar los mismos defectos que las investigaciones sobre percepción extrasensorial, aunque en ocasiones no son tan graves y distinguir la buena ciencia, afectada por algunos problemas de calidad, de la pseudociencia mortalmente defectuosa puede resultar complicado. Las investigaciones sobre la percepción extrasensorial están justo en medio.

Para ilustrar todo lo anterior, recurriré a la investigación llevada a cabo en 2011 por el psicólogo Daryl Bem. Publicó una serie de diez experimentos que, según él, demostraban que las personas pueden "sentir el futuro" mediante la percepción extrasensorial. Al analizarla detalladamente, vemos que su investigación está claramente plagada de pseudociencia, pero aun así fue aceptada y publicada en una revista científica convencional, lo que inició todo un debate sobre el estado de la ciencia moderna y la naturaleza de la pseudociencia.

Bem tomó experimentos psicológicos estándares y se limitó a invertir el orden del proceso. Por ejemplo, puso a prueba la capacidad de los sujetos de recordar palabras y luego los dejó practicar con un conjunto de palabras. Según él, les resultaba más fácil recordar las palabras si las estudiaban posteriormente, de forma que el efecto del estudio tendría que haber viajado atrás en el tiempo para influir en el desempeño de los sujetos.

Los defensores de la percepción extrasensorial no cabían en sí de gozo. Los estudios de Bem seguían protocolos científicos rigurosos, se publicaron en una revista arbitrada y presentaban una importancia estadística asombrosa. Los escépticos no quedaron convencidos, ya que invertir la flecha del tiempo es cercano a lo imposible en la ciencia y, como mínimo, se trataba de una afirmación de lo más extraordinaria. Era mucho más probable que Bem simplemente hubiera cometido un error que le habría dado la vuelta a un principio científico fundamental.

Sin embargo, la investigación sembró preocupación entre las comunidades de la psicología y de la ciencia en general. Bem había seguido todas las reglas y, aun así, sus resultados no podían ser verdaderos. Lo que implicaba que tenía que haber algún problema en las reglas, en la propia ciencia.

Todo el mundo esperaba que el conflicto se resolviera con réplicas, que son la prueba definitiva de un hallazgo científico. Si el efecto es real, estará al alcance de cualquiera. La mayoría de los intentos de replicar los estudios de Bem (quien, sea dicho, proporcionó documentación sobre todos sus métodos) fueron negativos. Sin embargo, algunos defensores de la percepción extrasensorial lograron replicar sus resultados. Al final, no se resolvió nada: cada bando tenía replicaciones propias a las que hacer referencia. Los defensores afirmaban que las vibraciones negativas de los escépticos inhibían la percepción extrasensorial; los escépticos afirmaban que los estudios llevados a cabo por los creyentes estaban sesgados.

En un intento de resolver la disputa, ambas partes consensuaron un protocolo riguroso para que, tanto los defensores como los escépticos, pudieran replicar la investigación de Bem. Si los estudios originales de Bem eran válidos, ambas partes deberían alcanzar el mismo resultado mediante el uso de estos procedimientos cuidadosamente detallados. Sin embargo, Bem y sus colegas especularon que los escépticos podrían seguir bloqueando el efecto de la percepción extrasensorial con su propia percepción extrasensorial negativa.

Los resultados de estos estudios rigurosos se presentaron en una convención de parapsicología en el verano de 2016. Todas las réplicas, tanto por parte de creyentes como de escépticos, eran absolutamente negativas. Ha quedado claro, a partir de la descripción proporcionada por el propio Bem de sus métodos de investigación empleados, que había cometido errores. Una vez solventados dichos errores, el efecto de la percepción extrasensorial desapareció. (Consejo de experto: si un fenómeno desaparece al aplicar protocolos científicos rigurosos, lo más probable es que no exista.)

Y ahí tendría que haberse quedado la cosa, sólo que, ante los datos negativos obtenidos, Bem y sus colegas llevaron a cabo un nuevo análisis y fueron capaces de extraer a los datos ciertas correlaciones aparentemente positivas. Intencional o no, en cuanto Bem reintrodujo algunos de sus errores originales, una ilusión de resultados positivos salió a relucir.

Esta odisea representa el microcosmos de la ciencia y de la pseudociencia, de las dificultades y defectos de la ciencia moderna, del papel del rigor científico y de la necesidad de tener en cuenta la verosimilitud. Refleja por qué establecemos los umbrales de lo que constituye una evidencia convincente donde los establecemos, y los muchos puntos en los que los creyentes se equivocan en el camino.

En los próximos capítulos exploraremos los apuntalamientos filosóficos de la ciencia, la naturaleza del conocimiento y cómo sabemos lo que sabemos. Una vez establecido este fundamento, profundizaremos en los métodos científicos y en la facilidad con la que pueden verse vulnerados por los sesgos y los errores. Terminaremos revisando qué errores concretos cometió Bem, por qué el resultado final era totalmente predecible (al menos a los ojos de los escépticos experimentados) y cómo evitar tales errores en el futuro. Por el camino, exploraremos distintas categorías de pseudociencia y tipos de pensamiento crítico científico y nos detendremos a ver algunos errores filosóficos.

En esencia, ésta es la información que tanta falta le habría hecho a Bem para evitar convertirse en el símbolo de la pseudociencia que es hoy en día.

19. El naturalismo metodológico y sus detractores

Sección: Ciencia y pseudociencia

Véase también: Materialismo, Posmodernismo

El naturalismo metodológico es la base filosófica sobre la que se apoya la metodología científica y que parte de la idea de que el universo sigue unas leyes naturales en las que todo efecto tiene una causa natural.

> No hay objetivo más grandioso e inspirador que el de ser científico y mirar a los ojos a la inmensidad y a la eternidad a diario.
>
> —Carolyn Porco

En mi opinión, la síntesis más sobria del conjunto del conocimiento que existe es que, ahí fuera, hay un universo físico real. La realidad es realmente real. Todo esto no es un sueño o una construcción mental, ni individual ni colectiva. El universo existe y se rige por unas reglas que siempre sigue. Todo efecto tiene su causa.

Yo no creo en la existencia de nada más. No hay nada más allá de lo natural. O, al menos, si existe algo más allá de lo natural, por definición, no podemos llegar a saberlo. Además, no creo que haya ninguna razón convincente para plantear hipótesis sobre todo lo que no es natural. La ciencia debe operar de acuerdo con la idea de que todo lo anterior es cierto.

Esta posición se conoce como naturalismo metodológico y es una de las piedras angulares de la ciencia y del escepticismo. Existen varias razones que hacen que sea importante entender este concepto. La primera es que es crucial ser consciente de las posturas filosóficas implícitas que adoptamos: si defiendes la ciencia, debes entender los fundamentos filosóficos de la ciencia.

La segunda es que hay quienes (como veremos a continuación) atacan a estos fundamentos filosóficos para oponerse a la ciencia o rechazarla y, si desconocemos la filosofía, no podremos reconocer su estrategia o defendernos de ella.

Así que pongámonos manos a la obra.

Materialismo

El materialismo es el punto de partida de la filosofía científica. A grandes rasgos, es la posición que defiende que todos los efectos físicos tienen causas físicas. Los efectos físicos no ocurren por causas no físicas o inmateriales. Históricamente, el materialismo se ha definido como la creencia filosófica que dicta que lo único que existe es la materia, ya que es el único tipo de sustancia que podemos decir que existe en la naturaleza. El materialismo se erige como posición directamente opuesta al dualismo y a otras corrientes filosóficas que sugieren que la existencia tiene una faceta espiritual o inmaterial. Por ejemplo, algunos defensores de la percepción extrasensorial creen que nuestras mentes existen en un plano espiritual además de en el plano físico, y que en este plano espiritual ocurre nuestra "cognición anómala".

Cualquier definición moderna viable del materialismo debe incluir la energía, las fuerzas, el espacio-tiempo, la materia oscura y, posiblemente, la energía oscura, así como cualquier otra cosa cuya existencia en la naturaleza haya descubierto la ciencia. En este sentido, el materialismo no es más que la mera manifestación del naturalismo, la filosofía que dice que la naturaleza (en todas sus facetas) es lo único que existe y que no hay nada sobrenatural. En realidad, el término *materialismo*, en su definición amplia, no es demasiado pertinente hoy en día, y se usa principalmente en el limitado contexto de su aplicación específica a la conciencia (a la noción de que la conciencia es lo que el cerebro genera), punto en el que se opone al dualismo (la creencia de que la conciencia es algo no físico en sí mismo).

Otra forma de verlo sería la siguiente. Si los científicos descubren la existencia de algo que previamente se creyó que era sobrenatural, ese algo pasa a ser natural, puesto que se habrá demostrado que forma parte de la naturaleza. Algunos dicen que, por lo tanto, el materialismo es una tautología (una definición que hace referencia a sí misma), pero esta crítica no aborda la cuestión en sí. La definición del materialismo tiene más que ver con el método, con las causas comprobables que se pueden investigar científicamente. Así, el materialismo considera que lo "sobrenatural" es magia no comprobable.

Todo esto es importante porque existe un amplio movimiento "antimaterialista" que abarca el diseño inteligente, el dualismo y varias pseudociencias de sanación. A los partidarios de este movimiento no les gusta el hecho de que la ciencia moderna no haya validado sus creencias espirituales, así que atacan los fundamentos de la propia ciencia. A pesar de que el objeto de sus ataques directos es el "materialismo", sería más preciso describirlos como "antinaturalistas", ya que no creen que la naturaleza es lo único que existe y quieren que la ciencia valide su fe en lo sobrenatural. Pero supongo que para que la propaganda impacte, suena mejor estar en contra del materialismo que de la naturaleza.

Naturalismo metodológico

El auténtico debate es si la ciencia debe o no seguir el naturalismo metodológico (cosa que es evidente que hace). El naturalismo filosófico es la creencia metafísica de que lo único que existe es la naturaleza, mientras que el naturalismo metodológico es la forma de proceder *como si* la ciencia fuera lo único que existe, desde una perspectiva agnóstica con respecto de la profunda cuestión metafísica. El naturalismo metodológico plantea que la naturaleza es lo único que podemos conocer, con independencia de que sea o no lo único que existe (cosa que, por definición, no podemos saber). Por ejemplo, es posible que el universo entero fuera creado hace cinco segundos por un ser omnipresente que lo hizo aparecer como si hubiese evolucionado de forma natural a lo largo de miles de millones de años. No existe ningún método capaz de discernir esa realidad de un universo que sí hubiese evolucionado a lo largo de miles de millones de años, de forma que esta idea queda fuera de los límites del naturalismo metodológico y de la ciencia.

¿Necesita la ciencia seguir el naturalismo metodológico? Sí. Esta batalla filosófica ya se libró hace siglos, y ganaron los naturalistas. La discusión quedó zanjada. Pero los antinaturalistas quieren resucitarla, y puesto que no pueden ganar en el terreno de la ciencia, quieren luchar en el terreno de la opinión pública y en los planos legales y académicos.

La característica clave del naturalismo metodológico que lo hace fundamental para la ciencia es que sus ideas son comprobables. Las causas no naturales, por definición, no son refutables, y por lo tanto los métodos científicos no pueden influir en ellas. Es como esa viñeta que tan famosa se ha hecho en la que aparece un matemático escribiendo una ecuación extremadamente compleja pero, en una parte, simplemente escribe: "Aquí ocurre un milagro". Su compañero señala el comentario y dice: "Creo que deberías ser más explícito en este paso".

La ciencia no puede decir "Aquí ocurre un milagro". No existe ningún experimento u observación alguna capaces de poner a prueba un milagro. Por definición, los milagros desafían toda fuerza y explicación natural. No admiten *limitaciones*, y la limitación es una característica necesaria de cualquier hipótesis que pueda ser refutada.

La ciencia no dice —y no puede decir— que la vida en la Tierra no fue creada en un instante por un diseñador todopoderoso. Se mantiene agnóstica con respecto a dicha creencia. Tan sólo puede decir que esta hipótesis queda fuera del terreno de la ciencia porque no admite comprobación científica alguna. Eso es el naturalismo metodológico.

Como evidencia de que la cualidad de comprobable que presenta el naturalismo metodológico es el verdadero quid de la cuestión tenemos el juicio de Kitzmiller contra Dover sobre la enseñanza del diseño inteligente en las clases de ciencia en escuelas públicas. Lo que sigue es un fragmento prolongado de la decisión de un Tribunal Federal de Distrito, donde se hace patente que los partidarios del diseño inteligente quieren saltarse el criterio de verificabilidad en lo que respecta a la ciencia.

> La NAS [Academia Nacional de Ciencias, por sus siglas en inglés] está de acuerdo en que la ciencia se limita a los datos empíricos, observables y en última instancia comprobables: "La ciencia es un método específico para conocer el mundo. En la ciencia, las explicaciones se limitan a las que se pueden inferir de los datos verificables, es decir, a los resultados obtenidos de observaciones y experimentos que pueden ser corroborados por otros científicos. Cualquier cosa observable o medible es susceptible de ser sometida a la investigación científica. Toda investigación que no se pueda basar en evidencias empíricas no forma parte de la ciencia" (pág. 649, sección 27).
>
> Este riguroso vínculo con las explicaciones "naturales" es un atributo esencial de la ciencia por definición y por convención [1:63 (Miller); 5:29-31 (Pennock)]. Convenimos con el experto principal del demandante, el doctor Miller, en que, desde una perspectiva práctica, atribuir problemas sin resolver sobre la naturaleza a causas y fuerzas que se hallan fuera del mundo natural supone un "freno para la ciencia". [3:14-15 (Miller)]. Tal como explicó el doctor Miller, una vez que se atribuye una causa a una fuerza sobrenatural no comprobable, una proposición cuya validez es imposible refutar, no existe razón alguna por la que seguir buscando explicaciones naturales, puesto que ya tenemos la respuesta (*ibid.*).
>
> El diseño inteligente se predica sobre la base de la causalidad sobrenatural, como ya hemos explicado y tal como ha revelado el testimonio de varios expertos [17:96 (Padian); 2:35-36 (Miller); 14:62 (Alters)]. El diseño inteligente requiere de un fenómeno natural y, en lugar de aceptar o buscar una explicación natural, defiende que la explicación es sobrenatural [5:107 (Pennock)]. La conclusión de que el diseño inteligente se predica sobre la base de la causalidad

sobrenatural se apoya también en el libro de referencia sobre diseño inteligente al cual se dirige a los alumnos de biología de noveno grado, *Pandas*. En el fragmento pertinente, *Pandas* afirma que:

"Los darwinistas objetan a la visión del diseño inteligente *porque no ofrece una explicación causal natural* para el surgimiento de las distintas formas de vida. El diseño inteligente significa que las distintas formas de vida surgieron de forma abrupta, mediante una agencia inteligente, con todas sus características distintivas intactas (los peces con aletas y escamas, las aves con plumas, picos y alas, etc.)".

[…] Dicho de otra forma, el diseño inteligente plantea que los animales no evolucionaron de forma natural y a través de medios evolutivos, sino que fueron creados de forma abrupta por un diseñador no natural o sobrenatural. Los propios testigos expertos del acusado aceptaron este punto [21:96-100 (Behe); pág. 718 en 696, 700 ("improbable que el diseñador sea una entidad natural"); 28:21-22 (Fuller) ("el rechazo por parte del diseño inteligente del naturalismo y su compromiso con el supernaturalismo"); 38:95-96 (Minnich) ("El diseño inteligente no excluye la posibilidad de un diseñador sobrenatural, incluidas las deidades")].

Llama la atención que la propia misión de los expertos de la defensa, que refleja la del movimiento del diseño inteligente, sea cambiar las reglas básicas de la ciencia para que se acepte la causalidad sobrenatural del mundo natural, la cual fue correctamente reconocida por el Tribunal Supremo en el caso Edwards y por el tribunal en el caso McLean como un concepto intrínsecamente religioso (Edwards, 482 U.S. en 591-92; McLean, 529 F. Sup. en 1267).

El último párrafo es clave: lo que pretende el movimiento antimaterialista/antinaturalista es que se cambien las reglas básicas de la ciencia (volviendo a la batalla que ya perdieron en el pasado) para incluir explicaciones sobrenaturales, algo imposible dentro de los límites necesarios de la ciencia.

La estrategia de la cuña

En el conocido documento *Wedge* ("cuña", en inglés), publicado en 1998 por el Discovery Institute, los defensores del llamado "diseño inteligente" trazaron su estrategia global:

> La proposición de que los seres humanos fueron creados a imagen y semejanza de Dios es uno de los principios fundamentales sobre los que se construyó la civilización occidental. Su influencia es detectable en casi todos los mayores logros de Occidente, si no en todos, entre los que se cuentan la democracia representativa, los derechos humanos, el libre comercio y el progreso del arte y de la ciencia.
>
> A pesar de ello, hace poco más de un siglo, esta idea cardinal fue víctima de un ataque indiscriminado por parte de los intelectuales, quienes aprovecharon los descubrimientos de la ciencia moderna. Al desacreditar las concepciones tradicionales de Dios y del hombre, pensadores como Charles Darwin, Karl Marx y Sigmund Freud presentaron a los humanos no como seres morales y espirituales, sino como animales o máquinas que habitaban un universo regido únicamente por fuerzas impersonales y cuyo comportamiento y pensamientos eran dictados por las rígidas fuerzas biológicas, químicas y del entorno. Con el tiempo, prácticamente todas las áreas de nuestra cultura, desde la política hasta la economía, pasando por la literatura y el arte, se contagiaron de esta concepción materialista de la realidad.

Éste y otros documentos, así como la historia del movimiento creacionista/del diseño inteligente, dejan claro que su misión es la ideología, no la ciencia. Los defensores del diseño inteligente sienten que su visión del mundo ideológica y espiritual está siendo amenazada por los descubrimientos de la ciencia moderna, de forma que han decidido minarla. Quieren hacer de ello una guerra ideológica y cultural porque en el terreno científico, pierden.

Por eso afirman que la ciencia (o al menos las ramas que les incomodan) no es más que la ideología del materialismo. Tratan de manipular el conflicto de forma que parezca que un bando es el del espiritualismo tradicional, moral y temeroso de Dios, mientras que en el otro bando está el materialismo frío, amoral y mecánico. Creen que la batalla emocional sí la pueden ganar.

Su disyuntiva (tal como han evidenciado los constantes fracasos del movimiento creacionista de la vieja escuela) es que la institución de la ciencia parece gozar de exclusividad en lo que respecta a la educación pública, los fondos para investigación, las publicaciones convencionales e incluso, en gran medida, el respeto del público. Por eso decidieron —y este punto aparece claramente detallado en el documento *Wedge*— combatir el fuego con fuego, creando sus propias instituciones "científicas", con sus propios académicos, publicaciones y fuentes de financiamiento. Empezaron fingiendo estar haciendo ciencia y presentando argumentos científicos (la punta de la cuña) para abrirse paso en la infraestructura científica establecida, pero su farsa perseguía un objetivo predeterminado: minar los cimientos materialistas de la ciencia moderna.

Los defensores del diseño inteligente empezaron centrándose en la evolución, pero estos primeros esfuerzos nunca fueron más que la punta de la cuña, el medio para alcanzar un fin. Sus esfuerzos más recientes se han centrado más en atacar a la neurociencia como explicación de la conciencia y al Big Bang como explicación del origen del universo. No sólo están en contra de la evolución, sino también contra los métodos científicos.

Pero la batalla subyacente ya la han perdido. Mudar el campo de batalla no cambiará las cosas. Así como en el beisbol no se llora,* en la ciencia no se hace magia.

* Referencia a la película *A League of Their Own* (1993) que cuenta la historia de una liga de beisbol femenina. En uno de sus regaños, el entrenador (Tom Hanks) le dice a una de las jugadoras (Bitty Schram) que "en el beisbol no se llora". *(N. de la T.)*

Pero ¿y si existe lo sobrenatural?

Es una cuestión interesante para la experimentación mental. ¿Y si viviéramos en un universo en el que ocurren fenómenos sobrenaturales? De nuevo nos topamos con el problema de cómo definir qué es "sobrenatural", ya que se podría decir que, de existir lo sobrenatural, formaría parte de la naturaleza, lo que lo convertiría en "natural". Por eso hay que definir lo sobrenatural según cómo se comporta, no según lo que es.

En mi opinión, la mejor forma de conceptualizar lo sobrenatural es describirlo como aquellos fenómenos que trascienden las leyes conocidas del universo. Esto significa que no están sometidos a dichas leyes naturales o que son capaces de desobedecerlas de formas impredecibles. Que hay efectos sin causas naturales.

Si existiera algo así, ¿cómo sabríamos de su existencia? Mi posición es que, por definición, no podríamos conocer su existencia, al menos no científicamente. Como mucho, la ciencia podría identificar anomalías que no sería capaz de resolver jamás.

La ciencia encuentra anomalías sin cesar. A los científicos les encantan las anomalías porque señalan el camino hacia nuevos descubrimientos, hacia conocimientos nuevos. Pero si los métodos científicos son incapaces de identificar una causa porque dicha causa no es natural, la ciencia se quedaría atrapada en un círculo vicioso de hipótesis fallidas. Dicha anomalía quedaría sin respuesta para siempre.

De hecho, podemos partir de esta idea como un metaexperimento sobre la ciencia y el propio naturalismo metodológico. Si vivimos en un universo en el que todo efecto tiene una causa natural, entonces la ciencia será eficaz; encontraremos anomalías que seremos capaces de explicar con el tiempo y la ciencia avanzará. Si viviéramos en universo de fenómenos sobrenaturales, la ciencia se encontraría con anomalías constantes que no permitirían que avanzara.

Si echamos la vista atrás y nos fijamos en los últimos siglos, me parece que este metaexperimento se pone significativamente del lado de la ciencia y del naturalismo. Los creyentes fervientes siempre tendrán anomalías que señalar, pero las anomalías van cambiando. A medida que se van explicando los fenómenos, la atención se centra en nuevos misterios. Hasta el momento, la ciencia no se ha topado con ninguna anomalía auténtica que desafíe la exploración científica. Toda esta cosa a la que llamamos ciencia es bastante eficaz.

20. Posmodernismo

Sección: Ciencia y pseudociencia

Véase también: Epistemología

El posmodernismo, en referencia a la ciencia, es la posición filosófica que dice que la ciencia no es más que un relato cultural y que, por lo tanto, no tiene ninguna vinculación especial con la verdad.

> La historia de la ciencia, igual que la historia de todas las ideas humanas, es una historia de sueños irresponsables, de obstinación y de errores. Pero la ciencia es una de las pocas actividades humanas —quizá la única— en la que los errores son criticados sistemáticamente y, con bastante frecuencia, con el paso del tiempo, corregidos.
>
> —Karl Popper

La síntesis de un artículo publicado en 2006 que criticaba la medicina basada en la evidencia empieza así:

> Partiendo del trabajo de los ya fallecidos filósofos franceses Deleuze y Guattari, el objetivo de este artículo es demostrar que el movimiento de las ciencias de la salud basadas en la evidencia es escandalosamente excluyente y peligrosamente normativo en lo referente al conocimiento científico. En consecuencia, afirmamos que el movimiento de las ciencias de la salud basadas en la evidencia constituye un buen ejemplo de microfascismo que actúa en el campo de la ciencia actual.

Los autores explican que usar la ciencia como base para decidir qué tratamientos son seguros y efectivos no es otra cosa que fascismo, ya que oprime "otras formas de conocimiento" y rechaza las culturas no occidentales. Según su punto de vista, la ciencia no es más que un constructo social.

Éste es un ejemplo fantástico de la aplicación de la filosofía posmoderna a la ciencia. En este contexto, el posmodernismo es la noción de que la mejor forma de comprender todas las ideas y creencias es considerándolas relatos humanos subjetivos, es decir, como si fueran relatos dominados por la cultura y los sesgos, sin ningún vínculo especial con la verdad. El posmodernismo, cuando se aplica a la ciencia, niega la relevancia de la metodología y reduce toda investigación científica al nivel de relato cultural.

Los filósofos de la ciencia ya han desenterrado los errores del mencionado razonamiento (en jerga filosófica, el posmodernismo confunde el contexto del descubrimiento con el de la justificación *a posteriori*), pero parece que la subcultura de las humanidades dentro del mundo académico no se ha enterado. La idea de que la ciencia es un constructo social es una forma muy práctica de rechazar los hallazgos científicos que no te gustan por razones ideológicas o de otro tipo. En la práctica, el posmodernismo es el berrinche del perdedor que han adoptado los negacionistas de la ciencia ("Bueno, en cualquier caso, la ciencia no es más que un constructo social"). Añádele un pequeño discurso sobre fascismo y opresión y ya habrás logrado darle la apariencia de conciencia social.

Thomas Kuhn

Uno de los creadores de la filosofía posmoderna es Thomas Kuhn, autor del libro de 1962 *La estructura de las revoluciones científicas*. Fue en ese libro donde Kuhn popularizó la palabra "paradigma".

El argumento básico de Kuhn era que, en la ciencia, las ideas nuevas no surgen de una metodología rigurosa, sino que son un subproducto caótico de la sociología y del entusiasmo científico. En los periodos "normales" del progreso científico, los científicos trabajan de manera incremental para modificar las ideas existentes. Trabajan dentro de un marco teórico, y a ese marco Kuhn lo llama paradigma.

Uno de los ejemplos más importantes planteados por Kuhn es el cambio del universo geocéntrico de Ptolomeo al universo heliocéntrico de Copérnico. Su argumento es que el paradigma de Ptolomeo era tan aceptable como el de Copérnico en el momento en el que fue introducido. El "cambio de paradigma" sucedió principalmente por razones culturales y porque Copérnico prometió que, con el tiempo, su enfoque daría paso a un sistema más elegante.

En la ciencia, un paradigma goza de relativa estabilidad durante cierto tiempo, pero puede cambiar súbitamente hacia un nuevo paradigma por motivos extraordinarios. Pero he aquí el punto crítico: el posmodernismo insiste en que la evidencia y las ideas sólo se pueden evaluar desde *dentro* de un paradigma, no desde la comparación *entre* un paradigma y otro. La pregunta clave es la siguiente: ¿es un paradigma objetivamente mejor que otro, y de ser así, presenta la ciencia un verdadero progreso, o es todo subjetivo? Los posmodernos afirman que es todo subjetivo.

Curiosamente, ni siquiera el propio Kuhn cree que la ciencia sea puramente subjetiva. Son famosas sus declaraciones en las que dice que, aparentemente, él mismo no es kunhiano. Su argumento era más limitado: lo que él decía era que los paradigmas cambian por razones sociales extraordinarias.

Existen dos críticas principales a la posición posmoderna kuhniana. La primera es que parte de una falsa dicotomía. No es posible diferenciar con precisión el progreso científico que surge dentro del cambio incremental normal propio de un paradigma o dentro de los cambios de paradigma radicales porque, en realidad, el cambio científico surge a lo largo de un continuo. Algunos descubrimientos son de mayor envergadura y más disruptivos que otros, pero no es posible agruparlos en dos categorías.

La segunda crítica, más punzante, a la que se enfrenta la posición posmoderna es que esta interpretación de la historia de la ciencia confunde el contexto del descubrimiento con el contexto de la justificación *a posteriori*. En realidad no importa cómo se les ocurren las ideas a los científicos. Pueden extraerlas de la ciencia ficción, de la cultura popular o de una experiencia psicotrópica. Sencillamente, no importa. Lo que importa es cómo se ponen a prueba dichas ideas (es decir, la justificación *a posteriori*).

Copérnico sobrevivió, al contrario que Ptolomeo, porque el enfoque de Copérnico era más correcto. Ptolomeo creía que la Tierra era el centro del universo y usaba un complejo sistema de epiciclos (en el que los planetas se movían dentro de sus propios círculos reducidos) para explicar las observaciones de las posiciones planetarias. Copérnico prefirió un modelo distinto en el que el Sol estaba en el centro, pero las observaciones del momento eran aproximadas, y aunque el sistema de Copérnico era más elegante, al principio no casaba mejor con los datos que el sistema ptolemaico. Sin embargo, lo que importa son las predicciones de cada sistema y hasta qué punto encajaron con observaciones posteriores, más precisas o exhaustivas. Hoy hemos aceptado el modelo heliocéntrico porque encaja exactamente con nuestras observaciones enormemente precisas. De no ser así, habríamos tenido que revisarlo o sustituirlo.

Este ejemplo nos permite ver que, a medida que la ciencia avanza, las teorías se refinan, normalmente de formas imperceptibles. La historia de la ciencia no tiene que ver con la sustitución total de una teoría por otra. Este tipo de cambios radicales se dieron cuando estábamos pasando de una visión en esencia precientífica a una visión científica. Pero en cuanto una teoría científica está asentada, ya no se sustituye, sino que se refina.

El sistema copernicano, que trataba a las órbitas planetarias como círculos, dejó de encajar con los datos a medida que fueron mejorando en calidad. Entonces llegó Kepler, quien enunció las tres leyes sobre el movimiento planetario, además de descubrir que las órbitas de los planetas son elipses, uno de cuyos focos es el Sol. Este modelo encajó muy bien con las observaciones del momento, pero no lo hizo a la perfección con las observaciones posteriores y más precisas de la órbita de Mercurio. Para poder explicar estas anomalías, Einstein tuvo que enunciar su teoría general de la relatividad.

Uno de mis ejemplos favoritos de este tipo de progreso científico objetivo (que tomo prestado de Isaac Asimov) está relacionado con nuestro conocimiento sobre la forma de la Tierra. Los griegos antiguos descubrieron que nuestro planeta es una esfera. Unas observaciones más precisas refinaron ese modelo de forma que incluyera el hecho de que sobresale un poco en el ecuador, lo que significa que, en realidad, se trata de un esferoide oblato. Unos datos por satélite de calidad superior mostraron que la Tierra es un poco más grande en el hemisferio sur. Y, por supuesto, sabemos que en la Tierra hay montañas y valles. Con el paso del tiempo, la verdadera forma de la Tierra se va definiendo con más y más detalle.

Sin embargo, estos detalles no cambian la comprensión básica de que la Tierra es, *grosso modo*, una esfera. Objetivamente, ésa es su forma. Este paradigma nunca cambiará a un modelo en el que la Tierra es un cubo.

Las distintas disciplinas de la ciencia no son un mundo en sí mismas, sino que forman parte de la misión científica general de explicar la realidad. Y puesto que toda la ciencia está explorando la misma realidad, toda tiene que estar unificada.

E. O. Wilson llamó a esto *consilience* en su libro homónimo. En parte, la razón por la que el sistema copernicano/kepleriano sobrevivió es que encaja con otros descubrimientos sobre el universo, como la gravedad. La fuerza de la gravedad ofrece una buena explicación sobre cómo se mueven los planetas. Ninguna fuerza teórica habría sido capaz de hacer que los planetas siguieran los epiciclos de Ptolomeo.

Estas historias no son relatos culturalmente definidos que nos contamos los unos a los otros. La ciencia es un método, y las ideas tienen que funcionar para poder sobrevivir. Pero ocasionalmente nos topamos con argumentos posmodernos que fundamentalmente tratan de rechazar las conclusiones a las que ha llegado la ciencia con tanto esfuerzo. Sin embargo, supongo que si estás perdiendo una discusión en términos de la evidencia y la lógica, es fácil tirar el tablero por los aires y decir que nada de esto importa.

Es cierto que la ciencia es un esfuerzo humano y por lo tanto cultural. En este sentido, los argumentos posmodernos más razonables contienen una semilla de verdad. Puede que las instituciones científicas presenten cierto sesgo a favor de las normas y las suposiciones culturales predominantes. Por ejemplo, en el pasado, la ciencia sesgada en cuestión de raza justificó el racismo.

No obstante, esto no significa que la ciencia no sea capaz de avanzar de forma objetiva o que no lo haga. Puesto que el proceso científico es crítico por naturaleza y los métodos científicos se fundamentan en la comprobación de las ideas frente a la realidad objetiva, los sesgos culturales terminan por ser extirpados de las ideas científicas.

Algunos tratamientos médicos funcionan, mientras que otros son objetivamente ineficaces y, con el tiempo, la ciencia es capaz de distinguirlos.

21. La navaja de Occam

Sección: Ciencia y pseudociencia

Véase también: Principio de frugalidad

El principio de la navaja de Occam, atribuido a Guillermo de Ockham (1287-1347), dice que cuando dos o más hipótesis son coherentes con los datos disponibles, debe preferirse la hipótesis que introduce menos presuposiciones nuevas. En el latín original, Ockham decía que "*Non sunt multiplicanda entia sine necessitate*", cuya traducción es "No se deben multiplicar las entidades sin necesidad".

> No debemos admitir más causas de cosas naturales que las que sean verdaderas y suficientes para explicar sus apariencias.
>
> —Isaac Newton

Un defensor de la existencia de los ovnis un día me dijo que la navaja de Occam, que él definió como la preferencia por la explicación más sencilla ante cualquier fenómeno, en realidad favorece la teoría de que los alienígenas están visitando la Tierra. La presencia de los alienígenas tendría el potencial de explicar las mutilaciones de ganado, los círculos en los cultivos, los relatos de avistamientos y de abducciones y toda una serie de fenómenos extraños. Los escépticos proporcionan una explicación independiente para cada uno de estos incidentes. Que haya una sola explicación —los alienígenas— es mucho más sencillo, y por lo tanto, un buen escéptico debería aceptar las historias sobre visitas de alienígenas.

La navaja de Occam es un principio de la lógica que se cita a menudo, pero que raramente se entiende correctamente, como es el caso de este defensor de los ovnis. Es una regla general útil para aclarar el propio pensamiento, no un requisito lógico estricto. No obstante, no comprender este principio puede provocar todo un hilo de pensamientos desordenados.

La navaja de Occam suele parafrasearse como sigue: "Cuando existen varias respuestas posibles, la preferible es la más sencilla". Sin embargo, la cita literal de Guillermo de Ockham es la siguiente: "*Numquam ponenda est pluralitas sine necessitate* [Nunca se debe suponer la pluralidad sin motivo]".

El problema de la paráfrasis es que no refleja el sentido de la regla, y a menudo la respuesta más sencilla no es la mejor. En medicina, por ejemplo, "más sencillo" suele significar "menor número de diagnósticos". La máxima de Hickam lo contradice al afirmar que "el paciente puede tener tantas enfermedades como le plazca". La solución no reside, como hacen algunos, en concluir que la navaja de Occam tiene una utilidad limitada, sino en comprender de qué se trata realmente el principio.

Dicho de otra forma (más precisa), la navaja de Occam es el principio que dicta que se debe minimizar la introducción de nuevas suposiciones. No hay que confundir estas "nuevas suposiciones" con "explicaciones o diagnósticos adicionales". Ahí está el error.

A medida que envejecemos, tendemos a acumular enfermedades y trastornos. Los más comunes ocurren de forma frecuente. Además, una enfermedad puede predisponerte a otra, o un único factor subyacente puede provocar toda una serie de enfermedades. Por ejemplo, puede que un paciente tenga insomnio, lo cual lo predispone a la obesidad, lo que empeora el sueño todavía más a causa de la apnea del sueño. Entonces la obesidad provoca diabetes de tipo 2, que trae consigo sus propias complicaciones. Al final, puede que las quejas del paciente surjan de una larga lista de diagnósticos identificables, todos ellos comunes y comórbidos.

La navaja de Occam favorecería que al paciente se le proporcionaran muchos diagnósticos distintos que explicaran sus síntomas en lugar de recurrir a un solo diagnóstico que explicara todos los síntomas si dicho diagnóstico fuera muy poco común, poco establecido o incluso pseudocientífico. Una enfermedad rara o desconocida es una suposición nueva de gran envergadura, mientras que las enfermedades conocidas y comunes no lo son, especialmente si se derivan de otras dolencias conocidas presentadas por el paciente. Lo que el médico no debe hacer (lo que constituye una violación de la navaja de Occam) es introducir una enfermedad o problema totalmente nuevo sólo para explicar cada uno de los signos o síntomas individuales del paciente.

En última instancia, la navaja de Occam tiene que ver con la probabilidad. Cada vez que introduces un elemento nuevo a una explicación o haces una suposición nueva, reduces la probabilidad de que la explicación sea correcta. Los médicos tratan de pensar en todas las formas verosímiles de explicar la situación general del paciente y luego hacen una lista de todas las posibilidades de mayor a menor probabilidad. Al ordenar las posibilidades según sus probabilidades, puedes imaginar la suma de suposiciones nuevas que representaría cada diagnóstico, tanto en número como en magnitud, lo que daría paso a una sobrecarga total de suposiciones. Por lo tanto, un diagnóstico completamente nuevo y extremadamente raro puede que sea mucho menos probable que usar tres diagnósticos nuevos muy probables.

Vista de este modo —como forma de minimizar la sobrecarga total de suposiciones nuevas (teniendo en cuenta el número y la magnitud)—, la navaja de Occam supone una herramienta lógica muy útil para cualquier tarea investigadora.

Volviendo a los alienígenas, la navaja de Occam nos proporciona un principio práctico para orientarnos siempre que alguien ve una luz o un objeto en el cielo que no es capaz de identificar (lo que, por definición, es un objeto volador no identificado u ovni). Sabemos que hay toda una serie de fenómenos naturales y artificiales que podrían ser un ovni. Recurrir a dichas explicaciones no introduce ninguna suposición nueva en nuestra visión de la realidad. Por otro lado, puesto que no se ha establecido que exista una raza alienígena y tecnológica que esté visitando la Tierra, invocar la presencia de una nave espacial extraterrestre como explicación exige la introducción de una suposición nueva colosal.

Lo que ha hecho la comunidad de entusiastas de los ovnis es agrupar una gran cantidad de fenómenos comunes y conocidos (fraudes, interpretaciones erróneas, casos de hipnagogia) e interpretarlos como visitas de alienígenas. Al popularizarse la creencia en los extraterrestres, toda una serie de fenómenos distintos, como los círculos falsos en los cultivos y los relatos de personas que creían haber sido abducidas, ganaron fuerza. Entonces, los expertos en ovnis comenzaron a decir que estaban pasando demasiadas cosas como para que cada una de ellas tuviera su propia explicación, así que los alienígenas tienen que existir por fuerza.

Pero lo cierto es que no hace falta recurrir a los extraterrestres en misiones interespaciales para explicar todos estos fenómenos. Con la cultura y la psicología humana nos basta.

En parte, lo que hace que la navaja de Occam sea tan útil es que cualquier persona inteligente y creativa puede pensar en un número casi ilimitado de hipótesis que encajen con las evidencias disponibles. Los seguidores de cualquier pseudociencia concreta a menudo han tenido que crear una explicación especial para todos los aspectos de su teoría que parezcan contradecir la realidad.

Si crees que los alienígenas están abduciendo a personas, ¿por qué no recuerdan las abducciones? Pues porque se les borran los recuerdos meticulosamente (pero no del todo, así que se pueden recuperar mediante la hipnosis). No disponemos de fotografías o videos inequívocos de naves espaciales porque los alienígenas se esconden, pero no del todo, de forma que de vez en cuando vemos un destello sugerente. Si los alienígenas están tratando de comunicarse con nosotros, ¿por qué no hacerlo directamente? ¿A qué vienen esos extraños símbolos en los campos de trigo? Tal vez estén intentando hacer que nos sea más fácil aceptar su existencia.

Con cada pregunta, introducen una nueva suposición que explique y resuelva el problema; no es que vulneren el principio de la navaja de Occam, sino que desentierran el cadáver de Ockham y muelen sus huesos hasta reducirlos a polvo.

En ocasiones, la navaja de Occam es la única herramienta que tenemos para protegernos de creer en bobadas. A menudo es cierto que las teorías elaboradas y sumamente amañadas de los pseudocientíficos no son imposibles. Puede que ni siquiera podamos demostrar que no son ciertas. Pero a menudo son, simple y llanamente, innecesarias. Si usamos la navaja de Occam de forma competente para hacerlas pedazos, no hay ninguna razón que nos impida rechazar la conclusión más sencilla de todas, y es que, sencillamente, los alienígenas no están visitando la Tierra.

22. La pseudociencia y el problema de la demarcación

Sección: Ciencia y pseudociencia

Véase también: Negacionismo

La pseudociencia hace referencia a las afirmaciones y procedimientos que presentan una semejanza superficial con la ciencia, pero que carecen de la verdadera esencia del método científico. En la práctica, lo que tenemos es un espectro que va desde la pseudociencia barata en un extremo hasta la ciencia rigurosa en el otro, y no existe una demarcación clara entre ambas.

> En el mejor de los casos, la ciencia es mero sentido común; es decir, es estrictamente precisa en la observación y despiadada ante las falacias de la lógica.
>
> —Thomas Huxley

Ciencia *versus* pseudociencia

En su libro de 1995 *Ablaze! The Mysterious Fires of Spontaneous Human Combustion* [*¡En llamas! El misterioso fuego de la combustión espontánea humana*], Larry Arnold trata de presentar el argumento de que, en ocasiones, los seres humanos se prenden en llamas de forma espontánea y quedan reducidos a cenizas. Escribe lo siguiente:

> Combustión espontánea humana: detestada, despreciada, rechazada, desacreditada por casi todos los académicos y profesionales forenses como sencillamente "¡Imposible! ¡El cuerpo humano no arde de esta forma! ¡Son fraudes! Es

imposible; imposible y punto". Pero ¿y si el abrumador consenso contrario a la CEH es erróneo?

Para explicar este improbable fenómeno, Arnold sugiere que existe una partícula nueva y desconocida a la que llama "pirotrón". Sin embargo, en las dos últimas décadas, la combustión espontánea humana no se ha convertido en un problema médico aceptado, tal como esperaba Arnold, y los médicos no han utilizado el Gran Colisionador de Hadrones para encontrar el pirotrón. ¿Se debe ello a un sesgo injusto o incluso a una conspiración contra la ciencia de la combustión espontánea humana? ¿O quizás es que la combustión espontánea humana no se ha ganado el derecho a una consideración seria por parte de la comunidad científica? Y de ser así, ¿por qué? ¿Por qué nos hemos gastado millones de dólares en buscar la partícula del Bosón de Higgs y no el pirotrón?

Existen muchas afirmaciones similares relegadas al bote de la basura de la pseudociencia: la teoría del simio acuático, la astrología, el ambiplasma y la percepción extrasensorial (entre ellas, la investigación de Daryl Bem sobre "sentir el futuro" que abre esta sección), por nombrar unas cuantas. Una de las habilidades centrales del pensamiento crítico es saber diferenciar entre la ciencia legítima y todos estos farsantes.

Éste es un problema crítico. Es posible que la ciencia sea la herramienta más importante cuando se trata de separar las afirmaciones de conocimiento válidas del océano de fraudes, sinsentidos, sesgos y errores. La ciencia siempre goza de un alto grado de respeto e interés por parte del público. Una encuesta del Centro de Investigaciones Pew llevada a cabo en 2009 arrojó que el 70% de los estadunidenses creían que la ciencia contribuye "mucho" a la sociedad:

> Una mayoría abrumadora dice que la ciencia ha tenido un impacto positivo en la sociedad y que ha facilitado la vida de la mayor parte de las personas. Asimismo, la mayoría sostiene que las inversiones gubernamentales en ciencia, así como en

ingeniería y tecnología, dan frutos a largo plazo. Los científicos están muy bien considerados en comparación con los miembros de otras profesiones: los miembros del ejército y el colectivo de profesores son los únicos cuya contribución tiene las mismas probabilidades de ser vista como muy importante para el bienestar de la sociedad.

Así las cosas, a nadie sorprende que muchas personas traten de respaldar sus creencias y afirmaciones con la ciencia. Las empresas dicen que sus productos han sido "formulados científicamente" y visten a actores con batas blancas para que digan frases que suenen a ciencia. Sin embargo, la ciencia sólo funciona cuando se siguen sus métodos con rigor. Cuando alguien sigue lo que en la superficie parece un proceso científico, pero que en realidad es fundamentalmente defectuoso y cuya calidad es sumamente baja, o que está manipulado para que alcance un objetivo predeterminado, al resultado lo llamamos pseudociencia.

No siempre es fácil distinguir entre la ciencia y la pseudociencia, ya que la ciencia decente y de calidad se mezcla de forma imperceptible con la pseudociencia más rematadamente absurda. El problema que surge de querer trazar una línea objetiva entre una y otra es a lo que los filósofos de la ciencia llaman el *problema de la demarcación*. Hasta hoy, no disponemos de una solución clara y concisa para el problema de la demarcación que goce de aceptación general entre filósofos y científicos. Y es probable que nunca la haya, puesto que la calidad de la ciencia representa un espectro continuo, no una dicotomía simple en la que una línea divisoria objetiva separe los dos extremos.

A pesar de la naturaleza insoluble del problema de la demarcación, filósofos, científicos y escépticos sí pueden establecer un conjunto de características que describan la ciencia de calidad y otro conjunto de características que describan la pseudociencia; para luego utilizar dichas características y determinar en qué punto del espectro, que se extiende desde la ciencia hasta la pseudociencia, se encuentra una teoría o práctica concreta. En este sentido, sí es posible identificar claramente qué teorías y disciplinas se acercan al extremo del espectro donde se encuentra la ciencia legítima, y qué otras pueden ser relegadas sin reparos al extremo opuesto. Y, aunque de esta forma algunas teorías permanecerán en la zona gris del centro, otras sencillamente entrarán en combustión espontánea a manos de sus propios métodos absurdos y defectuosos.

Ciencia de calidad

A veces, para entender qué es algo, lo más útil es definir lo que no es. La pseudociencia no es ciencia de calidad. Y a partir de aquí, ¿qué es?

La ciencia de calidad se sirve de observaciones sobre el mundo que son lo más objetivas, cuantitativas, precisas e inequívocas posible. Emplea las observaciones para poner a prueba sus hipótesis y, específicamente, para tratar de refutar dichas hipótesis. Las que logran sobrevivir a los repetidos y genuinos intentos de refutarlas se emplean para construir teorías que proporcionan un marco explicativo sobre el funcionamiento del mundo y para hacer predicciones sobre observaciones futuras.

Así pues, la ciencia de calidad es escéptica respecto a sus propias ideas, humilde y conservadora en sus conclusiones, y está siempre abierta a nuevos datos e interpretaciones.

La ciencia es rigurosa al aislar cuidadosamente las variables para evitar confundir las causas con los efectos. Tiene en cuenta todas las evidencias, no únicamente las que respaldan la idea por la que se tiene preferencia. Su lógica presenta coherencia interna y sus dictámenes están libres de sesgos. La ciencia tiene que ver con minimizar los sesgos, y los experimentos de calidad permiten a los sujetos y a los investigadores evitarlos. Somete las ideas al juicio de otros expertos. Y todo ello debe ser llevado a cabo de una forma transparente: nada de conocimiento secreto ni métodos ocultos.

Al seguir todos estos principios, la ciencia puede ir abriendo camino lentamente. Pero también hay muchos momentos en los que el timón puede torcerse y tomar la dirección incorrecta.

Características de la pseudociencia

1. Partir de las conclusiones

La característica principal que separa el proceso de la ciencia de la pseudociencia es que la ciencia representa la búsqueda genuina de la verdad, independientemente de lo que ello signifique, mientras que la pseudociencia parte de una conclusión deseada y trabaja hacia atrás para verificar únicamente dicha conclusión.

Naturalmente, los científicos prefieren ciertas hipótesis, pero deben actuar como si no les importaran los hallazgos de sus investigaciones, sin mostrar interés personal en que el resultado sea uno u otro. También deben diseñar sus experimentos de forma que cualquier sesgo que puedan albergar no influya en el resultado. Los científicos deben convertirse en los escépticos más severos cuando se trata de sí mismos: deben esforzarse por refutar sus hipótesis, buscar evidencias no confirmatorias, pensar en hipótesis alternativas y criticar su propio trabajo.

A diferencia de los científicos, a los pseudocientíficos los sobrepasan sus propios sesgos. Buscan confirmar sus hipótesis y a menudo diseñan experimentos que garanticen dicha confirmación. Defienden sus creencias con la actitud de un abogado, rechazando el escepticismo y las alternativas, justificando los defectos y concediendo interpretaciones generosas a sus resultados.

2. *Hostilidad hacia la crítica científica, acusaciones de persecución*

La crítica es una parte necesaria y saludable del proceso científico. Cualquiera que haya enviado alguna vez un artículo para su publicación en una revista de esta naturaleza habrá sido el blanco de dicha crítica. Es el mecanismo principal mediante el cual se mantienen los estándares, así como una fuente importante para la naturaleza autocorrectora de la ciencia. Como consecuencia, los científicos aprenden a ser insensibles a las críticas. También aprenden a centrar sus críticas en la lógica y la evidencia de una cuestión en lugar de lanzar ataques personales contra quienes proponen una visión distinta de la suya.

En cambio, los pseudocientíficos demuestran una clara hostilidad contra toda crítica. Consideran éstas como ataques personales, incluso cuando no lo son. Sobre las críticas que proceden de científicos de la corriente predominante suelen decir que persiguen proteger el *statu quo*, que no son más que muestras de hostilidad contra las ideas nuevas o innovadoras, o que forman parte de toda una conspiración diseñada para reprimir sus ideas. A menudo rechazan el contenido de las críticas denunciando la base filosófica de la ciencia en su conjunto, o bien niegan que la ciencia pueda desentrañar su arcano conocimiento.

En pocas palabras: ven las críticas a sus ideas como si el problema lo tuvieran con la ciencia y los científicos, cuando en realidad lo tienen con las evidencias o la lógica de sus afirmaciones.

Jacques Benveniste, del que hablaremos en el capítulo 37 dedicado a los rayos N y quien publicó estudios en los que afirmaba disponer de evidencias sobre la memoria del agua, no reaccionó bien cuando la revista *Nature* revisó sus procedimientos de laboratorio y concluyó que sus controles eran inadecuados. Él rechazó la crítica tachándola de "cacería de brujas".

En lugar de aceptar las críticas constructivas como una parte necesaria del proceso, el pseudocientífico se siente perseguido. De hecho, es tan frecuente que los pseudocientíficos se comparen con Galileo (a quien persiguieron y resultó estar en lo cierto), que el fenómeno ya tiene nombre propio: el síndrome de Galileo.

Algunos pseudocientíficos se quejan de la "ortodoxia" científica que rechaza injustamente cualquier idea demasiado radical. También sostienen que el mundo no está preparado para su genialidad, o que sus afirmaciones son demasiado disruptivas. Algunos empiezan a creer en la existencia de una elaborada conspiración diseñada para reprimir sus ideas: es la única explicación que cabe sobre por qué la comunidad científica no está a sus pies, otorgándoles galardones y premios por su inteligencia. Al final, no son más que excusas ante el hecho de que no han llevado a cabo el proceso científico necesario para convencer a la comunidad científica de sus ideas.

3. Hacer de la ignorancia una virtud

Algunos pseudocientíficos carecen de capacitación formal para la ciencia. En los siglos pasados, esto no suponía un obstáculo grave para llevar a cabo ciencia de vanguardia. Muchos científicos eran caballeros adinerados e independientes que realizaron grandes descubrimientos científicos desde sótanos o casas de campo que habían reconvertido en laboratorios, o mediante observaciones de campo básicas. Darwin, Galileo y Newton encajan en este molde. Hoy, la figura del caballero científico es una *rara avis*, aunque esta imagen persiste en el imaginario profano.

La ciencia innovadora está tan avanzada que difícilmente cualquier persona tiene una oportunidad razonable de contribuir a ella de manera significativa, a menos que disponga de una formación suficiente. El ritmo del cambio en cualquier campo de investigación activo es tan rápido que los investigadores deben permanecer en contacto con la comunidad científica mediante revistas, congresos y seminarios para mantenerse al día.

Este estatus moderno de la práctica científica es un arma de doble filo. Es la prueba del éxito de la investigación científica institucionalizada y del progreso que se ha alcanzado hasta el momento. No obstante, también tiende a marginar al científico aficionado y al público. El científico profano o aficionado debe contentarse con quedarse al margen e informarse sobre los apasionantes descubrimientos científicos a través de libros, revistas y conferencias que están diseñados para sintetizar la información para el consumo del público. Por muy interesado que esté el ciudadano particular, no podrá poner en marcha un acelerador de partículas en su jardín y hacer descubrimientos importantes en el campo de la física de partículas. Los científicos profesionales entienden que incluso ellos lo tienen difícil para contribuir significativamente a un área que se encuentre mínimamente alejada de sus respectivos campos de conocimiento.

Sin embargo, existen proyectos de ciencia ciudadana en los que cualquier interesado puede participar. Se pueden clasificar galaxias, encontrar objetos del cinturón de Kuiper y plegar proteínas. Eso sí, son los científicos formados los que se encargan de mantener un proceso riguroso.

Algunos científicos aficionados no se contentan con quedarse en las márgenes o con participar en la ciencia ciudadana. Formulan hipótesis y, en ocasiones, incluso llevan a cabo experimentos en campos altamente especializados. A menudo sus conclusiones son algo ingenuas y ponen de manifiesto su carencia de capacitación formal. Tal vez desde el pleno conocimiento de este obstáculo potencial, el pseudocientífico no tarda en convertir su falta de formación en una supuesta virtud al decir que, en realidad, dicha carencia supone una ventaja. El argumento que suele plantearse es que a los científicos con formación formal les han "lavado el cerebro" para que tengan una visión limitada de la realidad. Que, en realidad, son peones del *statu quo*, incapaces de pensar por sí mismos. En cambio, el científico no formado tiene la libertad de concebir ideas únicas y verdaderamente innovadoras. La realidad se les hace evidente, mientras que, a los científicos formados, los árboles no les dejan ver el bosque.

En mi blog, *NeuroLogica*, mantuve un detallado debate con el dibujante de cómics Neal Adams. Él cree que la Tierra es hueca y está creciendo, ya que va acumulando materia con el tiempo. El debate íntegro resulta apasionante, y los fragmentos que iré incluyendo constituyen una serie de interacciones excepcionales y ejemplos clásicos de la pseudociencia.

Para empezar, Adams se muestra imperturbable ante el hecho de que sus extravagantes especulaciones no gocen de aceptación general entre los científicos. Escribió:

> Soy consciente de que los científicos más instruidos me van a ignorar. A mí, la educación formal no me impresiona tanto. Sé leer y, al final, no me está prohibido el acceso a ningún libro. Sé pensar, y uso muchos aspectos de la ciencia en mi obra.

El defecto de este argumento es que el conocimiento no es necesariamente restrictivo. También puede ser liberador. Cuanto más sabes, más fácil resulta asimilar información nueva. El conocimiento proporciona herramientas intelectuales que pueden aplicarse al proceso del descubrimiento. Además, el conocimiento de lo que ya se sabe ayuda a la hora de evaluar la credibilidad de las nuevas ideas.

Concedo que es sencillo entender por qué esta visión se puede interpretar como elitista, y los pseudocientíficos suelen sacarle un gran rédito retórico a este hecho. Tengamos presente, no obstante, que no estoy planteando un argumento de autoridad según el cual los científicos con formación avanzada siempre tienen razón únicamente a causa de su formación. Ni siquiera estoy diciendo que alguien sin un grado académico no pueda hacer una afirmación científica correcta, puesto que sus afirmaciones se deben juzgar únicamente con base en su lógica y la evidencia presentada. Lo que estoy diciendo es que la ignorancia no es una ventaja ni una virtud de la que vanagloriarse; es una traba.

4. Apoyarse en tipos frágiles de evidencia mientras se rechazan evidencias más rigurosas

No es posible eliminar la necesidad de decisión del proceso científico. No se puede aplicar una fórmula matemática a una afirmación para determinar si es válida (aunque hay quien lo intenta). Debemos sopesar la evidencia, decidir qué tipo de evidencia es más significativa y determinar qué explicaciones son más probables.

Este tipo de decisiones son las que requieren más cautela por parte de los científicos, y también son las que más problemas plantean a los pseudocientíficos. En ocasiones sus sesgos son tan marcados que rechazan como si nada conclusiones basadas en montañas de evidencias rigurosas, mientras citan las evidencias más endebles para respaldar sus afirmaciones alternativas.

Para poder leer y valorar la literatura técnica, los científicos deben saber cómo evaluar la calidad de un experimento, buscar defectos de diseño y determinar si el estudio tiene la capacidad y la sensibilidad necesarias para advertir lo que los investigadores están tratando de detectar. La lectura de investigaciones científicas en su versión original es una tarea altamente técnica y exige un conocimiento detallado de los métodos y de la estadística. Esta capacidad es esencial, ya que, de hecho, muchos de los estudios publicados —si no todos— cometen errores en sus conclusiones. La mayoría de ellos son preliminares y no demasiado rigurosos.

En cambio, los pseudocientíficos tienden a aceptar cualquier testimonio o anécdota que respalde su creencia deseada. En ocasiones presentan gran cantidad de evidencias de baja calidad, insinuando que una gran cantidad de evidencia de mala calidad equivale a la evidencia de gran calidad. El gurú de la medicina alternativa Andrew Weil, por ejemplo, apoya el uso de "observaciones clínicas no controladas" para determinar si un tratamiento funciona. Sin embargo, se sabe que este tipo de observaciones son refutadas con posterioridad por experimentos bien controlados y más fiables. Es una lección que los buenos científicos han aprendido y de la que los pseudocientíficos se mofan.

Encontramos un ejemplo clásico de ello en el campo de la investigación sobre los ovnis. Los creyentes suelen pregonar la gran cantidad de avistamientos de ovnis como si fuera una evidencia convincente de que estamos siendo visitados por alienígenas. Sin embargo, los científicos escépticos encuentran más convincente el hecho de que no exista ni una sola evidencia de calidad que respalde la hipótesis de los extraterrestres.

5. Escoger los datos selectivamente

El uso selectivo de los datos está íntimamente relacionado con el uso de datos de mala calidad. Los experimentos científicos están diseñados para hacer una revisión completa de conjuntos de datos secuenciales. Las evidencias anecdóticas son selectivas por definición, porque están limitadas a las notificaciones voluntarias y no constituyen un análisis exhaustivo de todos los resultados. Por ejemplo, los pacientes que fallecen en el curso de un tratamiento no pueden ofrecer anécdotas sobre su experiencia con dicho tratamiento. (Esto se conoce como el sesgo del superviviente.)

Hay muchas formas de escoger los datos selectivamente. Las primeras investigaciones sobre la percepción extrasensorial tienen fama de encontrar formas de elegir los datos que quieren los investigadores. Introdujeron la idea del “inicio y fin óptimo” porque, según decían, las personas psíquicas necesitan un tiempo de calentamiento antes de que sus poderes empiecen a funcionar, y dichos poderes sólo funcionan hasta que se sienten demasiado fatigados, y a partir de entonces, dejarán de funcionar. Así, los investigadores podían observar una secuencia de datos (como adivinar qué cartas estaba viendo un sujeto) y decidir cuándo empezar y cuándo parar de contar los datos. En esencia, esto les permitía ejercer la minería de datos en las secuencias que fueran estadísticamente relevantes. Sencillamente, escogían los datos que querían y descartaban el resto. Existe un término más convencional que pone nombre a este procedimiento: hacer trampa.

6. Los principios fundamentales suelen basarse en un único caso

Básicamente, se trata de una continuación de la sobredependencia de los testimonios y de las anécdotas que caracteriza a la pseudociencia. Algunos sistemas de creencias que fingen ser científicos basan sus principios subyacentes fundamentales en una única observación no controlada. Cualquier científico decente, antes de iniciar una carrera investigadora sobre un principio concreto, se asegurará de que el principio en cuestión sea correcto por temor al riesgo de desperdiciar toda su carrera trabajando en una idea falsa. Desde luego, antes de aplicar un principio básico al mundo real —por ejemplo, usándolo para tratar a los pacientes—, debería ser verificado mediante experimentos repetibles.

Sin embargo, algunos pseudocientíficos han extrapolado todo un elaborado sistema de creencias a partir de una única observación que no ha sido verificada jamás. Mis dos ejemplos favoritos son la quiropráctica y la iridología. D. D. Palmer, el creador de la quiropráctica, dijo haber "descubierto" el principio subyacente principal de la quiropráctica al curar a un conserje de su sordera mediante la manipulación de su cuello, aliviando así (o eso creía él) la presión sobre el nervio auditivo. Palmer no llevó a cabo ningún experimento de ninguna clase para verificar sus presuposiciones, pero aun así extrapoló toda la teoría y práctica quiropráctica clásica de este caso. Parece ser que D. D. Palmer no sabía que el nervio auditivo, y en realidad la totalidad del circuito neurológico encargado de la audición, no pasa por el cuello en ningún momento.

La iridología tiene una historia similar, sólo que se basó en la observación de un único búho. Parece ser que Ignatz von Peczely, un médico húngaro, advirtió que un búho que se había lesionado una ala tenía una singular mota de color en el iris del ojo. Le vendó el ala al búho, que luego curó bien. Entonces, el doctor Peczely se dio cuenta de que la mota de color del iris del búho había desaparecido. A partir de esta única observación, el doctor Peczely desarrolló un sistema para diagnosticar todas las enfermedades humanas en función de los patrones de colores del iris. (En realidad, es posible que la historia del búho sea apócrifa y que el doctor Peczely se sacara la iridología directamente de la manga.)

7. Incapacidad de entablar un diálogo con la comunidad científica

La ciencia es dura, y cada vez más. Hemos recogido la mayoría de los frutos de las ramas más bajas, respondido todas las preguntas importantes y sencillas, y ahora estamos centrados en llevar a cabo investigaciones complejas que resuelvan cuestiones científicas cada vez más sofisticadas y sutiles.

Precisamente por esta razón, es difícil que cualquier individuo independiente logre aportar avances significativos para nuestro entendimiento. Generalmente, es demasiado complicado abordar todos los posibles defectos y errores, tener en cuenta todas las alternativas posibles y analizar un problema desde varias perspectivas cuando se trabaja solo. La comunidad científica, en su conjunto, tiene más posibilidades de hacerlo. Por eso los científicos publican sus datos en revistas arbitradas y presentan sus ideas en congresos. Están poniendo a prueba sus ideas, abordando las críticas y teniendo en cuenta las ideas nuevas.

Los pseudocientíficos tienden a estar desconectados de este proceso (o tal vez lo llevan a cabo en una cámara de eco protegida, acompañados por otros pseudocientíficos de creencias similares). Fermentan sus ideas ellos solos, lo que a menudo los lleva a alejarse cada vez más de la realidad.

8. Las afirmaciones suelen prometer soluciones sencillas y simplistas para problemas o preguntas complejos

Uno de los principales motivos que explican el atractivo psicológico de la pseudociencia es que proporciona una respuesta supuestamente sencilla a un problema complejo. Por ejemplo, la quiropráctica clásica nos dice que las subluxaciones vertebrales son responsables de todas las enfermedades humanas, de forma que la manipulación de la columna sirve para curar todas las enfermedades humanas. A su vez, el gurú de la nutrición Gary Null afirma que todas las enfermedades humanas están provocadas por deficiencias nutricionales, y que, por consiguiente, podemos prevenir o curar todas las enfermedades tomando suplementos nutricionales.

En un sentido más amplio, este rasgo tiene relación con la psicología de la creencia. Todas las pseudociencias tienden a presentar un atractivo psicológico concreto, y el ofrecimiento de respuestas sencillas es sólo un ejemplo. Así, tenemos la supuesta evidencia de la existencia de un mundo sobrenatural o espiritual, la confirmación de creencias religiosas muy arraigadas, la ilusión del empoderamiento o del control personal o, sencillamente, la atracción por lo fantástico o lo inusual.

9. Uso de un lenguaje de aire científico que no significa nada

Todas las ciencias tienen su propia jerga técnica. El único propósito de la jerga es expresar conceptos técnicos complejos con una terminología precisa. Las distinciones sutiles suelen ser muy importantes, y el lenguaje coloquial puede carecer de la precisión necesaria para transmitir el significado necesario de forma inequívoca. Asimismo, a medida que se descubren nuevos conceptos y entidades, deben surgir nuevos términos para referirnos a ellos. También existe la tendencia de reducir la engorrosa terminología resultante a una serie de prácticas abreviaturas, lo que implica nuevas dificultades para la comprensión por parte del público. El aspecto más trabajoso de la divulgación científica suele ser la traducción de la jerga técnica a un lenguaje cotidiano tratando de minimizar la pérdida de precisión y de exactitud.

Por ejemplo, como neurólogo, yo podría decir que un paciente presenta ataxia cerebelosa en lugar de decir que es torpe. La razón de mi elección es que la torpeza es un fenómeno general que puede ser provocado por muchas causas, mientras que la ataxia cerebelosa es un fenómeno neurológico específico vinculado a unas estructuras específicas del sistema nervioso.

Los pseudocientíficos suelen imitar a la ciencia auténtica poniéndose el disfraz de la pseudojerga. El resultado es el frecuente uso de terminología que suena científica, pero que carece de definiciones precisas (muy parecida al balbuceo tecnológico típico de cualquier capítulo de *Star Trek*).

Por ejemplo, la marca de estilo de vida de Gwyneth Paltrow, Goop, vende los "adhesivos Body Vibes" que, según ellos, promueven la curación:

> El concepto: el cuerpo humano funciona a una frecuencia energética óptima, pero el estrés de la vida diaria y la ansiedad pueden alterar nuestro equilibrio interno, lo que merma nuestras reservas de energía y debilita el sistema inmunológico. Los adhesivos Body Vibes vienen preprogramados a una frecuencia óptima, lo que les permite atajar cualquier desequilibrio. Al llevarlos puestos —cerca del corazón, en el hombro o brazo izquierdo—, compensarán las deficiencias de tus reservas, creando así un efecto calmante y aliviando tanto la tensión física como la ansiedad. Sus fundadores, ambos cosmetólogos, también dicen que contribuyen a la mejora de la piel, ya que reducen la inflamación y estimulan la renovación celular.

Traducción: "calcomanías mágicas".

10. Falta de humildad: hacer afirmaciones osadas apoyándose en evidencias poco sólidas

La ciencia competente debe combinar con astucia las especulaciones casi salvajes con un conservadurismo estricto. Los científicos deben crear hipótesis que amplíen los límites del conocimiento humano, introduzcan conceptos completamente nuevos o formulen nuevos aspectos de la naturaleza. Al mismo tiempo, no deben aceptar ninguna conclusión a menos que goce del exhaustivo respaldo de evidencias sólidas y que todas las demás alternativas razonables hayan sido eliminadas. En este sentido, la ciencia no pretende avanzar sin más, sino hacerlo sobre cimientos sólidos.

Ésa es la razón por la que la literatura técnica utiliza un lenguaje muy conservador y cuida mucho de no apoyar ni promover ninguna conclusión que no cuente con un respaldo riguroso. Los científicos que lanzan afirmaciones prematuras suelen ser duramente criticados por sus colegas. El anuncio prematuro a la prensa de un logro en el campo de la fusión fría por parte de los físicos Stanley Pons y Martin Fleischmann, por ejemplo, dañó seriamente sus carreras profesionales.

Y es que hay que ser humilde. Si obtienes un resultado que contradice conclusiones científicas establecidas, lo primero que debes pensar es que te has equivocado en algo, no que acabas de revolucionar todo un campo científico.

En cambio, los pseudocientíficos se sirven de afirmaciones transgresoras, de descripciones superlativas y de elogios interesados y desenfrenados. Por ejemplo, suelen publicitar sus descubrimientos calificando de transformadores su alcance e implicaciones para la humanidad.

Volviendo a nuestro amigo Neal Adams, escribió:

> Imagina que eres yo y que ves estos sistemas montañosos POR TODAS PARTES y que eres (casi) la única persona de la Tierra que sabe lo que son: separaciones. Que es lo ÚNICO que pueden ser.

Adams cree poseer un conocimiento único que le permite observar formaciones geológicas y el mapa de la Tierra y ver la Verdad. Cuando se le dice que sus ideas entran en conflicto con campos científicos enteros, se limita a rechazarlos. La Tierra crece mediante la acumulación de materia, lo que significa que la gravedad no funciona como creían los científicos, y tampoco la física de partículas. También escribió lo siguiente:

> ¿Sabes a qué velocidad sobrevuela la Luna la superficie terrestre? A 1,000 millas por hora. Creo que el agua se comprime. ¡Hay que empezar a reescribir los libros de texto!

Y esto:

> No existe un modelo estándar. De hecho, se trata de un jueguito matemático sobre dónde se encuentran las densidades, y todo es teoría. Es un tema muy profundo, y sin dirigirte a varios artículos y a la extensa conversación sobre el tema, deja que te diga que, al final… las densidades evolucionan hacia el hierro, esté donde esté y en el momento en el que se encuentre.

¿Que el modelo estándar de la física de partículas se interpone en mi camino? ¡Pues fuera!

11. Afirmar estar a la vanguardia en cuestión de años o décadas

Una señal de alerta gigantesca que nos advierte que alguien está haciendo afirmaciones al margen de la evidencia es que los descubrimientos que defiende exigirían el respaldo de años o incluso décadas de investigaciones, y, sin embargo, la documentación científica que las apoya es muy escasa o inexistente.

Por ejemplo, a partir del año 2013, cuando publicó su libro *Immortal: Why CONSCIOUSNESS is NOT in the BRAIN* [*Inmortal: por qué la CONCIENCIA NO está en el CEREBRO*], y hasta 2017, el cirujano italiano Sergio Canavero dijo estar cerca de llevar a cabo el primer "trasplante de cabeza" del mundo. (Podríamos discutir si dicho procedimiento debería o no llamarse "trasplante de cuerpo".) En una entrevista para *Newsweek*, Canavero dijo:

> Sólo puedo decir que ha habido un enorme progreso en cuanto a experimentos médicos que habrían parecido imposibles incluso hace unos meses... No cabe duda de que los hitos que hemos alcanzado revolucionarán la medicina.

Su afirmación es atrevida. Para que la mencionada operación pudiera considerarse exitosa, Canavero tiene que haber descubierto una manera de regenerar la médula espinal. De lo contrario, la cabeza estará conectada a un cuerpo totalmente paralizado.

Canavero dice que no sólo ha perfeccionado la técnica quirúrgica consistente en extirpar una cabeza de un cuerpo y conectarla a un segundo cuerpo, sino que además ha resuelto el problema de la regeneración de la médula espinal. Se trata de una hazaña impresionante, ya que muchos laboratorios de todo el mundo llevan décadas trabajando en este problema y sólo han logrado avances incrementales, nada verdaderamente útil en el plano clínico.

Lo que es todavía más impresionante es que Canavero y sus colegas parecen haberlo hecho en secreto, sin publicar ni un solo artículo ni disfrutar de una sola beca para llevar a cabo las investigaciones necesarias. Realizaron todos los estudios científicos fundamentales, las investigaciones con animales y los ensayos clínicos sin dejar ni el más mínimo rastro de evidencias en la literatura científica.

La realidad es que la ciencia moderna es compleja y depende de infraestructura y colaboración. Antes de descubrir de verdad cómo regenerar la médula espinal, los científicos tendrán que encajar un centenar de piezas de este rompecabezas entre todos. Habrá cientos, incluso miles de estudios publicados que darán paso a los ensayos clínicos que, con el tiempo, darán resultados satisfactorios.

Es sencillamente inviable que alguien se haya saltado toda esta ciencia necesaria y logre concentrar décadas de progreso en unos pocos años partiendo de la nada.

12. Intentos de transferir a otros la obligación de la demostración

La idea de que cualquiera que afirme poseer cualquier tipo de verdad está obligado a demostrar su afirmación goza de consenso general en la comunidad científica. Y cuanto más se aleja dicha afirmación de la realidad aceptada, más importancia cobra la obligación de demostrarla.

Como generalmente no pueden comprobar sus afirmaciones, los pseudocientíficos suelen transferir la obligación a todo el que muestra escepticismo ante sus afirmaciones. Defienden que su afirmación debe aceptarse como verdadera porque nadie ha demostrado que sea falsa.

Esta transferencia de la obligación de la confirmación adopta la forma de nuestra vieja amiga la falacia lógica conocida como el argumento de la ignorancia, la que dice que si todavía no conocemos la causa de un fenómeno, por fuerza tiene que ser paranormal. Por ejemplo, los cazadores de fantasmas suelen presentar fotografías en las que se aprecian manchas o hilos de luz, y dicen que, puesto que no existe ninguna explicación precisa para estos accidentes fotográficos, tiene que tratarse de fantasmas.

Volviendo de nuevo a Neal Adams, cuando le pedí alguna prueba que respaldara sus afirmaciones sobre la oquedad de la Tierra, dijo:

¿Me estás pidiendo que proporcione un invento nuevo o que te muestre un descubrimiento de algo mágico que nadie antes ha hecho, como un asno mecánico volador?

Pues no lo tengo. Tengo el conocimiento que muchas otras personas comparten, como Darwin. Darwin no tuvo que irse a las Galápagos a observar lo que hacía. Simplemente llegó a ello. Las evidencias estaban y están por todas partes. Fueron sus ojos y su cerebro los que extrajeron las conclusiones. La pregunta es: ¿Dejarás de mirarme por encima del hombro durante el tiempo suficiente para ver lo que yo veo y ponerte a pensar conmigo?

13. Convertir sus afirmaciones en no comprobables

En ocasiones, los pseudocientíficos no sólo transfieren la obligatoriedad de la demostración a los demás, sino que también tratan de inmunizar sus afirmaciones contra la refutación. Para ello, a menudo se inventan razones que justifican la inexistencia de la evidencia solicitada o los resultados negativos de los experimentos.

Por ejemplo, los homeópatas a veces dicen que sus productos no se pueden someter a la prueba de los placebos porque sólo funcionan cuando forman parte de todo un programa de tratamiento. Lo que implica que es imposible aislar la homeopatía como una variable específica. Naturalmente, si aíslas los productos homeopáticos, ves que no funcionan.

A veces, la afirmación está formulada de tal manera que no se puede desmentir ni siquiera teóricamente. Por ejemplo, a los creacionistas les encanta decir que la mente de Dios es inescrutable, de forma que es imposible explicar el porqué de la apariencia de la naturaleza. Sencillamente, Dios decidió concebir una criatura que se queda a medio camino entre un dinosaurio y un pájaro por razones personales e inimaginables. Irónicamente, con esta estrategia no logran evitar que la afirmación sea pseudocientífica, sino que hacen que lo sea más todavía. Una hipótesis científica debe ser comprobable. De lo contrario, es que "ni siquiera es incorrecta". En la ciencia, las incorrecciones son útiles porque nos ayudan a avanzar hacia la respuesta. Algo que no llega siquiera a ser incorrecto no sirve de nada y, por definición, no es científico.

14. Vulnerar la navaja de Occam y no conceder una consideración justa a todas las hipótesis rivales

Uno de los pasos más importantes del proceso del descubrimiento científico consiste en tener en cuenta todas las explicaciones posibles de cualquier observación o fenómeno. A menudo se considera que una hipótesis científica es probablemente cierta porque es la pieza actual más sencilla y que mejor encaja con todos los datos disponibles. Sin embargo, si no se han tenido en cuenta todas las alternativas razonables, es probable que la conclusión sea prematura.

Los pseudocientíficos, al estar comprometidos con una conclusión deseada, sólo tienen en cuenta las hipótesis rivales de forma superficial. A menudo ofrecen una o dos alternativas simbólicas que echan por tierra totalmente, de forma que la única posibilidad que queda es la creencia deseada. Este comportamiento es especialmente frecuente entre los expertos en ovnis. La clásica "luz no identificada en el cielo" no puede ser un avión o una estrella, lo que significa que tiene que ser una nave extraterrestre.

En su hacer, los pseudocientíficos vulneran de forma habitual la navaja de Occam al rechazar las explicaciones más sencillas para favorecer a otras más complejas o improbables que encajan con sus creencias. Recordemos el caso de Arnold y de la combustión espontánea humana, en el que rechazaba sin reparos las explicaciones más sencillas para los supuestos casos, incluso cuando la presencia de fuentes externas de llamas era evidente. Puede que el ejemplo más llamativo sea el de un caso de 1980 que tuvo lugar en Chorley,

Inglaterra. Se encontraron los restos carbonizados de una mujer mayor en su departamento. Y aquí viene el elemento sorpresa: tenía la cabeza metida en la chimenea. Era obvio que se había caído y se había golpeado la cabeza contra la rejilla de la chimenea.

El corolario de este defecto es la incapacidad de rechazar una hipótesis deseada que ha sido refutada. A menudo en este punto se pone a prueba definitivamente la objetividad del científico: ¿es capaz de desechar su estimada hipótesis cuando se enfrenta a evidencias que la refutan indiscutiblemente? Al pseudocientífico no le importa cuántas evidencias que impugnen su hipótesis se presenten, ya que nunca la desechará.

15. Incapacidad de cuestionar las presuposiciones principales

Lo que suele hacerse pasar por investigación en las pseudociencias aborda cuestiones sobre el supuesto fenómeno pero no está diseñado para comprobar la existencia del fenómeno. Harriet Hall, autora sobre medicina desde el punto de vista científico, llama a esto la "ciencia del Ratoncito Pérez". Imagina que llevas a cabo un estudio "científico" para el que te dedicas a recopilar datos sobre la cantidad de dinero que deja el Ratoncito Pérez y aplicas unos sofisticados análisis estadísticos que correlacionan la cantidad con el tipo y el tamaño del diente, la edad y el género del receptor. Este tipo de estudio presentaría todos los rasgos de la ciencia seria, pero nunca abordaría las dos preguntas subyacentes clave: ¿es real el Ratoncito Pérez?, y ¿quién está dejando el dinero en realidad?

Es frecuente encontrar este tipo de estudios en la medicina alternativa, en los que se pregunta de qué forma se está aplicando un tratamiento alternativo concreto, quién lo está aplicando y cuáles son sus actitudes hacia él. Estos estudios no abordan las preguntas sobre si el tratamiento es efectivo o no y si la filosofía subyacente es válida. En cuanto los estudios sobre la eficacia empiezan a producir resultados negativos, vemos que los defensores dejan de llevarlos a cabo para seguir generando estudios del tipo "Ratoncito Pérez".

Richard Feynman pronunció un célebre discurso en Caltech en el año 1974 en el que se refirió a este tipo de prácticas como "ciencia del culto a la carga". Trazó una analogía con las tribus de la Melanesia preindustrial, quienes, tras la Segunda Guerra Mundial, construían cabañas de paja y pistas de aterrizaje falsas con la esperanza de atraer a los aviones de suministros que entregaban mercancías durante la guerra. Sus creaciones sólo guardaban una semejanza superficial con las pistas de aterrizaje de verdad, y carecían de la tecnología e infraestructura necesarias.

En la misma línea, la pseudociencia puede guardar un parecido superficial con el ritual de la práctica investigadora, pero carece de la verdadera esencia de la auténtica ciencia, es decir, la puesta a prueba rigurosa de las hipótesis con evidencias capaces de demostrar que son erróneas. En pocas palabras, los pseudocientíficos practican el razonamiento motivado (ver capítulo 9). Presentan un sinfín de alegatos especiales para justificar los errores de sus experimentos (como que la presencia de escépticos provoca la inoperancia de las capacidades físicas).

Tener en cuenta las características descritas más arriba nos permite emitir una opinión razonable sobre una afirmación o teoría, y determinar el punto del espectro en el que reside, desde la ciencia más sólida hasta la pseudociencia más absurda.

La teoría científica de la evolución, por ejemplo, aúna múltiples líneas de evidencia independientes, lleva décadas siendo el objeto de debates transparentes y ha superado con éxito la puesta a prueba de muchas observaciones que podrían haberla refutado. Sigue siendo la única explicación científica viable para la existencia de vida tal como la vemos en el mundo.

En el otro extremo del espectro encontramos al pobre Neal Adams. Anhela desesperadamente que se le considere un científico serio, pero no ha llevado a cabo ninguna de las tareas necesarias. Tiene las manos vacías, a excepción de unas ideas absurdas, basadas en sus propias observaciones superficiales, y propone alegremente un aluvión de transformaciones que afectan prácticamente a todos los conocimientos científicos modernos para hacer sitio para sus excéntricas ideas.

En algún sitio del centro del espectro tenemos a Daryl Bem y su investigación sobre la combustión espontánea humana. Hasta cierto punto, sigue un protocolo científico estándar, pero lo ciegan sus propios sesgos. Al final, ha creado un magnífico ejemplo de pseudociencia que tiene todos los elementos de la ciencia, pero que fracasa a la hora de demostrar su hipótesis principal de forma rigurosa.

23. El negacionismo

Sección: Ciencia y pseudociencia

Véase también: Pseudociencia

El negacionismo, o negación de la ciencia, hace referencia a la negación motivada de la ciencia aceptada mediante una serie de estrategias inválidas.

> No niego nada, pero lo dudo todo.
>
> —Lord Byron

El negacionismo es real. Lo que quiero decir con esto es que el negacionismo es una estrategia intelectual definible que presenta unos rasgos constantes que tienden a agruparse. El negacionismo parte del deseo de negar un hecho científico o histórico aceptado, lo que hace que, como todas las pseudociencias, establezca la conclusión deseada como punto de partida.

De hecho, el negacionismo es un subconjunto de pseudociencia que pretende disfrazarse con el lenguaje del escepticismo, mientras rehúye el proceso específico del escepticismo científico. El negacionismo convive con el escepticismo en su propio espectro, sin que exista una demarcación clara entre ambos (parecido a lo que ocurre con la ciencia y la pseudociencia). Las personas tienden a usarse a sí mismas como método de calibración, es decir, que cualquiera que sea más escéptico que tú será negacionista, y cualquiera que lo sea menos será un verdadero creyente.

Actualmente, la negación de la ciencia es algo común en nuestra sociedad y su impacto puede ser mayor que la difusión de creencias pseudocientíficas que no son ciertas. Existen movimientos ideológicos que niegan el consenso científico sobre el cambio global antropogénico, la síntesis actual de la teoría evolutiva, la teoría microbiana de la enfermedad, que el cerebro crea la conciencia, la existencia de enfermedades mentales, que el VIH provoca sida y la seguridad y efectividad de las vacunas.

Existen incluso quienes niegan la existencia del propio negacionismo, argumentando que no es más que un recurso retórico para acallar las críticas de las ideas convencionales. Pasan por alto el hecho de que el negacionismo se apoya en un conjunto de estrategias lógicas inválidas, y que lo que lo define son estos rasgos, no la creencia en sí.

Como veremos, muchas de las estrategias que emplean los negacionistas son arteras porque son las versiones extremas de posiciones razonables. Algunos de sus principios subyacentes son sólidos. El problema está en las aplicaciones específicas que les dan.

Lo que sigue es una lista de algunas de las estrategias negacionistas más predominantes.

Fabricación y exageración de la duda

La duda es un elemento esencial del escepticismo y de la ciencia, ya que su ausencia da paso a la credulidad. También es el elemento más central del pseudoescepticismo negacionista. El problema del enfoque negacionista es que no emplea la duda como una herramienta de cuestionamiento genuino, sino para menoscabar una creencia que no te gusta.

A esta estrategia también se le conoce como la estrategia del "yo sólo pregunto". Suele ser fácil distinguir la ciencia del negacionismo porque, cuando un científico auténtico plantea una pregunta, quiere una respuesta y considerará debidamente todas las posibilidades. Sin embargo, los negacionistas hacen las mismas preguntas menoscabadoras una y otra vez, mucho después de que se haya establecido una respuesta definitiva. Lo único que les interesa son las preguntas —utilizadas para sembrar la duda—, no tienen el menor interés en el proceso de descubrimiento que se supone deben inspirar en los demás.

Naturalmente, en la ciencia siempre hay dudas. La ciencia nunca está segura de algo al 100%, porque la ciencia no tiene que ver con la certeza. Ni siquiera tiene que ver con la demostración, sino con la *refutación*. Además, la ciencia no está directamente relacionada con la verdad, sino con construir modelos comprobables capaces de predecir el comportamiento del universo.

Las teorías científicas van ganando aceptación a medida que van saliendo airosas de intentos serios de desacreditarlas. Eso sí, dicha aceptación sólo es provisional, ya que el siguiente experimento u observación podría ser capaz de comprobar cualquier teoría. Las teorías adquieren preferencia cuando demuestran una capacidad explicativa útil y coherencia con otras teorías aceptadas, mientras construimos poco a poco un modelo coherente sobre el funcionamiento del universo.

El conocimiento científico no sólo tiene que ver con entender cuál es la mejor explicación científica actual de un fenómeno, sino también con el grado de certeza que albergamos sobre si dicha explicación actual es correcta, y con cuán completa es (¿qué deja sin resolver?). Algunas teorías son controvertidas, otras sencillamente se desconocen, y otras son considerablemente sólidas. En el extremo del espectro hallamos las teorías que, tal como apuntó Stephen Jay Gould, están "confirmadas hasta tal punto en que sería perverso negarles una aceptación provisional".

Los negacionistas exageran el nivel de duda actual sobre una teoría científica y minimizan lo que sí sabemos. Niegan de forma perversa incluso su aceptación provisional. A menudo llevan esta estrategia al extremo, negando que podamos llegar a saber nada; niegan el propio conocimiento científico.

Como parte de esta estrategia, suelen apelar al hecho de que el conocimiento científico ha cambiado con el tiempo. Si los científicos se equivocaron en el pasado, pueden estar equivocados ahora. Evidentemente, nadie niega el carácter provisional del conocimiento científico actual, pero es que ésa no es la cuestión en absoluto. Esencialmente, lo que hacen es establecer una falsa analogía entre una creencia anterior que no estaba establecida del todo y otra que es actualmente muy sólida, incluso consolidada.

Exigir siempre más evidencias de las que existen o pueden existir

Es posible que la falacia lógica de cabecera de un negacionista sea la de la portería móvil, una técnica que ya hemos visto en el capítulo 10: exigen evidencias y, una vez se les han proporcionado, exigen todavía más. No están nunca satisfechos.

Este comportamiento dista mucho del funcionamiento habitual de la ciencia. Una vez que una investigación preliminar ha aclarado las preguntas planteadas y la relación entre la evidencia y las teorías existentes, los científicos que abogan por teorías rivales suelen ponerse firmes y detallar de manera exacta las evidencias que refutarán su teoría o las teorías rivales, o que hará que se inclinen por una u otra teoría como la mejor. Y cuando dichas evidencias se ponen sobre la mesa, los científicos cambian de opinión de verdad. Sobra decir que no todas las personas cambian de opinión con base en la evidencia, pero sí lo hacen las suficientes como para que se otorgue el consenso a la teoría que está respaldada por la evidencia.

Los negacionistas raramente se comportan así. Una vez que se han respondido sus preguntas o se han satisfecho sus exigencias de evidencias, se limitan a pasar a otra pregunta. Nada logrará convencerlos porque ya han decidido la respuesta.

Por ejemplo, a quienes niegan la teoría de la evolución les encanta llamar la atención sobre los vacíos que encontramos en el archivo de fósiles o en el conocimiento sobre qué especies evolucionaron a partir de qué antepasados. Sacan una fotografía de nuestro conocimiento científico actual y afirman que la existencia de vacíos en dicho conocimiento obliga a cuestionar las conclusiones más fundamentales de lo que está ocurriendo. Por ejemplo, como no podemos demostrar a partir de qué grupo evolucionaron las aves, cuestionan la evolución en su conjunto (la ya mencionada estrategia del "dios de los vacíos").

En cambio, las teorías científicas se juzgan con más acierto según su utilidad que según lo que son capaces de explicar actualmente. La pregunta que deberían hacer quienes niegan la evolución no es qué es capaz de explicar la evolución ahora mismo, sino si ha servido de algo a lo largo de los años. Para ser concretos, si la teoría de la evolución es útil y correcta, dichos vacíos deberían haberse ido cerrando con el tiempo. Que hayan ido cambiando dichos vacíos con el tiempo nos dice más que los vacíos que aún existan en un momento dado.

Cualquiera que esté remotamente familiarizado con la biología evolutiva conocerá la respuesta a esta pregunta: los vacíos se han ido reduciendo de forma constante. Los vacíos entre los humanos y nuestro pariente primate más cercano, entre aves y dinosaurios, ballenas y animales terrestres, peces y tetrápodos, y muchos otros, se han ido tapando adecuadamente en el último siglo.

En el pasado, los negacionistas de la evolución señalaban todos estos vacíos, pero una vez que fueron resueltos, jamás reconocieron el avance. Se limitaron a centrarse en otro vacío. En estos momentos, uno de sus vacíos favoritos es el que existe entre los murciélagos y otros mamíferos. Y cuando este vacío también se resuelva, pasarán a otro.

El esfuerzo que acarrea ir moviendo la portería puede resultar agotador, así que algunos negacionistas emplean una estrategia más sencilla: simplemente, exigen más evidencias de las que pueden existir.

Siguiendo con el ejemplo de la evolución, piden que se les enseñe un fósil que demuestre la teoría de la evolución. Por supuesto, es imposible que eso ocurra, puesto que la evolución es un proceso complejo. Los negacionistas del VIH exigen algo similar: quieren que alguien les enseñe un artículo que demuestre que el virus de la inmunodeficiencia humana es el único causante del síndrome de inmunodeficiencia adquirida. Estas exigencias requieren la combinación de decenas e incluso centenares de estudios individuales.

Aquellos que están en contra de las vacunas y que niegan su seguridad y efectividad suelen pedir un estudio aleatorizado de personas vacunadas *versus* no vacunadas. Aunque en primera instancia puede parecer razonable, saben que este estudio no se llevará nunca a cabo. En esencia, lo que están pidiendo es que un estudio aleatorice a niños para que no reciban ninguna vacuna, cosa que no es ética: las vacunas ya forman parte de los cuidados estándares porque proporcionan beneficios demostrados. No se puede aleatorizar a los sujetos en un ensayo clínico de forma que no reciban un tratamiento estándar.

Suben tanto la vara para poder negar el valor de todas las demás evidencias que demuestran que las vacunas son seguras. Existen estudios de personas vacunadas *versus* no vacunadas, sólo que no son aleatorizados, y existen otros muchos tipos de estudios que demuestran la seguridad de las vacunas.

Esta estrategia también se sirve del alegato especial. Si un estudio demuestra que no existe asociación alguna entre el momento de la vacunación y la incidencia del autismo o cualquier otro resultado, dirán que el efecto está retrasado o que procede de las vacunas que recibió la madre durante el embarazo. Si no se observa respuesta a la dosis, es porque los efectos negativos máximos se alcanzan con dosis minúsculas. Si se elimina un ingrediente, entonces las trazas son suficientes para provocar el efecto negativo, o bien el culpable es otro ingrediente. Ninguna evidencia será jamás suficiente.

Utilizar la semántica para negar categorías de evidencias

Dentro de su estrategia para negar las evidencias que demuestran la teoría científica que quieren desacreditar, los negacionistas suelen recurrir a los juegos semánticos para excluir categorías enteras de evidencias. Por ejemplo, los negacionistas de la teoría de la evolución han planteado que todo lo que ocurrió en el pasado está fuera del alcance de la ciencia. La ciencia se basa en los experimentos, y no se puede experimentar con la evolución, lo que significa que la evolución ni siquiera forma parte de la ciencia.

No obstante, la anterior es una definición muy limitada de la ciencia. La ciencia se basa en usar evidencias empíricas para poner a prueba las hipótesis. A su paso, el pasado dejó un rastro, es decir, evidencias. Se pueden hacer preguntas que refuten sobre lo que ocurrió en el pasado, también sobre la evolución. Evidentemente, el pasado nos ha dejado los fósiles, pero también los genes y otros rasgos de los seres vivos.

Quienes niegan la existencia de las enfermedades mentales juegan con la semántica de una forma parecida. Parten de la limitada definición de enfermedad como una afección patológica, lo que significa que las células, los tejidos o los órganos deben presentar alguna anormalidad objetiva. Esta descripción es acertada para algunas enfermedades, pero no para todas: existen trastornos que se definen por el funcionamiento de cierto órgano o sistema pero que no presentan ninguna patología clara. Las migrañas, por ejemplo, son un trastorno evidente que carece de patología diagnosticable.

Existen muchos trastornos cerebrales porque la función cerebral depende de más cosas que de la salud de las neuronas. Las neuronas sanas bien pueden organizarse o relacionarse de una forma que altere su función. El cerebro es el órgano encargado de los estados de ánimo, de los pensamientos y del comportamiento. Por lo tanto, una función cerebral alterada puede conducir a un trastorno del estado de ánimo o a un trastorno del pensamiento. A estas entidades las llamamos enfermedades mentales.

Los negacionistas de las enfermedades mentales (entre quienes encontramos a los cienciólogos, quienes se oponen a la profesión psiquiátrica) no aportan ningún dato relevante sobre la relación entre la función cerebral y los síntomas de los trastornos mentales, sino que usan la semántica para negar su mera existencia.

Interpretar los desacuerdos sobre los detalles como si pusieran en duda el consenso profundo

Para entender esta característica del negacionismo, primero hace falta entender un rasgo propio de la ciencia. A medida que avanza, la ciencia suele profundizar cada vez más en los detalles más ínfimos sobre el funcionamiento de la naturaleza con la intención de alcanzar una comprensión más fundamental. Es importante tener presente que el conocimiento científico opera a varios niveles, algunos de los cuales serán más profundos que otros.

Por ejemplo, se ha sabido, desde la Antigüedad, que ciertos rasgos se pueden transmitir de padres a hijos. Es evidente que los hijos se parecen a sus padres. Sin embargo, se creía que el mecanismo biológico de la herencia era un patrón, como si un homúnculo diminuto hecho un ovillo en el interior de cada espermatozoide constituyera una plantilla de lo que sería el hijo.

Mendel y otros descubrieron que algunos rasgos parecen heredarse de forma discreta. Al cruzar un chícharo amarillo con un chícharo verde, obtuvo un patrón de chícharos amarillos y chícharos verdes, no chícharos amarillos-verdes. Este rasgo no se incorporó.

No todos los rasgos funcionan de esta manera, pero el experimento demostró que algunos se transfieren como unidades discretas o genes. En ese momento, todavía no se había identificado la molécula que contenía esta información. Algunos científicos creían que serían las proteínas, pero terminó explicándose de forma convincente que la molécula de la herencia es el ADN.

El hecho de que el ADN transporta genes e información heredable está tan establecido que se puede considerar una verdad científica. Pero tras su descubrimiento, todavía quedaban muchas cosas que desconocíamos sobre el ADN y los genes. Más adelante se descubrió el código genético, cómo ese código se traduce en proteínas y cómo se regula la función del ADN. Con todo, aún nos quedan muchos detalles por descubrir sobre el ADN.

Pero —he aquí el quid de la cuestión— nada que hoy en día no sepamos sobre el ADN y nada que descubramos en el futuro podrá cambiar el hecho esencial de que el ADN es la molécula principalmente encargada de la herencia. Que los científicos discutan sobre los detalles de la regulación génica o que admitan lo poco que sabemos sobre la evolución del código genético no pone en duda este hecho fundamental.

Y, aun así, eso es precisamente lo que sostienen muchos negacionistas. Y es que esta estrategia es la favorita del negacionismo de la neurociencia, con especial énfasis en la negación de que, esencialmente, la conciencia es el funcionamiento del cerebro.

Los dualistas —quienes creen que el cerebro no explica la conciencia— apuntan a que actualmente no sabemos cómo logra el cerebro crear la conciencia, lo que no debería mermar nuestra confianza en la conclusión de que, en efecto, el cerebro sí provoca la conciencia.

Y lo mismo ocurre con la evolución. Que la vida es la consecuencia del viaje del antepasado común por el proceso evolutivo ha quedado demostrado más allá de toda duda científica razonable. No existe ninguna teoría rival que pueda siquiera acercarse a explicar las evidencias de las que disponemos o que haya logrado predecir lo que hallaremos al explorar la biología con tanto éxito. La teoría de la evolución ha dado en el blanco. Naturalmente, los detalles siempre traen consigo complejidad y discusiones: ¿qué evolucionó a partir de qué, exactamente? ¿Cuáles son el ritmo y los tiempos de la evolución? ¿Hemos tenido en cuenta todos los factores involucrados?

Todas estas preguntas son interesantes, pero ninguna logra poner en duda el hecho de que la evolución ocurrió.

Negar y tergiversar el consenso

Magnificar los desacuerdos entre los científicos es fácil porque siempre hay desacuerdos sobre la mesa. Esta estrategia puede adoptar dos formas básicas.

La primera es magnificar las consecuencias del desacuerdo, tal como he explicado en el apartado anterior. La segunda es presentar la disconformidad de una pequeña minoría como si se tratara de una controversia generalizada.

Casi siempre podrás encontrar a algún científico en alguna parte que disienta incluso del consenso científico más sólido. Como ya he dicho, es bueno que esto ocurra. La complacencia puede conducir al estancamiento de la ciencia, y siempre está bien que haya alguien que agite un poco las aguas. Pero estos desacuerdos deben contextualizarse. A veces se trata de una controversia auténtica, y la ciencia puede ir por un lado o por el otro. Otras veces, la ciencia es sólida y el desacuerdo, irrelevante.

Las recientes controversias políticas sobre el calentamiento global antropogénico (CGA) han hecho que el argumento del consenso adquiera protagonismo. Los defensores del CGA sostienen que existe un consenso científico sólido sobre el hecho de que el planeta se está calentando a causa de la actividad humana. Un sondeo llevado a cabo en 2013 sobre la literatura científica publicada, por ejemplo, describía así su método y hallazgos:

> Analizamos la evolución del consenso científico sobre el calentamiento global antropogénico (CGA) en la literatura científica arbitrada. Hemos examinado 11,944 síntesis de artículos sobre el clima desde 1991 hasta 2001 sobre los temas "cambio climático global" o "calentamiento global". Hemos encontrado que el 66.4% de las síntesis no expresaba ninguna posición con respecto del CGA; el 32.6% apoyaba la existencia del CGA; el 0.7% negaba el CGA; y el 0.3% se mostraba inseguro sobre la causa del calentamiento global. Entre las síntesis que expresaban una posición con respecto del CGA, el 97.1% apoyaba la posición de consenso que dice que los humanos están provocando el calentamiento global.

Ésta es la fuente del famoso consenso del "97%" que tanto se ha citado (aunque no hace referencia a un 97% de científicos especializados en el clima, sino al 97% de estudios publicados que expresaron una opinión sobre el CGA de forma explícita o implícita). Estos datos van en la misma línea que otros estudios sobre la misma cuestión. Otra forma de establecer el consenso científico es que las organizaciones científicas revisen las evidencias y expresen una decisión. El informe publicado en 2013 por el Grupo Intergubernamental de Expertos sobre el Cambio Climático, por ejemplo, concluyó que el CGA es real con un 95% de certeza.

También existe un consenso muy sólido sobre el hecho de que los organismos modificados genéticamente de los que disponemos hoy día son seguros para el consumo humano. Más de veinte organizaciones científicas internacionales han revisado las investigaciones sobre el tema y alcanzado esta conclusión de forma independiente. Por ejemplo, en 2013, la Asociación Estadunidense para el Avance de la Ciencia concluyó que "la ciencia es bastante clara: la mejora de los cultivos por medio de las técnicas moleculares de la biotecnología moderna es segura".

Si nos fijamos en la teoría de la evolución, el 98% de los científicos del mundo especializados en campos de la biología están de acuerdo con el consenso de que la vida es el resultado de la evolución orgánica.

Los negacionistas no sólo rechazan que existe un consenso, sino que a menudo también desacreditan la relevancia de un consenso científico. Tratan de hacer que las referencias a un consenso científico sólido sean consideradas una falacia lógica de "argumento de autoridad". Cosa que, naturalmente, no es cierta. La mencionada falacia resulta de apoyarse inadecuadamente en un individuo como si se tratara de una autoridad suficiente, o de apoyarse en la opinión de quienes carecen del conocimiento adecuado (como los famosos). También puede tratarse de una falacia si se usa para sortear una crítica o evidencia válida.

Que una persona no experta cite un consenso legítimo alcanzado por expertos, en cambio, no es una falacia. De hecho, el enfoque dudoso es el de reemplazar el consenso sólido de reconocidos expertos con tu propia opinión no experta.

Apelar a una conspiración o cuestionar los motivos de los científicos

Es fácil retratar los motivos de otro como siniestros. Siempre hay alguna manera de tejer un relato sobre científicos sesgados o corruptos. Estas afirmaciones pueden fabricarse de la nada a conveniencia.

A pesar de que no hay duda de que los sesgos y la corrupción existen, eso no significa que sea razonable presuponer que puedes desestimar tranquilamente cualquier dato científico con el que no estés de acuerdo, bajo la premisa de que es el resultado de dicha corrupción. Y eso es exactamente lo que hacen los negacionistas.

Por ejemplo, los negacionistas del calentamiento global intentarán hacerte creer que los científicos expertos en clima de todo el mundo han decidido urdir un elaborado engaño para aumentar su financiamiento. Para respaldar sus alegatos, diseñaron un "Climagate"* mediante el cual se dedicaron a revisar miles de correos electrónicos a los que accedieron ilegalmente hasta dar con algunas frases que se pudieran sacar de contexto.

Los activistas anti-OGM (organismos genéticamente modificados) han empleado la misma estrategia. Sólo hay que leer los comentarios en cualquier artículo sobre los OGM y ver cuánto tiempo pasa desde que alguien defiende la ciencia tras los OGM hasta que se le acusa de ser cómplice de Monsanto. U.S. Right to Know (un grupo anti-OGM financiado por el grupo de presión de la industria de productos orgánicos) ha utilizado las solicitudes amparadas por la Ley por la Libertad de Información (FOIA, por sus siglas en inglés) para exigir los correos electrónicos de los científicos públicos. Luego rastrean sus correos electrónicos en busca de cualquier cosa que puedan hacer parecer siniestra. Cualquier conexión con la industria, sin importar lo inocente

* Este término (acuñado a partir del escándalo político Watergate) hace referencia a la filtración de documentos y piratería informática que afectó a la Unidad de Investigación Climática de la Universidad de East Anglia, en Inglaterra. *(N. de la T.)*

o apropiada que sea, se teje hasta crear un relato de malvada complicidad corporativa.

Y, por supuesto, los biólogos evolucionistas detestan a Dios.

En el extremo razonable del espectro encontramos el requisito sensato de la total transparencia en cuestión de posibles conflictos de interés para que los lectores puedan juzgar por sí mismos la integridad de la fuente. Sin embargo, es fácil que ello se convierta en una cacería de brujas en la que incluso la conexión más remota y endeble se usa para afirmar que un científico concreto es en realidad un infiltrado comprado y que debe ser totalmente ignorado.

Apelar a la libertad académica/intelectual

En Estados Unidos se valora mucho la libertad personal, como en todas partes, de forma que apelar a ella resulta especialmente efectivo, lo que explica que se utilice tanto como argumento. Las leyes diseñadas para eximir a los charlatanes de toda responsabilidad en lo que respecta a los estándares adecuados de cuidados en la medicina se nos venden como leyes de "libertad de cuidado de la salud". Los intentos por parte de los creacionistas de menoscabar la enseñanza de la evolución se enmarcan como "libertad académica". Los que están en contra de las vacunas, por su parte, abogan constantemente por el derecho a decidir de los padres.

Sin embargo, lo que a todos estos movimientos se les pasa por alto es que la ciencia, el ámbito académico y las profesiones tienen estándares. Mantener dichos estándares no atenta contra las libertades, pero es muy sencillo tergiversarlos para que lo parezca y etiquetar cualquier intento de promover unos estándares elevados como "elitismo".

Las universidades, por ejemplo, no tienen ninguna obligación de prohibir que cualquier excéntrico enseñe bobadas en su nombre. Sin embargo, sí son responsables de que a sus alumnos se les ofrezcan exclusivamente contenidos académicamente válidos.

El argumento de las consecuencias

Aceptar una información científica concreta puede incomodar a ciertas ideologías políticas o religiosas, y referirse a dicha incomodidad para negar la ciencia también es muy frecuente. Los creacionistas sostienen que aceptar la evolución menoscabará la creencia en Dios e incluso dará paso a la decadencia moral. Los negacionistas del calentamiento global sostienen que aceptar las afirmaciones "alarmistas" sobre el cambio climático hará que el gobierno se apropie de la industria privada. Yo describo esta estrategia como la falacia lógica del argumento de las últimas consecuencias: la evolución es una teoría incorrecta porque, de ser cierta, la sociedad sufriría. Esta característica también suele darnos una pista sobre la motivación real de la negación. La ciencia es secundaria: lo que verdaderamente les preocupa es el peligro moral.

Esta estrategia es defectuosa por naturaleza. Si de verdad quieres defender una posición moral o ética concreta, lo peor que puedes hacer es vincular dicha posición a una conclusión científica falsa. Hacerlo da pie a que tus oponentes ataquen tu posición moral por medio de ataques a la pseudociencia a la que la has anclado. Te conviene mucho más aceptar la ciencia legítima y defender tu posición moral en el terreno de lo moral. Si por tu ideología defiendes los mercados libres, no niegues el calentamiento global: ofrece soluciones de libre mercado.

Algunos investigadores han calificado este fenómeno de "aversión a las soluciones" en el caso del calentamiento global. Rechazan la ciencia porque no les gustan las soluciones planteadas. Insisto, centrarse en las soluciones en lugar de negar la ciencia es una estrategia mejor.

A estas alturas, ya debería haber quedado claro que, tanto mis compañeros del podcast como yo, somos grandes defensores de la ciencia. La historia ha demostrado que la ciencia es la herramienta más poderosa que tenemos para entender el mundo y mejorar nuestra posición en él. Pero la ciencia exige valor, el valor de enfrentarse a la realidad y aceptar sus hallazgos, incluso cuando nos desazonan o resultan disruptivos para nuestra cómoda ideología.

El negacionismo busca arrebatarnos el poder de la ciencia con sus ataques contra los hallazgos que los negacionistas no tienen el valor intelectual de evaluar honestamente. Pero el negacionismo no hace referencia a personas concretas tanto como a un comportamiento del que debemos estar alerta en los demás, pero sobre todo en nosotros mismos.

24. El dragado de datos y otros errores de la investigación

Sección: Ciencia y pseudociencia

Véase también: Pseudociencia

Existen muchas maneras de sesgar el resultado de un estudio científico aparentemente riguroso. Es esencial poder valorar la fiabilidad de la investigación para saber si sus afirmaciones merecen ser tomadas en serio.

> No está en la naturaleza de la ciencia ser una progresión constante y lineal hacia la Verdad, sino un camino tortuoso, a menudo caracterizado por callejones sin salida y cambios de sentido que, aun así, nos acerca lentamente a un conocimiento mejor, aunque tentativo, del mundo natural.
>
> —Massimo Pigliucci

Un día estaba mirando a mi hija Julia entretenerse con un juego de mesa de lucha libre entre robots con mi sobrino de cuatro años (el hijo de Jay, Dylan). En una de las rondas, el robot de Dylan le arrancó la cabeza al de Julia, y mi sobrino se autoproclamó vencedor. En la siguiente ronda, Julia golpeó primero y el robot de Dylan, obediente, perdió la cabeza. Dylan volvió a autoproclamarse vencedor. Como respuesta a la confusión de Julia, Dylan explicó que, en esa ronda, el robot que perdía la cabeza era el que ganaba.

Todos recordamos haber vivido situaciones como éstas en nuestras primeras incursiones en el juego en grupo, ya que los niños pequeños a veces tratan de cambiar las reglas después de ver los resultados. Nos hace gracia porque sus pobres intentos de manipular el juego son de lo más transparentes y forzados. Incluso ya al ser niños más mayores, y por supuesto de adultos, entendemos que las reglas deben establecerse de antemano y que deben respetarse. No podemos decidir, después de ver el resultado, que lo que ha ocurrido es precisamente lo que nos convierte en ganadores.

Y sin embargo, los adultos siguen haciéndolo. Es posible ver incluso a respetados científicos sucumbir a la tentación de cambiar las reglas después de saber los resultados, sólo que lo hacen de una forma mucho más sutil y compleja. Puede que ni siquiera sean conscientes de que lo hacen.

Las reglas de la ciencia son mucho más importantes que cualquier juego. Han sido específicamente diseñadas para controlar que nadie haga trampas, ni consciente ni inconscientemente. Seguir estas reglas de modo escrupuloso ha transformado nuestra comprensión del universo y es en gran medida lo que nos permite distinguir lo que es cierto de los castillos en el aire. No obstante, muchas investigaciones que consideramos científicas son defectuosas o preliminares. Y algunas son puras sandeces.

Se llevan a cabo tantas investigaciones —literalmente millones de estudios nuevos se publican cada año— que podrías citar estudios científicos para respaldar casi cualquier afirmación que se te antoje (si estás dispuesto a elegir los datos un poco selectivamente).

¿Cómo diferenciamos las investigaciones fiables, sólidas y científicas de las de baja calidad? Profundicemos en los archivos de la *SGU*.

He aquí un ejemplo de un estudio científico que salió mal sobre el que hablamos en el programa a principios de 2017: "Efectos del campo de la conciencia y de la reducción de las tasas de homicidios en zonas urbanas de Estados Unidos. Evaluación de un cuasi experimento prospectivo". Este estudio procede de la Universidad Maharishi de Administración.

La idea era que la conciencia es un campo y que existe un campo universal de conciencia del que todos formamos parte. Cuando las personas practican la meditación trascendental, no sólo afectan a su propia conciencia sino a todo el campo.

El objetivo de éste y otros estudios sobre la meditación trascendental es confirmar la creencia (la cual no se *pone a prueba*) de que si el suficiente número de personas aportan buenas vibraciones al campo universal de la conciencia, la sociedad en general se beneficiará. ¿Cuántas personas son las suficientes? Pues bueno, parece ser que tienen la respuesta. Es la raíz cuadrada del 1% de la población (tomas la población, la divides entre cien y calculas la raíz cuadrada del resultado). ¿Por qué? Porque lo dicen los números.

En realidad, el número de personas solía ser el 1% de la población. Pero entonces "descubrieron" (tras fracasar en el intento de alcanzar la cifra necesaria para afectar al mundo entero) que el número real era tan sólo la raíz cuadrada del 1 por ciento.

Parece ser que no existe un efecto dosis-respuesta, sino un efecto umbral, y cuando penetras el umbral mágico es cuando se nota el efecto. Este umbral sigue una sencilla fórmula matemática que le da el toque científico. No se basa en ninguna razón teórica establecida; tiene más en común con un ritual mágico y con la numerología que con un proceso científico. (En el mundo real no hay potencias de base 10, ya que éstas no son más que una convención humana. No hay ninguna razón que explique por qué una cifra tan redonda como el 1% iba a estar asociada a una constante natural.)

Esto es lo que dicen haber llevado a cabo para el experimento: hicieron seguimiento de la tasa de homicidios en las doscientas seis ciudades más grandes de Estados Unidos para las que se disponía de estadísticas sobre asesinatos proporcionadas por el FBI. Entonces compararon el periodo de referencia, de 2002 hasta 2006, con el periodo de intervención, que abarcaba de 2007 a 2010. El periodo de intervención fue cuando la "meditación trascendental y el grupo de meditación trascendental Sidhi superaron los mil setecientos veinticinco participantes a partir de enero de 2007". Afirman que las tasas de homicidios estaban al alza antes de dicha fecha, pero que cuando se unió el participante número 1,725 (porque 1,724 no eran suficientes), dichas tasas empezaron a decrecer.

Lo realmente gracioso es la sarta de bobadas abiertamente frecuentistas (fundamentar las conclusiones únicamente con estadísticas) que sueltan en el comunicado de prensa. Dicen haber "calculado que la tendencia en el descenso de las tasas de homicidios debida únicamente a la casualidad era de una entre diez millones de millones". Es decir que creen que la probabilidad de que la tasa de homicidios decreciera entre 2007 y 2010 por casualidad era de una entre diez billones.

Este caso constituye un magnífico ejemplo de una forma de sesgar un resultado precisamente porque se esmera mucho en dotar al estudio de apariencia científica a pesar de que su objeto es, en esencia, la magia.

Lo cierto es que los índices de criminalidad y de homicidios llevaban cuarenta años a la baja. La caída que se presenta en el estudio era simplemente la continuación de una tendencia a largo plazo. Además, escogieron un periodo de estudio arbitrario (¿por qué de 2002 a 2006?) y un periodo de seguimiento arbitrario. De hecho, durante el periodo de seguimiento, hubo momentos en los que la cantidad de meditadores cayó por debajo de la cifra mágica. En este estudio hay tantas decisiones arbitrarias que es fácil hacer que los números digan lo que quieres. (Verás, ahora gana el robot que pierde la cabeza.) Entonces sólo hace falta podar el informe resultante para hacer que parezca totalmente legítimo. A esto se le llama torturar a los datos hasta que confiesan.

El problema de los valores de *p*

Son muchos los defectos que puede presentar un estudio científico, pero es posible que el más importante sea el "dragado de datos". Este término tiene relación con el cálculo estadístico conocido como valor de *p*. El valor de *p* es sólo una forma de observar los datos científicos. Primero asume una hipótesis nula específica (por ejemplo: no existe correlación entre estas dos variables) y luego pregunta "¿Cuál es la probabilidad de que los datos sean al menos igual de extremos que cuando la hipótesis nula es cierta?". Un valor de *p* de 0.05 (un umbral típico para que pueda considerarse "significativo") indica una probabilidad del 5% de que los datos se deban a la casualidad y no a un efecto real.

Sólo que… eso no es del todo cierto. Así es como la mayoría de las personas interpretan el valor de *p*, pero no es lo que nos dice en realidad. Los valores de *p* no tienen en cuenta muchas otras variables importantes, como la probabilidad *a priori*, el tamaño del efecto, los intervalos de confianza y las hipótesis alternativas. Por ejemplo, si preguntamos "¿Cuál es la probabilidad de que un conjunto de datos nuevo replique los resultados de un estudio cuyo valor de *p* es del 0.05?", la respuesta será totalmente diferente.

Regina Nuzzo escribió lo siguiente sobre este problema en la revista *Nature*:

> Estos conceptos son complicados, pero algunos estadísticos han tratado de diseñar conversiones generales que sirvan como "regla de oro" (ver "causa probable"). Según un cálculo de uso muy común, un valor de *p* de 0.01 corresponde a una probabilidad de falsa alarma de al menos un 11%, en función de la probabilidad subyacente de que exista un efecto auténtico; un valor de *p* de 0.05 aumenta dicha probabilidad hasta al menos un 29 por ciento. Lo que significa que el hallazgo de Motyl tenía una posibilidad de más de 1 entre 10 de ser una falsa alarma. Asimismo, la probabilidad de replicar su resultado original no era del 99%, como presupondría la mayoría, sino que estaría más cerca del 73%, o se quedaría en un mero 50% si quisiera otro resultado "muy significativo". En otras palabras, su incapacidad de replicar el resultado fue tan sorpresiva como si hubiera elegido cara, hubiera lanzado una moneda al aire y hubiera salido cruz.

En otras palabras: un estudio con un valor de *p* del 0.01 podría tener tan sólo un 50% de posibilidades de producir otro valor de *p* del 0.01 en una réplica exacta del estudio (y no un 99% de posibilidades, como presupondría la mayoría de las personas).

Dicho de otra manera, la gente (incluso los científicos experimentados) tiende a pensar que el valor de *p* es un valor predictivo, pero no lo es. Ése no ha sido nunca su propósito. Lo único que nos ofrece es una prueba olfativa para ver si los datos tienen algún tipo de interés o si se tratan de ruido aleatorio.

Aquí tenemos un ejemplo de la medicina que suelo usar en mis clases. Digamos que el 1% de las mujeres de cuarenta años padecen cáncer de mama. Digamos también que las mamografías tienen una sensibilidad del 80% (serán positivas el 80% de las veces en pacientes que sí tienen cáncer de mama). Además, su especificidad es del 90% (serán negativas el 90% de las veces en pacientes que no tienen cáncer de mama). Son unas estadísticas bastante buenas para una prueba de detección.

La pregunta es: ¿cuál es el valor predictivo de una mamografía positiva en una mujer de cuarenta años, o cuáles son las probabilidades de que tenga cáncer de mama de verdad tras una mamografía positiva? Puede que el mencionado 90% de especificidad te lleve a pensar que la probabilidad es del 90%, pero te equivocarías. La respuesta correcta es 7.5 por ciento. Esto es así porque 99 de cada 100 mujeres de cuarenta años no tienen cáncer de mama, lo que significa que, teniendo en cuenta que el índice de falsos positivos es del 10%, habrá unas 10 mujeres de cada 100 cuya prueba sea positiva pero que no tengan cáncer. Sólo saldrán positivas las pruebas de alrededor del 0.8 de cada mujer entre 100 con cáncer de mama.

Así, de cada 100 mujeres, 9.9 recibirán resultados positivos pero serán negativas, y 0.8 recibirán resultados positivos y serán positivas. Así que si eres una mujer de cuarenta años y recibes un resultado positivo, las probabilidades de que sea un falso positivo son mucho mayores (0.8 positivo verdadero / 10.7 positivos totales × 100 = 7.5 por ciento).

Esta situación es análoga al valor de *p*. Tener un valor de *p* de 0.05 no significa que exista una probabilidad del 95% de que la hipótesis sea cierta, igual que el resultado positivo de una mamografía de una mujer de cuarenta años no significa que tenga un 90% de probabilidades de tener cáncer de mama.

Igual que con el cáncer de mama, hay que conocer la tasa base. Esto también recibe el nombre de probabilidad *a priori*, y cuando se trata de una hipótesis científica, a menudo inferimos de ella la verosimilitud científica. Cuanto más baja sea la verosimilitud (o cuanto más baja sea la tasa de cáncer entre la población), menor será el porcentaje de positivos reales obtenidos en los estudios positivos o estadísticamente relevantes.

Esto significa que no podemos conocer la probabilidad de la certeza de una hipótesis a partir del valor de *p* de un estudio. Necesitamos conocer la verosimilitud de la hipótesis y saber qué arrojaron todos los demás estudios pertinentes.

A esto lo llamamos enfoque bayesiano: tomas la información nueva, la añades a la información previa existente y extraes una probabilidad nueva de la certeza de la idea. El grado de verosimilitud de una hipótesis puede estar abierto a debate, pero una cosa está clara: los valores de *p* (significación estadística) no demuestran ni de lejos tanto como cree la mayoría de las personas. Ni tan sólo un estudio significativo logrará alterar demasiado la probabilidad *a priori*. Es necesario que varios estudios converjan y que existan varias líneas de evidencia independientes para que podamos estar seguros de que una hipótesis probablemente será cierta.

Si aplicamos este razonamiento a la literatura científica, tal como ha hecho el estadístico y profesor de medicina John P. A. Ioannidis, veremos que la mayoría de los estudios positivos publicados son, y deberían ser, erróneos. Tal como demostró en su trascendental estudio de 2005, si presuponemos que el 80% de las hipótesis científicas nuevas es errónea (siendo conservadores) y usamos un valor de *p* de 0.05, el 25% de los estudios positivos será falso positivo por pura casualidad. Esta cifra aumenta drásticamente a medida que baja la probabilidad *a priori*.

La probabilidad *a priori* no es el único factor que empeora el problema de los falsos positivos. Eric Loken y Andrew Gelman apuntan que el error de medición también exacerba el problema en gran medida. Por eso se tiene en cuenta la relación señal/ruido en cualquier medición que se lleve a cabo en un estudio científico. En un ambiente de ruido, los errores de medición se magnifican y el valor predictivo de un valor de *p* cae en picada. Los datos "ruidosos" son eso precisamente: es como escuchar una emisora de radio con tantas interferencias (ruido) que apenas se entiende la voz del locutor (señal). Puede que lo único que esto signifique es que la variabilidad natural de los datos es mucho mayor que el efecto que buscas.

El dragado de datos

El problema es todavía más profundo, y aquí es donde entra el dragado de datos. Los cálculos de Ioannidis presuponen que los protocolos de investigación han sido diseñados y ejecutados debidamente —es decir, que todo el mundo sigue las reglas—, pero sabemos que ése no es el caso.

En un estudio del año 2011, Joseph Simmons, Leif Nelson y Uri Simonsohn revelaron las consecuencias de explotar los "grados de libertad del investigador". Esta libertad incluye decidir cuándo dejar de registrar datos, qué variables seguir, qué comparaciones establecer y qué métodos estadísticos usar, es decir, todas las decisiones que deben tomar los investigadores al llevar a cabo cualquier estudio. Sin embargo, si hacen cualquier seguimiento de los datos o de los resultados mientras toman dichas decisiones, pueden explotar, ya sea consciente o inconscientemente, sus "grados de libertad" para alcanzar el mágico valor de *p* de 0.05. De hecho, Simmons demostró que puede alcanzarse un valor de *p* de 0.05 el 60% de las veces con datos totalmente negativos.

Simonsohn señala que los valores de *p* de los artículos publicados se agrupan sospechosamente alrededor del nivel de 0.05, cosa que implica que los investigadores practicaron el dragado de datos hasta que alcanzaron el umbral mínimo ($p = 0.05$) para que sus estudios fueran publicables.

Existen evidencias más directas de la práctica del dragado de datos. Una revisión llevada a cabo en 2009 por la revista *PLOS One* arrojó que el 33% de los investigadores preguntados admitió cometer una o más prácticas dudosas. ¿De qué prácticas dudosas se trataba? De las que equivalen al dragado de datos.

Es probable que el dragado de datos sea inocente en su mayoría, lo que significa que los investigadores no son conscientes de que, básicamente, están haciendo trampa. Por ejemplo, si mides los datos a medida que los recoges, puede que decidas que en cuanto cruces el umbral de $p = 0.05$ ya puedes dejar de recopilar datos y publicar.

Hacer seguimiento de los datos no es una práctica dudosa en sí misma y a menudo es un requisito de los estudios médicos para asegurar que los sujetos no están sufriendo ningún daño. Pero este tipo de seguimiento debe hacerse de forma independiente con respecto del investigador principal que está recopilando datos para publicar. O, como mínimo, el número de sujetos debe determinarse de antemano y mantenerse, mientras se hace el seguimiento de los datos a medida que se obtienen.

Básicamente, cualquier aspecto de la investigación que el científico modifique tras ver los datos puede ser dragado de datos. La razón es que estas variaciones alteran las estadísticas. En esencia, dragar los datos es como practicar la minería de datos o como lanzar el dado muchas veces y quedarte sólo con los resultados que te convienen.

Otro sentido en el que mucha de la información que se publica no refleja la realidad surge del problema de las réplicas.

Las réplicas independientes son los verdaderos árbitros definitivos de lo que es real en ciencia. Cualquier estudio puede ser el producto de la suerte o de una investigación sesgada. No obstante, sólo los fenómenos reales deberían aparecer reflejados en los datos, sin importar quién lleve a cabo la investigación.

Las réplicas exactas resultan especialmente útiles porque, por definición, eliminan todo grado de libertad. Todas las decisiones sobre la recolección y el análisis de los datos ya han sido tomadas en el estudio que se está replicando.

Son muchos los que opinan que actualmente existe un problema de réplica en la ciencia. En un estudio publicado en 2016 en la revista *Nature*, el 52% de los científicos encuestados compartió esta opinión, basándose en su propia incapacidad de replicar el trabajo de otros.

Se han dado varios intentos célebres y enormemente infructuosos de replicar estudios trascendentales de todos los campos, entre ellos el de la psicología. En un intento llevado a cabo en 2015 en el que se incluyeron cien estudios psicológicos, se consideró que tan sólo treinta y nueve habían sido replicados con éxito.

Este problema no es exclusivo de la psicología, pero como ya hemos visto, ciertos campos, como la psicología y la medicina, ruidosos en lo que respecta a la medición de los resultados (es decir, cuyos datos son variables por naturaleza), tenderán a ofrecer índices de falsos positivos más elevados.

¿Recuerdas a nuestro amigo Daryl Bem? El problema de su investigación parapsicológica es que practicó el dragado de datos al llevarla a cabo. De hecho, en una entrevista de 2017, Bem básicamente admitió que utiliza técnicas investigadoras diseñadas para examinar los datos en busca de un efecto:

> "Estoy totalmente a favor del rigor —prosiguió—, pero prefiero que lo hagan los demás. Aprecio su importancia, y a algunas personas les divierte, pero yo no tengo la paciencia necesaria." Le ha costado trabajo, dijo, entrar en un campo en el que los datos son tan importantes. "Si te fijas en todos mis experimentos anteriores, siempre eran recursos retóricos. Recopilaba datos para exponer mi argumento. Empleaba los datos como un argumento persuasivo y nunca me preocupaba de si mis experimentos podrían replicarse o no."

Bem no pudo resistir la tentación de dragar los datos para rescatar su experimento parapsicológico fallido. Cambió las reglas específicamente para salir victorioso, y la comunidad científica lo miró de la misma forma que mi hija miró a su primo: buen intento, Bem.

La solución

Todos los problemas que provocan el dragado de datos y el uso excesivo del valor de *p* tienen solución. Una solución importante, como ya hemos visto, es conceder más valor a las réplicas exactas. En ciencia es fácil determinar el valor: lo que se publica, lo que recibe financiamiento, lo que promueve tu trabajo en el ámbito académico.

El estadístico Andrew Gelman de la Universidad de Columbia propone que los investigadores lleven a cabo sus estudios en distintas fases. Primero se recaban los datos preliminares y, si parecen prometedores, se diseña una réplica que predetermine todas las decisiones relacionadas con la recolección de datos. Entonces se presentan los métodos de estudio antes de empezar a recoger datos. Finalmente, se recopila un conjunto nuevo de datos según los métodos publicados. Al menos así se obtendrían valores de *p* honestos y desaparecería el dragado de datos.

Los investigadores no deberían apoyarse únicamente en los valores de *p*. También deberían observar los tamaños del efecto y los intervalos de confianza, que son formas más exhaustivas de analizar los datos. Los tamaños del efecto diminutos (un resfriado de una semana de duración se redujo una media de una hora, ¡maravilla!), por muy significativos que sean, siempre levantan sospechas porque los sesgos, los errores o los factores desconocidos imperceptibles pero sistemáticos tienen la capacidad de influir en los resultados.

Simonsohn aboga por que los investigadores sean transparentes en todo lo que hacen, en todas las decisiones que tomen sobre recolección y análisis de datos. Al menos así no podrían esconder su dragado de datos, y la transparencia disuadiría su práctica. Nuzzo y otros recomiendan un uso más frecuente del análisis bayesiano, del que ya hemos hablado, mediante la pregunta: "¿Cuál es la probabilidad general de que este efecto sea real?".

¿En qué punto estamos?

Si dejamos a un lado los números, para un aficionado a la ciencia o un profesional de la ciencia, todo esto significa que hay que mirar más allá de los valores de *p* al evaluar cualquier estudio o afirmación científica nueva. Asimismo, cuando se examina una investigación científica, también hay que ver si se ha practicado el dragado de datos: ¿tuvieron los investigadores margen de maniobra para cambiar las reglas a su favor para obtener el resultado que querían?

Con todo, sigue siendo posible alcanzar un nivel elevado de confianza en cuanto a la existencia de un fenómeno. Los requisitos que debe cumplir una investigación para ser convincente son:

1. Estudios rigurosos que aparentemente minimizan el efecto de los sesgos o de variables no relacionadas
2. Resultados que no sean sólo significativos estadísticamente sino también en lo que respecta al tamaño del efecto (relación señal/ruido razonable)
3. Un patrón de réplica independiente coherente con un fenómeno real
4. Evidencia proporcional a la verosimilitud de la afirmación

Los defensores de diversas pseudociencias o afirmaciones sospechosas suelen dar mucha importancia a uno o dos de estos rasgos, pero nunca los vemos presumir de los cuatro (o incluso de los tres primeros). Por ejemplo, exhiben sus impresionantes valores de *p*, pero pasan por alto los diminutos tamaños del efecto o la falta de réplicas.

La homeopatía, la acupuntura y la investigación sobre la percepción extrasensorial están plagadas de estas deficiencias. Sus investigaciones no han producido resultados que se acerquen ni siquiera remotamente al umbral de aceptación. Sus estudios apestan a dragado de datos, los tamaños del efecto son generalmente diminutos y no hay un patrón de réplica constante, lo único que hacen es perseguir distintos resultados estrafalarios.

Y, aun así, no existe una dicotomía firme entre la ciencia y la pseudociencia (el dichoso problema de la demarcación). Sí, están las afirmaciones que se acercan mucho al extremo del espectro en el que se encuentra la pseudociencia, pero la ciencia convencional también está infestada de todos estos problemas.

El dragado de datos provoca un enorme desperdicio de recursos científicos y es increíblemente ineficaz, ya que inunda la literatura científica de resultados espurios que seguramente no se replicarán jamás. También se ignora casi por completo cuando se informa sobre ciencia al público. Lo único que le llega al público es que "los científicos presentan un resultado significativo", pero la mayoría de lo que se divulga y se presenta como nuevos avances científicos emocionantes no es más que chatarra que atesta las revistas científicas.

25. Teorías de la conspiración

Sección: Ciencia y pseudociencia

Véase también: Grandes conspiraciones

Una teoría de la conspiración, o una gran conspiración, para ser más precisos, es un sistema de creencias que tiene como elemento central la afirmación de que un grupo enormemente poderoso está perpetrando un engaño contra el público para lograr sus propios fines malvados.

> El gobierno es bastante torpe en lo que respecta a guardar secretos.
>
> —Bill Nye

Podría decirse que el pensamiento conspirativo es la confluencia de muchas de las falacias lógicas y sesgos cognitivos de los que ya hemos hablado. En muchos sentidos, es el "anillo para gobernarlos a todos" del pensamiento defectuoso.

El pensamiento conspirativo sale a relucir en prácticamente cualquier tema que aborda un escéptico. Es una carta comodín que utilizan los creyentes acérrimos cuando se encuentran acorralados, un intento de lanzar el tablero por los aires cuando están perdiendo la partida. También me he referido a la teoría de la conspiración como el último refugio del intelectual sinvergüenza.

Y, aun así, las teorías de la conspiración siguen siendo obstinadamente frecuentes. Echemos un vistazo a su interior para ver si descubrimos por qué.

La gran conspiración

Cuando hablamos de conspiraciones o de teorías de la conspiración, solemos referirnos a lo que también se conoce como "la gran conspiración". Este término se usa para diferenciar las conspiraciones más disparatadas y de mayor envergadura de las más triviales y creíbles.

Nadie pone en duda la existencia de conspiraciones auténticas. Cuando dos personas se juntan y deciden colaborar para cometer un crimen, eso es una conspiración. Existen muchas conspiraciones que tienen lugar en las salas de juntas, es decir, en el seno de una empresa o de una agencia gubernamental.

Una gran conspiración es mucho más que eso. Este tipo de conspiración debe, por sus propias características inherentes, involucrar a muchas personas y organizaciones, tal vez incluso a varios países y generaciones.

Una gran conspiración forma una especie de triángulo. Primero están los conspiradores. Suele tratarse de una organización grande, poderosa y misteriosa, con muchos recursos y una enorme capacidad de control. Debe ostentar mucho poder para ser capaz de fingir alunizajes, envenenar a la población a través de los tubos de escape de los aviones o hacer que parezca que el 11/S fue un ataque terrorista. Luego están los teóricos de la conspiración, un "Ejército de Luz" capaz de ver más allá de la conspiración (porque resulta que son muy listos). Finalmente, están todos los demás, los ingenuos o rebaño que se creen la explicación estándar de la historia y de los acontecimientos actuales.

Pensamiento conspirativo

El pensamiento conspirativo se caracteriza por una lógica defectuosa concreta que hace que resulte seductor e irremediablemente imperfecto al mismo tiempo. El problema principal del pensamiento conspirativo es que constituye un sistema de creencias hermético que está específicamente diseñado para protegerse de toda refutación externa, incluso de la necesidad de coherencia interna. Las teorías de la conspiración suelen ser ejercicios basados en alegatos especiales.

Cualquier evidencia que tenga el potencial de falsear una teoría conspirativa es un elemento más de la propia conspiración. Los teóricos de la conspiración sostienen que es evidente que dicha evidencia ha sido fabricada con el objetivo de preservar la conspiración. Ya sea un estudio científico que demuestra que las vacunas son seguras, fotografías de alta resolución que evidencian que los astronautas llegaron la Luna o pruebas que vinculan a los terroristas con el 11/S… todo es falso.

Todos los acontecimientos que parezcan contradecir el relato de la conspiración se tratan, rotundamente, de operaciones de "falsa bandera": un suceso orquestado por el gobierno para despistar al rebaño. Además, cualquier evidencia que deberíamos poder hallar para respaldar la conspiración pero que no tenemos forma parte de un encubrimiento. A los conspiradores se les da muy bien borrar su rastro. ¿Hasta qué punto se les da bien? Tanto como sea necesario.

Es en la parte del encubrimiento donde las grandes conspiraciones tienden a entrar en una espiral mortal de alegatos especiales. Nadie ha salido a la palestra para declararse partícipe del supuesto plan gubernamental para controlar a la población mediante las emisiones de "estelas químicas" (*chemtrails*, en inglés) desde aviones comerciales. ¿Por qué no? Porque el gobierno tiene el poder de intimidar o silenciar a cualquier posible informante.

Si George Bush fingió los ataques terroristas del 11/S, ¿por qué los demócratas no hicieron pública la conspiración cuando llegaron al poder? Seguro que estaban coludidos. ¿Por qué tampoco la prensa la ha destapado? Seguro que también está implicada. ¿Y qué hay de otros gobiernos, muchos de los cuales son enemigos de Estados Unidos? Adivina, adivinanza.

Para resolver cualquier aspecto problemático de la conspiración sólo hace falta ampliarla. No tardarás en llegar a la creencia de que un gobierno mundial en las sombras lo controla todo; véanse los Illuminati, los jefes supremos reptilianos, el Nuevo Orden Mundial y otras grandes conspiraciones similares.

La magnitud y el alcance de la conspiración no es lo único que debe ampliarse, también deben hacerlo el poder y la astucia de los conspiradores. Por ejemplo, existe la creencia común de que "ellos" tienen la cura para el cáncer pero que se la están ocultando al público. ¿Quiénes son "ellos", exactamente? Esta parcela de imprecisión esconde muchas presuposiciones. La industria farmacéutica es una de las respuestas más probables, pero ahí no queda la cosa.

Las compañías farmacéuticas compiten entre ellas, y cada día surgen nuevas empresas. ¿Qué le impide a una empresa nueva comercializar esta presunta cura? ¿Y a los demás países?

¿Quién tiene el verdadero control de las investigaciones? La mayoría de las investigaciones básicas sobre el cáncer están financiadas por el gobierno y son los científicos quienes las llevan a cabo en los laboratorios universitarios. ¿Cómo podría la industria farmacéutica controlarlas? Los artículos se publican en revistas arbitradas y los investigadores intercambian conocimiento de forma habitual. Cualquier cosa que se acercara a una cura sería el resultado de un trabajo de años de decenas de laboratorios, o más.

Las empresas farmacéuticas sólo participan en el último paso, en el que se toma un posible objetivo biológico y se desarrolla un fármaco factible. ¿Puede que sean los oncólogos quienes están detrás de todo? El argumento suele ser que quieren seguir teniendo pacientes. Pues bien, los hospitales y los médicos tampoco controlan las investigaciones. Dado que los objetivos de los investigadores son alcanzar la fama y obtener subvenciones, no les importa si los médicos ganan dinero o no. En cualquier caso, curar pacientes suele ser enormemente rentable. Dejar que se te mueran los clientes no es una buena estrategia a largo plazo. Cuando empiezas a tener en cuenta el sistema entero y a todas las personas e instituciones, cada una con sus motivos, la idea de que existan unos "ellos" que lo controlen todo para alcanzar sus malvados propósitos enseguida se vuelve absurda. Nadie tiene el poder de ocultar algo de la magnitud de la cura contra el cáncer.

Aunque por un lado los conspiradores son, por fuerza, extraordinariamente enormes y poderosos para poder sacar adelante todas estas elaboradas conspiraciones, por el otro también demuestran un asombroso grado de ineptitud al "exponerse" —supuestamente— ante los teóricos de la conspiración. Los conspiradores son de lo más eficientes cuando les conviene a los creyentes y de lo más descuidados cuando no. Por eso fingen haber enviado astronautas a la Luna y luego supuestamente dejan que un ventilador o una puerta abierta haga ondear la bandera y revele que no se encuentra en el vacío. (¡Diablos!)

En cuanto se adopta el relato conspiracionista, se convierte en el filtro a través del que se ve la realidad. El reconocimiento de patrones y la detección hiperactiva de agencia unen fuerzas para crear la tendencia ver hechos inconexos como si estuvieran relacionados y con un agente desconocido detrás. Entonces, el sesgo de confirmación entra en juego. Cualquier hecho o acontecimiento, por muy aleatorio o inocente que sea, puede convertirse en una evidencia que respalde la conspiración. La caza de anomalías también asoma la cabeza. Todo lo que resulte mínimamente inusual o desconocido se convierte en una anomalía que demuestra la conspiración. Toda coincidencia forma parte del patrón.

Los teóricos de la conspiración también cometen el error fundamental de atribución, ya que imputan acciones deliberadas a los demás e ignoran los extravagantes detalles de la vida cotidiana. Por ejemplo, el 24 de noviembre de 1963, Jack Ruby asesinó a Lee Harvey Oswald de un disparo en directo por televisión y ante la presencia de agentes de policía. Los teóricos de la conspiración ven en este suceso un claro silenciamiento. ¿Qué otro motivo podría haber llevado a Ruby a hacer lo que hizo?

En su libro *Case Closed* [*Caso cerrado*], Gerald Posner presenta el convincente argumento de que Ruby era un pobre diablo pretencioso (aspirante a mafioso) afectado profundamente por el asesinato del presidente Kennedy que quería convertirse en el hombre que mató al asesino de JFK. Aun así, los teóricos de la conspiración no tienen reparos en imponer su propia visión de sus motivos.

Los teóricos de la conspiración también hacen uso habitual de la falacia del ataque *ad hominem*. Si cuestionas su intrincada teoría, es que eres crédulo y careces de la percepción necesaria para ver los acontecimientos como lo que son. Si señalas los defectos lógicos y de contenido que presenta su argumento, no cabe duda de que formas parte de la conspiración: eres cómplice, partícipe de una campaña de *astroturfing** o incluso miembro de los Illuminati.

A menudo, las teorías de la conspiración también plantean argumentos de la ignorancia. Los teóricos señalan anomalías aparentes, coincidencias o detalles que no tienen sentido dentro de su limitada comprensión y explotan la estrategia del "yo sólo pregunto". Si no eres capaz de explicarlo todo en un grado sumo de detalle, es que forzosamente se trata de una conspiración. Ellos no necesitan proporcionar evidencias que los respalden, sino que se pueden limitar a ir agujereando la versión estándar de los hechos.

Un estudio llevado a cabo en 2012 por Michael Wood, Karen Douglas y Robbie Sutton arrojó que los creyentes pueden aceptar teorías conspirativas que son mutuamente excluyentes. La creencia en el asesinato de la princesa Diana de Inglaterra se correlacionaba con la de que fingió su propia muerte y sigue viva. La creencia de que Osama bin Laden ya estaba muerto cuando los marines SEAL llegaron a sus instalaciones se correlacionaba con la creencia de que sigue vivo. Toda conspiración es aceptable, incluso las que se contradicen entre ellas.

Para terminar, los teóricos de la conspiración emplean argumentos tautológicos, a menudo del tipo *cui bono* ("¿Quién se beneficia?"). Es razonable

* Término que define la técnica de marketing que consiste en ocultar el verdadero emisor de un mensaje publicitario o propagandístico y hacer creer que se trata de una expresión popular y espontánea. *(N. de la T.)*

plantear esta pregunta cuando se está formando una hipótesis sobre un crimen auténtico. Sin embargo, los teóricos conspiracionistas la presentan como evidencia para una conspiración determinada.

Todos los sucesos dan lugar a vencedores y perdedores. Quienes llegan al poder o pueden haber obtenido un cierto beneficio a consecuencia de un suceso histórico no tienen por qué haberlo provocado. "No seas ingenuo —dirá el teórico de la conspiración—. Ganaron, así que por supuesto que lo provocaron."

Demasiado grande como para no fracasar

Un artículo publicado en *PLOS One* en 2016 explora la probabilidad matemática de que una gran conspiración se destape desde dentro. Naturalmente, el artículo no refuta ninguna teoría conspirativa concreta, sino que presenta un convincente razonamiento al someter a un proceso riguroso un argumento que se plantea con frecuencia contra las grandes conspiraciones: que son demasiado grandes como para que no fracasen.

El autor del artículo, David Robert Grimes, escribe lo siguiente sobre las conspiraciones:

> La ideación conspirativa es la tendencia del individuo a creer que los sucesos y las relaciones de poder están sujetas a una manipulación secreta por parte de ciertos grupos y organizaciones clandestinas. Muchas de estas conjeturas ostensiblemente explicativas no son comprobables, carecen de evidencias o son manifiestamente falsas y, aun así, su aceptación pública sigue siendo elevada. Los empeños para convencer al público general de la validez de los hallazgos médicos y científicos pueden verse obstaculizados por este tipo de relatos, ya que pueden transmitir una sensación de duda o desacuerdo en campos en los que la ciencia está sólidamente establecida.

Cuando las conspiraciones crecen tanto que empiezan a implicar a grandes grupos de personas en todo tipo de instituciones y a extenderse a lo largo de muchos años e incluso décadas, surgen dudas sobre su verosimilitud y la logística necesaria para orquestarlas y mantenerlas. Las grandes teorías conspirativas tienden a aumentar, en tamaño y complejidad, hasta que caen derrumbadas bajo su propio peso.

En el mencionado artículo de *PLOS One*, Grimes analizó las probabilidades de fracaso de las grandes conspiraciones. ¿Qué probabilidad hay de que la conspiración falle desde dentro, es decir, que alguien que esté involucrado la destape lo suficiente, ya sea deliberada o accidentalmente, como para que fracase? No tuvo en cuenta el fracaso extrínseco, es decir, el descubrimiento por parte de una investigación externa.

Grimes utilizó conspiraciones históricas reales como guía, como el escándalo de espionaje de la Agencia Nacional de Seguridad (NSA, por sus siglas en inglés) destapado por Edward Snowden, los experimentos de Tuskegee sobre la sífilis y el escándalo forense del FBI.

Para elaborar un modelo matemático del fracaso de las grandes conspiraciones, tuvo que trabajar con distintos factores, entre ellos: cuántas personas tendrían que estar involucradas en la conspiración; cómo evoluciona dicho número de personas con el tiempo; y el promedio de fiabilidad que presenta cada individuo. A partir de sus ejemplos históricos estableció un intervalo de probabilidad y utilizó en sus cálculos el extremo del espectro que representaba el grado máximo de fiabilidad para extraer la estimación más conservadora de la probabilidad del fracaso.

La variable sobre la evolución del número de conspiradores con el tiempo es interesante. En algunas teorías conspirativas, como la del alienígena que se obtuvo del ovni estrellado en Roswell, las personas involucradas fueron muriendo con los años, lo que merma el número de personas capaces de destapar la conspiración y, a su vez, la probabilidad del destape.

Sin embargo, en el caso de otras conspiraciones, como la del encubrimiento de los supuestos riesgos "reales" de las vacunas, el listado de personas involucradas crecería de forma constante, porque esta conspiración no abarca un único suceso histórico sino investigaciones científicas en curso y sus correspondientes análisis de datos.

Grimes basó su análisis en cuatro grandes conspiraciones: el engaño de la llegada a la Luna, que el cambio climático es falso, las vacunas y la cura del cáncer oculta. Para cada una de ellas tuvo que establecer una forma de estimar el número de personas que tendrían que estar implicadas necesariamente en la conspiración. En mi opinión, sus cifras son conservadoras, pero habrá otros que digan que un pequeño grupo de personas bastaría para controlar el proceso. Yo disiento, especialmente en los casos en los que se manejan datos científicos. Cualquier científico con la formación adecuada puede observar los datos y extraer sus propios análisis.

Para el caso de la llegada a la Luna, usó la cifra de empleo más alta a la que llegó la NASA en 1964, que eran 411,000 personas. Para el fraude del cambio climático, utilizó el volumen de miembros de las organizaciones científicas que han respaldado la idea del calentamiento global antropogénico, que suman 405,000 personas. Para las vacunas empleó la cifra total de personas contratadas por los Centros para el Control y la Prevención de Enfermedades y por la Organización Mundial de la Salud: 22,000. (También podría haber incluido a los miembros de todas las organizaciones profesionales de pediatría.) Para la cura oculta del cáncer, usó el volumen de empleados de las empresas farmacéuticas más importantes, que ascendía a 714,000.

Evidentemente, estas cifras admiten pequeñas objeciones, pero en mi opinión, el orden de magnitud parece razonable, que es lo único que importa con respecto a este análisis.

El modelo de Grimes predice que estas grandes conspiraciones fracasarían de forma intrínseca en unos cuatro años. Recordemos que está utilizando las estimaciones más conservadoras en materia de fiabilidad individual y de entrega a la conspiración. Si tomáramos los valores medios, las conspiraciones fracasarían mucho antes. Incluso si crees que se ha equivocado en un orden de magnitud de decenas de miles de personas, los resultados seguían arrojando una probabilidad de fracaso elevada a los pocos años.

Las variables (fiabilidad, número de personas involucradas y la evolución temporal de dicho número) se pueden ajustar para generar curvas de fracaso a partir de este modelo. Si tienes varios miles de conspiradores altamente fiables, la probabilidad de fracaso en cuestión de décadas sigue siendo bastante elevada, y el fracaso se acelerará a medida que crezca la conspiración o la fiabilidad disminuya.

Resumiendo: las grandes conspiraciones sólo pueden existir en un mundo de fantasía. Así lo sintetizó el autor Dean Koontz:

> Los cuerdos entienden que los seres humanos son incapaces de mantener conspiraciones a gran escala, porque algunos de los rasgos que más nos definen como especie son la falta de atención a los detalles, la tendencia a sentir pánico y la incapacidad de mantener la boca cerrada.

¿Quién cree en las conspiraciones?

Aunque parece ser que todos llevamos dentro un pequeño teórico de la conspiración, no cabe duda de que hay un espectro en lo que se refiere a la tendencia a participar del pensamiento conspirativo. Existe un sesgo conspirativo, por así decirlo, y muchos somos al menos un poco propensos a él.

La mayoría somos teóricos de la conspiración oportunistas. Tendemos a aceptar teorías conspirativas *ad hoc*, cuando encajan con nuestras creencias. En el momento en el que esto se hace más patente es cuando se trata de las ideologías políticas. Por ejemplo, una encuesta de 2016 observó que el 17% de los votantes de Clinton creía que los correos electrónicos de su candidata hacían referencia a un entramado dentro de Washington que proporcionaba prostitución infantil a los políticos (la llamada conspiración *Pizzagate*), mientras que, entre los votantes de Trump, la cifra ascendía al 46 por ciento. Por otro lado, un sondeo de 2013, llevado a cabo por la empresa de encuestas Public Policy Polling, observó que el 29% de los progresistas mostraba incertidumbre o creía que el gobierno de Bush permitió deliberadamente que ocurriera el 11/S, en comparación con sólo el 15% de los conservadores.

En general, tanto progresistas como conservadores estaban más inclinados a aceptar una conspiración si iba en la misma línea que su ideología. Por otro lado, en cuanto a las conspiraciones sin implicaciones políticas claras, como la posibilidad de que el gobierno esté encubriendo un ovni estrellado en Roswell (en total, el 21% de las personas lo cree) o si Paul McCartney fue asesinado en 1966 (un total del 5%), todo el espectro político presenta aproximadamente el mismo grado de creencia. Tampoco se observan diferencias políticas cuando se trata de ideología conspirativa básica, como la tendencia a pensar que existen fuerzas secretas y poderosas que controlan el mundo.

No obstante, las mismas encuestas también observaron que un subconjunto de la población parece estar compuesto de teóricos generales de la conspiración, es decir, personas que creen en la mayoría de las conspiraciones independientemente de las implicaciones políticas. Aceptan las teorías conspirativas como consecuencia de una tendencia general hacia el pensamiento conspirativo.

He aquí algunas de las teorías conspirativas más comunes con sus respectivos porcentajes de creyentes, según Public Policy Polling:

- El 20% del electorado cree que existe una relación entre las vacunas infantiles y el autismo; el 46%, no.
- El 7% del electorado cree que la llegada a la Luna fue un montaje.
- El 13% del electorado cree que Barack Obama es el Anticristo, incluido el 20% de los republicanos.
- El electorado está dividido en un 44-45% sobre si el presidente Bush engañó a la población intencionadamente sobre las armas de destrucción

masiva de Irak. El 72% de los demócratas cree que Bush mintió sobre las armas de destrucción masiva, los independientes coinciden en un 45-48% y sólo el 13% de los republicanos lo cree.

- El 29% del electorado cree que los alienígenas existen y están visitando la Tierra.
- El 14% del electorado dice que la CIA fue un actor clave en la creación de la epidemia de crack en las zonas marginales de Estados Unidos en la década de 1980.
- El 9% del electorado cree que el gobierno añade fluoruro al suministro de agua por razones perversas (no sólo para la salud dental).
- El 4% del electorado dice creer que los "reptilianos" controlan nuestras sociedades mediante la ostentación de poder político.
- El 51% del electorado dice que el asesinato de JFK fue producto de una conspiración, mientras que tan sólo el 25% dice que Oswald actuó solo.

Parece ser que cualquier conspiración, por muy rocambolesca que sea, goza una plataforma de adeptos de entre el 4% y el 5%, constituida por los teóricos de la conspiración más acérrimos.

También parece que la psicología básica desempeña un papel importante. Tendemos a presuponer que los grandes sucesos deben tener grandes causas. Sencillamente, no estamos cómodos con la idea de que un suceso mundial de gran envergadura y con enormes implicaciones históricas fuera perpetrado por un loco solitario. Esto explica, en parte, por qué la mayoría de los estadunidenses sigue creyendo en la existencia de una conspiración para asesinar a JFK, incluso a pesar de que ninguna evidencia real haya salido a la luz en cincuenta años. Teorías conspirativas similares circularon durante décadas tras el asesinato de Lincoln, y hay teorías conspirativas sobre el intento de asesinato contra Ronald Reagan que siguen activas.

La psicología de las conspiraciones

Los psicólogos Viren Swami y Rebecca Coles revisaron un conjunto de investigaciones sobre conspiraciones en su artículo "The Truth Is Out There" [La verdad está ahí afuera], publicado en 2010. En él subrayan que los primeros artículos sobre las teorías de la conspiración se centraban en la caracterización de las propias conspiraciones y no de las personas que las sostienen. Hacen referencia al "trascendental" artículo que Richard Hofstadter escribió sobre las teorías conspirativas en 1966, en el que las definía como la creencia en una "inmensa red conspirativa insidiosa y extraordinariamente efectiva diseñada para cometer acciones de carácter sumamente diabólico".

Es una buena síntesis. Pero los estudios más interesantes surgieron más adelante, cuando los investigadores empezaron a explorar la psicología de las personas que sostienen teorías conspirativas. En este aspecto, las ideas seguían un patrón histórico típico. Al principio, el pensamiento conspirativo se consideraba un tipo de psicopatología relacionada con la ideación delusoria paranoide. Más recientemente, se considera que el pensamiento conspirativo satisface ciertas necesidades psicológicas universales que pueden estar desencadenadas por factores circunstanciales.

En mi opinión, ambos enfoques son correctos, ya que parece haber un espectro de predisposición inherente al pensamiento conspirativo. Al mismo tiempo, existe una atracción universal hacia las teorías conspirativas y un tipo de situación en la que es más probable que surjan, incluso entre las personas más racionales. Por ejemplo, Swami y Coles escriben:

> En la medida en que las teorías conspirativas satisfacen una necesidad de certeza, se cree que pueden alcanzar una aceptación más generalizada en los casos en los que el *establishment* o las explicaciones convencionales contienen información errónea, discrepancias o ambigüedades (Miller, 2002). En este sentido, una teoría conspirativa contribuye a explicar dichas ambigüedades y "proporciona una

> alternativa conveniente a vivir en la incertidumbre" (Zarefsky, 1984, pág. 72). O tal como lo expresan Young *et al.* (1990, pág. 104), "[el] deseo humano de explicar todos los fenómenos naturales —un impulso que incita a la investigación en muchos ámbitos— favorece al promotor de la conspiración en su afán por ganar aceptación pública".

El pensamiento conspirativo surge del deseo de control y comprensión, y sus desencadenantes son la ausencia de dicho control o las informaciones ambiguas e insatisfactorias. Los autores recalcan que el público no suele tener acceso a una información adecuada que explique los sucesos históricos (lo que constituye un factor circunstancial). Esto puede relacionarse con lo que se ha llamado "epistemología defectuosa", la cual se refiere a la tendencia a utilizar el razonamiento circular, los sesgos de confirmación y una lógica deficiente, todo ello combinado con la mencionada carencia informativa. El resultado es una teoría conspirativa popular que confiere a los sucesos un cierto sentido (aunque sea un sentido perverso).

Un estudio llevado a cabo por Damaris Graeupner y Alin Coman observó que el pensamiento conspirativo se correlaciona con sentimientos de aislamiento e impotencia, lo que encaja muy bien con la idea de que las teorías conspirativas son un intento patológico de adquirir una sensación de control.

La conspiración de Sandy Hook

Una gran conspiración reciente que presenta muchos de los rasgos que acabamos de ver es la conspiración de Sandy Hook. En diciembre de 2012, un joven perturbado decidió que ir a un colegio de primaria y masacrar a niños pequeños era una buena idea. Asesinó a su madre, a veinte niños y niñas y a seis profesoras y luego se suicidó. Fue un suceso terrible para las familias, para la ciudad y para el país entero. La peor pesadilla de cualquiera que tenga hijos.

La tragedia tuvo lugar en la primaria Sandy Hook, en Newton, Connecticut. Casualmente, mis padres y mi hermano Bob viven en Newton, cerca de Sandy Hook. También tengo amigos cuyos hijos iban a ese colegio (afortunadamente, ninguno resultó herido), y una de ellos estaba en el colegio en el momento del tiroteo. Su esposo (también amigo mío) fue uno de los primeros en acudir y ver los cuerpos.

Mi compañero Escéptico Solitario, Evan, es amigo íntimo de la pareja, los conoce desde que eran niños. Yo los conocí más recientemente. Doy todos estos datos por dos razones que probablemente resulten obvias. La primera es que sólo hay un grado de separación entre mí y testigos oculares directos. La segunda es para que se entienda que se trata de una pequeña ciudad de Connecticut: al menos varios centenares de familias están conectadas de una forma u otra con el tiroteo.

James Tracy, profesor de Comunicación en la Universidad Atlántica de Florida hasta su despido en 2016, lleva un blog de carácter conspirativo en el que cuestiona la versión oficial de lo que ocurrió en Sandy Hook. En 2013, poco después del tiroteo, ya había empezado a sembrar dudas conspirativas sobre la veracidad de la historia. En ese momento, "sólo preguntaba". Desde entonces, ha pasado a acosar a las familias de las víctimas.

Tracy cree que la masacre de Sandy Hook no ocurrió tal como informó la prensa, y que tal vez ni siquiera llegara a suceder. Comete todos los errores lógicos típicos de los teóricos de la conspiración.

Uno de sus errores principales es señalar las discrepancias en los detalles de los que informaron los medios. Como bien sabrá cualquiera que haya prestado atención a la prensa mientras informa en directo de una noticia, durante un suceso trágico los medios se esfuerzan por informar sobre cualquier detalle lo más rápido posible, y algunos de estos datos preliminares resultarán ser incorrectos. Estas discrepancias son evidencias que demuestran la lucha entre los medios por la audiencia durante un suceso en curso, no su involucramiento en una conspiración para fabricar una historia.

Los errores de Tracy ejemplifican la caza de anomalías de la que ya he hablado. En este caso, las anomalías son las discrepancias en las informaciones de la prensa así como otros detalles superfluos que proporcionaron los medios antes de que se conociera su significado. Es normal que cualquier suceso de este tipo presente muchos detalles extraños, y es difícil explicar todos y cada uno de ellos de forma aceptable sin disponer de un conocimiento específico. Es inevitable que haya insólitas coincidencias, ya que en la vida cotidiana hay muchísimos detalles y, cuando un suceso trágico de pronto los pone en el foco, todas las aparentes anomalías se hacen visibles.

Por ejemplo, justo después del tiroteo, cuando la policía estaba examinando la zona, se encontró a varios individuos en los bosques que rodeaban el colegio. Todos resultaron ser o bien reporteros intentando tomar fotografías o vecinos atraídos por la conmoción. Pero los teóricos de la conspiración dicen que su presencia evidenciaba la existencia de un complot más amplio. ¿Quiénes eran esas personas? ¿Por qué estaban allí, exactamente? ¿Por qué no hay más detalles en los informes policiales?

En una entrevista ante una cámara, Robbie Parker (padre de la víctima de seis años Emilie Parker) parece estar sonriendo justo antes de dirigirse a la cámara cuando, de pronto, su semblante se ensombrece. Los teóricos de la conspiración dicen que esto es una evidencia de que se trata de un "actor de crisis" (término inventado por ellos). Sin embargo, quienes están de luto por una pérdida reciente pueden demostrar todo un abanico de emociones, y nadie sabe a qué estaba reaccionando Parker antes de ponerse frente a la cámara.

Las familias afectadas por un suceso trágico en el contexto de la era mediática en la que vivimos buscan proteger su intimidad. No quieren convertirse en el blanco de la atención mediática mientras tratan de procesar una pérdida espantosa. Tracy y otros teóricos de la conspiración interpretan este habitual deseo de privacidad como encubrimiento. Irónicamente, los teóricos de las conspiraciones pueden atraer una atención enormemente negativa hacia las familias —aumentando así su deseo de privacidad— y luego presentan la privacidad que han contribuido a incitar como evidencia de una conspiración.

Además de todos sus errores lógicos, los teóricos como Tracy que interpretan sucesos cotidianos como evidencias de una conspiración oscura y profunda pasan por alto el contexto general de tal forma que cuesta trabajo no concluir que están totalmente distanciados de la realidad. Pensemos por un momento todo lo que sería necesario para llevar a cabo esta conspiración. Los autores del crimen tendrían que simular un tiroteo en masa en una escuela de primaria y fingir el asesinato de veinte niños y siete adultos que jamás existieron. Lo más normal sería que alguien de la ciudad se diera cuenta.

Todo el pueblo tendría que estar involucrado en la conspiración y, de hecho, una comunidad significativamente más amplia también debería estarlo. Evan y yo tendríamos que estar involucrados, y vivimos a unas cuantas ciudades de distancia. La red de conexiones directas con las familias de las víctimas es enorme.

No puedo evitar señalar el flagrante fracaso periodístico de personas como Tracy. Se defiende so pretexto de realizar el tipo de investigación que llevaría a cabo cualquier buen periodista. Pero se equivoca por varios motivos. Para empezar, tal como acabo de explicar, su teoría es absurda, y los buenos periodistas no tienen que investigar cualquier teoría absurda que se le haya ocurrido a alguien. La verosimilitud importa. Además, está investigando de una forma torpe y poco ética. Está acosando a las familias que están pasando por un duelo, sin tener ninguna causa probable y sin un ápice de pruebas fehacientes que le den la razón. No tiene ni una sola prueba de la existencia de una conspiración (lo único que tiene entre manos es una caza de anomalías malinterpretadas).

Un periodista competente, si creyera estar ante una historia merecedora de ser investigada, investigaría los archivos públicos discretamente. Y si descubriera alguna evidencia sólida que apuntara a una conspiración real, podría justificarse que confronte a las personas involucradas. Tracy tiene las manos vacías.

La conspiración de Sandy Hook va más allá de este exprofesor (fue despedido a causa de su comportamiento en 2016). El locutor de radio Alex Jones, que ha alcanzado fama como teórico de la conspiración, moderó una mesa redonda con teóricos de la conspiración de Sandy Hook en su programa. Al definir su visión sobre el tema, dijo:

> Siempre he dicho que no estoy seguro de lo que pasó en realidad, que hay muchas anomalías y que se ha encubierto lo que fuera que ocurrió [...] Lo único que sé es que la historia de Sandy Hook tiene más agujeros que un queso suizo.

Las supuestas anomalías equivalen a un cierto encubrimiento, pero no le obligan a comprometerse con nada concreto. Entonces hace uso de la falacia *ad hominem*: sabemos que el gobierno miente, de forma que seguramente también esté mintiendo en esto.

Otros dicen que, puesto que el gobierno (de Obama) estaba usando el suceso para luchar a favor del control de armas, lo había manipulado para lograr su objetivo.

En 2017, el propio Jones, inmerso en su propio caso de custodia en los tribunales, se defendió diciendo que no es más que un "actor de *performance*", y que no necesariamente cree en todas las locas conspiraciones que plantea. Pero, por supuesto, dicha afirmación podría tratarse de una operación de falsa bandera más.

Una vez que has atravesado el espejo de las teorías conspirativas, las convenciones normales sobre evidencia y lógica dejan de ser válidas. Lo único que sabes es que nada es lo que parece. La única forma de protegerte es entender el pensamiento conspirativo como un fenómeno, reconocer sus elementos y controlarte para no caer en ellos. No obstante, ésta es una medida preventiva. Una vez que has adoptado completamente el relato conspirativo, ya es demasiado tarde.

26. Las cacerías de brujas

Sección: Ciencia y pseudociencia

Véase también: Teorías de la conspiración

Una cacería de brujas es una investigación o acusación diligente e injusta contra una persona o un grupo en la que se usa la naturaleza extrema y amenazante de sus presuntos crímenes para justificar la suspensión o menosprecio de las reglas de evidencia habituales.

MUJER: ¡No soy una bruja! ¡No soy una bruja!

VLADIMIR: No es verdad, ¡estás vestida de bruja!

MUJER: ¡Ellos me vistieron así!

TODOS: No, ¡no es cierto!

MUJER: ¡Ésta no es mi nariz, es postiza!

(Vladimir levanta la zanahoria.)

VLADIMIR: ¿Y bien?

PERSONAJE 1: Bueno… le pusimos la nariz.

VLADIMIR: ¿La nariz?

PERSONAJE 1: Y el sombrero. ¡Pero es una bruja!

TODOS: ¡Sí, es una bruja! ¡Una bruja!

VLADIMIR: ¿La vistieron ustedes así?

PERSONAJE 1: ¡No, no! Sí (sí, sí) un poco (un poco, un poco). Pero… Pero… ¡tiene una verruga!

Escena de *Monty Python and the Holy Grail*

En la primavera de 1692, un grupo de jovencitas de Salem, en la colonia de la bahía de Massachusetts, dijeron haber sido poseídas por el diablo y acusaron de brujería a varias mujeres del pueblo. En lugar de ignorar su acusación y entenderla como una broma pesada, las autoridades le dieron crédito.

Al final, hasta doscientas personas fueron acusadas de brujería y diecinueve fueron ejecutadas. Pero al año siguiente, la opinión popular empezó a posicionarse en contra de los juicios. Los acusados que quedaban fueron puestos en libertad y se disolvieron los tribunales. En 1711, los jueces que presidieron los tribunales pidieron disculpas públicamente y las familias de las personas que habían fallecido fueron indemnizadas.

Aunque se trata de un episodio doloroso en la historia de Estados Unidos, no fue más que un piquetito en comparación con el histerismo brujesco que sacudió a Europa durante más de cuatro siglos. Las estimaciones más conservadoras del número de personas que fueron ejecutadas por brujería entre los años 1300 y 1700 oscilan entre cincuenta y sesenta mil. Es prácticamente seguro que se trata de una subestimación, y algunos de los cálculos alcanzan los cientos de miles. El periodo de duración también es algo conservador, ya que las cacerías de brujas empezaron antes de 1300 y terminaron después de 1700.

En 1487 se publicó en Alemania el libro que se convertiría en una guía para la cacería de brujas, el *Malleus maleficarum* (que en latín significa *El martillo de las brujas* y cuyo título en alemán es *Der Hexenhammer*). Sus autores fueron Heinrich Kramer y Jacob Sprenger, miembros de la Orden de Predicadores e inquisidores de la Iglesia católica, y pretendía codificar el conocimiento sobre las brujas y cómo identificarlas.

El libro aborda cuestiones tan importantes como "De si las brujas pueden operar una ilusión prestidigitadora, de modo que el órgano masculino parezca por entero alejado y separado del cuerpo". Desde nuestra perspectiva moderna, éste es un ejemplo casi cómico de la misoginia inherente a las cacerías de brujas.

Es muy fácil conseguir una versión electrónica gratuita del *Malleus*, y yo te animo a que lo hagas y que leas al menos algunos fragmentos de los distintos capítulos. Es fascinante. He aquí un fragmento:

> Y esto es cuando la acusada no es declarada culpable de herejía por su propia confesión o por la evidencia de los hechos, o por testigos dignos de confianza; sino porque existen sospechas, no sólo leves o incluso serias, sino muy serias y graves, que la convierten en gravemente sospechosa de la mencionada herejía, razón por la cual debe ser juzgada como a una sospechosa seria de la mencionada herejía.

En otras palabras, incluso cuando no se dispone de las evidencias por norma aceptadas por el tribunal, como una confesión, un testigo ocular o evidencias sólidas, la bruja todavía puede ser hallada culpable a causa de "indicios" más sutiles. Lo que podría ser cualquier cosa. En esencia, el libro define un método para usar el sesgo de confirmación para demostrar las sospechas.

Una "cacería de brujas", tal como la tipifican el *Malleus* y las cacerías de brujas literales de Europa, consiste en seis partes:

La acusación equivale a la culpabilidad. El propio hecho de ser acusado basta para convertir a alguien en sospechoso, y ser sospechoso basta para justificar una investigación. Dado que las reglas de la evidencia son tan fluidas y adaptables y los parámetros tan bajos, es probable que cualquier investigación produzca un resultado positivo. A todos los efectos, si eres acusado, eres culpable.

Suspensión de las reglas habituales de la evidencia. Incluso en la era medieval se tenía una cierta idea de lo que constituía una evidencia convincente. Los tribunales a veces aplicaban unos estándares razonables. Sin embargo, cuando el riesgo era elevado, como por ejemplo cuando se sospechaba que un agente del diablo estaba presente, las normas habituales de la evidencia se tiraban por la borda. Perder los nervios o mirar a alguien fijamente podía convertirse en evidencia suficiente para ser condenado por brujería. La muerte fortuita de una vaca podía bastar para justificar la quema de la extraña mujer que vivía en los linderos del pueblo.

Aceptación de evidencias espectrales. El término *evidencia espectral* hace referencia a los sueños y a las visiones. Naturalmente, no hay nada tangible que pueda ser investigado, ni siquiera hechos reales, y tampoco testigos que puedan corroborar nada. Una visión existe únicamente en la mente de un testigo y no existe la posibilidad de validarla externamente. Las evidencias espectrales se aceptaban específicamente en los juicios de Salem, pero más adelante fueron prohibidas por la ley colonial.

Métodos de investigación igual de desfavorables que el castigo por la condena. El *Malleus* recomienda abiertamente la tortura como un método efectivo para obtener una confesión. Básicamente, tras ser acusado, tus opciones se limitaban a confesar y ser ejecutado o no confesar y ser torturado, a menudo hasta que morías.

Incitación a la acusación. Lo más probable era que los acusados de brujería conocieran a otras brujas. Esto daba derecho a torturarlos para obtener nombres o a prometer una sentencia más leve a cambio de entregar a terceros, cosa que provocó una reacción en cadena de acusaciones.

Acusaciones usadas como arma. Cuando las reglas de la evidencia se flexibilizan hasta este punto, es posible, incluso fácil, usar a la Inquisición como arma. Puede usarse contra enemigos políticos, competidores comerciales y otros grupos "externos". Puede convertirse en una herramienta para perseguir a los miembros marginados de la sociedad.

Esta lógica aparentemente absurda se ha extrapolado al discurso moderno. En 1996, el filósofo Douglas Walton escribió un artículo en el que describía diez rasgos típicos de un argumento del "tipo cacería de brujas". Walton escribió:

> En este artículo se formulan diez condiciones como un grupo de propiedades que caracterizan a la cacería de brujas como un marco en el que se presentarán

argumentos: (1) presión de las fuerzas sociales; (2) estigmatización; (3) clima de miedo; (4) semejanza con un juicio justo; (5) uso de evidencias simuladas; (6) testimonio experto simulado; (7) característica no comprobable de la evidencia; (8) inversión de la polaridad; (9) no apertura, y (10) uso de la técnica de la pregunta capciosa. La cacería de brujas, caracterizada por estos criterios, funciona como una estructura normativa negativa para evaluar las argumentaciones empleadas en ciertos casos.

La mayor parte de estas características se explican por sí solas o van en la línea del *Malleus maleficarum*. La "inversión de la polaridad" hace referencia a la transferencia de la obligación de la demostración. En los juicios por brujería, el acusado está obligado a demostrar su propia inocencia, en lugar de ser el acusador o el abogado de la acusación quien deba demostrar su culpabilidad. La "no apertura" se refiere a estar abierto a la verdad del caso. El juez, en particular, debe afrontar el juicio con una mentalidad abierta y con la voluntad de ser convencido por la evidencia. En un juicio por brujería es posible que el juicio se afronte desde el convencimiento sobre la culpabilidad del acusado.

Las cacerías de brujas modernas

La cacería de brujas y la quema de brujas en la hoguera se han convertido en un símbolo del pensamiento medieval atrasado. Pero sería un error pensar que estas cosas no ocurren hoy en día, sólo que puede que ahora seamos un poco más sofisticados a la hora de ocultarlas.

La mayoría de las personas ha oído hablar de las "cacerías de brujas" contra comunistas lideradas por el senador de Wisconsin Joseph McCarthy en la década de 1950. Actualmente, estos métodos se conocen como "macartismo". McCarthy usó el miedo a la infiltración de comunistas en el gobierno de

Estados Unidos y en la alta sociedad para organizar audiencias del Congreso que no eran más que cacerías de brujas modernas.

Las acusaciones de ser comunista o incluso simplemente simpatizante del comunismo se usaron para difamar y destruir a muchos. Entonces se les prometía que minimizarían la devastación de sus vidas si entregaban a sus amigos y compañeros. En este clima, de la acusación se infería culpabilidad.

Ahora nos parece que el histerismo comunista de la década de 1950 nos queda lejos. Puede que de nuevo tengamos la tentación de pensar que las cacerías de brujas son cosa del pasado. Y no. En la década de 1980 llegó el pánico satánico. Todo empezó con una acusación de abuso ritual en el jardín de niños McMartin en el sur de California. A pesar de la larga investigación y el juicio que tuvo lugar, nunca se condenó a nadie.

Dan y Fran Keller no tuvieron tanta suerte. En 1991 fueron condenados por agresión sexual de acuerdo con el testimonio de niños y niñas que asistían a su guardería. La acusación empezó cuando un niño de tres años dijo que Dan Keller "hizo caca y pipí en mi cabeza" y sugirió una agresión sexual con un bolígrafo. Naturalmente, todas las sospechas de abuso sexual a menores merecen ser investigadas, pero que la idea de este tipo de crímenes sea terrorífica no significa que podamos suprimir las reglas de la evidencia.

En éstos y otros casos, los niños fueron investigados mediante unas sospechosas técnicas de manipulación. Cuando los testimonios empezaron a volverse cada vez más extraños —incluyendo sacrificio animal, asesinato y rituales satánicos—, tanto los testimonios como los métodos deberían haber suscitado dudas. Pero lo que ocurrió fue que los abogados de la acusación asumieron que la guardería era un epicentro de la práctica de rituales satánicos.

La falta total de evidencias físicas (es difícil sacrificar animales y asesinar a personas sin dejar ni un solo rastro) también debería haberles hecho reflexionar. No obstante, los Keller fueron condenados a cuarenta y ocho años de prisión. Fueron puestos en libertad en 2013, tras veintiún años, cuando un juez sentenció que su condena era el resultado del testimonio defectuoso por parte de un testigo experto.

Pero la cosa no acaba aquí. Muchas personas han sido condenadas a prisión, según los testimonios ofrecidos mediante la comunicación facilitada. Esta práctica es equivalente a la evidencia espectral, ya que no es un método legítimo, pero aun así tiene una base de creyentes auténticos que creen que se pueden comunicar con personas que padecen discapacidades mentales severas. Para ello, sostienen su mano y la mueven sobre un cartel con letras o algo similar. Existen estudios que han demostrado que es el facilitador, y no su cliente, quien se está comunicando. A pesar de ello, hay tribunales que han aceptado declaraciones de testigos mediante comunicación facilitada.

En la ficción también encontramos muchos ejemplos interesantes de cacerías de brujas. Es un recurso argumental muy poderoso porque puede que el espectador sepa que las acusaciones son falsas y vea cómo surgen injusticias de la mano de muchedumbres enfurecidas y de la suspensión de las reglas de la evidencia, o puede que el espectador no lo sepa, en cuyo caso sentirá en carne propia la misma incertidumbre que los personajes a los que acompaña.

Estos ejemplos modernos se encuentran en el extremo final del espectro, pero es importante entender la estructura de las cacerías de brujas porque éstas se pueden manifestar de formas sutiles. Es necesario estar atento para aplicar reglas justas de evidencia y de lógica en todo momento y en toda acusación, por muy perturbadora que resulte.

En el videojuego *Fallout 4* encontramos un ejemplo que puede que sea mi favorito. Los *synths* son humanos artificiales que están sustituyendo a las personas reales con dobles idénticos. Esto significa que cualquiera puede ser un *synth*, y en ocasiones en lo único que puedes basarte es en una vaga corazonada. Lo mejor es matarlos, por si acaso.

27. Los efectos placebo

Sección: Ciencia y pseudociencia

Véase también: Efectos nocebo

Los efectos placebo hacen referencia a la respuesta aparente a un tratamiento o intervención que se debe a una causa distinta de la respuesta biológica a un tratamiento activo.

> El placebo no cura nada. No hay ninguna vía interna potencialmente poderosa que haga que el placebo cure. Como mucho, las mentiras te harán sentir mejor.
>
> —Mark Crislip

Los tónicos radiactivos gozaban de popularidad en el siglo XX, y su momento álgido llegó en la década de 1920. La radiactividad era un descubrimiento reciente y todavía parecía novedosa y seductora (recordemos que esto fue antes de que la bomba atómica convirtiera la radiactividad en algo terrorífico). La gente ensalzaba los múltiples beneficios para la salud que aportaban el radio o el agua radiactiva mientras se envenenaban lentamente.

Pero éste no es un incidente histórico aislado. También a principios del siglo XX, el doctor Albert Abrams empezó a comercializar una caja negra llamada Dinamizador que, según él, era capaz de diagnosticar cualquier enfermedad mediante ondas de radio. Igual que la radiación, el radio era percibido como algo innovador y de alta tecnología. Abrams dio continuidad a su falso dispositivo de diagnóstico con el Osciloclasto, un artilugio que usaba esas mismas ondas de radio para tratar las enfermedades.

Miles de médicos alquilaron y usaron estas máquinas y millones de pacientes estaban plenamente convencidos de sus efectos. Y aun así, la revista *Scientific American* y la Asociación Médica Estadunidense publicaron en 1924 los resultados de sus investigaciones, cuya conclusión fue: "Sometido a la fría luz del conocimiento científico, la cuestión Abrams es el colmo de lo absurdo. Las denominadas 'reacciones electrónicas' de Abrams no existen, al menos de forma objetiva. Son las meras consecuencias de la mentalidad médica de Abrams. En el mejor de los casos, es un espejismo. En el peor, un colosal fraude".

Cuando la Administración de Alimentos y Medicamentos por fin abrió algunas de las cajas negras de Abrams (poco después de su muerte), no se encontró más que componentes electrónicos de uso cotidiano no más complejos que un simple timbre.

No caigamos en el error de pensar que estos episodios son exclusivos del pintoresco pasado. Podría decirse que la reciente popularidad de las pulseras de goma y de plástico que aseguran mejorar el rendimiento deportivo es más absurda, si cabe, que estos ejemplos históricos.

Entonces, ¿cómo se explica que tantas personas crean que tratamientos cuya inutilidad e incluso nocividad está demostrada proporcionan beneficios para la salud? La respuesta está en el efecto placebo (o, más precisamente, en los efectos placebo).

¿Qué son los efectos placebo?

La definición operacional de un efecto placebo es cualquier efecto positivo para la salud medido tras una intervención, que no está relacionado con la respuesta fisiológica a un tratamiento biológico activo. (A los efectos negativos de un tratamiento inactivo se les llama efectos "nocebo".) En un ensayo clínico, el efecto placebo es cualquier respuesta medida en el grupo de sujetos de estudio que recibió un tratamiento inactivo, como una pastilla de azúcar. Sin embargo, el nombre de "efecto placebo" es poco apropiado y fomenta la confusión, ya que no se trata de un único efecto sino del resultado neto de muchos posibles factores.

Las diversas influencias que contribuyen a la aparición de un efecto placebo medido o percibido varían en función de la situación, es decir, de los síntomas o resultados que se estén observando. Los resultados subjetivos como el dolor, la fatiga y una sensación de bienestar general están sometidos a toda una serie de factores psicológicos. Por ejemplo, los sujetos que participan en estudios clínicos quieren mejorar; quieren creer que están recibiendo el tratamiento experimental activo y que funciona; quieren sentir que el tiempo y el esfuerzo que han dedicado ha merecido la pena; y quieren contentar a los investigadores. Por su parte, los investigadores quieren que su tratamiento funcione y quieren ver mejoras en sus pacientes. Todo ello conduce a que a menudo se observe un gran sesgo de información científica. En otras palabras: es probable que los sujetos se convenzan a sí mismos de que se sienten mejor y digan sentirse mejor, incluso cuando no es así. Además, las observaciones de los encargados del ensayo tienden a estar sesgadas a favor del efecto positivo.

Se ha demostrado claramente que los sujetos sometidos a estudio en un ensayo clínico presentan mejoras objetivas. Estas mejoras se deben precisamente a que están participando en un ensayo clínico: prestan más atención a su salud general y se cuidan más, como consecuencia de los constantes recordatorios sobre su salud y hábitos que reciben en las visitas de control y de la atención que están recibiendo, con exploraciones médicas frecuentes; además, su seguimiento general del tratamiento es más elevado de lo normal. Básicamente, los sujetos de un ensayo se cuidan más y reciben más atención médica que quienes no forman parte de un ensayo.

En cuanto las personas que no participan en un ensayo clínico deciden mejorar su salud con un tratamiento nuevo, suelen presentar un comportamiento más saludable en otros sentidos.

También está el fenómeno estadístico llamado *regresión al promedio*. En cualquier sistema variable, como por ejemplo el rendimiento deportivo o las subidas y bajadas de los síntomas de una enfermedad crónica, es estadísticamente probable que cualquier variación extrema vaya seguida de una variación más normal. Esto significa que cuando aparecen síntomas graves, es probable que terminen aliviándose o regresando al promedio. Lo que también significa es que es probable que, después de tomar cualquier tratamiento mientras tus síntomas son severos, dichos síntomas mejoren, lo que crea el espejismo de que el tratamiento ha funcionado.

Un fenómeno similar aparece cuando alguien presenta síntomas de larga duración y prueba distintos tratamientos secuencialmente. Prueba un tratamiento tras otro hasta que los síntomas mejoran o se resuelven, y el mérito de la mejora se lo lleva el tratamiento más reciente.

Existe la creencia común de que el efecto placebo es en gran medida un efecto de la mente sobre la materia, pero esta idea es errónea. No existen evidencias convincentes de que la mente sea capaz de curar mediante la voluntad o la creencia. Sin embargo, el estado de ánimo y las creencias pueden tener un efecto significativo en la percepción subjetiva del dolor. No hay ningún método que nos permita medir el dolor directamente en su condición de fenómeno, y los estudios sobre el dolor dependen de la información subjetiva proporcionada por quienes están en tratamiento, lo que significa que la presencia de sesgos de percepción y de informe sea muy probable en los ensayos sobre el dolor. Sin embargo, existen procesos mentales que, mediante mecanismos biológicos, pueden afectar al dolor. Por ejemplo, el incremento de la actividad física puede liberar endorfinas que inhiban el dolor de forma natural. La percepción del dolor también puede disminuir mediante simples distracciones. Incluso maldecir reduce la intensidad del dolor expresada por quien lo padece. Todo esto hace que el efecto placebo sobre el dolor sea normalmente elevado, de alrededor de un 30 por ciento.

Cuanto más concreto y fisiológico sea el resultado, menor será el efecto placebo. Por ejemplo, la supervivencia de tipos graves de cáncer no presenta ningún efecto placebo demostrable. Existe el "efecto del ensayo clínico", del que ya hemos hablado —participar en un ensayo tiende a mejorar el cuidado y el seguimiento del tratamiento—, pero no se observa ningún efecto placebo ulterior. No existe ninguna evidencia convincente de que el estado de ánimo o el pensamiento sean capaces, por sí solos, de derrotar al cáncer o a otras enfermedades similares.

A partir de la presuposición frecuente y engañosa de que los efectos placebo dependen de la creencia en la efectividad de un tratamiento (cosa que no es cierta), hay quienes extraen la conclusión de que el efecto placebo no afecta a los animales o a los bebés. No obstante, los efectos ilusorios de la regresión al promedio y los efectos no específicos de la atención recibida también están presentes en ellos. Además, alguien debe decidir si el caballo o el bebé en cuestión presenta mejoría, y esta evaluación puede estar sesgada y contribuir así a la aparición de un efecto placebo observado.

Las investigaciones sobre los efectos placebo han aumentado en los últimos años. Entre otras cosas, a los investigadores les interesa saber hasta qué punto lo que se considera un efecto placebo es una mejora biológica o bien información subjetiva y espejismos.

Puede que la demostración más clara de esta diferencia sea la publicada en la revista *New England Journal of Medicine* en 2011 por Michael Wechsler *et al.* Compararon el albuterol (un medicamento para el asma), un placebo, la acupuntura simulada (colocando las agujas en los puntos "equivocados") y la ausencia de tratamiento en la gestión de los ataques de asma y midieron la respuesta subjetiva y la objetiva. Estas dos gráficas hablan por sí mismas:

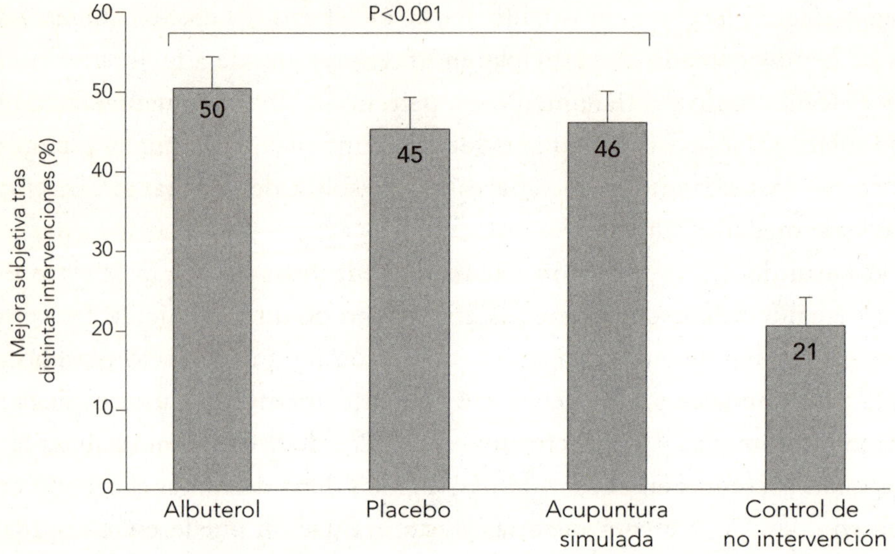
P<0.001
Mejora subjetiva tras distintas intervenciones (%)
60
50
40
30
20
10
0
50
45
46
21
Albuterol
Placebo
Acupuntura simulada
Control de no intervención

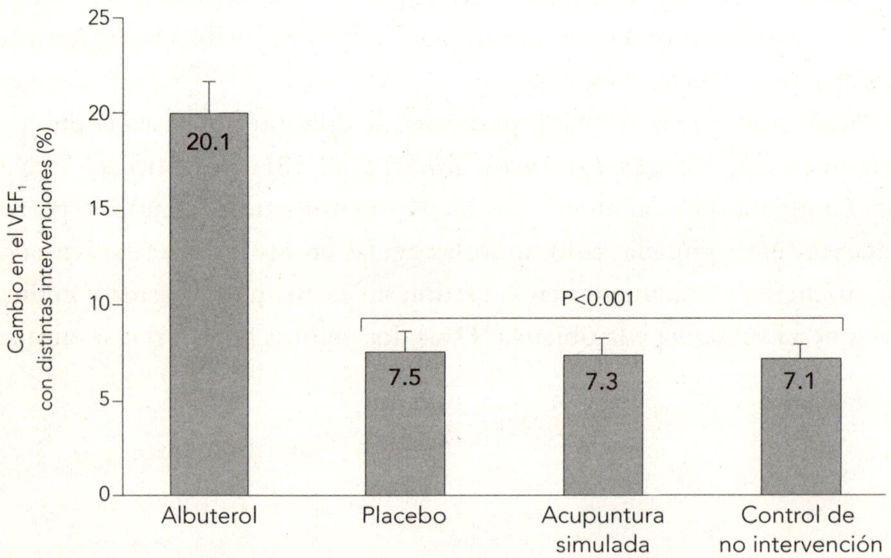
Cambio en el VEF1 con distintas intervenciones (%)
25
20
15
10
5
0
P<0.001
20.1
7.5
7.3
7.1
Albuterol
Placebo
Acupuntura simulada
Control de no intervención

Como se puede ver, los sujetos dijeron sentirse mejor con los tratamientos placebo (medicina falsa o acupuntura falsa), pero al medir su función respiratoria no se observó ninguna mejora real. Sólo el medicamento auténtico mejoró la función pulmonar. Esto es un peligro potencial. De no tratarse, un ataque de asma severo puede ser mortal. Puede que el paciente se convenza a sí mismo de que se siente mejor gracias al tratamiento placebo y que retrase su visita a la sala de urgencias mientras su función pulmonar no hace más que empeorar.

El estudio de Weschler *et al.* es bastante representativo de la investigación médica sobre este tema en general: los efectos placebo son subjetivos, ilusorios y efímeros. No constituyen una cura real.

Cualquier beneficio real que contribuya al efecto placebo se puede lograr mediante métodos más sencillos, como unos hábitos saludables, el seguimiento del tratamiento y un buen cuidado de la salud. El efecto placebo no demuestra la existencia de un misterioso efecto de la mente sobre la materia, pero dado que la mente es materia (el cerebro) y que está conectada al resto del cuerpo, algunos efectos fisiológicos conocidos sí contribuyen (aunque suelen exagerarse en gran medida).

A la luz de todo esto, no parece que los efectos placebo basten para justificar tratamientos mágicos, desmentidos o altamente improbables. Y no hay que olvidar que los tratamientos respaldados por la ciencia pueden provocar los mismos efectos placebo. No hace falta que creas en la magia.

Y, sin embargo, esto es precisamente lo que afirman los defensores de cualquier tipo de pseudociencia médica. Afirman alegremente, sin evidencia alguna, que sus tratamientos ofrecen efectos reales, ya sean tratamientos homeopáticos (que no son más que agua), medicina energética o enemas de café. En cuanto los estudios científicos demuestran que sus tratamientos no son mejores que cualquier placebo (es decir, que no funcionan), los partidarios dicen que está bien, ya que los placebos también curan.

En cierto sentido, gran parte de la práctica de la llamada "medicina alternativa" es medicina de placebo, puesto que usan rituales elaborados y explicaciones fantasiosas para limitarse a producir nada más que efectos placebo imaginarios. Esta estrategia depende de la percepción errónea de que los efectos placebo son efectos de la mente sobre la materia auténticos, cuando en realidad son básicamente espejismos y engaños.

Y es que, por mucho que suene a lugar común, el Emperador Placebo va desnudo.

28. Las anécdotas

Sección: Ciencia y pseudociencia

Véase también: Evidencia anecdótica

Una anécdota es una historia o experiencia —que a menudo se ofrece como evidencia— que no ha sido sometida a control alguno, de forma que está sujeta a toda una serie de sesgos y factores que pueden causar confusión. Se considera la forma más frágil de evidencia, útil únicamente para generar hipótesis, nunca para ponerlas a prueba.

> Las evidencias anecdóticas nos llevan a las conclusiones que deseamos que sean verdad, no a las conclusiones que lo son de verdad.
>
> —Barry Beyerstein

Una vez asistí a la conferencia que daba una naturópata en la institución donde trabajo y tuve la oportunidad de hacerle la siguiente pregunta: "Dada la extrema inverosimilitud científica de la homeopatía y las evidencias clínicas en general negativas, ¿por qué sigue prescribiendo remedios homeopáticos?". La respuesta, igual que mi pregunta, puso de relieve una diferencia elemental entre los profesionales de la salud científicos y los sectarios. Dijo: "Porque he visto surtir efecto en mi consulta".

Ésta es la cuestión: tanto a ella como a muchos otros profesionales de dudosas modalidades, las experiencias anecdóticas les convencen, mientras que a mí no.

Tanto científicos como escépticos han pasado a utilizar la palabra *anecdótico* para rechazar de forma despectiva ciertos tipos de evidencias débiles, y no les faltan razones para hacerlo. A quienes creen en las distintas modalidades curativas paranormales y acientíficas, esto les molesta y se han apresurado a defender las evidencias anecdóticas, ya que suelen constituir la única sustancia con la que crean sus fantasías y tratan de hacerlas pasar por ciencia. El doctor David Katz, el organizador de la conferencia de la naturópata de la que hablaba, cree que en medicina debe haber un "concepto de evidencia más fluido". Quien dice "fluido" dice "formas de evidencias anecdóticas más débiles".

Esta diferencia de actitud hacia las evidencias anecdóticas es constante y crítica entre los escépticos y los creyentes, así que es importante entender por qué los escépticos (y con ello me refiero a la mayoría de los científicos) no confían en la evidencia anecdótica. Una de las lecciones que más esfuerzos le ha costado aprender al descubrimiento científico es que las evidencias anecdóticas son muy poco fiables. Las anécdotas pueden resultar ser más que inútiles, ya que pueden ser engañosas. Ésta fue la conclusión a la que se llegó después de siglos de engaños producidos por anécdotas. Un tratamiento parece funcionar y luego se demuestra que es inútil o incluso nocivo. La experiencia común nos lleva a creer en muchas cosas que más adelante son refutadas con evidencias recogidas de forma rigurosa. Después de los muchos golpes en la cabeza que las evidencias anecdóticas nos han dado a lo largo de la historia, ahora los científicos modernos muestran una oportuna reticencia.

Para ser precisos, el término *evidencia anecdótica* hace referencia al relato de una experiencia, por parte de una o más personas, que no se ha documentado de forma objetiva, o a una experiencia o resultado que ocurrió fuera de un entorno controlado. Estas evidencias no son fiables porque dependen de la percepción precisa del testigo o testigos, a menudo en una situación en la que el suceso fue inesperado o inusual; dependen también de la memoria subjetiva, cuya propensión al error y vulnerabilidad a toda una serie de errores ha quedado demostrada de forma abrumadora; y no pueden explicar los caprichos fortuitos de este mundo caótico.

Como ya hemos visto, nuestras percepciones y recuerdos son relatos construidos que se basan vagamente en la realidad. Los recuerdos cambian con el tiempo y los detalles se van modificando para que encajen en el relato. También está el sesgo de confirmación, que es la tendencia de recordar de forma selectiva la información que apuntala el relato. Además, por su parte, las observaciones casuales raramente contienen medidas o cuantificaciones objetivas.

Por último, incluso las observaciones más rigurosas no admiten generalizaciones, ya que representan únicamente uno o varios casos. Los resultados pueden resultar extravagantes, incluso casuales, y no representativos estadísticamente. Los datos sólo son fiables cuando cuentan, miden y registran todos los resultados de forma sistemática. *Eso* son las evidencias científicas.

En el momento actual en la historia de la ciencia, con todo lo que ha ocurrido en el pasado, tener fe en las evidencias anecdóticas es propio de una ingenuidad extrema. Emplear una evidencia tan débil e imperfecta como una anécdota para concluir que un fenómeno nuevo e inusual es real y que los libros de texto científicos actuales deben ser reescritos es una completa necedad. Como mucho, las anécdotas pueden servir como indicios de un fenómeno posible (ni siquiera probable) que requiere ser investigado o explorado con más profundidad. Se pueden usar para generar hipótesis, nunca como fundamento para confirmarlas.

Esta opinión goza de aceptación general en la comunidad científica, aunque en la vida diaria solemos apoyarnos mucho en las anécdotas, especialmente en las propias. Si yo sigo un tratamiento y me siento mejor, la mejora se me antojará una evidencia sólida de que el tratamiento ha funcionado. Pero no debemos extraer este tipo de conclusiones. Puede que me hubiera sentido mejor a pesar de no haberlo seguido. Incluso es posible que me hubiese sentido mejor más rápidamente sin el tratamiento. La única forma de saberlo es observar a muchas personas que toman el tratamiento y a muchas otras que toman un falso tratamiento (placebo) en condiciones controladas y ciegas para luego cotejar los resultados.

Aprendemos a confiar en nuestra experiencia anecdótica por una serie de razones. Cuando se trata de hechos cotidianos, es un enfoque simple y eficiente. No disponemos ni del tiempo ni de los recursos para llevar a cabo un experimento científico sobre todos los pequeños aspectos de nuestra vida. Si la leche se pone agria cuando la dejo fuera del refrigerador, concluiré que necesita estar refrigerada. No pondría a prueba esta conclusión sistemáticamente a menos que tuviera alguna razón para dudar de ella. Puede incluso que la conclusión sea errónea, pero el esfuerzo que requiere ponerla a prueba no merece la pena.

También estamos predispuestos a creer historias, especialmente cuando son de naturaleza emocional. Puede que se lo debamos a la evolución. Pongamos que un amigo te dice que evites el valle que hay al otro lado de la montaña porque un enorme león anda a la caza por allí. Probablemente descendamos de quienes preferían creer a su amigo y no de quienes decidían ir al valle a comprobarlo por sí mismos. En otras palabras, es posible que las presiones selectivas favorezcan que aceptemos las historias como probablemente ciertas por defecto.

Los defensores de las evidencias anecdóticas suelen argumentar que, puesto que son fiables para las experiencias cotidianas diarias, podemos confiar en las anécdotas en un sentido más general. En esta afirmación veo una falsa premisa y una falsa analogía. Las experiencias cotidianas pueden ser engañosas. Se han llevado a cabo muchos experimentos psicológicos específicamente diseñados para explorar la memoria que han documentado el hecho de que, en los encuentros cotidianos, nuestros recuerdos anecdóticos de los hechos son sumamente imperfectos. Y como hemos ido viendo, nuestra interpretación de los hechos es todavía más imperfecta, ya que está sometida a toda una serie de factores psicológicos.

Además, ahora vivimos en una civilización tecnológica compleja. Las preguntas que planteamos son muy sofisticadas y, sencillamente, las evidencias anecdóticas no están capacitadas para responderlas. Aceptar cosas que no son ciertas (como que un tratamiento médico sin ningún valor es efectivo) nos puede salir muy caro.

Al igual que nuestros antepasados antiguos, podemos tener la tentación de aceptar una historia anecdótica de un supuesto "testigo creíble". Pero la existencia de dicho testigo creíble es un mito casi como el del yeti. Todos somos humanos. Todos tenemos cerebros imperfectos y sesgados. El hecho de que alguien sea piloto de avión, por ejemplo, no cambia la forma en que su cerebro procesa la información visual. Naturalmente, algunos testigos son mejores que otros, pero cualquier testigo puede ser engañado. Incluso cuando varios testigos insisten en que vieron lo mismo, la coincidencia se puede atribuir a la contaminación de los recuerdos. Es frecuente que los testigos oculares, especialmente si estaban juntos en el momento en cuestión, hablen sobre lo que vieron durante y después de la experiencia. Así pues, las percepciones de una persona pueden contaminar fácilmente los recuerdos de los demás testigos.

Encontrarse en un "estado mental" no comprometido es un criterio necesario pero insuficiente para que algo sea fiable: incluso alguien que esté totalmente despierto y en un estado no comprometido puede cometer errores profundos de percepción e interpretación. Además, todos solemos subestimar los efectos que factores como una leve privación del sueño ejercen sobre nuestro estado mental. Los cazadores de fantasmas más crédulos a menudo observan que si se quedan despiertos toda la noche en una casa supuestamente encantada, al final empiezan a pasar cosas extrañas.

En resumidas cuentas: sabemos con certeza, gracias a infinitos ejemplos históricos, que incluso las personas que presentan todos los rasgos de un testigo fiable pueden estar profundamente equivocadas.

¿Por qué iban a mentir?

Me suelen preguntar si creo que alguien que hace negocio con evidentes patrañas es un estafador o un auténtico creyente. Naturalmente, a menudo no tengo forma de estar seguro (a menos que los descubran con las manos en la masa cometiendo algún fraude), y sospecho que muchos son una combinación de ambos hasta cierto punto. Pero los creyentes suelen argumentar que si no se puede demostrar que alguien miente o bien identificar una motivación ulterior, es porque están diciendo la verdad, o que al menos son creíbles.

Evidentemente, que alguien crea o no sus propias palabras no nos dice nada sobre la precisión de la información, excepto que no está mintiendo deliberadamente. Pero los creyentes pasan por alto algunas motivaciones posibles e importantes para cometer un engaño. Para empezar, a veces las personas son flexibles con la verdad sencillamente porque hacen que la vida sea más interesante. Que los demás crean que hemos visto un fantasma o que fuimos abducidos por alienígenas rompe con la rutina de la vida cotidiana. Y eso ya es motivación suficiente.

Otros pueden cometer un "fraude piadoso". Son creyentes auténticos, pero pueden embellecer sus experiencias para convencer a esos malditos escépticos. Es como si un policía colocara pruebas falsas para incriminar a un sospechoso que "sabe" que es culpable y asegurarse así de que se haga justicia. Y, finalmente, la gente hace cosas extrañas por razones extrañas. No ser capaces de entender qué podría llevar a una persona a mentir no nos asegura que esté diciendo la verdad (argumento de la ignorancia, ¿no?).

La realidad es que los recuerdos seleccionados de las observaciones extrañas y no controladas (anécdotas) no son fiables en absoluto. Puede que nos sirvan para algunos aspectos sencillos de la vida cotidiana, pero no servirán para nada de verdadera importancia. Y, desde luego, no sirven como evidencia científica o para establecer fenómenos totalmente nuevos.

Ejemplos admonitorios icónicos de la historia

En una de las clases más memorables que recibí en la facultad de medicina, el profesor nos contó una historia de sus tiempos de residente en Israel. Estaba tratando a un paciente gravemente enfermo cuyos análisis de laboratorio presentaban todo tipo de desviaciones, entre ellas el hecho de que la mayoría de sus electrolitos (las sustancias ionizadas presentes en la sangre, como el sodio, el cloruro y el potasio) estaban muy alejados de los parámetros normales. Se pasó la noche ajustando el fluido intravenoso con mucho cuidado y añadiendo electrolitos hasta que todas las cifras se encontraran dentro de lo normal.

A la mañana siguiente, a pesar del esfuerzo de mi profesor, el paciente falleció. El médico encargado de su supervisión le reprendió diciendo: "Corregiste los electrolitos, pero mataste al israelí".

Además de la sucinta reprimenda, la historia contenía una lección admonitoria importante: no dejes que la obsesión por arreglar los números te haga perder de vista el contexto general. Trata al paciente y no te fijes solamente en los resultados del laboratorio.

Esta historia también contiene una metalección: aprende de tus errores, o mejor aún, aprende de los errores de los demás. El profesor quería que aprendiéramos de su error para evitar que tuviéramos que perder a nuestros propios pacientes para asimilar la lección.

Esta enseñanza refleja una observación más general atribuida a George Santayana: "Los que no aprenden la historia están condenados a repetirla".

Parte del deber de los activistas escépticos consiste en recordar la historia de la ciencia, de la pseudociencia, del engaño y del fraude. Los mismos fallos, errores de pensamiento, sesgos y estafas se reciclan una y otra vez. Las lecciones escépticas del pasado siguen siendo relevantes hoy, y estudiar su historia es una forma sencilla de aprender de las equivocaciones de los demás.

Puede que el público se asombre ante los argumentos esgrimidos a favor de las pulseras magnéticas, pero no son distintas de los dispositivos magnéticos de aceite de serpiente que se pusieron de moda hace doscientos años. Todas las pseudociencias a las que nos enfrentamos hoy tienen sus raíces en el pasado. El trabajo hecho por científicos y escépticos en las décadas anteriores puede actuar como una vacuna que nos permita construir una respuesta más ágil y sólida contra el fraude y la charlatanería de hoy.

En este último apartado de conceptos escépticos fundamentales exploraremos algunos engaños frecuentes, metidas de pata icónicas del pasado y ejemplos de pseudociencia clásica. Estos ejemplos aunarán muchas de las ideas de las que ya hemos hablado y nos permitirán ejercitar la musculatura del pensamiento crítico. Veremos lo mucho que se pueden llegar a torcer las cosas cuando la gente es… algo menos que escéptica. Y prometo que ningún israelí fallecerá en el proceso.

29. El efecto de "Clever Hans"

Sección: Ejemplos admonitorios

Véase también: Pseudociencia

El efecto de Clever Hans (o "Hans el Listo") hace referencia a la transmisión no verbal e inconsciente de información por parte de un investigador o agente hacia un animal u otro sujeto. Esta comunicación inconsciente crea la ilusión de una habilidad cognitiva o sobrenatural.

> Las fábulas deben enseñarse como fábulas, los mitos como mitos y los milagros como fantasías poéticas. Enseñar las supersticiones como si fuesen verdades es terrible. La mente del niño las acepta y las cree, y sólo con un gran dolor y tal vez tragedia logrará librarse de ellas con los años.
>
> —Hipatia de Alejandría

Puede ser entretenido pensar que las mentes de los animales dan para más de lo que probablemente sea cierto. Tendemos a proyectar, antropomorfizar y hablar con nuestras mascotas como si entendieran lo que decimos (nos entienden hasta cierto punto, pero no lo suficiente como para justificar nuestros diálogos unilaterales).

Esta tendencia también puede explicar en parte por qué libros como la serie *Doctor Dolittle* (sin duda, una de mis favoritas de cuando era pequeño) gozan de tanta popularidad. En el mundo del doctor Dolittle, los animales son tan inteligentes como los humanos, sólo que no entendemos su idioma.

El primer libro de la serie se publicó el 1920, en un momento en el que la fascinación con el concepto de que los animales pudieran tener un elevado nivel cognitivo, que no se había detectado, estaba alcanzando su cenit. Por otro lado, se cree que esta fascinación surgió de la creciente aceptación de la teoría de la evolución de Darwin: si los humanos están íntimamente relacionados con el resto del reino animal, tal vez los animales fueran más humanos de lo que se había creído hasta entonces.

Fue en este contexto histórico, en el año 1904 para ser precisos, cuando Wilhelm von Osten presentó a su caballo Clever Hans al mundo. Wilhelm von Osten era matemático, pero es probable que una descripción más apta sea la de adiestrador de caballos aficionado, frenólogo (profesión de quienes determinaban la personalidad de alguien a partir de los bultos de su cráneo) y místico. Von Osten dedicó dos años a enseñar a su caballo Hans a leer. Sí, has leído bien… a leer.

Von Osten creó una tabla en la que cada letra del alfabeto estaba asociada a un número. Él decía una letra y sostenía la pezuña de Hans y daba con ella el número de golpes que correspondiera. Con el tiempo, Von Osten fue retirando la mano y dejando que Hans pisara por sí mismo. Así es como parece ser que Hans aprendió a deletrear las palabras y, con el tiempo, frases enteras. Naturalmente, en cuanto Hans fue capaz de comunicarse con palabras, ya se le podían hacer preguntas. Mediante esta técnica, Von Osten enseñó a Hans a dar la hora, a interpretar un calendario, a entender la teoría musical y aritmética (toma eso, Mister Ed).*

Hans causó furor de inmediato en Alemania, y luego en el mundo entero. No sólo impresionó al público, sino también a la comunidad científica. Hans fue analizado por un psiquiatra, Gustav Holff, quien se declaró convencido de "que un animal es capaz de pensar de forma humana y de expresar ideas humanas en el lenguaje humano". Otros eruditos y científicos quedaron igualmente asombrados.

* Referencia a la serie de televisión *Mister Ed, The Talking Horse*, emitida entre 1961 y 1966 en Estados Unidos, que trataba de un caballo capaz de hablar. *(N. de la T.)*

Aunque la idea de que un caballo poseyera una aparente inteligencia humana parece inverosímil, ¿cómo podían negar la evidencia que veían con sus propios ojos? Hans repiqueteaba las respuestas a todo tipo de preguntas. Los científicos incluso llevaron a cabo un control razonable: pusieron a prueba a Hans cuando Von Osten no estaba presente y aun así hizo lo que se esperaba de él. En sus mentes, esto descartaba toda posibilidad de fraude.

Naturalmente, la historia de Clever Hans no termina aquí. Oskar Pfungst, del Instituto Psicológico de la Universidad de Berlín, llevó a cabo una investigación más detallada de sus supuestas habilidades. Pfungst incluyó un control que no se le había ocurrido a nadie más: se aseguró de que ninguno de los presentes conocieran la respuesta a la pregunta que se le planteaba a Hans.

En esta situación, Hans daba golpes lentamente, mirando a todos los presentes, sin detenerse. Parecía como si estuviera esperando una señal que no llegaba nunca. Sus asombrosas habilidades se desvanecieron por completo en cuanto se implementó este control.

Pfungst concluyó que durante el extenso adiestramiento de Hans, el caballo aprendió a detectar señales sutiles en su adiestrador cuando alcanzaba la cantidad correcta de pisadas. Así que se limitaba a dar golpes hasta que recibía la señal. No existe ningún indicio de que Von Osten fuera consciente de estar transmitiendo dichas señales, y de hecho Hans era capaz de detectar señales también en otras personas, no sólo en su adiestrador.

Un ejemplo admonitorio

Los escépticos pueden extraer varias lecciones de la historia de Clever Hans. La más simple es que hay que ir con especial cuidado cuando se investiga la comunicación animal. Es increíblemente fácil sobrevalorar las acciones de los animales e imponer nuestro intelecto humano en nuestros amigos no humanos. De hecho, las investigaciones sobre comunicación animal del último siglo están plagadas del efecto de Clever Hans. Parece que a cada generación le toca volver a aprender las lecciones del simpático caballo.

Desde una perspectiva más general, este episodio es una evidencia del llamado efecto *del observador expectante*, un caso especial de este efecto más general que hace referencia a la influencia que el investigador u observador puede ejercer sobre el objeto de observación. Los investigadores pueden comunicar sin querer sus sesgos o expectativas a los sujetos de su estudio, distorsionando así el resultado. Éste es el motivo principal de la necesidad de llevar a cabo experimentos ciegos. En el caso de Clever Hans, los observadores presupusieron erróneamente que el adiestrador era la única fuente posible de las señales no verbales que permitían a Hans simular la posesión de inteligencia humana. El efecto sólo se detectó cuando se eliminaron todas las fuentes posibles.

Este episodio nos proporciona una evidencia más de por qué es esencial tener en cuenta la verosimilitud al interpretar las evidencias. Es evidente que Von Osten, quien seguramente no dio especial importancia a la verosimilitud científica en su condición de frenólogo y místico, inició el adiestramiento de Hans partiendo de la idea de que el caballo era capaz de aprender a leer. Rápidamente, esta idea dio paso a la teoría de que Hans también podía llevar a cabo cálculos matemáticos, comprender conceptos complejos e incluso entender la teoría musical abstracta. Cuando un hallazgo no deja de convertirse en algo cada vez más asombroso, es posible que estés persiguiendo un "artefacto" (una ilusión creada por métodos de investigación erróneos y no por un fenómeno real). Las aparentes habilidades de Hans tendrían que haber suscitado escepticismo en Von Osten y mucha más cautela en los científicos que atestiguaron las capacidades del caballo.

Asimismo, la incapacidad de identificar un artefacto de este tipo no significa que el presunto fenómeno sea real (ver el argumento de la ignorancia en el capítulo 10). En los casos de inverosimilitud científica extrema, lo mejor suele ser contener todo juicio hasta que se lleve a cabo una investigación verdaderamente experta y los resultados se puedan replicar de forma independiente. No se trata de una posición cerrada, sino realista. Si algo parece demasiado fabuloso para ser cierto, la historia nos dice que es sumamente probable que no lo sea y que se trate de una mera ilusión, de un error o de un artefacto producto de una metodología defectuosa. Al menos, todas estas posibilidades deberían ser desestimadas de forma proporcional al grado de inverosimilitud de la afirmación.

No cabe duda que Von Osten, Gustav Wolff y los demás científicos que declararon que el caso de Clever Hans era legítimo se precipitaron al hacerlo, y el legado que han dejado es el de estar en el lado erróneo del ejemplo admonitorio.

Es fundamental tener en mente la lección de Clever Hans la próxima vez que un efusivo locutor o un ilusionado investigador promueva algo aparentemente imposible. Este tipo de historias suelen venir con la coletilla: "¡Explica esto, escéptico!". Tiempo al tiempo.

30. El efecto Hawthorne

Sección: Ejemplos admonitorios

Véase también: El efecto del observador

El efecto Hawthorne o efecto del observador hace referencia al hecho de que la mera observación de algo puede alterar su comportamiento y crear así un artefacto que conduzca a una conclusión errónea.

> La propensión universal de los humanos a aprender es una amenaza constante en casi todos los experimentos sobre las personas.
>
> —Stephen Draper

La historia del efecto Hawthorne —la noción de que los observadores afectan al resultado de lo que están observando— es compleja. Es una magnífica demostración de la regla fundamental de que todo es siempre más complicado de lo que parece. Si alguna lección general he aprendido tras veinte años como divulgador científico, es ésta. Existe un sesgo general hacia la excesiva simplificación, cosa que, hasta cierto punto, es un comportamiento adaptativo. El universo es inmenso y complejo, y sería una necedad tratar de comprender todos y cada uno de los aspectos que lo conforman hasta el último detalle. Tendemos a entender el mundo a través de relatos sintetizados, de historias sencillas que se aproximan a la realidad (lo sepamos o no, lo pretendamos o no).

Estos relatos sintetizados pueden resultar muy útiles siempre que entiendas que son aproximaciones simplificadas y no los confundas con una descripción completa y detallada de la realidad. Los distintos niveles de conocimiento se pueden definir, en parte, como el grado de complejidad de los modelos de la realidad que emplea cada uno. También es interesante reflexionar sobre el nivel de complejidad óptimo para tus propósitos. En lo que respecta a esta cuestión, yo trato de adoptar un enfoque deliberado y práctico: ¿qué grado de complejidad necesito alcanzar?

El efecto Hawthorne

El relato sintetizado del efecto Hawthorne es el siguiente: la acción de observar el comportamiento de las personas cambia dicho comportamiento. Éste es un fenómeno más general —que engloba el caso especial del efecto Clever Hans— en el que el observador transmite información al observado sin querer. El nombre de *efecto Hawthorne*, acuñado en 1953 por el psicólogo J. R. P. French, surgió de los experimentos llevados a cabo entre 1924 y 1933 en la fábrica de Western Electric en Hawthorne, un barrio de Chicago. Los experimentadores implementaron varios cambios en el entorno de trabajo, como el ajuste de los niveles de iluminación, y advirtieron que, a pesar de los cambios, el desempeño mejoraba: si aumentaban los niveles de iluminación, el desempeño mejoraba; si los bajaban, también mejoraba. Finalmente concluyeron que era el hecho de estar observando a los trabajadores lo que estaba mejorando el desempeño, y que el cambio implementado en las condiciones de trabajo era irrelevante. Hoy en día, a este efecto se lo conoce como el efecto del observador.

A la mayoría de las personas, el párrafo anterior les supone un dato interesante y seguramente será lo único que recordarán a largo plazo. Pero, naturalmente, la cosa es más complicada. Los divulgadores científicos suelen tomar información básica que se ha condensado en un solo párrafo y ampliarla hasta convertirla en una información más exhaustiva y matizada para un ensayo, el nivel propio de los aficionados a la ciencia o, en este caso, para los escépticos científicos. Pero todavía existen niveles más profundos que representan diversos grados de conocimiento. El truco está en exponer información correcta en cada uno de los niveles de aproximación.

El problema es que la mayoría de los resúmenes de un solo párrafo alojados en la conciencia del público no son necesariamente correctos. En ocasiones es preciso disponer de más detalles y matices para alcanzar un nivel de corrección aceptable. Saber discernir dónde reside ese nivel forma parte de las habilidades del divulgador científico.

Y aquí regresamos a Hawthorne. He oído versiones discrepantes sobre el efecto Hawthorne y tratado de comprender su trasfondo científico con la profundidad necesaria, como para resolver las discrepancias aparentes y llegar a componer un resumen de la investigación que sea esencialmente correcto y suficientemente matizado. He aquí mis observaciones, empezando por una revisión sistemática de la literatura publicada (que es siempre un buen punto de partida) y los resultados y conclusiones de una revisión llevada a cabo en 2014:

> **Resultados**
>
> Los resultados proceden de diecinueve estudios específicamente diseñados que proporcionaban datos sobre el tamaño del efecto, a partir de ocho ensayos controlados y aleatorizados, de cinco estudios cuasiexperimentales y de seis evaluaciones observacionales de las informaciones proporcionadas por el sujeto sobre su propio comportamiento mediante respuestas a preguntas o la observación directa cuando el sujeto es consciente de estar siendo observado. A pesar de que todos los estudios salvo uno se llevaron a cabo dentro del campo de las ciencias de la salud, los métodos de estudio, los contextos y los hallazgos fueron altamente heterogéneos. La mayoría de los estudios informaron de cierta evidencia de un efecto, aunque se considera probable la existencia de sesgos significativos dada la complejidad del objeto sometido a evaluación.

Conclusión

> Es cierta la existencia de consecuencias originadas por la presencia investigadora en los comportamientos que están siendo investigados, aunque muy poco puede saberse con seguridad sobre las condiciones en las que dichas consecuencias operan, sus mecanismos de efectos o sus magnitudes. Se necesitan nuevos conceptos que guíen los estudios empíricos.

Ésta y otras revisiones hacen pensar que las evidencias recopiladas durante este último siglo demuestran claramente que existe un efecto del experimentador cuando se observa el comportamiento humano en situaciones sociales como el lugar de trabajo. Sin embargo, el efecto del experimentador no es únicamente un efecto del observador (una respuesta ante el conocimiento de que estás siendo observado). El término *efecto Hawthorne*, por tanto, ha pasado a hacer referencia a un artefacto del investigador de naturaleza más general.

Hay otros detalles sobre los experimentos de Hawthorne que son interesantes y proporcionan más contexto. Los investigadores se pasaron cinco años ajustando los niveles de iluminación para miles de empleados, con grupos de control que no vieron ningún cambio en la iluminación. En general, la productividad aumentaba siempre que implementaban un cambio, fuera cual fuera. Tanto los grupos de control como los activos mejoraron sin diferencias estadísticas entre ellos. (Esto ocurría siempre que los niveles de iluminación no provocaran un problema material; por ejemplo, los empleados se quejaron cuando los bajaron tanto que les costaba trabajo ver.) También variaron la duración de los descansos y los intervalos entre ellos, y los resultados fueron los mismos. Implementaron jornadas más cortas, lo que aumentó la productividad por hora, aunque si las acortaban demasiado, la productividad diaria disminuía.

Se han llevado a cabo otros experimentos que ayudan a contextualizar estos resultados todavía más. En una serie de pruebas sobre las expectativas de los profesores, por ejemplo, se les dijo que un grupo de alumnos había obtenido buenos resultados en un examen de aptitud y que se esperaba un buen desempeño por su parte. A lo largo de los dos años siguientes, dichos alumnos rindieron mejor que los demás, a pesar de que no había habido diferencia alguna entre los grupos al inicio del estudio. Además, los profesores en ocasiones expresaban irritación en relación con los alumnos pertenecientes al grupo de bajas expectativas que rendían muy bien y superaban las expectativas.

También están los experimentos de las tarjetas perforadas llevados a cabo por el psicólogo Joseph Jastrow en 1900. Se dijo a un grupo de empleados de la Oficina de Censo de Estados Unidos que su cuota en las máquinas tabuladoras era de quinientas cincuenta tarjetas perforadas al día, que fueron capaces de producir. Cuando se les pidió que aumentaran la producción, los empleados dijeron que sería demasiado difícil. A un segundo grupo no se le dijo nada y produjeron dos mil cien tarjetas perforadas al día.

¿Cómo se interpreta todo esto?

Es evidente que diversos efectos psicológicos están presentes en estos estudios. Pero achacarlos únicamente al efecto del observador supondría una grave y excesiva simplificación, hasta el punto de llegar a convertir la información en errónea al pasar por alto otros efectos. Uno de los que se ignora es la expectativa, que se manifiesta en los experimentos del profesor y de las tarjetas perforadas. Los profesores ejercen una gran influencia en el rendimiento de sus alumnos, aunque todavía no está claro mediante qué mecanismos. Esta influencia está sesgada por las expectativas, que es exactamente la razón por la que se presta tanta atención a los sesgos de género y de raza por parte de los profesores. También es la razón que nos obliga a ser muy cuidadosos con las etiquetas que utilizamos y con el uso de exámenes estandarizados potencialmente sesgados para establecer las expectativas.

En los experimentos de las tarjetas perforadas parece haber un sesgo de expectativa propia. La percepción de las personas de lo que es razonable e incluso posible se estableció rápidamente al fijar un punto de referencia. Creo que hoy día se habría considerado que tal cosa formaba parte de la heurística de anclaje (las expectativas se anclan a un valor específico para luego usar, en juicios posteriores, ese anclaje como punto de referencia). Establecer una cuota es una manifestación clara del anclaje de expectativas.

Más recientemente, los investigadores se han estado centrando en los aspectos sociales y comunitarios de estos efectos. En esencia, la cultura del trabajo influye en el comportamiento de los miembros del grupo. Esta cultura se ve alterada por muchas variables, incluido el anclaje de las expectativas. Ser observado y sentir que la dirección de la empresa se está interesando en tus condiciones de trabajo o que tu opinión cuenta hasta cierto punto en relación con dichas condiciones también tendrá un efecto. La propia idea de que alguien, desde su despacho, se preocupa por detalles como el nivel de iluminación de tu espacio de trabajo puede tener un profundo efecto en la cultura del trabajo. Los empleados también se influyen unos a otros. Establecen normas de comportamiento y expectativas en relación con los estándares y con la productividad. De hecho, las expectativas de los compañeros de trabajo pueden tener un mayor impacto en el comportamiento que las de la dirección.

La cultura del trabajo moderna se apoya mucho en el consejo de los consultores. Una empresa de consultoría llega a la empresa, observa su cultura de trabajo y proporciona una serie de recomendaciones basadas en alguna teoría o en su supuesta experiencia. La productividad casi siempre mejora tras sus intervenciones. Es posible que, en esencia, este sector de autoayuda corporativa esté vendiendo el efecto Hawthorne, aunque sus recomendaciones específicas sean especulativas, absurdas o contraproducentes.

Todo esto se parece mucho al efecto placebo. Tanto los efectos placebo como los efectos Hawthorne contienen efectos múltiples que pueden ser difíciles de distinguir. Asimismo, ambos pueden ser usados para crear la ilusión de una respuesta específica ante una intervención específica cuando, en realidad, se trata de respuestas inespecíficas ante la acción de llevar a cabo cualquier intervención y de valorar sus resultados.

En gran medida, la industria de la autoayuda también vende efectos placebo/Hawthorne. Si alguien se pone a dieta, por ejemplo, los detalles de la dieta no parecen importar (siempre que, igual que ocurría con los niveles de iluminación, no sean lo suficientemente extremos como para provocar un problema funcional). El hecho de estar prestando atención a lo que se come y de tratar de ser más activo tiene un efecto.

Todo esto viene a decirnos que cualquier intervención que se lleve a cabo en casi cualquier contexto dará la impresión subjetiva de funcionar. Existe toda una serie de factores observacionales y psicológicos que provocará un cambio real en el comportamiento, pero también dará lugar a una valoración sesgada de los resultados. A menudo esto conduce a la conclusión errónea de que la intervención específica (un tratamiento, una dieta, una estrategia de autoayuda, o lo que sea) genera una eficacia específica y que, por lo tanto, la filosofía sobre la que se fundamenta es válida.

El alcance del efecto Hawthorne/placebo puede ser muy significativo si se interpreta de forma amplia. La pregunta que casi siempre surge es: "¿Admite este tipo de efecto algún uso ético y positivo?". Para mí, la respuesta corta sería que depende. Es más complicado de lo que parece. Encierra muchas trampas y efectos posteriores, y son muchas las cosas que hay que tener en cuenta.

Mi resumen rápido sería el siguiente: en el contexto de la medicina, yo no justificaría ninguna intervención con el único argumento de que provoca efectos placebo. En otros contextos, como la implementación de cambios en el lugar de trabajo, no haría nada que atente contra el sentido común, parezca extremo o vulnere la conducta normal y ética sólo porque parece generar un cierto mejor resultado. Sin embargo, las intervenciones benignas y razonables, aunque carezcan de un efecto específico, pueden ser una forma sensata de hacer sentir a las personas que se les está prestando atención, que importan y que sus opiniones cuentan; y pueden, por tanto, mejorar la cultura en el lugar de trabajo.

Pero no hay que creer cualquier teoría subyacente absurda sólo porque la intervención parezca ayudar.

Para los investigadores, la dificultad está en separar los efectos específicos reales de los artefactos inespecíficos provocados por la práctica investigadora o interventora. En este sentido, la realidad es más compleja de lo que hasta los expertos saben.

31. Las lecturas en frío

Sección: Ejemplos admonitorios

Véase también: Mentalismo

La lectura en frío engloba una serie de técnicas mentalistas que se usan para crear la ilusión de haber obtenido un conocimiento específico sobre alguien a través de medios sobrenaturales. Estas técnicas incluyen el uso de afirmaciones vagas, conjeturas altamente probables y del retorno de conocimiento obtenido del propio sujeto, mientras éste establece conexiones con su propia experiencia personal. La lectura en frío se usa en los espectáculos de magia para entretener, pero también la practica un gran abanico de personas menos honestas para fingir habilidades psíquicas o arcanas.

> Es probablemente como homenaje a la creatividad de la mente humana que un sujeto pueda, bajo las circunstancias idóneas, extraer sentido de casi cualquier lectura y encajarla en su situación única. Lo único necesario es que el intérprete construya una argumentación verosímil que explique por qué dicha interpretación debe encajar. El sujeto hará el resto.
>
> —Ray Hyman

Estoy teniendo una visión sobre… ti. Sí, de ti, querido lector. Mientras escribo estas líneas estoy estableciendo una conexión, a través del tiempo y el espacio, a través de las páginas de este libro, a través de las puntas de tus dedos, y estoy entrando en la esencia misma de tu existencia.

Veo a una persona. A alguien cercano a ti, una figura masculina mayor que tú, y la letra J o tal vez la S. Es difícil distinguirla, y además estoy conectando con más de un lector a la vez. Veo un uniforme de algún tipo, y un olor fuerte y muy característico. ¿Y por qué veo una puerta roja? ¿Significa esto algo para ti? El número tres es importante. Puede que sea un día, o un mes, o la parte de un año. Esta persona quiere conectar contigo, decirte que te quiere y que está bien.

Naturalmente, esto no es más que una lectura en frío, una astuta ilusión de espectáculo. La lectura en frío está en el centro de una larga lista de prácticas que fingen utilizar medios sobrenaturales o arcanos para adivinar un conocimiento especial sobre alguien.

La lectura en frío no sólo tiene que ver con los poderes psíquicos falsos, pero no quiero repetirme. En una conferencia médica, por ejemplo, una empresa farmacéutica ofrecía análisis de escritura gratuitos (como "entretenimiento", por supuesto). Como siempre me apunto a todo, consentí que alguien desnudara las profundidades de mi personalidad, delatadas por la forma de mis S y la rigidez de mis T. A mis ojos escépticos, los resultados fueron irrisiblemente prosaicos y predecibles. El lector sabía, naturalmente, que yo era médico, así que no me tomó por sorpresa que "leyera" en mi escritura que me gusta la ciencia y que tengo el deseo de cuidar a los demás. ¡Vaya cosa!

Pero otros se quedaron impresionados por la aparente precisión de sus lecturas. Los resultados recibidos por muchos de mis amigos y familiares que han visitado a un psíquico, a un lector de cartas del tarot o a un astrólogo, o por las muchísimas más personas que han visto programas de televisión de mentalismo como los de John Edward o Sylvia Browne, no son muy distintos. "¿Cómo explicas esto?", preguntan, muy impresionados, convencidos de que tiene que haber algo paranormal de por medio.

Como con cualquier truco de magia, una buena interpretación puede parecer asombrosa, incluso inexplicable. Sin embargo, cuando ya sabes cómo se hace el truco, la cosa se vuelve embarazosamente trivial.

Echemos un vistazo.

Los rudimentos básicos de la lectura en frío empiezan con afirmaciones generales que seguramente serán ciertas para todo el mundo: "Veo que tienes preocupaciones económicas", "Sientes que nadie te entiende de verdad", "Has estado pensando mucho en tu familia últimamente". Todas estas afirmaciones vagas pueden parecer bastante específicas cuando alguien te las dirige a ti directamente. A medida que asientes y expresas asombro, el intérprete hace otros comentarios únicamente a partir de las afirmaciones que cosechan una buena reacción. El psíquico dice: "Puede que tu hermana... o tu tía... ciertamente una mujer cercana a ti...", y se fija en tus reacciones para estimar cuándo va por el buen camino. Siguiendo este método, en unos momentos el lector en frío te contará tus secretos más íntimos.

También es posible que un lector en frío empiece con una afirmación general y, en cuanto el sujeto responde positiva o negativamente, prosiga con una afirmación más específica, fingiendo que eso es lo que estaba pensando desde el principio. Por ejemplo, puede que diga que está "viendo" la letra J. Un participante entregado puede proporcionar, obediente, el nombre de "John". El lector aprovechará la información y dirá "Sí, John. Veo a una figura masculina llamada John que significa mucho para ti".

"John es mi padre", puede ofrecer el sujeto.

"Sí —prosigue el lector—, porque veo que es un hombre mayor y que estuvo contigo de niño." Pero tras la lectura, es probable que el sujeto les cuente a los demás que el psíquico sabía que su padre se llamaba John.

Disfrazar las afirmaciones en forma de preguntas también es muy efectivo. "¿Vives en una colina?" Si el sujeto dice que sí, el lector o intérprete dirá algo como: "Me lo temía, porque veo un peligro relacionado con un accidente en una colina". Si el cliente dice que no, entonces el lector podría decir: "No me lo parecía, porque veo un hogar en un valle o un lugar llano". Conteste lo que conteste el sujeto, el lector podrá fingir que ésa era su visión desde el principio.

Otra estrategia es la de aventurar conjeturas altamente probables. Por ejemplo, los lectores en frío a menudo ven las letras J y M o incluso adivinan los nombres de John y Mary porque son sumamente comunes. Si te fijas en los médiums de la televisión con atención, verás que nunca ven la letra Q.

Es probable que le digan a una persona pudiente y de edad avanzada de Nueva Inglaterra que ven palmeras en su futuro cercano. Los llamados detectives "psíquicos" suelen ver agua o una puerta roja, elementos que parecen específicos, pero que son lo suficientemente comunes como para que sean fáciles de encontrar en algún lugar cercano al lugar donde la víctima termine siendo hallada. A John Edward le encanta decir: "Veo el número tres; puede ser un mes... o un día... o una parte de un año" sin parar hasta que acierta.

En general, este tipo de adivinaciones son inespecíficas, pero logran dar la impresión de ser sumamente específicas en cuanto el sujeto de la lectura establece una conexión con algún aspecto de su vida. Otra adivinación frecuente es la de ver a alguien vestido de uniforme. Puede parecer una adivinación específica y directa si tu padre (o la persona con quien estás intentando contactar) fue miembro del ejército. Pero un uniforme también puede hacer referencia a un cartero, a un técnico de laboratorio, a un policía o a un bombero. Y, de nuevo, en cuanto el sujeto establezca la conexión, el lector en frío fingirá que ésa era su visión desde el principio.

Considerar que las afirmaciones vagas son ejemplos específicos tras conectar una adivinación con un elemento de tu propia vida es un fenómeno psicológico conocido. El primero en describirlo fue el psicólogo Bertram R. Forer en 1949, y ahora se conoce como el *efecto Forer*, aunque también suele recibir el nombre de efecto Barnum en referencia al célebre presentador de espectáculos circenses.

Forer entregó a sus alumnos un perfil de personalidad que, según les dijo, había sido creado específicamente para cada uno de ellos en función de sus notas. Los alumnos calificaron la precisión de los perfiles con una puntuación promedio de 4.26 sobre 5, sin ser conscientes de que todos habían recibido un perfil de personalidad idéntico.

Las investigaciones posteriores llevadas a cabo por otros psicólogos confirman este efecto además de demostrar que las personas clasifican las afirmaciones vagas como más precisas que las afirmaciones más específicas. Es más, los sujetos otorgan una mayor puntuación a las afirmaciones vagas y genéricas que a las afirmaciones específicas generadas a partir de cuestionarios validados y exhaustivos. Otros factores que influyen para que un perfil de personalidad falso parezca real incluyen que el sujeto crea que el perfil es personalizado, su confianza en la autoridad de la fuente y que las afirmaciones sean principalmente positivas.

Todos estos factores están presentes en las lecturas en frío. Los intérpretes fingen que la información pertenece específicamente al sujeto. Diseñan con cuidado su personaje y la ambientación de la lectura para crear una mística de autoridad convincente. Y, en general, dicen lo que los sujetos quieren oír. Curiosamente, nunca se ven lecturas del tipo: "Jamás encontrarás el amor verdadero o la felicidad. En tu empleo, a duras penas lograrás llegar a un puesto intermedio al que te dedicarás hasta que te jubiles o te mueras. Tu prosaica vida estará salpicada de tragedias ocasionales, pero nunca te ocurrirá nada verdaderamente emocionante".

Los lectores en frío experimentados saben mucho sobre las estadísticas de los nombres, empleos o colores de ojos más frecuentes, pero esta clase de información estadística también resulta útil en otros trucos de mentalista. Los mentalistas pueden conocer datos muy específicos; por ejemplo, ser conscientes de que el color rojo aparece en el logotipo de la mayoría de las aerolíneas les permite predecir, sobre un accidente de avión, que ven "rojo en la cola".

Los lectores en frío habilidosos a veces también recuerdan ciertos datos que el sujeto ha dejado caer al principio de la lectura, y que han ignorado, para luego devolverle la misma información como si la hubiesen adivinado por sí mismos.

Los lectores en frío son oportunistas y observadores. En una ocasión, una compañera de trabajo que se mostraba escéptica ante la idea de que la lectura en frío explicara las supuestas habilidades de los psíquicos me pidió que se lo demostrara. Le dije que últimamente había estado muy preocupada sobre su vida amorosa y que se sentía tan poco realizada que rozaba la desesperación.

Se quedó muy sorprendida y me preguntó cómo lo sabía. Fue sencillo: era una mujer de cuarenta y tantos sin anillo de casada, y la mayoría de las personas están preocupadas por su vida amorosa. Lancé una conjetura altamente probable e hice que sonara específica.

Los lectores en frío también pueden usar información obtenida por otros medios. Técnicamente, a estos casos se los llama "lectura en caliente". El ejemplo más notorio de ello es el del curador espiritual Peter Popoff, quien pedía a sus sujetos que rellenaran "tarjetas de oración" con información personal, incluyendo el problema de salud del que querían curarse. James Randi (un famoso mago y escéptico que usa su conocimiento sobre la magia para investigar el fraude) descubrió que su esposa le proporcionaba información a través de un auricular mientras fingía estar recibiendo inspiración de los ángeles.

El arte de la lectura en frío también implica convertir los errores en aciertos. Si una afirmación sobre el sujeto de la lectura resulta no ser cierta, puede que sí encaje para su acompañante. Los "psíquicos" de televisión que trabajan con un público usan esta técnica en su favor, ya que aumentan la probabilidad de un acierto fortuito al extender su adivinación a las veinte o más personas presentes en la sala. Un error también se puede convertir en una predicción. ¿Que no te has encontrado un animal abandonado hace poco? Pues recuerda mis palabras, porque lo harás en un futuro cercano.

Sin embargo, el elemento más importante de cualquier lectura en frío eficaz no es el psíquico, sino el sujeto. La mayoría de las personas que recurren a un psíquico, intérprete o sanador quieren creer; desean que la lectura sea fructífera, incluso si se adentran con una actitud supuestamente escéptica. Los sujetos suelen recordar todos los aciertos azarosos y olvidar los errores, incluso los más descarados y palpables, lo que hace que la actuación del intérprete parezca más asombrosa al relatar la experiencia.

Una lectura en frío puede adoptar muchas formas: hay lecturas puramente psíquicas, de cartas del tarot, de la palma de la mano, de las hojas del té o incluso de traseros. (Parece ser que la madre de Sylvester Stallone es "lectora de traseros".) Los adornos que envuelvan a la práctica carecen de importancia. También se pueden leer en frío los diagnósticos médicos. La iridología, por ejemplo, es la práctica de diagnosticar enfermedades mediante la lectura de motas de color en el iris. Las técnicas son las mismas, como dar diagnósticos vagos del tipo: "Veo que tienes un problema en el hígado". Aquí no hay diagnóstico específico, sólo se ha nombrado un órgano. Si la persona no padece de problemas hepáticos, el iridólogo se limitará a decir que el sujeto presenta una "propensión" a padecer problemas hepáticos.

El diagnóstico por el pulso es común en las culturas orientales, y consiste en tomar el pulso durante un largo periodo para descifrar qué problemas presenta el cuerpo. Un diagnóstico por pulso nada infrecuente es que "el agua no fluye". No es un diagnóstico real y es deliberadamente vago. Si lo piensas, podría tener relación con muchos problemas de salud reales, desde los relacionados con la vejiga a un bloqueo cardiaco.

Aunque obtener información del sujeto es muy útil, especialmente para el lector más observador, las lecturas en frío no tienen por qué hacerse en directo. La razón es muy sencilla: es el sujeto de la lectura en frío quien está haciendo todo el trabajo. Está estableciendo las conexiones y filtrando todas las posibles correlaciones con su vida. El sesgo de confirmación es todo suyo.

Recordemos el clásico capítulo de *Twilight Zone* en el que un joven William Shatner alberga la creencia supersticiosa de que la cabeza del diablo que escupe trozos de papel por una máquina de juegos tiene poderes mágicos reales. Es el propio Shatner quien se encarga de relacionar afirmaciones vagas con eventos específicos. Este proceso también recibe el nombre de validación subjetiva, lo que significa que las personas pueden aplicar criterios muy amplios *ad hoc* para validar una creencia.

Durante un tiempo, las máquinas frenológicas gozaron de gran aceptación. Te medían los bultos del cráneo con un elaborado casco y luego te proporcionaban una lectura que diagnosticaba tus afecciones. No eran más que lecturas médicas en frío prefabricadas.

Eso sí, la mejor representación televisiva de una lectura en frío procede de un capítulo de *South Park*. Stan está tratando de convencer a Kyle de que los psíquicos son unos farsantes. He aquí su demostración:

STAN: Bien, se lo demuestro. Sólo necesito un voluntario. ¿Qué tal usted?

MUJER 1: Ah, ¿yo?

STAN: Ahora fingiré que un muerto me habla de usted, ¿bien?

MUJER 1: Muy bien.

STAN: Fíjate, Kyle. Es un anciano muy cercano a usted.

MUJER 1: ¿Mi padre?

STAN: ¿El mes de noviembre significa algo especial?

MUJER 1: ¡Cumplo años en noviembre!

STAN: ¡Bien, porque él me pide que la felicite!

MUJER 1: ¡Oh, Dios mío!

STAN: ¿Ves, Kyle? Empecé con una idea vaga, elegí un anciano (por la edad de ella, su padre debería estar muerto, y en caso contrario, puedo decir que era otro anciano).

HOMBRE 1: ¿Cómo supo que su cumpleaños era en noviembre?

STAN: No lo sabía, pregunté si noviembre tenía algún significado. Pudo haber muerto en noviembre o el día de Acción de Gracias era especial para ella. Pero surgió el cumpleaños y lo aproveché felicitándola.

MUJER 1: ¿Qué más dice él?

STAN: Bien, utiliza lo clásico, habla de dinero. "No se preocupen demasiado del dinero."

MUJER 1: Oh... Mi hermana y yo hemos estado peleando por su herencia.

MUJER 2: ¡Increíble!

STAN: ¡No lo es! Una herencia es casi siempre tema de discusión, y el dinero nos gusta a todos.

HOMBRE 2: Me parece mucha coincidencia.

HOMBRE 3: Sí, sólo hay una explicación. ¡El niño se comunica con los muertos!

Igual que nadie cree que un mago es realmente capaz de cortar a una mujer por la mitad con una sierra o atrapar una bala con los dientes, tampoco hay que creer que alguien tiene poderes psíquicos sólo porque ha hecho una lectura en frío, ya que no son más que ilusiones.

No obstante, las lecturas en frío pueden crear ilusiones muy poderosas. En el seno de la ilusión reside el hecho de que la mayoría de las personas subestiman la cantidad de posibles aciertos que pueden encerrar sus vidas. La vida de cada uno contiene millones de detalles, y a nuestros cerebros se les da muy bien encontrar conexiones (ahí tenemos la minería de datos, el reconocimiento de patrones y las coincidencias).

En este sentido, la lectura en frío está relacionada con la ilusión de la coincidencia, es decir, la idea de que la alineación de dos sucesos, en realidad casual, no puede ser fortuita. Pero esta noción no tiene en cuenta todas las alineaciones posibles que no se han dado.

También subestimamos la probabilidad de que las adivinaciones expresadas por un médium se alineen con algún aspecto de nuestra vida cuando, en realidad, la probabilidad es muy elevada en todos los casos. Así, en última instancia, la ilusión se basa parcialmente en nuestra propia incapacidad de luchar con las probabilidades que plantean cifras muy elevadas.

Recuerda lo que ha ocurrido al inicio de este capítulo: ¿ha tenido algo que ver contigo mi lectura en frío? ¿Ha establecido tu cerebro alguna conexión? ¿Qué pasaría si te dijera que te llamas Mark y que trabajas en el sector tecnológico? ¿Cómo explicarías que lo hubiera adivinado?

(Seguro que los lectores que resultan llamarse Mark y que trabajan como programadores están alucinando ahora mismo.)

Pero ahora que sabes qué hay detrás de las lecturas en frío, es menos probable que te impresionen los aciertos fortuitos de una adivinación astuta. Y esto también va por ti, Mark.

32. La energía libre

Sección: Ejemplos admonitorios

Véase también: Movimiento perpetuo, Sobreunidad

La energía libre encierra la afirmación de que la ley de la conservación de la energía puede romperse y de que es posible crear un proceso que genere más energía de la que consume. Este proceso sería capaz de generar una energía infinita, aparentemente de la nada. Sin embargo, es imposible que existan los dispositivos de energía libre, ya que vulnerarían la establecida ley de la conservación de la energía, y nadie ha sido capaz de llevar a cabo una demostración satisfactoria de dichos dispositivos.

> Estoy totalmente de acuerdo con usted sobre la importancia y el valor educacional de la metodología, así como de la historia y filosofía de la ciencia. Hoy en día, muchas personas —incluso científicos profesionales— me dan la impresión de ser alguien que ha visto miles de árboles pero no ha visto nunca un bosque.
>
> —Albert Einstein

Debo admitir que me apasiona ver estos supuestos dispositivos de energía libre en acción. Su complejidad de estilo *steampunk* suele convertirlos en maravillosas obras de arte en las que una gran cantidad de partes móviles interactúan entre ellas. También plantean pequeños rompecabezas: ¿en qué punto del engranaje de este dispositivo está el engaño? ¿En qué momento se equivocó el diseñador? Algunos dispositivos son cajas negras. Escupen energía y no se nos permite echar un vistazo a su interior para ver cómo funcionan. Estos artilugios son monumentos magníficos en honor a la pseudociencia que los ha creado.

En diciembre de 2006, una empresa de Dublín llamada Steorn prometió demostrar su dispositivo Orbo, el cual se suponía que era capaz de generar un movimiento perpetuo y, por lo tanto, energía libre. En noviembre de 2016, diez años y veinte millones de dólares después, Steorn anunció que bajaba la persiana y que iba a liquidar sus activos. La historia de esta empresa constituye un microcosmos de la historia de los dispositivos de energía libre y de las máquinas de movimiento perpetuo.

La conservación de la materia y de la energía es el símbolo por excelencia de las leyes blindadas de la ciencia, ya que no se puede obtener algo de la nada. Esto significa que cualquiera que diga haber creado una máquina de movimiento perpetuo, capaz de generar energía libre o que produzca más energía de la que consume, está sencillamente equivocado. Puede que dicho individuo esté confundido, carezca de conocimiento científico, sea un charlatán sin remedio, mantenga una relación complicada con la realidad o que simplemente sea un timador que miente deliberadamente. Pero lo más probable es que no sea, como querrá hacernos creer, un científico brillante y solitario que ha triunfado donde todos los demás han fracasado y ha logrado algo aparentemente imposible.

He observado una característica que todos los defensores de la energía libre parecen compartir: una total y absoluta carencia de humildad. Aunque es un rasgo general de la pseudociencia, parece encontrar su máxima expresión en los charlatanes que creen haber vulnerado las leyes fundamentales de la física.

Una máquina de energía libre, también llamada "de sobreunidad", es una máquina que produce más energía de la que consume o cuya eficiencia supera el 100 por ciento. (*Unidad* significa 100% de eficiencia, de forma que *sobreunidad* significa más del 100% de eficiencia.) Lamentablemente, las leyes de la termodinámica hacen imposible que estas afirmaciones sean ciertas. La primera ley de la termodinámica dice que un proceso nunca generará más energía de la que se le da, y la segunda establece que no se podrá siquiera obtener la misma cantidad de energía, ya que la energía capaz de rendir siempre experimentará cierta pérdida (un fenómeno también conocido como incremento de entropía).

Otra manera de verlo es desde el punto de vista de la conservación de masa/energía: la energía no puede surgir de la nada sin más, sino que es necesario que exista una fuente.

Estas leyes están tan establecidas que... bueno, son leyes. A diferencia de una mera teoría o predicción, están tan fijadas como cualquier aspecto de la ciencia. Es cierto que el conocimiento científico siempre es finito, pero la afirmación de haber roto las leyes de la termodinámica sería tan extraordinaria que habría que presentar evidencias sumamente sólidas para que alguien la tome en serio.

Pero eso no es lo que solemos encontrarnos. Igual que en el caso de Steorn, todo suelen ser promesas y demostraciones dudosas. En 2007, Steorn llevó a cabo una demostración pública de su dispositivo Orbo que resultó ser un fiasco. Achacaron el fracaso a un problema con el equipo, dijeron que sólo tenían que apretar unos tornillos y que volverían a estar listos en un santiamén. En 2009 también hicieron una demostración pública de una supuesta máquina (caja negra) de movimiento perpetuo, pero no ofrecieron ninguna evidencia clara de éste, de forma que todo el mundo consideró, acertadamente, que se había tratado de una mera treta publicitaria.

Steorn también retó a la comunidad científica a que investigara su dispositivo directamente. Así se hizo, y en 2009 un comité de expertos llegó a la conclusión unánime de que no habían producido un movimiento perpetuo. Steorn siguió con las excusas, los retrasos, las promesas, y finalmente se retiró del juego.

Hay varias formas habituales de convencerse a uno mismo de que se ha accedido a una fuente de energía libre cuando es evidente que ése no es el caso.

El movimiento de larga duración no es energía libre

Una forma es crear algún tipo de artilugio que provoque un movimiento casi indefinido en sí mismo, como una bola rodante o un volante de inercia giratorio. Estos dispositivos tratan de engañar a la gravedad o contienen imanes pensados para que proporcionen un empuje extra y hagan que los objetos sigan moviéndose.

Sin embargo, es imposible que estos dispositivos funcionen, por muy hipnóticos que resulten. No se puede usar una fuerza como la gravedad o el magnetismo para crear un movimiento perpetuo. Hace falta más energía para ascender por encima del pozo gravitatorio o para alejarse del imán, de la que se obtiene del movimiento descendente hacia la fuerza. En el mejor de los casos, los ingenieros diseñan juguetes en los que la fricción es mínima y que son capaces de moverse durante mucho tiempo, pero no se puede obtener energía de este tipo de sistemas.

Ignorar todas las entradas de energía

Existen demostraciones de pequeños motores alimentados por una fuente de energía externa que vienen acompañadas del alegato de que, tras sumar las entradas y salidas de energía, la energía que sale es mayor que la que se recibe. A veces todo se reduce a una serie de errores matemáticos, pero lo más frecuente es que no se tengan en cuenta o no se midan correctamente todas las energías implicadas. Siempre suelen llevar sus inventos a algún laboratorio o universidad para poder decir que su máquina funciona. Normalmente dan con "expertos" honestos pero ingenuos que posiblemente tengan nociones de física o ingeniería pero que, evidentemente, carecen del conocimiento necesario para investigar afirmaciones relacionadas con la sobreunidad (igual que los expertos que se precipitaron en la validación de Clever Hans). Hasta la fecha y en contra de infinitas afirmaciones, nadie ha logrado que su máquina de energía libre haya sobrevivido a la prueba de una investigación formal.

Convertir energía de una forma a otra

Nunca dejará de asombrarme que haya quienes creen que han descubierto el secreto de la energía libre e ilimitada con una improvisada combinación de baterías y motores, por ejemplo usando una batería para alimentar un motor que luego se usa para cargar otra batería. Esto funciona, pero naturalmente, al final del proceso la energía que queda en la segunda batería es menor que la que tenías en la primera. El motor hace ruido y hace saltar chispas, lo que significa que la luz y el sonido que emite se están llevando energía del sistema. Y seguro que también se está calentando un poco, y el desperdicio de calor es otra fuente de pérdida de energía. Por eso es inevitable que la segunda batería contenga menos energía.

Parece que los inventores están asombrados de que su motor sea capaz de funcionar durante tanto tiempo alimentándose únicamente de una batería, especialmente cuando recuperas una parte de la energía para, por ejemplo, cargar otra batería. Su conclusión es que han logrado algo especial, y todavía van más lejos y concluyen que podrían aumentar la escala del motor y añadir una carga arbitraria y que seguiría funcionando. Y cuando esto no ocurre, asumen que el fracaso se debe a algún problema técnico de ingeniería y no a las leyes fundamentales de la física. Así que remiendan su aparato una y otra vez, afirmando que funcionará en cuanto corrijan los errores. Pero nunca funciona; lo único verdaderamente perpetuo es el ciclo infinito de las afirmaciones referentes a la sobreunidad.

Sólo hace falta aumentar la escala

Otra falacia es extrapolar a partir de cantidades diminutas de energía y asumir que se puede aumentar la escala del sistema entero. En este caso, el problema es que las cantidades pequeñas de energía hacen que sea fácil pasar por alto los errores más sutiles. Pero cuando se aumenta la escala, dichos errores se vuelven enormes y evidentes, que es la razón por la que estos dispositivos nunca funcionan a una escala mayor. Por eso siempre digo: haz que una casa se alimente únicamente con tu principio de energía libre y tendrás toda mi atención.

Fraude

Naturalmente, también hay casos de estafas, no todos son individuos honestos presa del autoengaño. La promesa de la energía libre parece ser una buena forma de atraer a quienes tienen más dinero que conocimiento científico. Generalmente, lo mejor es mostrarse sumamente escéptico ante cualquier afirmación sobre energía libre. Cualquiera que trate de venderte un dispositivo, o simplemente te ofrezca la posibilidad de invertir en el desarrollo de un dispositivo de energía libre, puede ser honesto o puede que, sencillamente, esté tratando de estafarte.

Falta de humildad

Este tipo de afirmaciones siempre traen consigo cierto grado de arrogancia. Un gramo de humildad llevaría a cualquier persona a asumir que está cometiendo algún error y no ha creado el invento que transformará nuestra civilización, y que durante tanto tiempo se le ha resistido a la comunidad científica.

La pseudociencia en general parece adolecer de arrogancia. Para creer que eres un genio que ha roto las leyes de la física, que reescribirá los libros de texto, que ha triunfado donde tantos otros han fracasado, tienes que estar realmente seguro. Pero no es eso lo que nos encontramos, sino unas afirmaciones terriblemente pomposas que se basan en la intuición y en un exceso de confianza.

Las máquinas de movimiento perpetuo son el imán definitivo para excéntricos. La promesa de la energía libre es parte del atractivo (¡imagina que funciona!). Los propios dispositivos de energía libre son una metáfora tangible de la mentalidad excéntrica. Son elaborados, a menudo fascinantes e incluso hermosos, y están repletos de detalles técnicos, pero les falta algo que es esencial para la ciencia y el progreso, y es que están totalmente alejados de la realidad y apartados de la comunidad científica. Son monumentos a la arrogancia. Y, lo más importante de todo: no funcionan.

33. La charlatanería cuántica

Sección: Ejemplos admonitorios

Véase también: Um... no se me ocurre nada

La pseudociencia cuántica, la charlatanería cuántica o el misticismo cuántico consiste en la toma hostil del éxito y de la rareza de la teoría cuántica para respaldar creencias pseudocientíficas y ciencia basura.

> A cambio de su belleza, franqueza y efectividad para la mejora de la condición humana, la ciencia exige un precio terrible: que aceptemos lo que los experimentos nos dicen sobre el universo, nos guste o no. Requiere consenso y trabajo en equipo, y discusiones críticas y respetuosas mediante el uso de las leyes naturales. Exige que pronunciemos a menudo esas detestables palabras: "Puede que me equivoque".
>
> —David Brin

Los defensores de la ciencia patológica —de la acupuntura, de la homeopatía, del dualismo o de cualquier otro tipo— siempre anhelan tener un sello de aprobación por parte de la... "CIENCIA" (y aquí es donde entra el efecto de la cámara de eco). Después de todo, es innegable que la ciencia proporciona la mercancía, y tener su visto bueno otorga unos puntos extra de incalculable valor. Sin embargo, dado que carecen de cualquier apoyo científico real, se contentan con que sus sandeces *parezcan* científicas. Y es que incluso una fina pátina de ciencia falsa aplicada sobre el aceite de serpiente suele bastar para convencer a muchos.

Una estrategia efectiva es alegar que tu pseudociencia funciona gracias al último descubrimiento científico que la mayoría de las personas no comprenden pero que resulta pionero y atractivo. Hace un par de siglos, el electromagnetismo era el concepto científico de moda y dio pie a una infinidad de fraudulentos dispositivos magnéticos y estafas sobre curación.

El caso más famoso fue el del "magnetismo animal" promovido por Franz Anton Mesmer. El golpe de gracia que terminó derrotándolo fue propiciado por nada más y nada menos que Benjamin Franklin, pero su legado sigue vivo en el lenguaje. Para Mesmer, el magnetismo animal era una supuesta fuerza magnética generada por los seres vivos y que él era capaz de manipular para curar a sus ricos y preocupados clientes de cualquier afección. Hoy en día, su significado ha pasado a ser el de "atracción sexual". También decimos que las personas están "hipnotizadas"* cuando algo las cautiva por completo.

Demos un salto de un siglo hacia el futuro, cuando la última maravilla científica era la radiación. Esta vez surgieron todo tipo de tónicos radiactivos y especulaciones sobre los poderes mágicos de los rayos X y de otras partículas invisibles que se extienden rápidamente por el cuerpo. Los creyentes elogiaban las virtudes de tomar tónicos de radio habitualmente mientras el envenenamiento por radiación los iba matando poco a poco.

Los Laboratorios de Radio Bailey en East Orange, Nueva Jersey, comercializaban un tónico radiactivo al que bautizaron con el nombre de Radithor. Garantizaban que contenía "al menos un microcurio de Ra-226 y de Ra-228". También garantizaban que su producto era totalmente seguro y de "radiactividad certificada". El mercado de este tipo de productos no desapareció hasta que la Administración de Alimentos y Medicamentos los prohibió en la década de 1950.

Pero que nadie se alarme, porque nunca faltan ideas científicas nuevas que llenen el vacío que dejan las anteriores, las que ya son demasiado conocidas como para dar brillo a la pseudociencia (aunque el magnetismo sigue

* En el original, el autor hace referencia a la palabra sinónima *mesmerized*, cuya raíz proviene del nombre de Mesmer *(N. de la T.)*

siendo un recurso popular para tal fin). Hoy en día, una de las ideas científicas legítimas que más se usan para justificar boberías es la mecánica cuántica.

La teoría cuántica goza de un lugar privilegiado en la cima de todas las ramas científicas de las que cabría esperar, dentro de lo que cabe, que respaldan teorías paranormales extravagantes de forma convincente. Una de las causas de ello es su éxito absoluto. Ha cosechado tanto y ha tenido un impacto tan significativo, que se considera que la teoría cuántica y la de la relatividad son las más importantes de todo el siglo XX. Pero esta teoría no se basa en una serie de observaciones oscuras o de curiosidades de laboratorio. Gran parte del producto interno bruto del mundo entero se basa totalmente en la mecánica cuántica. Los transistores, las computadoras, los láseres e incluso internet no existirían de no ser por la mecánica cuántica. Estás inmerso en su influencia desde que te levantas por la mañana hasta el momento en que te vas a dormir.

Más importante todavía es que, en su estudio de las fuerzas, las partículas y los comportamientos del mundo atómico, la teoría cuántica ha puesto de manifiesto una realidad que es tan profundamente extraña y contraria a la lógica como benéfica e innovadora.

Las tres manifestaciones de su extravagancia que más me fascinan son la superposición, el entrelazamiento y el efecto túnel.

La superposición es el principio fundamental de la teoría cuántica que más atractivo resulta. Imagina todos los atributos distintivos que pueden tener las partículas, como el espín, la masa y la velocidad. Algunos de estos atributos pueden ser polos opuestos, como "espín hacia arriba" y "espín hacia abajo", pero las partículas en ocasiones existen en un peculiar estado llamado superposición, en el cual pueden tener el "espín hacia arriba" y el "espín hacia abajo" a la vez. Sin embargo, este estado es frágil; sólo se mantiene hasta que la partícula interactúa con el entorno y se establece en una orientación de espín concreta, un proceso llamado *decoherencia* o *colapso de la función de onda.*

El concepto de entrelazamiento toma a la superposición y la atiborra de esteroides. Imagina un sistema cuántico que carece de espín inherente. Si dos partículas emergen de dicho sistema, tendrán espines opuestos (por ejemplo, hacia arriba y hacia abajo). Dado que en el sistema original que engendró estas partículas no había espín inherente, no pueden estar hacia arriba y hacia abajo a la vez (por las leyes de conservación). Pueden estar en una superposición hacia arriba y hacia abajo, y también tienen el potencial de viajar millones de años luz a través del vacío relativo del espacio en este estado. Si una de estas partículas choca contra otro átomo o es medida por un científico alienígena, se *decoherará* de forma que el espín quede hacia arriba o hacia abajo. Sin embargo, cuando esto ocurre, la otra partícula, a trillones de kilómetros de distancia, tendrá que cambiar necesariamente para adoptar el espín opuesto. ¿Cómo puede saber, instantáneamente y tal vez desde el otro lado del universo conocido, qué espín ha "escogido" su compañera? Se desconoce. Pero la cuestión es que parece haber una cierta conexión superlumínica entre estas partículas.

Si este comportamiento atómico todavía no ha logrado que te dé vueltas la cabeza, fijémonos en el túnel cuántico. Se trata del fenómeno en el que una partícula se mueve a través de una barrera que la física clásica nos dice que no debería poder cruzar. Una forma de describir este comportamiento es que se debe a la dualidad onda-corpúsculo (u onda-partícula) de la teoría cuántica. Esto significa que las partículas que solemos imaginar con forma de punto también se pueden describir como entidades ondulatorias extendidas. Por lo tanto, las partículas suelen encontrarse en —tú lo has dicho— una superposición tanto de onda como de partícula a la vez hasta que interactúan con el entorno. Así, puede que una parte diminuta del extremo ondulatorio de la onda de un electrón se extienda a través de una barrera. Y, entonces, un pequeño porcentaje de las partículas se *decoherarán* en el otro lado de la barrera.

Si tanto científicos como profanos pueden aceptar una realidad tan elementalmente extraña, ¿es demasiado pedir que esta extravagante teoría también respalde la telepatía, la interconexión fundamental de todos los seres vivos o cualquiera de las ideas paranormales que se atribuyen a la mecánica cuántica?

En una palabra, sí.

Si la teoría cuántica resulta tan fascinante para los místicos es porque es totalmente contraria a la lógica. Pero sólo lo es a nuestros ojos, porque hemos evolucionado en un mundo macroscópico en el que los efectos cuánticos y relativistas no son evidentes. De hecho, la mecánica cuántica desafía tanto a la lógica que incluso a Albert Einstein le costó aceptarla. Construyó su carrera, entre otras cosas, gracias a que tenía la visión necesaria para darse cuenta de que la teoría de la relatividad no era un mero truco matemático, sino que de verdad reflejaba cómo funciona el mundo. Cuando te aproximas a la velocidad de la luz, el tiempo y la distancia cambian de verdad. El espacio y el tiempo son variables, mientras que la constante es la velocidad relativa. Para alguien que evolucionó en un entorno en el que nada se mueve tan rápido, esto resulta de lo más extraño, pero Einstein se dio cuenta de que se trataba de un aspecto fundamental del funcionamiento de la naturaleza. Entonces, hacia el final de su carrera, mientras otros físicos decían básicamente las mismas cosas sobre la teoría cuántica —que la superposición y el entrelazamiento verdaderamente reflejaban cómo funciona el mundo a esa escala (en este caso muy pequeña en lugar de muy rápida)—, Einstein dio un paso atrás. Se percató de que en realidad no entendíamos lo que estaba pasando de verdad.

Así que creo que podemos perdonar a los no-genios de hoy a quienes les cuesta entender la relatividad y la teoría cuántica. Pero esto conduce a que los pseudocientíficos en potencia digan: "Sí, sé que mis afirmaciones son extrañas y fantasiosas, pero la teoría cuántica también lo es, lo que significa que no debo ir tan desencaminado". Y aquí es donde las ideas equivocadas sobre la teoría cuántica pueden cruzar la línea y convertirse en charlatanería cuántica.

Puede que el autor y gurú de la medicina alternativa Deepak Chopra sea el defensor más conocido de las charlatanerías cuánticas. En sus libros y frecuentes conferencias suele hacer uso de la palabra *cuántico* para explicar toda una serie de creencias *New Age*.

El rol de la conciencia en el universo parece despertar un interés especial en Chopra. Ha dicho lo siguiente:

> Los científicos no empezaron a plantearse de nuevo la vieja pregunta de la posibilidad de comprender el mundo como una forma mental hasta el advenimiento de la física cuántica [...] Ciertamente, la teoría cuántica implica que la conciencia debe existir, y que el contenido de la mente es la realidad definitiva. Si no la miramos, la Luna desaparece. En este mundo, sólo el acto de la observación puede dar forma a la realidad.

Esta concepción, sumamente frecuente, surge de la idea de que es necesaria una medida consciente o una observación inteligente para provocar el colapso de una superposición (una función de onda) y obligar a la realidad a elegir su... realidad. Esta idea es errónea en muchos sentidos fundamentales. Como he explicado anteriormente, no es específicamente el acto de observar lo que elimina la superposición, sino la interacción con el entorno, una decoherencia rutinaria. Un átomo que choca fortuitamente con otro tendrá el mismo efecto que la mente más consciente que experimenta en el plano atómico.

El comentario de Chopra sobre la Luna ejemplifica un tema recurrente en la charlatanería cuántica: que los extraños fenómenos del plano cuántico traspasan fácilmente el plano macroscópico de nuestra vida cotidiana. Cosa que es meramente falsa. La decoherencia es tan universal que, en cuanto empiezas a prestar atención a algo mucho más grande que un átomo, las rarezas empiezan a desaparecer. Por eso es tan complicado sacar adelante la computación cuántica y otros experimentos similares. El elevado grado de aislamiento o de frío extremo necesarios para demostrar el comportamiento cuántico son cada vez más difíciles de mantener. Para cuando empiezas a lidiar con los objetos de la macroescala con millones y hasta trillones de átomos, todos interactuando de la misma forma, ya hace tiempo que cualquier comportamiento cuántico ha desaparecido y ha sido sustituido por las más clásicas mecánicas newtonianas. Esencialmente, los objetos de la vida cotidiana son máquinas de decoherencia.

Esto es lo que nos dice la mecánica cuántica moderna. Que Chopra piense que la Luna está en una superposición que requiere la atención de una mente consciente para que se materialice del todo demuestra que ha dejado atrás la teoría cuántica moderna y se ha ido a vivir al País de la Charlatanería Cuántica. (De hecho, creo que es el rey del País de la Charlatanería Cuántica. Que alguien le dé un cetro.)

En resumidas cuentas, la teoría cuántica no demuestra que la conciencia sea fundamental para el universo, ni que el propio universo sea consciente, ni que controlemos la realidad con nuestras mentes. Y el entrelazamiento no significa que todas las cosas estén interconectadas de una forma que explique la telepatía o los efectos lejanos de los planetas y de las estrellas que exige la astrología. No cabe duda de que el entrelazamiento es algo muy extraño y que todavía no lo entendemos del todo, pero es un estado frágil que sólo se da en unas circunstancias especiales. Nuestros cerebros, en su calidad de objetos macroscópicos, no están entrelazados unos con otros.

Puede que a estas alturas hayas advertido que la charlatanería cuántica suele usarse como un gigantesco argumento de la ignorancia. El argumento es que, puesto que no lo entendemos del todo, mi magia es real. Y lo que yo digo es que si no entiendes los mecanismos cuánticos, no apeles a ellos como explicación. Puede que quedes en ridículo ante las aproximadamente doce personas del mundo que sí los entienden.

Un pequeño apunte de *geek*: teóricamente, incluso los objetos grandes no han perdido el 100% de su rareza cuántica. La dualidad onda-corpúsculo concierne a objetos como la Luna e incluso las personas. Los objetos tienen longitud de onda cuántica, llamada longitud de onda Broglie, que puede considerarse una medida de sus efectos cuánticos. No obstante, la longitud de onda que te corresponde a ti sería más pequeña que un átomo en varios órdenes de magnitud, lo que significa que, a todos los efectos, tu longitud de onda es cero y puede ignorarse totalmente y sin reparos. En otras palabras: no hay rarezas cuánticas en el plano macroscópico.

34. La teoría del homúnculo

Sección: Ejemplos admonitorios

Véase también: Pseudociencia

La teoría del homúnculo es un tipo de filosofía médica que parte de la idea de que una parte del cuerpo contiene un mapa funcional de todo el organismo.

> El argumento de los practicantes alternativos de no tratar enfermedades concretas sino al paciente en su conjunto [...] permite a los practicantes alternativos vivir en un paraíso de charlatanería para necios en el que se creen protegidos de cualquier impugnación y de la exigencia de evidencias.
>
> —Edzard Ernst

Antes del advenimiento de la ciencia, los sistemas médicos se basaban en la filosofía, lo que significa que se construían sobre una premisa o una filosofía no establecidas por la ciencia. Dicha premisa o filosofía servía como principio organizador usado para explicar y dar sentido a la salud y a la enfermedad. Sin embargo, estas nociones eran ideas aisladas que no se basaban en la evidencia y que no formaban parte de un conocimiento más profundo sobre el funcionamiento del universo.

Por ejemplo, la mayoría de las culturas creía en la existencia de un tipo de espíritu o fuerza vital que da vida a los seres vivos y los diferencia de los objetos inanimados. La salud y la enfermedad se explicaban a partir de la idea de una fuerza vital, y la enfermedad ocurría cuando dicha fuerza se encontraba debilitada, bloqueada o desequilibrada. En Occidente, el concepto de los cuatro humores corporales gozó de aceptación durante casi dos mil años sin tener ningún fundamento real. La magia simpática —la creencia de que las sustancias contienen una esencia que refleja lo similar— también era frecuente. Así, según esto, el polvo de cuerno de rinoceronte era un efectivo afrodisiaco.

Una filosofía que a ojos modernos resulta especialmente pintoresca es la noción de que una parte del cuerpo "mapea" el resto del cuerpo. Por ejemplo, el pie contiene uno de estos llamados "mapas". El intento de diagnosticar problemas de salud mediante la lectura del pie se conoce como reflexología. La iridología mide el bienestar mediante el estudio del iris, y el tacto de los rasgos y las formas de la palma de la mano para determinar la sanidad de una persona se conoce como quiromancia. Éstos son sólo tres ejemplos de la teoría médica del homúnculo.

La palabra *homúnculo* data del siglo XVII, cuando la práctica de la alquimia todavía estaba en boga. La alquimia es el intento de transformar materia —convertir plomo en oro, por ejemplo— mediante brebajes "mágicos", conjuros y rituales. Dentro del sistema de creencias de la alquimia está la idea de que un único esperma contiene una persona en miniatura, totalmente desarrollada pero en la escala de un espermatozoide. El mini-yo que se encuentra dentro del espermatozoide es capaz de "nacer" sin pasar por el requisito de la fertilización de un óvulo.

¿Cómo? Según una de las ideas más interesantes del filósofo y alquimista Paracelso (1493-1541), el proceso es el siguiente:

> Deja al semen de un hombre descomponerse por sí solo en una caldera de alambique sellada con la mayor putrefacción del vientre equino [estiércol de caballo] durante cuarenta días o hasta que empiece por fin a vivir, moverse y agitarse, algo fácil de advertir [...] Si ahora, después de esto, se le nutre y alimenta todos los días con cuidado y prudencia con [un] elixir arcano de sangre humana... en adelante se convertirá en un infante real y vivo en posesión de todos los miembros propios de un niño nacido de mujer, pero mucho más pequeño.

A pesar de esta grotesca descripción, en este contexto la palabra *homúnculo* es sinónima de *hombrecillo*, y este significado es el que me da pie a tomar prestado el término para describir las diversas prácticas de mapear un cuerpo entero a partir de un rasgo del cuerpo. Para los reflexólogos, el pie es el "hombrecillo" del cuerpo; para los iridólogos, es el ojo; para los quiromantes, es la palma.

Las filosofías de la salud y de la medicina basadas en el homúnculo carecen de evidencia y de verosimilitud para ser consideradas cualquier otra cosa que no sea un sistema de creencias. No hay ninguna evidencia anatómica o fisiológica subyacente que explique cómo sería capaz el iris, el pie o la palma de la mano de reflejar el estado de la función de cualquier otra parte del cuerpo. No obstante, estas ideas han sobrevivido al paso del tiempo (cientos de años en algunos casos) y todavía hoy siguen realizándose, con practicantes entusiastas y clientes entregados.

La teoría del homúnculo es básicamente un anhelo de simplicidad, de subsumir todas las complejidades de la biología en un sistema limpio y ordenado. Sería maravilloso disponer de un mapa del cuerpo entero que pudiéramos leer para producir detallados diagnósticos, o que pudiéramos tratar las enfermedades mediante masajes o pinchazos con agujas. Esta teoría también refleja el pensamiento precientífico y predigital. Antes de que existiera la tecnología avanzada, las personas entendían el concepto de plantillas. Las plantillas se utilizaban para hacer prendas y los moldes para hacer objetos exactamente idénticos. Es una idea fácil de entender.

Así, al tratar de imaginar cómo se hace un bebé, tiene sentido recurrir a lo conocido y pensar que tiene que haber una pequeña plantilla de una persona en los gametos.

Y es que existen homúnculos reales en el cerebro. Por ejemplo, está el homúnculo motor, una franja motora que se encuentra en el córtex y que sí proporciona un mapa del cuerpo. Se trata de conexiones reales. Estas células cerebrales emiten axones que viajan a todas las partes del cuerpo a través de la médula espinal y los nervios. Desde el punto de vista del desarrollo, esto recibe el nombre de mapas somatotópicos. Mientras se está formando, el cerebro crea un mapa en las neuronas que están conectadas con otras partes del cerebro a lo largo de la franja motora y de la franja sensorial. Esto también ocurre en la retina, que hace un mapa del córtex visual. Podemos ver los homúnculos del cerebro cuando mapeamos la función cerebral, y podemos seguir sus conexiones hacia el resto del cuerpo.

Sin embargo, no existe ninguna evidencia que demuestre la existencia de los presuntos homúnculos del pie, del iris o de la palma de la mano. No existe ninguna conexión entre un punto concreto de la planta del pie y el hígado.

Existen otros tipos de sistemas de pseudomapeo, entre ellos la acupuntura. Supuestamente, los puntos acupunturales mapean las distintas partes del cuerpo, incluidos los órganos. E incluso la quiropráctica —la clásica, para ser más concretos—postula que la médula espinal y las vértebras ofrecen mapas de distintos órganos del cuerpo, incluso cuando dichos nervios ni siquiera llegan ni proporcionan ningún tipo de inervación a los órganos en cuestión.

Todos estos tipos de sistemas de "mapeo" distintos —y, por lo tanto, teorías de la salud basadas en los homúnculos— son pura pseudociencia.

Sin embargo, que sean pseudociencia no evitó que el Congreso Internacional sobre Medicina Integrativa de Jerusalén aceptara, en 2010, una síntesis basada en un sistema de homúnculos recientemente inventado. El autor de dicha síntesis, el doctor John McLachlan, publicó posteriormente los resultados de su broma en la revista *BMJ*. Presentó informes de casos y testimonios, los cuales, según él, establecían la utilidad de la "reflexología nalgar". Tal como lo lees: se limitó a superponer los homúnculos reales del cerebro sobre un esquema de unas nalgas humanas e inventó un nuevo sistema médico "alternativo". Su síntesis fue aceptada con entusiasmo para que la presentara en el congreso.

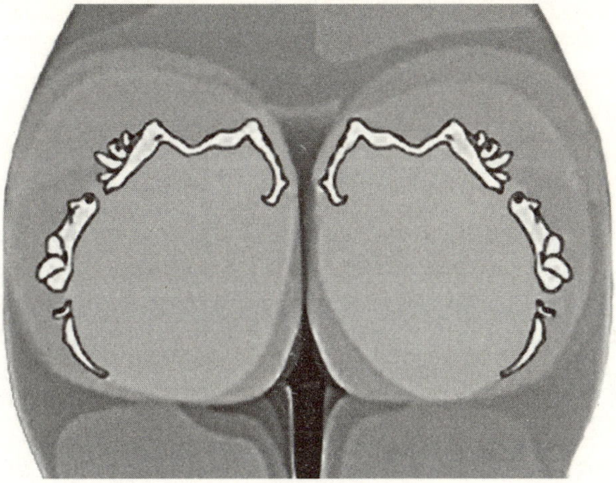

La historia de los homúnculos nos permite extraer varias lecciones generales. La primera es que hay que desconfiar de los sistemas simplistas que pretenden explicar fenómenos complejos. Lo habitual es que el mundo resulte ser más complejo de lo que pensamos, no más sencillo. Además, si no se te ocurre un mecanismo posible mediante el cual algo pueda funcionar, muéstrate escéptico. Puede que se trate de un mero déficit de conocimiento por tu parte, pero un "experto" debería ser capaz de ofrecerte una explicación razonable que puedas entender.

Desconfía también de las ideas precientíficas antiguas. Lo cierto es que no tenían noción alguna, así que, a menos de que estas ideas hayan sido razonablemente demostradas y explicadas por la ciencia moderna, lo más probable es que sean tan disparatadas como parece. Piensa en Paracelso y en la descomposición del esperma y en que, en su época, era considerado un genio de la ciencia.

35. El diseño inteligente

Sección: Ejemplos admonitorios

Véase también: Creacionismo, Fundamentalismo

El diseño inteligente es la idea de que la complejidad del universo sólo se puede entender como la obra de una fuerza inteligente, de un diseñador. Los críticos sostienen que no se trata de una teoría científica porque es fundamentalmente imposible de comprobar.

> En la naturaleza, el diseño no es más que una conjunción de accidentes tamizados por la selección natural hasta que el resultado es tan bello o efectivo que parece un milagro intencionado.
>
> —Michael Pollan

En 1996, Michael Behe publicó *Darwin's Black Box* [*La caja negra de Darwin*], un libro con el que esperaba revolucionar la comunidad científica. Pretendía plantear un serio desafío contra la teoría de la evolución y conferir al diseño inteligente la solidez necesaria como para establecerlo como una alternativa científica legítima. Fracasó estrepitosamente en ambos propósitos, al igual que todos sus colegas partidarios del diseño inteligente, al no tener en cuenta los problemas fundamentales que plantea (entre ellos, uno de los más importantes: que, sencillamente, de científico no tiene nada).

La creencia principal del diseño inteligente, según el Discovery Institute (la principal organización que promueve esta idea), es la siguiente:

El diseño inteligente sostiene que ciertos rasgos del universo y de los seres vivos sólo se pueden entender como el resultado de una causa inteligente, no como consecuencia de un proceso no dirigido como es la selección natural.

La principal crítica científica del diseño inteligente es que no es una teoría científica legítima, sino un intento bastante transparente de reformular un credo religioso (el creacionismo) mediante una jerga de aire científico. El diseño inteligente carece del criterio mínimo necesario para ser considerado ciencia: la comprobación. Sus proponentes rechazan este argumento, naturalmente, puesto que el único propósito del diseño inteligente es disfrazar al creacionismo de teoría científica.

Gran parte del debate sobre este tema se centra en el hecho concreto de si el diseño inteligente puede o no ser comprobable: ¿puede la evidencia científica demostrar que es falso desde la teorización? Si la respuesta es que sí, entonces será al menos potencialmente científico. Si es que no, entonces quedará por siempre desterrado del ámbito científico.

A los defensores del diseño inteligente, esto les plantea un dilema. Están desesperados por lograr que el diseño inteligente sea considerado una ciencia legítima (de hecho, ésa es su única razón de ser), pero no pueden permitir que los datos científicos lleguen a comprobarlo, ya que ello reduciría su propósito a cenizas.

Fijémonos en un ensayo de Jonathan Wells, del Discovery Institute, que ilustra esta estrategia. El ensayo es una respuesta a otro escrito por Francis Collins, un genetista que acepta la ciencia de la evolución y es sumamente crítico con el diseño inteligente, pero que también es un cristiano devoto. Wells escribe:

> Más sorprendente todavía es el hecho de que Collins cite evidencias experimentales contra una teoría que considera acientífica porque no admite la prueba experimental. Al afirmar que la evidencia de la duplicación de los genes refuta el

diseño inteligente, Collins está demostrando que el diseño inteligente puede ser comprobado con evidencias científicas. O bien el diseño inteligente es acientífico, en cuyo caso las evidencias son irrelevantes; o bien se pueden citar evidencias en su contra, en cuyo caso el diseño inteligente es científico. Collins no puede tenerlo todo a la vez.

En realidad es Wells quien está intentando tenerlo todo a la vez, ya que está citando evidencias contra el diseño inteligente para demostrar que es comprobable sin admitir que ha sido comprobado (bonito truco). El ardid es el siguiente: fingir que el diseño inteligente puede ser comprobado pero mantenerlo siempre fuera del alcance de la evidencia científica para que, en la práctica, nunca pueda comprobarse.

Lo cierto es que son varios los problemas del diseño inteligente que lo hacen acientífico.

Plantear la pregunta equivocada

El diseño inteligente se basa en la falsa dicotomía de que, en la naturaleza, el diseño es necesariamente una obra inteligente; y que la evolución es un "proceso no dirigido" incapaz de generar un diseño. Los proponentes del diseño inteligente han moldeado su premisa con mucho cuidado: diseño = inteligencia, evolución = aleatoriedad. Así, lo único que tienen que hacer es apuntar a la apariencia del diseño en la naturaleza y afirmar que el diseño inteligente ha quedado verificado.

El defecto que hiere de muerte a esta estrategia es que no reconoce que la evolución no es un proceso aleatorio y que por eso es capaz de generar un diseño. La selección natural es la supervivencia no aleatoria de los organismos en función de sus rasgos heredados. La mutación y la variación son aleatorias, y la mejor descripción del camino a largo plazo del cambio evolutivo es que es caótico, pero la selección natural facilita la acumulación no aleatoria de cambios favorables.

Así, vemos que los defensores del diseño inteligente están planteando la pregunta equivocada, algo que siempre resulta fatal en la ciencia. La pregunta no es si existe un diseño en la naturaleza o no, sino cuál es la naturaleza de dicho diseño. La evolución es una transformación ascendente mediante la cual el diseño y la complejidad emergen de procesos ciegos, pero no aleatorios. En cambio, el diseño "inteligente" es una transformación descendente en la que el diseñador conoce el resultado final de antemano y lo alcanza deliberadamente.

Son muchas las analogías que podemos establecer para arrojar luz sobre esta diferencia. Por ejemplo, una ciudad que haya crecido durante décadas sin ninguna planificación central, sino principalmente a partir de las decisiones y de las acciones de personas que han actuado en su propio beneficio, será una ciudad evolucionada. Una ciudad de diseño inteligente, por otro lado, es planeada y delineada de antemano por parte de un comité, una corporación o cualquier otro órgano. En la ciudad evolucionada sí hay diseño: las viviendas y los negocios darán pie a las calles y a los servicios públicos, por ejemplo, y las tiendas surgirán y sobrevivirán si satisfacen la demanda. Pero será caótica, habrá repeticiones y edificios abandonados allí donde los barrios se hayan venido abajo o los negocios hayan fracasado. Lo más probable es que las calles no estén colocadas de forma óptima. Sin embargo, una ciudad planeada tendrá una apariencia muy distinta: será más limpia, directa y tendrá más sentido. Las calles habrán sido dispuestas de forma deliberada, de un modo que seguramente no habría surgido de manera espontánea a partir del uso.

La diferencia entre la vida evolucionada y la diseñada de forma descendente sería todavía más manifiesta, ya que los edificios e incluso zonas enteras de una ciudad se pueden echar abajo y reconstruir, de forma que siempre se podrá imponer un diseño descendente con posterioridad. Pero los sistemas biológicos son mucho más rígidos. Los sistemas evolutivos ascendentes sólo disponen de las materias primas que tienen a su alcance. No pueden empezar desde cero, desarrollar nuevos órganos o extremidades de la nada o eliminar por completo partes innecesarias de la anatomía.

Si planteamos la pregunta correcta —¿qué aspecto presenta la vida, de diseño ascendente o descendente?—, la respuesta resultará obvia para cualquiera que tenga un conocimiento suficiente sobre biología y una mente libre de sesgos. La vida está repleta de rasgos de diseño ascendente, desde los ojos vestigiales de la salamandra de cueva, hasta los restos de ADN vírico que embarran nuestro genoma. Pero nada de ello puede comprobar el diseño inteligente, porque se sigue planteando la pregunta equivocada.

Ascendencia común

Es importante tener presente, en cualquier discusión sobre el tema, que la teoría de la evolución en realidad engloba muchos elementos: el hecho de que la diversidad de la vida surgió a través de la ramificación evolutiva de la ascendencia a lo largo del tiempo, el mecanismo o mecanismos específicos de la evolución y el camino concreto evolutivo que siguieron ciertas ramas del árbol de la vida. Una línea de evidencia importante para la premisa principal de la evolución —que la vida surgió de la ramificación de la ascendencia— es la enorme cantidad de semejanzas biológicas que existen entre diversas especies y que demuestran no sólo la existencia de un antepasado común, sino también el patrón de la ramificación de la ascendencia predicho por la teoría de la evolución.

Por ejemplo, existen evidencias relacionadas con la duplicación de los genes que nos dicen que, con el tiempo, un gen se puede duplicar como consecuencia de un error de replicación. Así, los descendientes tendrán dos copias de un gen en lugar de una. Entonces, la copia duplicada es libre de cambiar a lo largo del tiempo mediante mutaciones y, esencialmente, es libre de experimentar con variaciones de su función, porque la copia original del gen ya está llevando a cabo la función original del gen. A partir de aquí, el gen duplicado puede dar con una función nueva que ayuda al gen original a llevar a cabo su propósito, o puede terminar adquiriendo un propósito completamente nuevo.

Los biólogos pueden examinar la secuencia de pares de bases en los genes para trazar sus relaciones con otros genes y confeccionar un mapa detallado que muestre qué genes evolucionaron a partir de qué otros genes concretos. Lo que encontramos al comparar estos mapas entre las especies es que encajan en un patrón limpio de ascendencia común ramificada. Existen muchas otras líneas de evidencia independientes que también demuestran no sólo la ramificación de la ascendencia, sino una superposición razonable, de forma que las distintas líneas de evidencia generalmente coinciden en qué especies evolucionaron hacia cuáles y cuándo lo hicieron.

Estas líneas de evidencia podrían haber falseado la evolución por completo. Es posible, por ejemplo, que hubiésemos encontrado patrones de variación genética incompatibles con la teoría de la ascendencia común. Y si con esto en mente volvemos a la cuestión de si el diseño inteligente es o no comprobable, debemos preguntar: ¿habríamos podido encontrar un patrón de variación genética que tuviera el potencial de falsear el diseño inteligente? Parece ser que la respuesta es no. O, al menos, yo no sé de ningún defensor del diseño inteligente que plantee una predicción de este tipo que esté abierta a ser falsificada.

Aquí es donde entramos en la respuesta del "depende". Como he dicho anteriormente, la evolución engloba varios elementos, y la ascendencia común es sólo uno de ellos. Algunos partidarios del diseño inteligente, como Michael Behe, aceptan el hecho de la ascendencia común. Sí creen que la vida fue cambiando a lo largo del tiempo por medio de la ascendencia ramificada. Lo que no creen es que este proceso ocurriera como consecuencia de la influencia de la selección natural sobre la variación; creen que fue guiado de forma descendente por parte de un diseñador inteligente. Así, las evidencias de la ascendencia común no sirven como evidencias contra este tipo de diseño inteligente.

¿Y qué hay de quienes no aceptan la ascendencia común, aquellos que, como los seguidores del creacionismo de la Tierra joven, creen que la vida fue creada de forma más completa y que el "diseñador" no dedicó millones de años a implementar lentos cambios a lo largo del tiempo, sino que hizo ¡puf! y creó la vida prácticamente tal como la conocemos? Pues bien, las evidencias de la ascendencia común sí falsean estas afirmaciones.

Pero ¿de verdad las falsean? Teóricamente, sí. Y ahora, Wells y compañía usan este hecho para argumentar que el diseño inteligente es ciencia porque puede ser falseado. Sin embargo, en la práctica no es así, porque los seguidores del diseño inteligente y los creacionistas que rechazan la idea de la ascendencia común esgrimen el argumento de que el diseñador inteligente podría haber decidido, por razones propias e insondables, crear la vida de forma que pareciera que hubiese obedecido a la ramificación de la ascendencia. La defensa que se basa en que "Dios es capaz de hacer que la vida tenga la apariencia que él quiera" hace que las creencias de cualquiera que sostenga esta idea sean imposibles de comprobar. Así que, en cualquier caso, esta línea argumentativa no convierte al diseño inteligente en una ciencia comprobable.

Complejidad irreductible

Ésta es la primera línea argumentativa de los partidarios del diseño inteligente para defender su verosimilitud, y es el concepto principal del libro de Behe. Se basa en que podemos buscar el diseño en la naturaleza biológica si buscamos estructuras (partes anatómicas) y rutas bioquímicas (las reacciones necesarias para la vida) que sean irreductiblemente complejas, es decir, que no podrían funcionar si fueran más sencillas.

El mayor problema de este argumento es que, de nuevo, se basa en una premisa falsa que se ha seleccionado para alcanzar el resultado deseado. Dicha premisa es que si una estructura no fuera capaz de llevar a cabo su propósito actual de ser más sencilla (es decir, si se le sustrajera toda complejidad), entonces dicha estructura no podría haber evolucionado porque no podría haber atravesado formas más sencillas hasta llegar a su estado de complejidad irreductible, puesto que la evolución exige que, para ser seleccionada, una estructura debe proporcionar una ventaja adaptativa en todo momento durante el proceso.

El ejemplo más icónico es el de la ratonera. Si le quitamos el muelle, la base o la palanca, ya no servirá como trampa. Eso es lo que convierte a la ratonera en algo irreductiblemente complejo.

Este argumento parece superficialmente razonable, pero se ha demostrado que es una premisa falsa (y aun así, los del bando del diseño inteligente no lo sueltan). En concreto, la premisa ignora la posibilidad de que una estructura de complejidad irreductible podría haber evolucionado de una estructura más sencilla que obedeciera a un propósito distinto. Uno de los ejemplos favoritos de los partidarios del diseño inteligente, planteado por Behe, es el del flagelo bacteriano. El flagelo bacteriano es bastante complejo, y Behe argumentó que no podría funcionar sin toda su complejidad, de forma que no podía haber evolucionado. Sin embargo, el flagelo podría haber evolucionado de un tubo más simple que no se podía mover, pero que servía para inyectar sustancias en otra célula. Esta sencilla jeringa podría haber sido el punto de inflexión evolutivo que dio paso al flagelo más complejo (y, de hecho, la evidencia ahora respalda esta hipótesis).

La premisa también es falsa porque la selección natural no es la única fuerza implicada en la evolución. También está la deriva genética, que es una variación aleatoria que no está sometida a las presiones de la selección. Recordemos el ejemplo de la duplicación de los genes de más arriba: una copia redundante del gen tiene la libertad de ir a la deriva y producir cambios que, en algún momento, pueden dar con una función rudimentaria. Incluso la ventaja reproductiva más ínfima de la más rudimentaria de las estructuras podría proporcionar un punto de apoyo a las presiones selectivas para que tomaran el control y pulieran la nueva estructura.

En la práctica, la noción de la complejidad irreductible contiene dos estrategias. La primera es sostener que una entidad biológica no podría ser más sencilla ni siquiera en teoría, cuya invalidez ya hemos demostrado. Así que los partidarios del diseño evolutivo recurren a su segunda estrategia, la cual se basa en sostener que los evolucionistas no han explicado con detalle el verdadero historial evolutivo de una estructura o de una ruta de complejidad aparentemente irreductible. Pero esta segunda estrategia no es otra cosa que un argumento de la ignorancia. Se basa en el estado actual de nuestro conocimiento y presupone que "actualmente desconocido" es lo mismo que "incognoscible", así como que incognoscible significa imposible; y si es imposible para la evolución, hay que apelar a un diseñador inteligente.

Un argumento de la ignorancia —basar una conclusión en lo que se desconoce— siempre es un argumento pobre, ya que no requiere ninguna evidencia positiva que respalde la teoría, puesto que lo único que hace es llevarse por delante una teoría rival. Desde que Behe planteara sus primeras ideas en relación con la complejidad irreductible, el progreso científico ha seguido avanzando y muchos de los agujeros del conocimiento actual en los que se apoyaba Behe se han ido tapando, como es el caso del flagelo bacteriano.

¿Qué supone todo esto para la cuestión de si el diseño inteligente es o no comprobable? Para empezar, establece que las afirmaciones específicas que se usan para respaldar la teoría del diseño inteligente son comprobables. De momento, la afirmación de que el flagelo bacteriano carece de antecedentes evolutivos más simples ya ha quedado confirmada, cosa que Wells y otros usan para decir que, por consiguiente, el diseño inteligente es comprobable. Pero, una vez más, en la práctica no lo es, tal como demuestra el propio hecho de que Wells, Behe y otros no hayan abandonado la teoría del diseño inteligente después de que se demostrara que el argumento del flagelo era erróneo. No lo han hecho porque, cuando un argumento falla, pasan al siguiente. Dicen incluso que, para falsear el diseño inteligente, los científicos evolucionistas tendrían que detallar el historial evolutivo completo de todo componente biológico. Naturalmente, este requisito es imposible y a la vez absurdo.

Lo que están admitiendo sin querer es que, en última instancia, el diseño inteligente es una creencia del tipo "dios de los vacíos", y que la única forma de confirmarla es llenar hasta el último vacío.

La falsa dicotomía

La noción de la comprobación del diseño inteligente adolece de un problema lógico más profundo: está enteramente definido por lo que no es (es decir, evolución). El diseño inteligente se basa en la afirmación de que la evolución no puede explicar la vida. Esto es una falsedad, pero incluso si fuera cierto, no sería una evidencia de la existencia del diseño inteligente. Por eso sus partidarios dedican el tiempo a tratar, sin éxito, de abrir agujeros en la teoría de la evolución y de señalar sus vacíos, sin dejar jamás de fingir que los vacíos actuales de alguna forma constituyen evidencias a favor del diseño inteligente, cuando ése no es el caso.

Si los defensores del diseño inteligente dispusieran de una teoría tangible, deberían poder decirnos algo sobre los rasgos de la vida diseñada inteligentemente (predecir lo que deberíamos encontrar) para que podamos buscar dichos rasgos y comprobar si sus predicciones de diseño dan resultado. Hasta el momento, no han sido capaces de hacerlo. Como respuesta apelan a la complejidad irreductible, pero como ya hemos visto, este argumento no da la talla.

Lo que nunca hacen es hablar sobre el diseñador inteligente. ¿Qué huellas dejaría dicha inteligencia en la creación? Nadie parece saberlo. Cuando se les presiona, suelen usar el comodín de “es un misterio”. ¿Cómo podemos siquiera imaginar una inteligencia capaz de diseñar y crear vida? La evolución, en cambio, plantea muchas predicciones específicas sobre el aspecto que debería tener la vida evolucionada, unas predicciones que han sido validadas. Las predicciones positivas y prósperas de la evolución suponen un problema para el diseño inteligente, pero lidian con ellas con el argumento de que el diseñador podría haber decidido, de forma arbitraria e inexplicable, hacer que la vida pareciera haber evolucionado.

Dicho de otra forma, si tu teoría es compatible con cualquier observación posible, entonces es no comprobable por definición, y por lo tanto no es una teoría científica. Dado que el diseñador inteligente (y admitámoslo, se refieren a Dios) puede, según los partidarios del diseño inteligente, crear vida de forma que tenga cualquier aspecto posible, no hay observación posible sobre la vida que sea capaz de falsear a dicho diseñador.

El desafío que la comunidad del diseño inteligente tiene pendiente es el de formular una predicción específica sobre qué evidencia positiva debería estar presente si la vida hubiese sido diseñada inteligentemente y de forma descendente. Pero son incapaces.

Quizás el Discovery Institute (si de pronto le sobreviniera un inusitado ataque de honestidad intelectual) debería cambiar la definición del diseño inteligente a la siguiente:

> El diseño inteligente sostiene que ciertos rasgos del universo y de los seres vivos fueron causados por un agente inteligente que, por razones en las que no queremos entrar, decidió hacer que el mundo tuviera exactamente la misma apariencia que tendría de haber sido el resultado de la variación aleatoria y de la selección natural.

36. Vitalismo y dualismo

Sección: Ejemplos admonitorios

Véase también: Fuerza vital, Esencia

El vitalismo es la creencia de que una fuerza "vital" ha dado vida a los seres vivos, y que dicha fuerza no sólo les ha conferido la cualidad de estar vivos sino que también les ha proporcionado su esencia. El dualismo es el mismo concepto aplicado a la conciencia, es decir, que la mente es algo más que el cerebro físico o que es independiente de él.

> La ciencia no pretende establecer verdades inmutables y dogmas eternos; su propósito es el de acercarse a la verdad mediante sucesivas aproximaciones sin afirmar en ningún momento haber alcanzado una precisión definitiva y total.
>
> —Bertrand Russell

En la recepción del hotel donde no hace mucho se celebró un congreso de escépticos había un puesto de venta de pulseras energéticas. Se trata de unas pulseras baratas de goma y plástico que dicen mejorar la salud o el rendimiento deportivo al complementar o equilibrar la "energía". Preguntamos a los vendedores cómo funcionaban y nos recitaron la típica perorata sobre vibraciones y fuerza vital. (No creo que les importara mucho, sólo trataban de ganarse la vida.)

Es asombroso lo persistente que es la idea de la energía vital, incluso en nuestro mundo moderno. Si estuvieras tratando de comprender el mundo hace miles de años, antes de la aparición de cualquier conocimiento científico moderno, tendría sentido que asumieras que existe algún tipo de diferencia fundamental entre los seres vivos y los objetos inanimados. Los seres vivos son activos, parecen tener agencia, pueden usar la energía para hacer cosas y pueden morir. Los objetos inanimados no presentan ninguna de estas propiedades.

De hecho, nuestros cerebros están organizados para dividir el mundo en estas dos categorías: lo animado (definido operacionalmente por el cerebro como algo que se mueve de una forma que sugiere agencia) y lo inanimado. Nuestros cerebros atribuyen un significado emocional directo a los seres animados, pero no a los objetos inanimados.

Es comprensible, pues, que prácticamente todas las culturas humanas desarrollaran de forma independiente una u otra versión de la creencia de que una fuerza animadora especial infunde vida en los seres vivos. Los romanos lo llamaron *spiritus* y los griegos *pneuma* (ambas palabras significan "aliento"). En China se llama *chi*, que también se traduce como "sangre" porque creían que la fuerza vital se llevaba en la sangre. En Japón es el *ki*, en India *prana*, en Polinesia *mana* y en árabe se llama *baraka*.

La noción de que nuestros pensamientos, recuerdos, sentimientos, ambiciones y todas las funciones mentales son consecuencia de la actividad celular que tiene lugar en el cerebro es un concepto muy moderno. Antes de la neurociencia moderna, incluso los mejores pensadores asumieron que la mente era más que algo físico. ¿Cómo podía un puñado de materia tener sentimientos? No encaja de ninguna manera con nuestras intuiciones.

Curiosamente, en los estudios con niños pequeños se observa que su ingenuo razonamiento sobre la biología incluye la noción de la energía vital y la esencia. Asimismo, creen que los órganos tienen agencia e intencionalidad y que transfieren energía como parte de sus funciones. Esto se observó tanto en niños japoneses como estadunidenses, de forma que no es algo específico de una cultura concreta. Los niños se sirven de la asunción del vitalismo hasta que adquieren una comprensión más científica acerca de la vida.

Hasta el siglo XIX, la noción de la energía vital o de la esencia era un comodín en nuestra ignorancia colectiva sobre la biología. En ningún momento demostramos, necesariamente, que la fuerza vital no existe; sencillamente, fue desplazada por las explicaciones científicas. El vitalismo pasó a ser algo peor que un error: sencillamente, se convirtió en algo innecesario. Constituye un magnífico ejemplo histórico de cómo las ideas surgen y se desvanecen en la ciencia y de lo importante que es darse cuenta de cuándo una noción científica está respaldada por las evidencias y cuándo se trata de una simple suposición que utilizamos para explicar algo que desconocemos.

A medida que fuimos ampliando nuestro conocimiento sobre las funciones bioquímicas, fisiológicas, genéticas y neurológicas, la fuerza vital se fue quedando sin nada que hacer. A medida que avanzábamos, la fuerza vital seguía presente para explicar algo que todavía no entendíamos, como si fuera un vitalismo de los vacíos *per se*. Con el tiempo, la fuerza vital se quedó sin ningún vacío que tapar, y para finales del siglo XIX, no quedaba rastro del vitalismo en el pensamiento científico.

Puede que fuera Friedrich Wöhler quien marcara el principio del fin. Muchos vitalistas sostenían que no era posible sintetizar compuestos químicos a partir de material inorgánico porque la materia viva era fundamentalmente distinta de la materia inanimada. Pero en 1828, Wöhler fabricó urea a partir de material inorgánico, refutando categóricamente esta noción. Más adelante, este descubrimiento dio pie al surgimiento del mito de que el vitalismo terminó cuando Wöhler hizo urea, pero este hecho no está respaldado por la historia. Los tentáculos del vitalismo siguieron extendiéndose ya entrado el siglo XX, pero sólo en las márgenes de la ciencia. Cada vez más, el pensamiento vitalista quedó relegado al terreno de la pseudociencia y de lo paranormal.

En nuestro mundo moderno, creo que es apropiado decir que el vitalismo ha quedado totalmente desplazado a estos ámbitos. Se ha transformado en un vago concepto de la *New Age*, algo relacionado con la energía y las vibraciones. ¿De qué tipo de energía se trata? No preguntes, quédate con lo de energía.

En un estudio de 2013 sobre el pensamiento vitalista en los adultos, el investigador Stuart Wilson observó que la creencia en una fuerza vital se correspondía íntimamente con las creencias en lo paranormal y en la filosofía de la *New Age*.

Muchas modalidades de la medicina alternativa se explican mediante referencias a la "energía" o a la fuerza vital con un movimiento ondulatorio de la mano. La quiropráctica (al menos su forma más purista, todavía practicada por aproximadamente el 30% de los quiroprácticos) se basa en la llamada "inteligencia innata", que es el nombre que le han dado a la fuerza vital. D. D. Palmer, el inventor de la quiropráctica, decía que la inteligencia innata descendía desde los cielos, penetraba en tu cerebro y discurría por la médula espinal hacia el resto del cuerpo. Las subluxaciones leves —los desplazamientos de la columna— provocan problemas de salud porque bloquean el flujo de la inteligencia innata. Nunca he oído que nadie explique cómo es posible que alguien con una lesión en la médula espinal pueda siquiera mantenerse con vida, teniendo la inteligencia innata totalmente bloqueada.

Otro tratamiento basado en la energía vital es el toque terapéutico, el cual consiste en mover las manos por encima de una persona para ahuecar y desbloquear su "campo energético humano". En esencia, el reiki es lo mismo, sólo que con un nombre japonés. Tradicionalmente, la acupuntura se explica como la colocación de agujas en puntos especiales que representan coyunturas críticas para el flujo del *chi* con el propósito de desbloquear y devolver el equilibrio a esta fuerza vital. Naturalmente, nadie ha sido capaz de demostrar que exista nada parecido a la energía vital. No parece haber ningún *chi*, campo energético humano o inteligencia innata. Ningún instrumento lo detecta. Los practicantes no son capaces de demostrar que lo detectan. La fuerza vital no parece tener nada que hacer. Y no se ha demostrado la eficacia de ninguna de las prácticas que se basan en esta noción.

Antes de que me digas: "Pero ¿qué hay de la cámara Kirlian?", te diré que no se trata de otra cosa que de apoyo entre pseudociencias. Es como decir: "Sé que existen los alienígenas porque me puedo comunicar con ellos por telepatía".

La cámara Kirlian fue popularizada por la parapsicóloga Thelma Moss en su libro *The Body Electric* [*El cuerpo eléctrico*] (1979). Creyó haber descubierto una ventana hacia el mundo de la "bioenergía" que haría que la acupuntura y otras modalidades afines pasaran a formar parte de la cultura científica dominante. Sin embargo, sus técnicas no condujeron a nada útil. Las imágenes generadas por estas fotografías no son más que una manifestación de la presión barométrica, de la humedad, de los campos eléctricos y otros fenómenos físicos conocidos.

A pesar de su constante popularidad, la fuerza vital sigue siendo un comodín precientífico que ha sido desterrado por nuestro conocimiento sobre biología. Sin embargo, es un magnífico recordatorio de que el hecho de que una creencia suene bien no la convierte en real. No cabe duda de que existe una atracción primaria hacia la noción de la energía vital, pero no podemos ignorar los doscientos años de conocimiento científico sobre biología que nos dicen que no existe. Pero a la vendedora del puesto del congreso no le conté todo esto. Me dio la sensación de que ya tenía bastante con lidiar con un hotel lleno de escépticos.

Desde el punto de vista histórico, el abandono del dogma de una fuerza vital fue parecido al momento en que dejamos atrás la creencia en una mente incorpórea que habita en nuestros cuerpos físicos. Antes de la neurociencia moderna, los dualistas, igual que los vitalistas, tenían cierto sentido, y su posición parece reflejar cómo nos sentimos. Todos queremos creer a Yoda cuando dice eso de "luminosos seres somos, no esta cruda materia". Suena muy sabio.

Pero ahora sabemos que la verdad se acerca más a lo que dijo la psicóloga Susan Blackmore:

> Cuando digo que la conciencia es un espejismo, no estoy diciendo que no exista. Lo que quiero decir es que la conciencia no es lo que parece ser. Si parece ser una corriente continua de experiencias ricas y detalladas que le ocurren una tras otra a una persona consciente, ahí está el espejismo.

Ya ha quedado establecido, más allá de toda duda científica, que la mente es lo que hace el cerebro. La conciencia es el cerebro funcionando. En cierto modo, somos nuestros cerebros.

Sabemos, por ejemplo, que si el cerebro no funciona, careces de conciencia. Si hacemos que el cerebro se duerma, tú también te duermes. De hecho, ciertas investigaciones recientes han demostrado que es necesario que aproximadamente el 40% del córtex esté sano y activo para mantenerse consciente. Si más de dicho 40% está dañado, estarás en coma o en estado vegetativo.

Si cambiamos el cerebro, también cambiamos la mente. Los medicamentos o las drogas que alteran la función cerebral alteran la conciencia (puede que lo hayas experimentado en primera persona).

Los distintos estados cerebrales se correlacionan con distintos estados de conciencia. Por ejemplo, cuando estás dormido, tu cerebro sigue funcionando, pero no igual que cuando estás despierto. Cuando estás soñando, tu conciencia se altera de una forma que se correlaciona bastante bien con las alteraciones de la función cerebral. A medida que el cerebro se desarrolla, nuestros estados mentales también se desarrollan. Los niños son distintos de los adultos porque sus cerebros son diferentes.

Hoy en día podemos usar la tecnología para encender o apagar distintas partes del cerebro, lo que hace que el estado mental correspondiente también se encienda o se apague. Llevamos ya mucho tiempo haciéndolo durante las cirugías cerebrales por medio de la estimulación de distintas partes del cerebro. Y ahora podemos hacerlo de forma menos invasiva gracias a la estimulación magnética transcraneal.

Y, finalmente, cuando tu cerebro muere, tú mueres. No existe evidencia alguna de ningún tipo de conciencia en la ausencia de función cerebral o tras la muerte. Como comentario al margen, los dualistas a menudo apelan a las experiencias cercanas a la muerte como evidencia de la separación entre la mente y el cuerpo, pero esta hipótesis no es necesaria para explicar estos sucesos. No son más que experiencias que la mente puede producir durante o al recuperarte de un episodio traumático o de estrés severo.

Si nos fijamos en la hipótesis de que el cerebro genera la conciencia y luego hacemos predicciones con base en dicha hipótesis, resulta que todas y cada una de las predicciones se cumplen. Negar esta conexión es oponerse al campo de la neurociencia moderna en su conjunto. En este sentido, los dualistas modernos son negacionistas de la neurociencia, exactamente igual que los creacionistas son negacionistas de la evolución. Niegan el modelo actual de la neurociencia biológica para inventarse un vacío y luego tratan de taparlo con su dualismo (su "fantasma en la máquina").

La mente de los vacíos

Para explicar en qué punto la lógica de la mayoría de los dualistas se tuerce, empezaré con una cita de Jerry Fodor, quien dijo en su libro publicado en 2001: "Hasta la fecha, lo que la ciencia cognitiva ha aprendido sobre la mente es, básicamente, que no sabemos cómo funciona".

A estas alturas, puede que pienses que todavía no terminamos de entender cómo funciona el cerebro y cómo crea el fenómeno de la mente, y estarás en lo cierto. Pero ahí es donde se desvía la atención, donde se confunde la pregunta "¿A causa B?" con "¿Cómo logra A causar B?". Podemos saber con un alto grado de certeza (según las líneas de evidencia que he descrito anteriormente) que el cerebro causa la mente, a pesar de no entender totalmente cómo lo hace.

Para ilustrar esta táctica de negación, volveré a hacer referencia al creacionismo (o la negación de la evolución).

Los negacionistas de la evolución suelen tomar citas de biólogos que hacen referencia a los mecanismos de la evolución o bien a los detalles del patrón histórico de la evolución y presentarlas como si estuvieran cuestionando el propio hecho evolutivo. Por ejemplo, uno de los iconos clásicos de la evolución es la escena que muestra la evolución de los caballos, desde el *Eohippus* (hoy trágicamente rebautizado como *Hyracotherium*) hasta el caballo moderno que encontramos en el Museo Estadunidense de Historia Natural. A medida que nuestra comprensión sobre el patrón de la evolución se fue desarrollando, nos dimos cuenta de que estas representaciones progresivas y lineales eran una fantasía. Mediante la especiación, la evolución crea un arbusto ramificado de ascendencia sin ninguna tendencia lineal hacia un objetivo aparente. Escoger selectivamente a los familiares del caballo en este conjunto y colocarlos en fila hacia una rama concreta —los caballos modernos— constituye una representación completamente errónea del auténtico patrón de la especiación en el linaje de los caballos a lo largo del tiempo. Los creacionistas todavía se deleitan haciendo citas fuera de contexto con este propósito, para presentarlas como si cuestionaran la evolución en sí misma.

Las discusiones sobre los detalles de la evolución no disminuyen nuestra certeza de que la evolución tuvo lugar, igual que las investigaciones sobre los detalles de la complejidad genética no cuestionan los hechos fundamentales de la genética ni que el ADN sea la molécula de la herencia. La ciencia avanza, en gran medida, gracias a que va pintando un retrato de la naturaleza cada vez más detallado, profundizando cada vez más en el funcionamiento del mundo. Generalmente, las preguntas de un nivel más bajo o más centradas en los detalles no afectan a las interrogantes más elevadas. Incluso si ponen al descubierto una anomalía que el paradigma general no es capaz de explicar, lo que suele ocurrir es que se modifica el paradigma, pero no se rechaza por completo.

Volviendo a la conciencia y al cerebro, toda la evidencia de que disponemos sugiere que la mente es un producto del cerebro. En mi opinión, las evidencias de que el cerebro crea la mente son abrumadoras, mientras que las evidencias favorables a la separación de la mente y del cuerpo son dudosas y cuestionables, ciertamente insuficientes como para refutar la hipótesis del cerebro-mente.

Así las cosas, los dualistas han adoptado la estrategia de los creacionistas y exigen que los neurocientíficos expliquen a detalle exactamente cómo logra el cerebro crear la experiencia subjetiva de la mente. Existen respuestas preliminares a esta pregunta. La mente es una propiedad emergente del cerebro y no puede reducirse a un componente concreto de la función cerebral. Reconozco que esta respuesta es parcial y que únicamente describe el tipo de fenómeno que tenemos entre manos, sin llegar a explicarlo.

También hemos identificado muchos de los componentes de la conciencia y los hemos ubicado en regiones específicas del cerebro. Por ejemplo, hemos señalado las regiones cerebrales que crean la sensación de que estamos en el interior de nuestro cuerpo y de que existimos como una entidad separada del resto del universo y que nos permiten dirigir nuestra atención y formar recuerdos. Hace ya mucho que determinamos qué partes del cerebro ven, sienten, planean y ejecutan el movimiento y generan reacciones emocionales. La neurociencia ha avanzado a pasos agigantados, gracias a los estudios con resonancias magnéticas funcionales, y el uso de la técnica de la ingeniería inversa nos está permitiendo estudiar con mucha rapidez el cerebro parte por parte.

Esto saca a colación otro aspecto de la estrategia dualista: centrarse en una imagen estática de la ciencia en lugar de en su progreso a lo largo del tiempo. Como ya hemos visto, en nuestro conocimiento científico nunca dejará de haber vacíos, y su presencia no nos dice nada sobre el poder y el éxito de un paradigma científico explicativo, mientras que fijarse en cómo ha avanzado es una mejor forma de evaluarlo. Las pseudociencias como la homeopatía y la percepción extrasensorial no han avanzado, ya que siguen mordiéndose la cola y corriendo en círculos. En cambio, la teoría de la evolución ha resultado ser un medio enormemente productivo para la explicación científica.

Asimismo, el paradigma materialista de la mente y la conciencia —la noción de que el cerebro es la causa de la mente— ha sido y sigue siendo un modelo extraordinariamente exitoso. Una manifestación de ello es que la neurociencia, como disciplina, ha crecido y avanzado. A medida que hemos ido desarrollando nuevas herramientas, nuestra capacidad de explorar el cerebro y explicar el fenómeno de la mente ha crecido. Sin embargo, el paradigma dualista no ha producido nada tangible o fiable.

La cosa no pinta bien para el dualismo, igual que le ocurrió al creacionismo. Si algo funciona, los científicos harán uso de ello. La teoría de la evolución funciona para explicar la complejidad de la vida en la Tierra y ha relegado la necesidad de apelar a la idea de una creación mágica. La biología funciona para explicar qué diferencia a los seres vivos de los inanimados, de forma que ya no hace falta apelar a la existencia de una fuerza vital. La neurociencia funciona para explicar la mente y la conciencia, y ya no hace falta apelar al espíritu para rellenar los huecos. Nunca llegaremos a tener todas las respuestas ni a rellenar todos los huecos, pero mientras estos paradigmas sigan dando frutos y cosechando éxitos, los investigadores y la comunidad científica los emplearán. Y los negacionistas cada vez estarán más confinados a las márgenes, apuntando de mala gana a unos vacíos cada vez más pequeños y tratando desesperadamente de mantener en pie sus falsas anomalías.

Los dualistas cartesianos

El dualismo tiene diversas corrientes. Los dualistas cartesianos (que deben su nombre a René Descartes) creen que, en la naturaleza, la conciencia es fundamentalmente no física o espiritual y que se comunica con el cuerpo a través del cerebro. Así pues, los seres humanos somos cuerpo y espíritu a la vez.

Esta idea está relacionada con la segunda estrategia que suelen usar los dualistas para defender su tesis. La primera es la "mente de los vacíos" que hemos descrito anteriormente, y la segunda (que en realidad no es otra cosa que un argumento de la ignorancia esgrimido contra la neurociencia) es la afirmación de que la mente no tiene las mismas propiedades que los objetos físicos, y que por lo tanto no puede ser física. Dicen que los objetos físicos tienen una ubicación. Que puedes decir dónde se encuentra tu casa. Que los objetos físicos tienen tamaño, masa y forma (las propiedades de los objetos materiales). Entonces, los dualistas preguntan: "¿Cuál es el tamaño de una emoción, la forma de un recuerdo o la masa de los sueños?".

Plantean que la conciencia no presenta las propiedades de los objetos materiales, de forma que no es un objeto material y, por lo tanto, es otra cosa. Digamos que es espiritual. Puede que la idea suene interesante al principio, pero es un sinsentido mayúsculo. En este caso están cometiendo lo que se conoce como un error de categoría: están asumiendo que la conciencia es un objeto, y se equivocan. El cerebro sí es un objeto, y como tal, presenta todas las propiedades de los objetos, pero la mente no es un objeto, sino un proceso. La mente no es el cerebro, sino lo que hace el cerebro; es el cerebro en acción.

Voy a plantear una analogía que al principio puede parecer extraña: el capitalismo. El capitalismo, en sí mismo, no tiene propiedades físicas concretas. Están las divisas, están los bienes y están los consumidores, y todos ellos son como el cerebro en el sentido de que constituyen el sustrato físico de una economía. En cambio, el capitalismo es todo lo que hacen estos actores. Sólo existe cuando suceden cosas, cuando la gente gasta el dinero en bienes o servicios. Concluir que el capitalismo es la interacción entre lo físico y lo espiritual sería tan erróneo como en el caso de la conciencia.

Hadas de luz

Otro recurso que explotan los dualistas para tratar de rescatar su creencia del aluvión de evidencias neurocientíficas es la invocación de la falacia de que "la correlación no siempre implica causalidad". Dicen "De acuerdo, el cerebro se correlaciona con la mente en todos los sentidos que dicen, pero eso no significa que el cerebro cause la mente".

Tal vez, dicen, el cerebro sea un simple receptor de la mente, la cual reside fuera del plano físico. Si cambias de canal en el televisor (el televisor sería el cerebro en esta analogía), cambiarás de programa, pero el televisor no ha causado dicho programa.

Pero esta analogía no funciona. Es cierto que puedo cambiar de canal, pero no puedo cambiar lo que los actores hacen en un programa de televisión con tan sólo ajustar el televisor. No puedo convertir una tragedia en una comedia.

Esta línea de razonamiento también vulnera la navaja de Occam. Yo podría decir que cuando enciendes el interruptor de la luz, una hada de luz viaja desde el interruptor hasta la bombilla y activa la luz con su energía lumínica de hada. Luego, cuando apagas la luz, el hada vuelve y la luz se apaga. Naturalmente, el hada es invisible, incorpórea y capaz de viajar a la velocidad de la luz.

Es imposible que demuestres que mi hada de luz no existe. Sí, puedes decir que abrir y cerrar un circuito se correlaciona con que la luz se encienda y se apague, pero esta correlación no demuestra la causalidad. Cuando la electricidad está apagada, el hada se va a dormir. La electricidad no causa la luz, es un mero medio para que el hada cumpla su función.

El problema de la hipótesis del hada no es que sea incorrecta, sino que ni siquiera es incorrecta: es innecesaria. Es un paso sobrenatural añadido, completamente superfluo y que, en realidad, no explica nada. Y decir que el espíritu causa la mente es igual de innecesario. La navaja de Occam la hace rodajas.

El problema difícil

Entonces, ¿cómo explicamos la manera en que el cerebro logra causar la conciencia (o que la función cerebral *es* la conciencia)? Todavía no conocemos todos los elementos de la función cerebral que son esenciales para la conciencia y tampoco sabemos de qué forma colaboran, pero estamos avanzando a paso firme. Sin embargo, sí hemos observado que todas las partes del cerebro parecen contribuir en cierta medida a crear la conciencia. La conciencia no tiene un "asiento" asignado. Los neurocientíficos creyeron que podría haber un núcleo de control central, al que pusieron el nombre de *centro de trabajo global*, pero las investigaciones recientes demuestran que éste no es el caso.

Por lo tanto, la conciencia es como un comité. Ninguna persona conforma un comité por sí misma, sino que todos los miembros contribuyen. También se necesita un *quorum* determinado (un número mínimo de individuos) antes de constituir un comité, igual que se necesita un cierto grado de función cerebral para estar despierto y consciente. El comité del cerebro parece ser algo caótico, con todas sus partes reclamando atención a gritos e interrumpiéndose unas a otras. Puede que incluso discutan, pero al final se llega a una decisión colectiva.

En esta analogía, los pensamientos de los individuos son tu subconsciente. Básicamente, la palabra *subconsciente* hace referencia a los procesos cerebrales que tienen lugar por debajo del nivel de la conciencia. Puedes incluso tomar decisiones sin ser consciente de haberlas tomado y actuar en consecuencia antes siquiera de darte cuenta de que las has tomado.

Algunos dualistas modernos, como David Chalmers, admiten todos estos avances de la neurociencia pero se refieren a ellos como los problemas fáciles. Chalmers defiende que podemos desentrañar cómo hace el cerebro para mover un brazo, hacer algo o llevar a cabo cálculos matemáticos; pero lo que no podemos desentrañar es el problema difícil: ¿por qué experimentamos nuestra propia existencia?

Chalmers no es dualista cartesiano, sino dualista de propiedades. Cree que la conciencia es una manifestación del mundo material, un fenómeno actualmente desconocido por la ciencia. Chalmers habla de lo que denomina zombis filosóficos (o "zombis-f" para abreviar). Defiende que es imposible imaginar a un ser que haga todo lo que hace un humano pero que no sea consciente de su propia experiencia. Las experiencias subjetivas de las cosas, como por ejemplo ver la rojez del rojo, reciben el nombre de *qualia*. La pregunta de Chalmers es: ¿por qué existen los qualia?

Daniel Dennet ha formulado la otra cara de este argumento de una forma magnífica. Esencialmente, dice que este difícil problema no existe. Sólo hay problemas fáciles. Una vez que has resuelto todos los problemas fáciles, por definición habrás resuelto el problema difícil.

Para explicar su posición con más detalle, nos anima a que simplemente preguntemos: "Y entonces, ¿qué pasa?". El cerebro ve una imagen; esta información viaja a la corteza asociativa, que le confiere el significado de objeto; y entonces esta información pasa a la amígdala para que se le asigne una emoción al objeto que estás viendo (si se trata de un objeto animado). ¿Y entonces? Esta información viaja a otra parte del cerebro donde se almacenan los recuerdos. ¿Y entonces? Se desencadena un patrón de reconocimiento en el recuerdo de un suceso anterior que implica al objeto. ¿Y entonces? Esta información vuelve a los centros emocionales para provocar las emociones que tienes asociadas a ese recuerdo.

Y la cadena sigue, nunca se detiene. Todos los componentes de la función cerebral que acabamos de identificar giran en círculos sin parar. El cerebro habla consigo mismo, recibe información nueva, activa circuitos y redes, lo que a su vez desencadena otras redes, y así hasta que mueres. Esta cadena de actividad incesante (que se pone en pausa cuando duermes, pero que en realidad es sustituida por otros tipos de actividad cerebral que no producen vigilia) es tu flujo de conciencia. No se va nunca a ningún sitio ni consulta nada con nadie. Es, sencillamente, la conciencia.

Por lo tanto, no existe dicho problema difícil. Comprendemos la conciencia hasta el punto de haber explicado y comprendido los problemas fáciles.

¿Y qué hay de los zombis-f de Chalmer? Es una pregunta interesante, pero a su premisa central yo le encuentro el problema de que los qualia no son necesarios para llevar a cabo todo lo que hacemos. A pesar de que es una pregunta difícil de responder categóricamente, éstas son algunas posibilidades:

Sabemos que incluso las bacterias más básicas presentan un sistema de atracción y de repulsión. Nadan por el gradiente químico para acercarse al alimento y alejarse de los venenos. Y la función más básica de los sistemas nerviosos es la misma, ya que recompensan el comportamiento adaptativo y responden con dolor al comportamiento nocivo. El dolor y la recompensa son la esencia de su función. No obstante, para que el sistema funcione, tenemos que "notar" el dolor como algo negativo y "percibir" el circuito de recompensa como algo bueno en cierto grado. A medida que los seres se sofistican, sus circuitos de recompensa y de aversión también se vuelven más sofisticados. Y esto da pie a las emociones complejas. También hay que tener en cuenta la motivación. El miedo es un gran motivador que hace que nos concentremos e invirtamos toda nuestra energía en correr muy rápido para escapar del depredador.

Otros han planteado que, puesto que en el cerebro el recuerdo de una experiencia es esencialmente idéntico a la propia experiencia, es necesario notar alguna diferencia entre ambos, ya que los organismos deben saber si están recordando algo o experimentándolo en tiempo real.

Y, finalmente, tiene que existir algún tipo de mecanismo que gestione el reparto de atención. Nuestros cerebros no pueden prestar atención a todo a la vez, y tampoco pueden llevar a cabo simultáneamente todos los tipos de procesamiento que existen. De hecho, dedicamos una cantidad significativa de energía mental en concentrar nuestra atención en lo importante y filtrar el resto. No cabe duda de que la atención implica la presencia de un agente consciente.

Incluso si fuera posible diseñar un sistema que replique todo esto sin prestar atención o sentir cosas, ello no significaría que la evolución no hubiese dado con los qualia como una solución fácil. La cuestión es que experimentamos nuestra propia existencia, y nos funciona.

Es comprensible que todos estos conceptos resulten difíciles de entender, ya que, en cierto modo, se trata del cerebro tratando de entenderse a sí mismo. Y es que el cerebro es lo más complejo de lo que se tiene constancia en el universo. Por eso es importante ser especialmente cuidadosos y humildes, y no debemos confiar en razonamientos simples o en nuestras ingenuas intuiciones.

En esencia, creo que los dualistas apelan a la magia para explicar por qué sus intuiciones no bastan para comprender el fenómeno de la conciencia. Es bastante posible que, puesto que nuestros cerebros evolucionaron hasta crear la utilísima ilusión de que la conciencia fluye de forma continua y sin fisuras, nuestra evolución se asegurara de que no pudiéramos comprender fácilmente nuestra propia conciencia, ya que para ello tendríamos que traspasar dicha ilusión.

La ciencia puede llegar a comprender la conciencia mediante décadas de reflexión e investigación minuciosa. La neurociencia nos está dando resultados fantásticos. No veo por qué tendríamos que perder los nervios, empezar a hablar de hadas de luz y, esencialmente, dejar de tratar de comprender científicamente uno de los mayores rompecabezas del universo.

37. Los rayos N

Sección: Ejemplos admonitorios

Véase también: Pseudociencia

La historia de los rayos N es un ejemplo clásico de cómo los sesgos pueden afectar a las investigaciones, cómo una moda seductora puede asentarse y cómo una pequeña dosis de escepticismo puede ser el antídoto necesario.

> El método científico consiste en usar procedimientos que han sido diseñados no para demostrar que nuestras predicciones e hipótesis son correctas, *sino que podrían ser erróneas*. El razonamiento científico es útil para personas de cualquier profesión porque nos hace enfrentarnos a la posibilidad, e incluso a la funesta realidad, de que estamos equivocados.
>
> —Carol Tavris

Prosper-René Blondlot (1849-1930) fue un notable físico francés que fue galardonado tres veces por la Académie des sciences por su trabajo en el ámbito del electromagnetismo. Sin embargo, por lo que más se le conoce es por su papel en una de las metidas de pata más famosas de la era moderna.

En 1895, el científico alemán Wilhelm Röntgen descubrió los rayos X, la radiación electromagnética cuya longitud de onda oscila entre 0.01 y 10 nanómetros. Con este descubrimiento, Röntgen se ganó la fama y dotó de un prestigio significativo a la comunidad de físicos alemanes.

El descubrimiento también creó la expectativa de que pronto se descubrirían otras formas de radiación electromagnética, y muchos físicos, entre ellos Blondlot, hicieron de ello su misión. Por eso no es de extrañar que, en 1903,

Blondlot anunciara el descubrimiento de otra fuente de radiación a la que bautizó con el nombre de rayos N (en homenaje a su lugar de nacimiento y universidad, Nancy, en Francia).

Entre 1903 y 1906, un centenar de científicos e investigadores médicos publicaron unos trescientos artículos sobre los rayos N en la literatura especializada. Al menos cuarenta científicos afirmaron haber visto dichos rayos N.

Blondlot afirmaba que los rayos N eran producidos por muchos tipos de materia, tanto viva como inerte (todo, a excepción de la madera verde y ciertos metales tratados), y que su potencia aumentaba con la "actividad física" de la fuente. La instalación que usaba para experimentar incluía un cable caliente que introducía en un tubo de hierro para generar los rayos N, los cuales luego se refractaban a través de un prisma de aluminio de sesenta grados y que, a su vez, eran detectados por un hilo de sulfuro de calcio que destellaba ligeramente. Este sutil destello sólo se podía percibir en la oscuridad por quienes poseían una visión muy aguda.

Otros investigadores descubrieron muchas cosas sobre las propiedades de los rayos N: aparentemente, eran capaces de penetrar el metal y la madera, pero el agua los bloqueaba. Hubo científicos médicos que descubrieron que los músculos y el cerebro humano los emitían, y albergaban la esperanza de que fueran tan útiles para el diagnóstico médico como los rayos X estaban resultando ser. Se descubrió que los rayos N se podían transmitir por cable.

La ciencia de los rayos N estaba despegando, pero había un pequeño problema: que los rayos N no existen. Todas estas investigaciones fueron meros autoengaños.

La primera pista de que algo andaba mal con los rayos N surgió del hecho de que los físicos ingleses y alemanes no podían replicar las investigaciones francesas. Las leyes de la física no entienden de fronteras, así que la imposibilidad de réplica suscitó un grado de escepticismo considerable (como debería ser).

Las reputaciones de muchos científicos y el orgullo francés estaban en la cuerda floja. La comunidad de físicos galos ansiaba que su propia radiación electromagnética estuviera a la altura de los rayos X de los germanos, así que no les supuso grandes dificultades decirse a sí mismos que la culpa era de los investigadores alemanes e ingleses, ya que carecían del sensible ojo necesario para captar el sutil destello del hilo que constituía la única prueba de la existencia de los rayos N.

Los rayos N tenían una serie de singulares propiedades que sólo ayudaron a alimentar el escepticismo (entre los físicos no franceses). Blondlot decía que los rayos N presentaban una gran longitud de onda, igual que la luz infrarroja, pero que atravesaban sustancias que sólo deberían admitir longitudes de onda mucho más cortas. Los rayos N no tenían ningún efecto directo sobre las placas fotográficas y, por lo tanto, únicamente podían detectarse mediante la percepción subjetiva de los investigadores (aunque en algunos experimentos se fotografió el detector destellante para documentar su intensidad).

Blondlot también observó que seguía detectando los rayos N incluso tras retirar la fuente, lo que le llevó a concluir que ciertas sustancias, como las lentes de cuarzo que se usaban en algunas instalaciones de experimentación, podían almacenar los rayos N y emitirlos posteriormente. "Descubrió" incluso que el humor vítreo del ojo humano era capaz de almacenar y emitir rayos N.

Cuantos más aspectos de los rayos N iban descubriendo Blondlot y sus colegas, más seguros se sentían; mientras que el escepticismo de los científicos alemanes e ingleses aumentaba en la misma proporción.

La revista *Nature* envió a Robert W. Wood, de la Universidad Johns Hopkins, para que observara el procedimiento experimental de Blondlot y zanjara así una disputa que no dejaba de crecer. El propio Wood no había sido capaz de detectar los rayos N y quería ver si se podía resolver la discrepancia. Tal como escribió: "Debo confesar que fui con una actitud de duda, pero con la esperanza de ser convencido de la realidad de los fenómenos, cuyos informes se han leído con tanto escepticismo".

Wood era, quizá, la persona perfecta para llevar a cabo esta investigación. Se había ganado una reputación de bromista, pero también era divulgador científico y se había comprometido a desacreditar la pseudociencia de su tiempo.

Blondlot y sus ayudantes prepararon el experimento. Para mostrar el espectro de los rayos N, colocaron un prisma de aluminio. En la sala completamente a oscuras, Blondlot insistió en que veía un leve destello en el detector, mientras que Wood no vio nada.

Wood pasó horas en el laboratorio de Blondlot llevando a cabo varios experimentos para ver si los rayos N se podían demostrar de forma fiable. En el primer experimento, Blondlot y sus ayudantes dijeron poder ver un destello en el hilo que Wood no vio, cosa que explicaron diciendo que Wood carecía de la sensibilidad visual necesaria.

Entonces, Wood llevó a cabo un sencillo control. La presencia de su mano en la trayectoria de los rayos N debería haber bastado para bloquearlos, así que, en una sala oscura, pidió a sus colegas que se fijaran en el hilo y dijeran en qué momento estaba bloqueando los rayos N con la mano. No fueron capaces de hacerlo de forma consistente, ya que decían que el cable se veía o bien más tenue o bien más brillante incluso cuando Wood no había movido la mano.

Luego observó sus intentos de mostrar las diferencias en cuanto a cómo la instalación del experimento afectaba al brillo del detector, tal como habían documentado con una imagen. Sin embargo, observó que el cátodo que usaban para generar los rayos N presentaba una fluctuación natural de un 25%, de forma que los cambios que experimentaba la fuente de luz podían explicar los aparentes cambios en el brillo de los supuestos rayos N. También existía la posibilidad de que las técnicas exactas usadas por los experimentadores —el ángulo y la exposición a la película— afectaran al resultado.

Finalmente, Wood llevó a cabo el control por el que más se le conoce. En la tercera instalación experimental, se usó un prisma de aluminio para curvar los rayos N y extenderlos para que formaran un espectro luminoso. Tal como explicó en la carta en la que detallaba sus observaciones y que envió posteriormente a *Nature*:

> No fui capaz de observar ningún cambio en absoluto en el brillo de la línea fosforescente a medida que la movía, y más tarde descubrí que retirar el prisma (estábamos en una sala oscura) no parecía interferir de forma alguna con la ubicación de los máximos y mínimos del conjunto de rayos desviado (!).
>
> Entonces sugerí que trataran de determinar, por medio de la pantalla fosforescente, si había colocado el prisma con el lado refractante a la derecha o a la izquierda, pero ni el experimentador ni su ayudante determinaron correctamente la posición en ningún caso (se llevaron a cabo tres ensayos). El fracaso fue atribuido al cansancio.

Con la ayuda de unos pocos experimentos sencillos y controlados, Wood fue capaz, él solito, de demoler el campo entero de los rayos N.

Qué nos enseñaron los rayos N

La historia de los rayos N es un ejemplo admonitorio clásico sobre ciencia patológica, sesgos y autoengaño entre científicos talentosos. Y, aun así, este episodio no goza ni por mucho de la fama que merece.

Los científicos franceses ignoraron muchas señales de alerta que deberían haber avivado su propio escepticismo. En ciencia, merece la pena ser tu crítico más vehemente y el mayor escéptico de tu propio trabajo. Y esto implica tratar honestamente de demostrar que tu propia hipótesis es errónea y aceptarla provisionalmente, sólo en la medida de que sobreviva a intentos concienzudos de refutarla.

La actitud de Blondlot fue la contraria del propio escepticismo. También explicó con desinterés y justificaciones *ad hoc* los peculiares aspectos de los rayos N, como demuestra su conclusión de que sólo algunas personas eran capaces de verlos. Incluso cuando la evaluación en ciego falló, el fracaso se atribuyó al cansancio en lugar de a la explicación, mucho más sencilla, de que los rayos N no existen.

Por eso la navaja de Occam es tan valiosa en la investigación científica. Siempre podremos inventarnos astutas explicaciones que justifiquen el aparente error de nuestra hipótesis, pero debemos dar mucha importancia a la sencilla posibilidad de que nuestra hipótesis sea incorrecta.

La historia se repite

Para que no creas que se trata de un pintoresco ejemplo de finales del siglo XIX que carece de relevancia hoy día, en la investigación de Jacques Benveniste encontramos un ejemplo más reciente. En 1988, Benveniste publicó un artículo en la revista *Nature* en el que afirmaba que el agua retiene el recuerdo de las sustancias que se han diluido en ellas, incluso cuando se trata de disoluciones extremas.

Naturalmente, esta investigación se llevó a cabo con la intención de encontrar un mecanismo que justificara la homeopatía, la cual usa tratamientos imaginativos que a menudo se diluyen hasta un punto tan extremo que no queda rastro (más allá del nivel de base) de ninguna de las sustancias originales. La afirmación de Benveniste era que incluso cuando la sustancia original desaparece, el agua retiene su firma química en su propia estructura.

El laboratorio de Benveniste trabajaba principalmente con los anticuerpos que activan los basófilos (células inmunitarias) y hacen que liberen histamina, la cual puede detectarse a escala microscópica (Benveniste era inmunólogo de profesión). Defendía que el agua que antaño contuvo anticuerpos seguía siendo capaz de activar los basófilos después de que los anticuerpos fueran diluidos hasta desaparecer.

John Maddox, el entonces editor de *Nature*, publicó los resultados a pesar de ser escéptico respecto de su validez, porque el artículo había sobrevivido a la revisión arbitrada. Pero, en consonancia con el pasado de esta prestigiosa revista, fue a inspeccionar el procedimiento experimental por sí mismo. Llevó consigo a Walter Stewart de los Institutos Nacionales de Salud, quien se dedicaba a investigar el fraude científico, y al destacado escéptico y mago James Randi. Igual que había hecho Wood antes que ellos, publicaron sus hallazgos en un artículo posterior en *Nature* en el que detallaban una serie de errores observados en el laboratorio de Benveniste.

Durante la investigación, el equipo hizo lo mismo que Wood: cegaron la evaluación. Una vez cegados adecuadamente, los experimentos replicados fueron negativos. El único debate entre los investigadores era en torno a si los resultados originales se debían al sesgo o al fraude. Se observó que una coinvestigadora que se mostraba crítica a llevar a cabo los experimentos, Elisabeth Davenas, era la única capaz de producir sistemáticamente resultados positivos. Randi, en declaraciones posteriores sobre la experiencia, contó que la había observado mientras leía una placa, comprobaba si la muestra era una prueba o un control, y luego volvía a contar la placa para obtener una cifra que fuera más de su agrado.

Randi también recordó que Davenas era la única de su equipo que no se mostró nerviosa cuando los resultados estaban a punto de ser revelados. Interpretó que su actitud denotaba que ya sabía que los resultados, una vez cegados adecuadamente, serían negativos. No obstante, un equipo de observadores que representaban a la revista *Nature* concluyó que el sesgo involuntario —que no el fraude— de Davenas explicaba en gran medida los resultados anteriormente registrados. Igual que Blondlot, Benveniste ignoró las sucesivas anomalías en los datos que deberían haber suscitado su escepticismo. Posteriormente, se negó a aceptar los resultados cegados y catalogó a la investigación de "cacería de brujas". Estos casos históricos, aunque se encuentren entre los más sorprendentes, no son los únicos. Las manifestaciones más sutiles del autoengaño son frecuentes, incluso entre investigadores respetados pertenecientes a la corriente convencional. Yo me encuentro constantemente con racionalizaciones de por qué los ensayos terapéuticos presentan resultados negativos. Tal vez, plantean, la dosis no era lo suficientemente elevada o la duración del tratamiento lo suficientemente prolongada. Tal vez el tratamiento funcionaría en un subgrupo de pacientes, si pudieran ser identificados. Tal vez debería usarse una medida del resultado más eficiente.

Es perfectamente posible que una o más de estas explicaciones fueran ciertas. También es posible, y mucho más probable, que el tratamiento, sencillamente, no funcione. Lo que hace que estas explicaciones resulten poco convincentes es su carácter *ad hoc*.

A los humanos en general se nos da muy bien pensar en razones que sostengan nuestras creencias deseadas ante la existencia de datos contradictorios. Las personas de inteligencia y formación superiores no son necesariamente más avezadas en lo que al pensamiento crítico se refiere, pero sí es probable que sean capaces de hacer que sus excusas sean más astutas y creativas. Y los científicos no son ninguna excepción.

38. El pensamiento positivo

Sección: Ejemplos admonitorios

Véase también: Pseudociencia de autoayuda

El movimiento del poder del pensamiento positivo es el pilar que apuntala los imperios de la autoayuda. Desde Chopra hasta Oprah Winfrey, los autoproclamados gurús del movimiento han amasado grandes sumas de dinero explotando estrategias tradicionales basadas en el cliente, como pueden ser los programas de televisión, los libros, los seminarios y los retiros. La retórica subyacente es simple: "Pensar de forma positiva atrae resultados positivos".

> La relación entre la realidad y mis creencias se basa en el control que la realidad ejerce sobre mis creencias, no a la inversa.
>
> —Eliezer S. Yudkowsky

¿No sería maravilloso que imaginar algo —pensar en ello con muchas ganas— hiciera que ocurriera de verdad? Este tipo de pensamiento mágico es enormemente atractivo, ya que crea la ilusión de que tenemos poder y control. Pero no es más que eso: pensamiento mágico.

También es lo que muchos escritores y gurús de la autoayuda te harán creer. Recibe muchos nombres —mente sobre materia; la ley de la atracción, de la manifestación o del magnetismo—, pero todas sus iteraciones tienen una cosa en común: no existe ninguna evidencia científica que respalde este tipo de ideas.

Desde *The Secret* [*El secreto*] de Rhonda Byrne hasta *The Science of Getting Rich* [*La ciencia de hacerse rico*] de Wallace Wattles, los escritores de libros de autoayuda —ya sean estafadores o creyentes auténticos— se llenan los bolsillos gracias al movimiento del poder del pensamiento positivo. Si consultas la categoría de "ley de la atracción" en cualquier página web de venta de libros, encontrarás miles de resultados de libros que ofrecen un plan infalible para ganar dinero, encontrar el amor, mejorar la memoria e incluso curar el cáncer. Y si esto te preocupa, haces bien.

No sólo es imposible cambiar el universo con tan sólo desearlo, sino que intentarlo parece ser contraproducente. El psicólogo (y amigo de la *SGU*) Richard Wiseman señala que las investigaciones demuestran claramente que el pensamiento positivo no ofrece ningún beneficio, y que en realidad, su efecto es negativo.

Wiseman señala que en un estudio llevado a cabo en 1999, Lien Pham y Shelley Taylor compararon los "efectos que las estimulaciones mentales basadas en el proceso y las basadas en los resultados ejercen sobre el rendimiento". En otras palabras, pidieron a un grupo de alumnos que pensaran en obtener un buen resultado en un examen próximo (estimulación basada en el resultado), los compararon con los alumnos que pensaron en el proceso de estudiar y hacer el examen (estimulación basada en el proceso), y luego compararon ambos con un grupo de control. Los alumnos que imaginaron el proceso obtuvieron mejores resultados que los del grupo de control, pero a los que imaginaron que obtenían buenas notas les fue peor.

La lección es clara: el pensamiento positivo en sí mismo no sólo es inútil, sino que es una pérdida de tiempo y de esfuerzo que te distrae de actividades más prácticas. Sin embargo, imaginar el proceso por el que tienes que pasar para alcanzar un objetivo sí es útil, porque conduce a una acción real. Es la acción (en este caso, estudiar) lo que proporciona un resultado positivo.

En realidad, las investigaciones demuestran que tener una perspectiva negativa o pesimista aporta muchos beneficios. El pesimismo se correlaciona con ganancias económicas más elevadas, menos problemas conyugales, una comunicación más efectiva, mayor generosidad y menos decepciones. Aparentemente, preocuparnos nos ayuda, al menos hasta cierto punto. Un exceso de optimismo nos puede convertir en descuidados y encaminarnos hacia el fracaso.

Una perspectiva excesivamente positiva también puede hacer que morir sea más complicado. El psicólogo James Coyne ha dedicado su carrera a la actitud del final de la vida en pacientes enfermos de cáncer terminal. Señala que, en una cultura obsesionada con el pensamiento positivo, la cercanía de la muerte puede provocar consecuencias psicológicas devastadoras para la persona en cuestión. La muerte es difícil. Cada persona gestiona la muerte y el luto de una forma distinta. Pero una cosa es segura: si crees que podrás curarte de una enfermedad terminal con tan sólo desearlo, tendrás que enfrentarte a una profunda decepción.

Los seguidores del movimiento del pensamiento positivo pueden posponer tratamientos importantes y basados en la evidencia (o directamente rechazarlos) para aferrarse a las llamadas prácticas de "manifestación" con la esperanza de curar la enfermedad. Lamentablemente, este enfoque casi siempre suele terminar en tragedia. En una investigación llevada a cabo por el doctor Coyne, quizás una de las más extensas sobre el tema hasta la fecha, se observó que no existe ninguna relación entre el bienestar emocional y la mortalidad entre los enfermos terminales (véase James Coyne, Howard Tennen y Adelita Ranchor, 2010). El pensamiento positivo no sólo no contribuirá de forma alguna a posponer lo inevitable, sino que puede hacer que el poco tiempo que queda sea todavía más difícil.

Cada uno tiene una forma distinta de fallecer, y la calidad de vida puede verse seriamente afectada por las presiones sociales externas. Si una persona se siente furiosa o triste, pero tiene que cargar con que sus amigos, seres queridos e incluso profesionales médicos esperen de él que sea "valiente" o que mantenga una "actitud positiva", la tensión que esto le provocará podrá disminuir significativamente su calidad de vida durante sus últimos días.

Pero la pseudociencia del pensamiento positivo no sólo afecta a enfermos y moribundos. Su propio diseño hace que abuse de las personas débiles, pobres, dependientes y necesitadas. Predicar el evangelio de la abundancia mediante el poder mental encamina a la sociedad en su conjunto hacia el fracaso. En lugar de hacer el trabajo necesario o adquirir conciencia de las duras realidades que a menudo tenemos ante nosotros, estas personas esperan, desean y rezan por un amor, un dinero o una fama que seguramente nunca llegará. A su vez, esta actitud tiene el potencial de desencadenar un círculo vicioso de desesperación y fracaso.

Pero no me malinterpreten. No estoy diciendo que ser una persona (razonablemente) positiva sea algo malo, y tampoco estoy defendiendo que una persona de carácter naturalmente alegre se reprima a propósito. Pero que nadie espere ser recompensado con una especie de bendición cósmica por pensar de forma positiva. Desgraciadamente, el universo no funciona así.

39. Las estafas piramidales

Sección: Ejemplos admonitorios

Véase también: Ventas multinivel

Una estafa piramidal es un tipo de negocio que capta a nuevos participantes mediante la promesa de una ganancia que obtendrán de los participantes a los que capten. Normalmente, las personas que se involucran en estos negocios deben invertir dinero en comprar productos u otros materiales relacionados con el negocio. La formación que reciben está encaminada hacia la captación de nuevos participantes. Imagina una pirámide: los nuevos participantes deben conseguir un grupo mayor de participantes que quede por debajo de ellos, y éstos a su vez tendrán que captar a un nuevo grupo todavía más grande. El dinero escala la pirámide hasta llegar a quienes se encuentran en la cima.

> Creo que los científicos tienen razón al lamentarse sobre el hecho de que en nuestra cultura sea socialmente aceptable ser un completo ignorante de las matemáticas mientras que ser analfabeta es una vergüenza.
>
> —Jennifer Ouellette

Recibes la llamada de un amigo que está muy contento de hablar contigo y que te invita a una reunión para hablar de una oportunidad que te puede cambiar la vida. Te explica que ahora lleva su propio negocio y que tú también puedes hacerlo. Que vas a ganar un montón de dinero, pero que lo primero que tienes que hacer es asistir a una reunión. Tú no acabas de verlo con claridad, pero tu amigo no acepta un no por respuesta.

En la reunión hay varias personas a quienes no conoces. El amigo que te ha invitado se alegra mucho de verte y te asegura que todo irá fenomenal. Te presenta a Tony, quien va a llevar la reunión y en un momento se los explicará todo. Al poco, Tony se dirige a los asistentes:

> Bienvenidos. Me alegro de ver algunas caras nuevas entre nosotros. Fíjense en todas las personas que están hoy aquí, porque hoy les van a cambiar la vida. No hace mucho, un amigo me habló de Vita-Root, el complejo multivitamínico y sustitutivo de las comidas. Mi primera reacción fue pensar: "¿Qué demonios es esto?", pero me quedé en la reunión. Para cuando la reunión tocó su fin, ya estaba convencido. Me di cuenta de que ésta era la oportunidad que tanto había esperado. Mi objetivo es compartir con ustedes lo inteligente y fácil que es este negocio. Quiero que vean que lo único que tienen que hacer es trabajar algunas horas a la semana y empezarán a ganar dinero. ¿Ven este cheque? Es mi último cheque de Vita-Root. Es por un valor de cinco mil doscientos setenta dólares. Es lo que he ganado este mes organizando reuniones como la de hoy. También soy mi propio jefe, y ahora mi vida está 100% libre de estrés.

Interesante, ¿verdad? Admítelo, una parte de ti quiere saber más. Esto ocurre gracias al empleo de una serie de estrategias psicológicas básicas. Tony sabe que todo el mundo quiere formar parte de algo, y todos queremos tener el control de nuestras vidas, ganar dinero y ser felices. Y en el primer minuto de la reunión te lo han prometido todo. El objetivo de Tony es lograr que te unas al negocio, lo que significa que, de un modo u otro, tendrás que pagar. Para ganar dinero, Tony y el amigo que te ha captado tienen que convencer a los demás de que compren las vitaminas de la empresa para venderlas, de que paguen una cuota de socio y de que capten a nuevos miembros. Además, la persona que captó a Tony también gana dinero con ello, y la que captó a esta última, también. Los miembros que tú captes —así como los miembros captados por ellos— son tus descendentes. Se gana dinero a cuenta de los varios niveles que se tiene por debajo, y por eso a los negocios de este tipo se les llama venta multinivel.

Algunas empresas de venta multinivel cuyos agentes venden productos al público son empresas legítimas y sólidas. Se considerará que una empresa de venta multinivel es una estafa piramidal si el dinero que ganan sus miembros proviene principalmente de los miembros descendentes (de las personas a las que captan). Pongamos un ejemplo muy sencillo. Les pides a cuatro amigos que te den 50 dólares cada uno. Ya has ganado 200 dólares. Ahora, cada uno de tus amigos tiene que buscar a cuatro personas que les den 50 dólares cada una; su beneficio neto será de 150 dólares. El patrón sigue avanzando y, a medida que lo hace, el número de personas involucradas crece de forma exponencial. De ahí que se llame "estafa piramidal", porque la base de la pirámide es más grande que la parte superior. Las estafas piramidales pueden ser mucho más complejas, pero ésta es su esencia.

La Comisión Federal de Comercio de Estados Unidos advierte al público de que preste atención a los tres signos básicos de que un negocio es una estafa piramidal: la mayoría del salario procede de las personas a las que captas, no de tus ventas directas; se te pide que compres y conserves productos, los vendas o no; puede que se te pida que pagues por otros servicios (como seminarios) o por una cuota de cualquier tipo.

A menudo, incluso los productos que se venden son sospechosos. Puede que sean servicios demasiado buenos como para ser verdad (¿en serio es posible reducir tu factura de la luz a la mitad?), productos médicos cuestionables o productos cotidianos con propiedades extraordinarias. Puede que te preguntes: "Si estos productos son tan maravillosos, ¿por qué no los venden las tiendas?".

A menudo, la persona que esté tratando de captarte insistirá en que la empresa "no es una estafa piramidal" y que es "totalmente legal". Puedes apostar a que, si alguien te dice que su empresa no es una estafa piramidal, es porque lo es.

Los estudios que han analizado centenares de empresas de venta multinivel han observado que el 99.6% de las personas involucradas terminan perdiendo dinero. Sólo los que se encuentran en la cima de la pirámide ganan; todos los demás, los "descendentes", no son más que la fuente última de beneficios.

Las empresas de venta multinivel también pueden levantar sospechas desde el punto de vista comercial. Retomemos el ejemplo del suplemento vitamínico. Es posible que la propia empresa no haga afirmaciones directas dirigidas a los consumidores que puedan vulnerar las regulaciones, como por ejemplo que el suplemento cura una enfermedad. No encontrarás afirmaciones de este tipo en ningún documento oficial de la empresa.

Sin embargo, la persona que lleva las reuniones de captación de las empresas de venta multinivel sí hace estas afirmaciones, aunque sea de forma implícita. Los propios vendedores dicen ser consumidores del suplemento. Entonces tratan de venderlo con sus propias anécdotas y afirmaciones. Son los únicos responsables de dichas afirmaciones, lo que ofrece a la empresa un cómodo colchón contra el fraude resultante.

La siguiente pregunta evidente es: ¿son legales las empresas de venta multinivel? Pues sí y no. Las estafas piramidales en las que no hay ningún producto de por medio son ilegales en la mayoría de los países. Las lagunas legales aparecen cuando hay un producto que se está vendiendo a través de un modelo de venta multinivel. En algunos casos, el producto no es más que el escudo de una actividad que, en última instancia, es una estafa piramidal.

En muchos casos, que los miembros vendan el producto basta para hacer que la empresa sea técnicamente legal. Pero aunque lo sea, la mayoría de los miembros siguen perdiendo dinero porque están obligados a comprar y conservar el producto, puede que también estén obligados a invertir dinero en otras cosas, y las ventas del producto no son suficientes como para que la pirámide siga creciendo. Incluso cuando tanto la empresa de venta multinivel como el producto son legítimos, el enemigo definitivo son las matemáticas.

La estructura de una empresa de venta multinivel es contraproducente por naturaleza. Por ejemplo, si la empresa empieza con seis personas y los miembros de cada nivel deben captar seis personas cada uno, con tan sólo doce niveles tendrás a más de dos mil millones de personas.

Incluso si no se llega a captar a todos los miembros necesarios, la población se saturará rápidamente. Además, cada nuevo miembro captado es ahora tu competidor. Puede que forme parte de tu mismo círculo social, y ambos estarán reclutando gente dentro del mismo grupo.

Cualquier modelo de negocio que dependa de una fuerza de ventas en continua expansión es insostenible. Seguramente, lo mejor que puedes hacer es mantenerte alejado de cualquier empresa de venta multinivel. Las probabilidades de que termines en la base de la pirámide son abrumadoras.

SEGUNDA SECCIÓN

Aventuras del escepticismo

Ahora que llevas una mochila cargada de herramientas de pensamiento crítico, es hora de poner manos a la obra.

En el programa solemos "zambullirnos", como nos gusta llamarlo, en temas concretos. Tal vez ha salido una noticia interesante o alguien nos ha enviado una pregunta, y para tratar el tema en condiciones debemos llevar a cabo un análisis exhaustivo de todas las afirmaciones y evidencias relevantes. Y gracias a internet, ahora este proceso es más fácil que nunca.

En este caso, internet y las redes han cumplido su promesa con creces, ya que ahora disponemos de una enorme mina de conocimiento humano acumulado al alcance de la mano y de fácil consulta. En abril de 2017, el volumen estimado de la World Wide Web era de cuarenta y siete mil millones y medio de páginas web. Naturalmente, mucho de este contenido consiste en información errónea, videos de gatos, pornografía y publicidad con anzuelo, pero también es posible encontrar información útil.

Hoy en día, las habilidades verdaderamente valiosas tienen que ver con saber cómo encontrar información y, más importante todavía, con cómo evaluar con ojo crítico lo que encuentras. A continuación encontrarás una guía para abrirte paso en la jungla de información del salvaje mundo digital:

¿De qué fuente procede la información? No existe ninguna fuente de información que no pueda impugnarse (exacto, ni siquiera nosotros, la *SGU*). Pero sí es cierto que algunas fuentes son mejores que otras. Se ha observado que las páginas académicas, en lo que respecta a la calidad, son las más fiables. También se puede encontrar información confiable en las páginas de otras instituciones, ya que si la precisión es un rasgo importante de su reputación, lo más probable es que tengan a un equipo de personas trabajando en sus contenidos, algún proceso editorial o de revisión arbitrada, y que no persigan ningún fin extremo.

Los blogs grupales llevados por profesionales también suelen ser buenas fuentes de información. Gozan de más credibilidad que los blogs o páginas web individuales, ya que estos últimos varían enormemente en función de quién esté detrás. Las páginas comerciales son, por norma general, menos merecedoras de confianza. Sin embargo, las peores páginas son las extremadamente ideológicas, cuyo propósito es promover un relato específico. En ocasiones, su objetivo es promover una narrativa para venderte algo, como ocurrió con la tristemente célebre página de conspiraciones médicas *Natural News*.

Pero, como decía, ninguna página es perfecta. Por eso **hay que consultar varias fuentes.** Además, es importante buscar de dónde ha obtenido la información dicha fuente, es decir, cuál es la fuente primaria. Es frecuente encontrar páginas que reproducen o simplemente ofrecen enlaces a otras fuentes de información (de ahí el nombre de "red"). Hay que **seguir el rastro de la información hasta la fuente original.**

A veces la fuente original no es fiable, a pesar de que los medios de comunicación de la corriente dominante la perpetúen. También es posible que la fuente original, que puede ser un estudio científico publicado o un trabajo periodístico primario, haya sido tergiversada por fuentes secundarias. En otras ocasiones, una fuente primaria puede haber sido repetida tantas veces que puede llegarse a pensar que se trata de muchas fuentes, cuando en realidad todos los caminos conducen a la misma fuente primaria.

Es sumamente importante **buscar deliberadamente todo un abanico de fuentes y de opiniones.** Antes de aceptar cualquier afirmación, siempre quiero saber quién no está de acuerdo con ella y en qué razones se basa para rechazarla. Si es posible, luego quiero ver cómo responde la parte defensora a sus críticos, y cómo han respondido los críticos a las respuestas de los defensores. En esencia, **es importante seguir el debate hasta el final.** En ocasiones no podrás saber qué posición es mejor hasta que hayas oído todos los contraargumentos y descubierto quién tiene la última palabra.

También es necesario **examinar de forma independiente los argumentos de cada bando para ver quién presenta los mejores.** ¿Qué bando dispone de mejores fuentes para extraer sus evidencias? ¿Qué bando emplea una lógica más válida? Si un bando necesita recurrir constantemente al uso de falacias lógicas y tergiversaciones, y nunca termina de responder a sus críticos, seguramente es porque su posición es débil.

Es posible que ningún bando esté totalmente en lo cierto o totalmente equivocado. Pero eso no significa que siempre exista un equilibrio: a veces ocurre que un bando está equivocado completamente (como quienes están contra las vacunas); en ocasiones la respuesta se encuentra a medio camino entre dos extremos; y en ocasiones simplemente no disponemos de una respuesta y debemos abstenernos de emitir juicio alguno. No pasa absolutamente nada por decir que no tienes una opinión formada sobre un tema si no crees haber llevado a cabo una investigación adecuada.

También es enormemente útil **compararte a ti mismo con otras personas a quienes respetas y que disponen del conocimiento correspondiente.** Siempre que puedo, comparo mi comprensión sobre un tema con lo que piensan los expertos. Si mi punto de vista es distinto del suyo, tengo que llegar a la raíz de la discrepancia, la cual suele ser que he pasado algo por alto.

Hay que hacer un esfuerzo coordinado para no escoger selectivamente, para **no quedarse con la primera respuesta o con la que más te conviene.** No busques a un experto que coincida contigo para concluir que tienes razón. Busca a expertos que estén en desacuerdo con tu punto de vista, es a ellos a quienes debes escuchar.

Este proceso es infinito. Todas las conclusiones son provisionales, y no debemos enarbolarlas para siempre o integrarlas en nuestra identidad. **Si descubres una información nueva, incorpórala sin reservas a tu evaluación.** Enorgullécete de tu capacidad de cambiar de opinión. Esto no significa que jamás debas tener opiniones sólidas, sólo que deben serlo tanto como las evidencias y la lógica que las respalden, y estar siempre abiertas a revisión.

A continuación encontrarás algunas aventuras personales que hemos vivido a lo largo de los años al usar el pensamiento escéptico científico para profundizar en ciertos temas y, a veces, para derrocarlos. Toma una toalla, ponte las pantuflas y acompáñanos mientras nos adentramos en la selva. Este viaje es a menudo frustrante, en ocasiones tétrico y siempre gratificante.

40. Razonamiento motivado sobre los organismos genéticamente modificados

La aventura de Steve

No parece que haya ninguna manera de crear la próxima revolución ecologista que no sea mediante los OGM.

—E. O. Wilson

Cuando iniciamos nuestras carreras como escépticos en la década de 1990, no prestamos ninguna atención a los OGM (organismos genéticamente modificados). Las cosechas y otros útiles organismos que surgen de la alteración genética a manos de la tecnología moderna estaban en sus albores y el público general todavía no era consciente de su existencia. Sin embargo, quienes sí les estaban prestando mucha atención eran los grupos de presión de la industria de los alimentos orgánicos y organizaciones como Greenpeace, y pusieron en marcha una campaña para conseguir que el público se opusiera a esta tecnología.

Para cuando me enteré de que existía un movimiento anti-OGM, la campaña ya estaba en pleno funcionamiento, los contrarios a los OGM habían elaborado una larga lista de siniestras afirmaciones sobre los OGM y la opinión pública ya se había posicionado claramente contra esta tecnología alimentaria. Incluso muchos de mis compañeros escépticos creían que Monsanto era una corporación diabólica y que, como mínimo, debía revisarse la regulación de los OGM.

Supe que debía arremangarme y adentrarme en la ciencia y en las muchas afirmaciones que se estaban lanzando contra la modificación genética de los alimentos. También sabía que debía seguir un proceso lo más objetivo posible para desentrañar dónde se encontraba la verdad. El resultado no me afectaba en absoluto, lo único que estaba en juego era mi reputación como escéptico y divulgador científico. No podía equivocarme.

Así que seguí el proceso que hemos descrito (¿qué dicen todos los bandos?, ¿cuáles son los hechos objetivos?, ¿quién dispone de los mejores argumentos?, ¿en qué punto se viene todo abajo?). Empezar me supuso todo un reto, porque casi toda la información que existe sobre el tema está sesgada a favor de un fin concreto, ya sea afín o contrario. Tuve que cavar muy hondo para dar con los estudios científicos originales, hasta donde me fue posible, y ver qué decían los expertos objetivos sobre la evidencia.

Lo que descubrí es que los fundamentos del bando de los anti-OGM están hechos de arena. Cuanto más escarbas, más se derrumban sus afirmaciones. Al final tuve que concluir que la posición anti-OGM no era más que una campaña propagandística muy elaborada y bien financiada. Intento con todas mis fuerzas ser justo con todas las partes, especialmente con las que discrepo. Pero a pesar de que concedo a los argumentos anti-OGM la más compasiva de las interpretaciones, sencillamente no sobreviven a un análisis crítico.

También comparé mi análisis personal con los de los expertos. Descubrí que todas y cada una de las organizaciones científicas importantes del mundo que han revisado la literatura científica sobre los OGM han llegado a la misma conclusión: que los OGM son seguros y que no representan ningún riesgo específico para la salud o el medio ambiente.

A pesar de este sólido consenso científico, la cuestión de los OGM presenta la mayor de las fracturas entre la opinión pública y la opinión científica. En una encuesta llevada a cabo por el centro Pew en 2015, el 37% de los adultos estadunidenses afirmó creer que era seguro consumir OGM. Por otro lado, el 88% de los miembros de la Asociación Estadunidense para el Avance de la Ciencia creía que los OGM son seguros. Estamos hablando de una diferencia del 51%, la más grande de entre todas las cuestiones incluidas en la encuesta.

¿A qué se debe esta enorme diferencia? Probablemente sea la consecuencia de una campaña propagandística deliberada llevada a cabo durante las últimas dos décadas por parte de grupos de presión de la industria de los alimentos orgánicos y de organizaciones como Greenpeace. Es un ejemplo magnífico de lo efectivo que puede ser un buen relato. Esta historia tiene buenos y villanos, y ofrece una moraleja que parece empoderar a quienes la aceptan. Desgraciadamente, la historia no está basada en hechos reales.

Creo que también es cierto que la comunidad de escépticos tardó demasiado en darse cuenta de la situación. El bando de los anti-OGM nos llevaba unos quince años de ventaja, y durante ese tiempo su relato se fue difundiendo sin que nadie se le opusiera. Teníamos mucho trabajo que hacer para ponernos al día.

La historia de los OGM también es una lección sobre cómo reconocer una posición que está anclada en la ideología y no en la ciencia. Las posiciones ideológicas tienden a ser rígidas. Se asientan en su conclusión y luego buscan justificaciones, que irán cambiando cuando sea necesario, pero jamás cuestionarán la conclusión (que suele ser su punto de partida).

Como veremos, quienes se oponen a los OGM suelen hacerlo siempre. Citan una razón, y si la derribas definitivamente, pasan a la siguiente.

El periodista Mark Lynas emprendió un viaje similar al mío, pero él empezó siendo anti-OGM hasta que examinó de cerca las evidencias reales. Esto es lo que escribió en 2015 para el *New York Times*:

> Yo también formé parte de ese bando de activistas. He sido ecologista toda mi vida, y en el pasado me opuse a los alimentos modificados genéticamente. Hace quince años, incluso participé en la destrucción de los campos de ensayo en Gran Bretaña. Pero luego cambié de opinión.
>
> Tras escribir dos libros sobre la ciencia del cambio climático, decidí que no podía seguir adoptando una posición prociencia en el asunto del calentamiento global y una posición anticiencia en la cuestión de los OGM.
>
> Me di cuenta de que ambas cuestiones gozan de un nivel equivalente de consenso científico, a favor de la realidad del cambio climático y de la seguridad

de los alimentos modificados genéticamente. No podía defender el consenso de los expertos en un asunto y rechazarlo en el otro.

Otro periodista, William Saletan, también analizó en profundidad el problema de los OGM y alcanzó una conclusión similar:

> Dediqué gran parte del año pasado a profundizar en la evidencia. Y esto es lo que he aprendido. Para empezar, es cierto que la cuestión es compleja. Pero cuanto más profundizas, más fraude encuentras en los argumentos contra los OGM. Están plagados de errores, de falacias, de confusiones, de tergiversaciones y de mentiras.

Echemos un vistazo a lo que son los OGM y analicemos los argumentos a favor y en contra.

Una breve historia de los OGM

Los defensores de los OGM enseguida apuntan que prácticamente todos los alimentos que consumimos los humanos han sido sujetos a grandes modificaciones provocadas por la actividad humana. El maíz, por ejemplo, se cultivaba a partir del teocintle, que no tiene nada que ver con el maíz actual. De hecho, hizo falta una enorme tarea detectivesca para determinar que ambos son esencialmente la misma especie.

El cultivo se basa principalmente en la selección artificial, ya que las mejores plantas de la cosecha se reservan para obtener las semillas para el año siguiente. Si repites este proceso unos cuantos miles de veces, el resultado será el desarrollo de la agricultura y todos los alimentos que reconocemos en la actualidad.

La polinización cruzada también puede formar parte del proceso de cultivo, dando paso así a una especie híbrida para tratar de obtener los mejores rasgos de especies muy cercanas. Al combinar la polinización cruzada y la selección artificial, los agricultores han creado infinitas variedades de plantas comunes. El tomate negro o azul, por ejemplo, del que hoy en día existen unas cincuenta variedades, es rico en flavonoides, que es lo que le da su color. Las zanahorias naranjas se desarrollaron a partir de una mutación fortuita que provocó un alto nivel de betacarotenos. Esto hizo de las zanahorias una fuente de vitamina A y, por tanto, un cultivo esencial importante.

Fundamentalmente, casi ninguno de los alimentos que consumimos se parece mucho al aspecto que tenía en su estado evolucionado anterior a la interferencia humana. Las frambuesas son una de las pocas excepciones.

Naturalmente, el cultivo no es lo mismo que la alteración genética directa, y nadie dice que lo sea. El quid de la cuestión es que parece que la alteración genética de por sí no parece ser el problema, y nos moriríamos de hambre si no consumiéramos alimentos que fueran el resultado de enormes cambios genéticos. Parece que lo que les revuelve el estómago a algunos es *cómo* se llevan a cabo estos cambios genéticos. Pero sigamos.

Con el tiempo, los agricultores que no tenían la paciencia de esperar a que ocurriera una mutación fortuita desarrollaron lo que se conoce como *reproducción por mutación* (es decir, exponer a las plantas a radiación o a químicos que aumenten el índice de mutaciones). Entre 1930 y 2007, se crearon

2,540 plantas varietales mutagénicas. Por alguna razón, Greenpeace no ha protestado contra los alimentos mutados químicamente.

Ahora también existe una técnica conocida como *hibridación forzada*, mediante la cual las plantas que no se cruzarían en la naturaleza son forzadas a mezclar sus genes. Crear un híbrido de cualquier tipo entre dos especies o variedades provoca cambios impredecibles en centenares de genes.

La *modificación genética* hace referencia a varias técnicas usadas para alterar los organismos para que se ajusten a nuestros deseos y necesidades. Esta tecnología emplea varios métodos para introducir uno o más genes específicos directamente en el organismo de destino, o para alterar o silenciar selectivamente un gen que ya está presente. Existen dos tipos básicos de inserción de genes: la transgénica y la cisgénica. La introducción cisgénica implica insertar genes de especies cercanas que tienen el potencial de cruzarse con la especie de destino. La introducción transgénica trabaja con genes de especies alejadas, incluso procedentes de distintas categorías de seres vivos, como podría ser la inserción de un gen de una bacteria en una planta.

Hay varios tipos de rasgos de plantas modificadas genéticamente cuyo uso está actualmente permitido: la tolerancia a los herbicidas, la producción de insecticidas, la composición de ácidos grasos alterada (para el aceite de canola), la antioxidación (para las manzanas), la resistencia a los hongos (para los castaños) y la resistencia a los virus. Hay muchas otras aplicaciones potenciales que se encuentran en distintas fases de desarrollo.

A pesar de que los críticos de los OGM suelen citar a las plantas transgénicas como la fuente de su inquietud, los detractores de los "OGM" los agrupan con las plantas cisgénicas y con las técnicas que ni siquiera introducen nuevos genes, sino que simplemente silencian o alteran los genes existentes.

La oposición a la tecnología transgénica suele adoptar la forma de: "Esto jamás ocurriría en la naturaleza". Esta lógica no es válida (es un ejemplo de falacia de apelación a la naturaleza y de falacia genética), y además se basa en una información incorrecta. Existe algo llamado transferencia genética horizontal, que significa que los genes pueden moverse entre organismos discordantes. Por ejemplo, en 2014 se descubrió que los boniatos cultivados contienen un transgén de una bacteria del suelo (*Agrobacterium*), un transgén completamente natural.

La objeción a los transgenes parece basarse en la noción de que los genes de un organismo son inherentemente distintos de los genes de otro organismo, lo cual no es cierto, ya que un gen no sabe si pertenece a un pez, a un tomate o a una persona. No son más que genes. De hecho, los peces y los tomates comparten aproximadamente el 60% de los genes. Es cierto que las distintas categorías de seres vivos usan distintos promotores (es decir, reguladores), pero son fácilmente intercambiables para que sean compatibles con la especie de destino.

Aun así, muchas personas creen que la idea del "peztomate" tiene algo de repulsivo, simplemente porque un gen de un pez se introduce en un tomate. Sin embargo, hacerlo no conferiría al tomate ninguna característica del pez, a excepción de ese único gen que ha sido introducido (en este caso, se trataba del gen de la tolerancia al frío, que nunca llegó al mercado).

La tecnología de la ingeniería genética forma parte de un espectro de la ciencia que se utiliza para alterar seres vivos para que podamos consumirlos. No existe una línea clara o evidente entre las distintas técnicas usadas, lo que hace que el término "OGM" sea hasta cierto punto arbitrario. Pero el relato anti-OGM explota este hecho para crear una falsa dicotomía y declarar que todo lo que se encuentre en un lado de la línea divisoria es sospechoso y poco seguro. Siguiendo esta lógica, sería igual de fácil demonizar la reproducción por mutación, aunque la mayoría de los detractores de los OGM con los que he hablado ignoran por completo la mera existencia de esta técnica. ¿Por qué las plantas que proceden de progenitores que fueron mutados mediante la radiación se consideran orgánicas mientras que se tacha de "antinatural" a una planta que contiene un gen silenciado?

No es la posición de la comunidad científica ni la mía que todos los OGM sean automáticamente seguros, ya que eso sería tan irracional como mostrarse hostil contra todos los OGM. Esta posición se basa en que está bastante claro que la etiqueta de "OGM" es arbitraria y que no puede tratarse a todas las variedades a las que se coloca esta etiqueta como si fueran un grupo. Deberían ser evaluadas individualmente para determinar su seguridad y los efectos que provocan en el medio ambiente. No todas las plantas cultivadas de forma tradicional son seguras, y no todos los OGM son nocivos.

Fijémonos en los principales argumentos contra los OGM y veamos si salen bien parados.

Los efectos en la salud

Existen diversas controversias específicas alrededor de los OGM. Puede que la controversia de mayor carga emocional sea la que concierne a los efectos de los alimentos genéticamente modificados sobre la salud. Los detractores han acuñado el término *Frankencomida*, un lema de gran utilidad política pero muy débil como concepto. No obstante, existe la preocupación legítima sobre si la introducción de proteínas nuevas en los alimentos para el consumo humano podría provocar reacciones alérgicas o consecuencias imprevisibles para la salud.

Por esta razón se ha investigado la seguridad de los alimentos genéticamente modificados, y el balance es que los estudios demuestran que los OGM existentes hoy día son seguros para el consumo humano y animal.

Una declaración emitida en 2012 por la Asociación Estadunidense para el Avance de la Ciencia concluyó lo siguiente:

> Contrariamente a lo que se cree erróneamente, los cultivos modificados genéticamente son sometidos a los controles más exhaustivos que hemos añadido jamás a nuestra cadena alimenticia. Ocasionalmente surgen voces que dicen que alimentar a los animales con alimentos modificados genéticamente provoca

aberraciones que van desde los desórdenes digestivos hasta la esterilidad, los tumores y la muerte prematura. A pesar de que estas afirmaciones suelen ser sensacionalistas y recibir una gran atención por parte de los medios, ninguna ha sobrevivido al escrutinio científico riguroso. De hecho, recientemente se revisaron una docena de estudios específicamente diseñados y a largo plazo sobre la alimentación animal en los que se comparaban papas, soya, arroz, maíz y triticale modificados genéticamente y no modificados genéticamente, y la conclusión fue que tanto unos como otros eran equivalentes en términos nutricionales.

La Academia Nacional de Ciencias coincide:

> Hasta la fecha no se ha documentado ningún efecto adverso para la salud humana atribuido a la ingeniería genética.

La Organización Mundial de la Salud también coincide:

> Los alimentos modificados genéticamente comercializados actualmente en el mercado internacional han superado evaluaciones de riesgos en varios países, y no es probable ni se ha detectado que supongan riesgos para la salud humana.

Como he dicho antes, básicamente todas las organizaciones científicas o médicas relevantes han revisado las evidencias y llegado a la misma conclusión: que el proceso usado para crear OGM no muestra ningún riesgo inherente y que ningún OGM presente en el mercado es inseguro. De hecho, podría decirse que son más seguros que los productos creados mediante la hibridación o la reproducción por mutación. Por ejemplo, los OGM son sometidos a pruebas específicas centradas en las proteínas que tienen el potencial de provocar alergias, ya que dichas proteínas comparten una serie de rasgos detectables.

¿Qué nos dice la evidencia publicada? Tal como hemos visto, la Asociación Estadunidense para el Avance de la Ciencia hace referencia a revisiones de estudios sobre alimentación animal que han concluido que los alimentos modificados genéticamente son seguros:

> Los resultados obtenidos del análisis de alimentos genéticamente modificados y de la alimentación de roedores indican que existen unos márgenes de "seguridad" dilatados (al menos cien veces superiores) entre los niveles de exposición animal sin efectos adversos observados y la ingesta diaria humana estimada. Los resultados de los estudios sobre la alimentación con alimentos derivados de plantas genéticamente modificadas con propiedades agronómicas mejoradas, llevados a cabo con varias especies de ganado [...] no demostraron diferencias biológicas relevantes en los parámetros analizados en los animales de control y los estudiados.

Multitud de revisiones sistemáticas han alcanzado la misma conclusión: no existen evidencias de riesgo alguno. Los detractores argumentan que no se han llevado a cabo suficientes estudios. No obstante, es fácil pedir más estudios y hacer que parezca que esta posición (la de la portería móvil) es la más racional. Es la misma estrategia que utilizan aquellos que están contra las vacunas (ninguna cantidad de estudios es jamás suficiente y apelan una y otra vez al principio de la precaución).

Un estudio llevado a cabo en 2014 resulta especialmente impactante. Los autores observaron las estadísticas de resultados negativos para la salud en el ganado antes y después de la introducción de la alimentación con OGM. Se trata de un gran experimento natural, ya que la alimentación animal viró de forma rápida y casi completa hacia los OGM. Los autores observaron lo siguiente:

> Ninguna industria presentó ninguna perturbación en los parámetros de producción con el paso del tiempo. Los parámetros de salud disponibles, el recuento de células somáticas (un indicador de la mastitis y de la inflamación de la ubre) en

los conjuntos de datos de establos (Fig. 1), las tasas de no aptitud en las inspecciones *postmortem* en las reses (Fig. 1) y las tasas de mortalidad y de no aptitud en las inspecciones *postmortem* en la industria avícola (Fig. 2) disminuyeron (es decir, mejoraron) con el paso del tiempo.

Así, varios parámetros de salud en distintos animales (miles de millones de animales a lo largo de unos quince años) no presentaron efectos adversos a partir de la rápida introducción de la alimentación animal con OGM. De haberse dado efectos adversos significativos a causa de los OGM, parece razonable pensar que habrían sido claramente visibles en los datos.

Los detractores también tienen estudios propios de los que extraer datos selectivamente, como el famoso estudio de Séralini de 2012 (que fue retirado por la publicación original tras un año de críticas y controversias, aunque volvió a ser publicado por una revista más afín). Gilles-Eric Séralini es un investigador francés y anti-OGM convencido que ha publicado varios estudios enormemente defectuosos que han sido despedazados por la comunidad científica.

En general, esto es lo que tenemos: un puñado de estudios pequeños o defectuosos que sugieren que los OGM no son seguros contra una montaña de estudios que demuestran que sí lo son. Cuando los científicos observan los datos, en general suelen coincidir en que los OGM son seguros.

También cabe señalar que, a pesar de que la seguridad de los OGM se ha analizado rigurosamente, no se exige que las plantas que se producen mediante la hibridación —un método capaz de mezclar caóticamente cientos de genes— y las plantas generadas a partir de la reproducción por mutación sean sometidos a los mismos análisis de seguridad que actualmente se exige para los OGM.

Por ejemplo, existe un tomate negro genéticamente modificado que contiene dos genes específicos de la flor boca de dragón que, al ser introducidos en el tomate, producen un nivel más elevado de flavonoides. Esta especie debe pasar por muchos aros reguladores, mientras que para las cincuenta variedades de tomate negro creadas a partir de la agricultura, cuyos resultados son mucho más imprevisibles, no se exige análisis alguno.

Como ocurre con la mayoría de las posiciones extremas, si la evidencia no es del agrado de los anti-OGM, suele desestimarse por ser considerada parte de una conspiración. En este caso, el despreocupado rechazo de los datos sobre la seguridad se justifica diciendo que es la propia industria quien firma todos los estudios. De ser cierta, esta preocupación sería legítima. Cuando una empresa lleva a cabo estudios sobre sus propios productos, los resultados tienden a ser enormemente favorables para su negocio. Eso está claro.

Sin embargo, debemos tener dos cosas en cuenta. Cuando la propia investigación está sometida a una regulación estricta y a ciertos estándares de calidad, es mucho más difícil maquillar los resultados. Y lo que es más importante, la mayor parte de las investigaciones que demuestran que los OGM son seguros corrió por cuenta de científicos, no de las empresas productoras de OGM. Lo que significa que esta acusación es sencillamente incorrecta.

La seguridad y los efectos sobre la salud constituyen claramente la preocupación principal de los anti-OGM. Sin embargo, siempre que señalo que las evidencias son suficientes como para concluir que los OGM actualmente disponibles son seguros, la respuesta que suelo recibir es: "Bueno, es que la razón real por la que me opongo a los OGM no es la seguridad, sino X". Sostienen una posición huérfana de justificación y están dispuestos a ser flexibles.

Echemos un vistazo a esas otras razones.

Los efectos en el medio ambiente

A pesar de que la seguridad de los OGM está bastante clara desde el punto de vista científico, el impacto ambiental neto de ciertos OGM es una cuestión tremendamente compleja.

Las plantas tolerantes a los herbicidas, entre ellas las llamadas plantas Roundup Ready, han sido diseñadas para resistir al herbicida glifosato. Esto permite a los agricultores administrar el herbicida en toda la cosecha, incluso una vez que ha brotado, para controlar las malas hierbas. Las ventajas de las cosechas tolerantes a los herbicidas es que requieren menos trabajo y permiten ahorrar dinero. También reducen la necesidad de labrar, una operación que no es buena para el suelo y que libera dióxido de carbono (CO_2) a la atmósfera.

La desventaja de las cosechas tolerantes a los herbicidas es que provocan el aumento del uso de herbicidas, el cual se integra en el medio ambiente y potencia el desarrollo de maleza resistente. Sin embargo, el glifosato es mucho más seguro que los herbicidas a los que ha sustituido.

Entonces, ¿cuál es su efecto neto? Eso depende de cómo se usen las cosechas. Apoyarse únicamente en el uso del glifosato y en las cosechas resistentes al glifosato está resultando ser una mala idea, principalmente por culpa del desarrollo de resistencia por parte de la maleza. Pero si se usa como una herramienta entre muchas, la resistencia al glifosato puede ser una ventaja neta. Lo mejor para los agricultores es combinar el uso mínimo de la labranza (en lugar de no labrar en absoluto) con el de una variedad de herbicidas, no únicamente glifosato.

El verdadero problema —un tema que no parará de aflorar (sí, el juego de palabras es intencionado)— es que la cuestión no tiene que ver con ser pro-OGM o anti-OGM, sino el uso que se da a los OGM y a otros cultivos resistentes al glifosato como parte de la práctica agrícola en general.

Lo mismo ocurre con los OGM productores de insecticidas y, más concretamente, con los cultivos Bt. El Bt es un insecticida producido por una bacteria. Se trata de un insecticida de uso extendido entre los agricultores orgánicos porque es seguro para el medio ambiente. Pero a los OGM se les agrega el gen de la bacteria para que sean capaces de generar su propio Bt.

La ventaja de los cultivos Bt es que resisten las plagas y reducen el uso de insecticidas en aerosol. El inconveniente es que el uso excesivo y exclusivo de esta estrategia provoca que las plagas desarrollen resistencia contra el Bt, y la polinización cruzada empeora este hecho al propagar el atributo del Bt a las plantas silvestres. También hay quien está preocupado por los efectos que el Bt puede causar en los insectos inofensivos (a lo que yo respondería que el Bt ya se utiliza como pesticida).

De nuevo, el balance final es que el atributo del Bt puede resultar un truco útil para los agricultores. No obstante, los agricultores deberían combinar los cultivos Bt con cultivos que no lo sean para reducir la evolución de la resistencia, así como usar también otros insecticidas.

Existe una práctica llamada *gestión integrada de plagas*. Su objetivo es usar una variedad de métodos para controlar las plagas mientras se reduce el desarrollo de la resistencia y de los efectos nocivos para el medio ambiente. Puesto que todos los pesticidas plantean este riesgo, no sólo los compatibles con los OGM, los OGM pueden convertirse en una parte crucial de la gestión integrada de plagas, y evitar por completo su categoría no proporciona ninguna ventaja.

Algunos apelan a la preocupación medioambiental de que los OGM podrían extenderse en la naturaleza. A pesar de que es cierto que se debería tratar de mantener los cultivos en el campo y minimizar cualquier contaminación no deseada (y existen técnicas para dicho fin), no debemos preocuparnos por que ningún OGM asesino ande suelto. Los cultivos son frágiles; nuestros cruces los han hecho así. Las plantas generan pesticidas naturales para defenderse. De hecho, la mayoría de los pesticidas que consumimos han sido generados por las plantas como medida de autodefensa. Pero los cultivos presentan niveles de pesticidas naturales muy bajos, ya que pueden ser implacables y hacernos enfermar. Por eso debemos defender a nuestras cosechas de las plagas.

Además, los cultivos no están optimizados para su supervivencia. Están optimizados para invertir mucha energía en crear partes comestibles para el consumo humano. Cualquiera que haya tenido un huerto sabrá que esto es cierto: a las plantas de los huertos hay que mimarlas, mientras que es imposible evitar que las malas hierbas crezcan y crezcan. En la naturaleza, los cultivos tendrían las mismas oportunidades de sobrevivir que un perro salchicha en el Serengueti.

No obstante, las objeciones a los OGM no se centran únicamente en los riesgos para la salud y el medio ambiente. No parece haber quedado ninguna oportunidad propagandística por explotar.

El suicidio de los granjeros indios

El argumento —popularizado por la activista por el medio ambiente Vandana Shiva, *Al Jazeera* y el documental de 2011 *Bitter Seeds*— es que doscientos setenta mil agricultores indios se han suicidado como consecuencia de los elevados precios de las semillas y del fracaso de las cosechas de algodón genéticamente modificado en la India. Parece que este mito ha sido totalmente sacado de la manga.

Lo cierto es que, en la India, los suicidios entre los granjeros crecieron antes de que se introdujera el algodón genéticamente modificado en 2002, que se estabilizaron tras la introducción y que, en esencia, no existe correlación alguna entre el cultivo de algodón genéticamente modificado y el riesgo de suicidio. De hecho, los agricultores indios que utilizan algodón modificado genéticamente están obteniendo mayores beneficios, y la producción de algodón ha aumentado de forma significativa en el país.

Los suicidios se correlacionan con decisiones empresariales arriesgadas, con la escasez de irrigación y con la falta de subvenciones y préstamos por parte del gobierno, pero no con el uso de algodón modificado genéticamente. Este argumento no es más que una noticia falsa, pero aun así no desaparece.

Semillas *terminator*

El argumento es que Monsanto ha desarrollado unas semillas llamadas *terminator* (exterminadoras) que germinan durante una generación y que, una vez que la cosecha da su fruto, las semillas resultantes son estériles. Lo cierto es que Monsanto adquirió una empresa que tenía una patente de una semilla *terminator*, pero no ha seguido desarrollándola ni la ha comercializado. Asimismo, Monsanto ha prometido que nunca comercializará una semilla *terminator*.

Esta objeción siempre me ha parecido extraña. A veces se dice que los OGM son peligrosos porque sus atributos podrían penetrar en la naturaleza. La semilla *terminator* tendría el potencial de atajar este miedo, dado que las semillas son estériles. Sin embargo, las *terminator* se presentaron como un intento avaricioso de obligar a los agricultores a comprar semillas todos los años. Pero como veremos, esta objeción también se da de bruces contra la realidad.

Guardar las semillas

Tal vez la mayor queja contra las prácticas empresariales de Monsanto (la empresa que simboliza a la industria agrícola) es que obliga a los agricultores a comprar semillas todos los años. El argumento es que, durante miles de años, los agricultores guardaron las semillas de una temporada para volver a plantarlas a la siguiente. Esto se plantea como si fuera un derecho natural. Sin embargo, hoy en día las empresas de semillas obligan a los agricultores a comprar semillas nuevas todos los años a través del monopolio de los OGM.

No voy a entrar a discutir si es mejor que los agricultores guarden las semillas o compren semillas nuevas todos los años. Sólo apuntaré que este problema no es exclusivo de los OGM y que, cuando se pone en perspectiva, en realidad ni siquiera es un problema.

Para empezar, muchas de las semillas que se comercializan son híbridos.

Según el Departamento de Agricultura de Estados Unidos, el 95% del maíz de Estados Unidos se cultivaba a partir de semillas híbridas antes de la introducción de las variedades modificadas genéticamente. La situación es muy similar en el caso del trigo, la soya, el sorgo, el algodón, los cacahuates y muchos otros cultivos. Por lo tanto, la mayoría de los cultivos son híbridos. Esto es de suma importancia, porque las semillas de las plantas híbridas no se pueden volver a plantar. La naturaleza de la genética hace que los rasgos híbridos no se reproduzcan, lo que significa que la mezcla de rasgos dominantes y recesivos será impredecible.

Esto significa que los agricultores no pueden guardar las semillas de un año para el siguiente en la gran mayoría de los cultivos. Y aun así nunca he oído a ningún activista anti-OGM manifestarse contra los cultivos híbridos porque obligan a los agricultores a comprar semillas nuevas todos los años. Los híbridos llevan usándose desde la década de 1930 y son "naturales", así que supongo que no pasa nada.

Incluso al margen del problema de los híbridos, muchos agricultores prefieren comprar semillas todos los años a guardar las que tienen porque la operación puede requerir mucho tiempo y no ser rentable. Algunas granjas pequeñas guardan las semillas y cultivan sus propias variedades familiares, pero en cualquier caso, este tipo de productores no utilizan variedades modificadas genéticamente adquiridas a grandes empresas de semillas.

Al menos en Estados Unidos y en Europa, guardar las semillas y los OGM no llegan siquiera a la categoría de problema. La situación podría ser distinta para algunos agricultores de países en vías de desarrollo, y he leído informaciones contradictorias sobre esta cuestión. Si esto es lo que te preocupa (e insisto, esto no tiene que ver con los OGM sino con las grandes empresas de semillas en general), deberías exigir regulaciones más justas para los agricultores de los países más pobres, no la prohibición de los OGM.

Denuncias contra agricultores por contaminación

Sencillamente, esto no ocurre. En realidad, los agricultores orgánicos denunciaron a Monsanto para protegerse de la posibilidad de que dicha empresa los denunciara en el futuro por contaminación, pero no fueron capaces de citar ni un solo caso en el que esto hubiera ocurrido. Irónicamente, demostraron en los tribunales que Monsanto nunca denuncia por esta razón y que su reclamación carecía de fundamento.

La idea de que Monsanto denuncia por contaminación está basada en la tergiversación de unos cuantos casos en los que algunos agricultores trataron de anular la patente de Monsanto para un OGM concreto (alegando el agotamiento de la patente, por ejemplo). En todos los casos, los agricultores habían robado deliberadamente semillas de Monsanto o intentado vulnerar la patente y romper su contrato. No se trataba de casos de simple contaminación accidental, pero así es como los han pintado los activistas anti-OGM.

Monsanto y el agente naranja

Para demostrar que Monsanto es "el mal", algunos detractores apuntan a que Monsanto fabricó el agente naranja para el gobierno de Estados Unidos en las décadas de 1960 y 1970. Esto es cierto, pero ¿a quién le importa? Igual que muchas otras empresas, aceptaron un contrato del gobierno para producir una sustancia química. No tiene absolutamente nada que ver con los OGM y es un intento claro y cristalino de envenenar el pozo.

Patentar la vida

Al carecer de evidencias sobre algún riesgo o daño auténtico provocado por los OGM, algunos activistas anti-OGM recurren al argumento subjetivo de que la vida no debería patentarse. Podríamos debatir si es ético permitir que se patenten los organismos, así como los relativos beneficios y riesgos de usar patentes para defender la propiedad intelectual. Sin embargo, esta cuestión no está relacionada directamente con los OGM y no constituye una razón válida para oponerse a la tecnología que hay detrás.

En primer lugar, no todos los OGM están patentados. Algunos son de acceso libre, aunque la oposición a los OGM ha encarecido tanto el proceso de llevarlos al mercado que la tarea de desarrollar OGM de acceso libre se ha vuelto más difícil.

Además, la mayoría de las semillas patentadas no son OGM. Las semillas híbridas también se pueden patentar, y durante décadas, antes de los OGM, los agricultores estuvieron plantando gran cantidad de semillas patentadas que compraban año tras año y no podían guardar las semillas para volver a plantarlas. Sin embargo, coincidiendo con la introducción de los OGM, de pronto esto se convirtió en un problema. Los aspectos relacionados con permitir que las empresas patenten sus semillas son un problema tangencial de la tecnología de los OGM. Se puede estar en contra de una cosa sin oponerse a la otra.

También hay que tener presente que, con el tiempo, las semillas quedan liberadas de las patentes. Las semillas de soya Roundup Ready quedaron liberadas en 2015. Los agricultores pueden plantar semillas genéricas y guardarlas para replantarlas si quieren (aunque no podrán guardar las semillas híbridas, como ya hemos visto). Así que, irónicamente, la transición del uso de semillas híbridas a los cultivos OGM conducirá a que los agricultores puedan replantar más semillas, aunque a los propios agricultores eso no parece importarles demasiado.

Las investigaciones sobre los OGM

Este punto sí requiere atención, pero no es una cuestión que suelan mencionar los detractores de los OGM. Es un buen ejemplo de cómo dejar que la propaganda eclipse los auténticos motivos de preocupación.

Las grandes empresas de semillas controlan quiénes pueden llevar a cabo investigaciones independientes sobre sus semillas, y han sido acusadas de bloquear cualquier estudio que no les sea favorable. En 2009, veintiséis investigadores sobre semillas enviaron una queja anónima a la Agencia de Protección Medioambiental sobre estas restricciones. El resultado fue una mesa redonda en la que participaron los investigadores y las grandes empresas de semillas; éstas expresaron su preocupación sobre la posibilidad de que sus tecnologías fueran pirateadas, y los investigadores defendieron la necesidad de poder llevar a cabo estudios independientes sobre la seguridad y los efectos medioambientales de las semillas. Alcanzaron un acuerdo que condujo al establecimiento de convenios de investigación con muchas universidades, y actualmente la situación ha mejorado notablemente.

El futuro potencial de los OGM: del arroz dorado en adelante

En mi opinión, el arroz dorado es una piedra angular. No veo ninguna razón legítima para oponerse al uso del arroz dorado, es decir, un arroz en el cual se han introducido los genes correspondientes para que contenga betacaroteno. Dado que el arroz es un alimento básico en muchas partes del mundo donde el déficit de vitamina A es un gran problema que causa ceguera y la muerte entre la población infantil, la introducción del arroz dorado parece sensata.

Esta tecnología está lista para ser probada en los campos y, por lo tanto, podría empezar a salvar vidas muy pronto. Me da la sensación de que los detractores de los OGM se oponen al arroz dorado porque un éxito de estas características destruiría su relato (según el cual todo es malo, todo el tiempo). La organización GMWatch, por ejemplo, señala que el arroz dorado no se ha estudiado adecuadamente. Sin embargo, están ignorando un estudio de 2012 (y su artículo ha sido actualizado recientemente para reflejarlo) que demuestra que el betacaroteno del arroz dorado se convierte en vitamina A en los niños al mismo ritmo que el betacaroteno puro del aceite. Los investigadores estimaron que un plato de arroz proporcionaría el 60% de las necesidades diarias de vitamina A. (Este estudio fue retirado por lo que yo entiendo como preocupaciones éticas fabricadas, aunque la ciencia y los hallazgos que contiene son válidos.)

Tanto GMWatch como otros críticos de los OGM alegan que existen soluciones mejores que esta reparación "de alta tecnología", como podría ser el fortalecimiento de los alimentos, los suplementos vitamínicos y cultivar zanahorias y otros vegetales ricos en vitamina A. Además de que este argumento se basa en una falacia del Nirvana y en una elección falsa, las opciones que plantean ya se han puesto en marcha y, aunque han generado buenos resultados, están todavía muy lejos de solucionar el problema de la deficiencia de vitamina A. El arroz dorado se presenta como un método adicional que apoye (no que sustituya) estos otros métodos. De hecho, esta cuestión ha hecho que Patrick Moore, el expresidente de Greenpeace en Canadá, critique a Greenpeace por oponerse al arroz dorado.

La tecnología de la modificación genética admite muchas otras aplicaciones potenciales, y el aumento del contenido nutricional de los alimentos sólo es una de ellas. Otra es la fijación de nitrógeno. Algunas plantas utilizan bacterias para fijar el nitrógeno de la atmósfera; otras, incluidos los cereales responsables de la mayoría de las calorías humanas, obtienen el nitrógeno del suelo, lo que implica una gran fertilización. Esto tiene un enorme impacto medioambiental, resulta muy caro y es uno de los principales factores que limitan la agricultura a gran escala. Imagina que el maíz y el trigo pudieran fijar su propio nitrógeno. Es muy probable que las técnicas de reproducción tradicionales jamás lleguen a desarrollar esta capacidad, y para ello necesitamos la tecnología de la modificación genética.

Otro objetivo muy prometedor es la mejora de la fotosíntesis. Algunas plantas disponen de vías fotosintéticas más eficientes que otras. Si pudiéramos añadir el proceso fotosintético óptimo en los cultivos más importantes, podríamos mejorar las cosechas significativamente (se estima que en un 20 por ciento). Entre otras aplicaciones potenciales para aumentar las cosechas encontramos la resistencia a las sequías y a los patógenos, y la tolerancia al frío.

En última instancia, lo que descubrí es que los OGM no son ni la panacea ni una amenaza. La modificación genética no es otra cosa que una tecnología poderosa, y su impacto dependerá totalmente del uso que se le dé. En realidad, es difícil hablar sobre los OGM como si se tratara de una única cosa. Cada OGM debe ser analizado en función de sus propios riesgos y sus propias ventajas.

Igual que ocurre con muchas otras tecnologías, lo más importante es el uso que se les da. Alimentar de forma segura a la creciente población mundial de una forma sostenible que no suponga un enorme impacto negativo en el medio ambiente es uno de los grandes retos de nuestra civilización. No deberíamos aceptar, sin sentido crítico, los bombos publicitarios ni las historias que nos cuentan las empresas que ofrecen soluciones sencillas (que implican comprar sus productos), pero tampoco deberíamos rechazar toda una tecnología sobre la base del miedo y de la desinformación.

Al final, creo que el diálogo puede ser sano, ya que explorar todos los complejos aspectos del uso de la tecnología de la modificación genética puede conducir a prácticas y soluciones mejores. Pero para ello debemos dejar atrás la falsa dicotomía de los OGM contra los no-OGM. Debemos rechazar el relato diseñado para infundir miedo sobre la *Frankencomida*. Y debemos identificar claramente los problemas auténticos y no confundirlos con un villano simplista.

Pero mi aventura no había terminado. En cuanto creí que había entendido el tema lo suficiente, empecé a tratarlo en mis conferencias en grupos de escépticos. Recibí mucha más resistencia que en cualquier otro tema que haya tratado jamás con mis colegas escépticos. Era evidente que, en cuanto a los OGM, estábamos metidos en un profundo agujero.

A pesar de poseer un profundo conocimiento sobre el tema, tuve que encontrar la mejor manera de comunicar mi información al público, ya que era muy fácil desencadenar reacciones emocionales y parecer despreciativo. Y, naturalmente, a cualquiera que señale los errores en los datos presentados por los detractores de los OGM se le acusa inmediatamente de ser cómplice.

Sin embargo, en los últimos años he percibido que la situación ha cambiado significativamente, al menos entre los escépticos y los aficionados a la ciencia. Eso sí, cambiar la opinión del público general va a ser un camino de lo más escarpado.

41. Dennis Lee y la energía libre

La aventura de Perry

Dennis Lee ha quebrantado muchas leyes, pero no ha roto las leyes de la termodinámica.

—Robert L. Park

Cualquier persona que esté remotamente familiarizada con las leyes de la termodinámica y de la conservación de la energía sabrá que las máquinas de movimiento perpetuo, más comúnmente llamadas "dispositivos de energía libre" son una imposibilidad. No existe forma alguna de construir una máquina que cree energía de la nada. La energía siempre debe proceder de algún sitio, y cualquier proceso consumirá al menos una cantidad pequeña de energía.

Como ya hemos visto en el capítulo sobre la energía libre, el atractivo de este tipo de dispositivos ha atrapado a muchos a lo largo de los siglos. Inventores infatigables han imaginado, diseñado y construido dispositivos que parecen generar una fuente de energía teóricamente infinita. Nunca funcionan, pero eso no consigue que abandonen su fantasía. La promesa de ser la persona que resuelva el problema de la energía y transforme nuestra civilización con un solo movimiento es demasiado poderosa.

Luego están los que no se limitan a experimentar en su garaje o a grabar videos de YouTube, sino que se dedican a captar inversionistas con la promesa de la energía libre. Si de verdad creen o no lo que dicen es una pregunta interesante pero difícil de demostrar, tanto en un sentido como en otro. El vendedor moderno más famoso de una máquina de movimiento perpetuo es Dennis Lee. Para cuando la Sociedad de Escépticos de Nueva Inglaterra (NESS, por sus siglas en inglés) decidió enfrentarse a Dennis Lee en el año 2001, ya contaba con un impresionante currículum:

- Dennis Lee fue detenido ocho veces entre 1974 y 1979 en Nueva Jersey por delitos de fraude, falsificación y relacionados con las drogas.
- En 1975, Lee se declaró culpable en Bergen County, Nueva Jersey, de cinco acusaciones de dar cheques sin fondos y de obtención de fondos bajo pretextos falsos. Fue condenado a un año de cárcel con suspensión de pena y a tres años de libertad condicional.
- En 1978, Lee convenció a Pat Robertson para que le diera ciento cincuenta mil dólares. Dos años después, Robertson acusó a Lee de publicidad engañosa, de dirigir una estafa piramidal y de venta no autorizada de valores. Robertson nunca recuperó su dinero.
- Lee fue detenido en Nueva York en 1982 de nuevo por dar cheques sin fondos.
- En 1985, el fiscal general del estado de Washington lo acusó en una acción civil de violar la Ley de Protección del Consumidor del estado. Lee aceptó la sentencia acordada por las partes de pagar treinta y un mil dólares, pero se fue del estado sin pagar la multa.
- En 1990, se declaró culpable de dos cargos graves de fraude contra el consumidor, presentados por el fiscal del distrito del condado de Ventura, en California; y de seis delitos de quebrantamiento de la Seller Assisted Marketing Plan Act.* Lee cumplió dos años de condena en la prisión estatal de California.
- En 1999, el Departamento de Instituciones Financieras del estado de Washington emitió una orden de cesar y desistir en la que acusaba a Dennis Lee de vender valores no registrados y de defraudar a posibles

* Ley cuya intención es ayudar a los compradores inexpertos a informarse debidamente antes de invertir en un negocio *(N. de la T.)*

inversionistas. Describió las actividades de Lee como "un peligro claro y presente para el público inversor".

- En 1999, Dennis Lee pidió a Jim Murray, ingeniero eléctrico empleado por Lee, que amañara su sistema para que éste mostrara una eficiencia del 200% en lugar de la real, del 20 por ciento. Murray se negó y dimitió.

Y esto es sólo hasta el año 1999. Sus promesas rotas y comportamientos ilegales continuaron hasta bien entrado el siglo XXI.

Supongo que es concebible que una persona cuya carrera ha estado marcada por el fraude y el engaño resultara ser quien lograra resolver el reto aparentemente imposible de crear un dispositivo de energía libre, pero yo no apostaría por ello. Sin embargo, eso es justamente lo que muchas personas estuvieron claramente dispuestas a hacer.

Dennis se encontraba de gira en el verano de 2001, y sus viajes lo llevaron a nuestro estado natal, Connecticut. Fieles a nuestra naturaleza de activistas pacíficos, decidimos ir a su conferencia y hablar directamente con los asistentes para tratar de convencer al puñado de ellos que pudieran resultar fáciles de persuadir. Perry DeAngelis organizó la misión y documentó los detalles de la aventura de aquel día:

> El 23 de julio de 2001, la Sociedad de Escépticos de Nueva Inglaterra decidió "¡Formar parte de la historia!". O, al menos, eso es a lo que el espectáculo itinerante de magia tecnológica y charlatanería de Dennis Lee nos invitaba, a nosotros y a otros cientos de personas. Ésa es la primera frase del anuncio que presenta el inicio de la nueva gira por todo el país de Better Home Technologies (una de las actuales empresas ficticias de Lee). Prosigue prometiendo kits para convertir tu coche o tu caldera para que funcionen con agua, una "pintura" térmica que eliminará la necesidad de usar la pala para retirar la nieve y, naturalmente, electricidad gratuita de por vida.
>
> La Sociedad de Escépticos de Nueva Inglaterra diseñó su propio folleto para

entregarlo en esta primerísima conferencia de la nueva gira, la cual se celebró en el hotel Sheraton de Waterbury. El inicio del evento estaba programado para las siete de la tarde, y cuatro miembros de la Sociedad de Escépticos de Nueva Inglaterra llegaron a las seis y media con cientos de folletos en mano para avisar a los asistentes de que no se dejaran engañar por Dennis Lee. Se empezó a congregar una multitud y la facción de la NESS se colocó estratégicamente al final del pasillo, al doblar la esquina contigua a la mesa de registro para asistir al espectáculo. Con dos miembros a cada lado del pasillo, la ubicación era perfecta para entregar un folleto a casi todas las potenciales víctimas de las artimañas de Lee. Lamentablemente, muchas de las personas que asistieron a ver el espectáculo de Lee eran de edad avanzada, un segmento del que nuestra sociedad suele aprovecharse. Un caballero se sentó en una banca cercana con nuestro folleto, repleto de advertencias y con la cronología del pasado criminal de Lee, y nos preguntó: "¿Así que ustedes creen en todo esto?". Dedicamos un momento a corregir la confusión.

Este proceso continuó sin incidentes durante unos quince minutos, durante los cuales distribuimos aproximadamente cien folletos, hasta que un guardia de seguridad se nos acercó, nos pidió uno y se alejó corriendo con él. Momentos después, otro hombre se nos acercó con uno de nuestros folletos en la mano y empezó a amonestarnos en un tono elevado por censurar las máquinas milagrosas de Lee sin haberlas probado. Tratamos de explicarle que otros sí habían puesto a prueba los dispositivos de Lee que desafiaban las leyes desconocidas del universo y que sus hallazgos eran claros e irrecusables. También señalamos las múltiples condenas de Lee por fraude, cosa que sólo llevó a este señor a acusarnos de tener un pasado criminal oculto.

Antes de tener siquiera la oportunidad de entrar a rebatir tal necedad, el guardia de seguridad, habiendo recibido órdenes del gerente de servicio, volvió y nos informó que tendríamos que abandonar el hotel. Preguntamos si podríamos seguir con nuestra misión si alquilábamos una habitación, pero hacerlo sólo nos habría permitido permanecer en el recinto sin repartir folletos. Dijimos que no teníamos intención de quebrantar la ley y nos dispusimos a salir, sin dejar de repartir folletos a todo transeúnte que nos cruzábamos, varios de los cuales fueron arrancados de las manos de dichos transeúntes por el camarada de Lee. Tras ser acompañados al estacionamiento, el guardia nos informó de que debíamos abandonar el recinto por completo. De nuevo obedecimos nuestros deseos de respetar la ley y, para no invadir una propiedad privada, nos subimos a nuestros autos y partimos.

Sólo nos queda esperar que los folletos que fuimos capaces de repartir propagaran la advertencia sobre Lee y que algunas billeteras permanecieran seguras en el interior de sus respectivos bolsillos.

La táctica que utiliza Dennis Lee, entre otros como él, es concentrar al mayor número posible de personas en una sala de conferencias para ametrallarlas a base de dispositivos y argumentos fantásticos. A lo largo de varias horas, los más sensatos empiezan a dispersarse, de forma que sólo quedan los más susceptibles. La fatiga mental también empieza a pasar factura.

Al término de la demostración, a los asistentes les queda la sensación de que aunque sólo uno de todos estos maravillosos dispositivos resulte funcionar, su inversión los hará ricos. Porque eso es lo que vende Lee: la oportunidad de invertir en su empresa. Al público no se le ofrece la compra de un producto, porque Lee no dispone de productos legítimos que vender. En su lugar, vende una inversión o una concesión.

Para vender "oportunidad", Lee exprime al máximo los sentimientos patrióticos y religiosos. En una declaración directa, un antiguo propietario de una de estas concesiones explica que Lee mantiene a las personas en vilo y les extrae tanto dinero como puede, y en cuanto se dan cuenta de la estafa, suelta el anzuelo.

Desgraciadamente, los intentos de Lee de sacarle al público inversiones con sus inservibles tecnologías no cesaron gracias a nuestros humildes esfuerzos. Tal como suele hacer la gente con un historial como el suyo, Lee fue pasando de una estafa a otra y recibiendo regaños ocasionales por parte de las autoridades.

Su siguiente estafa fue un dispositivo para mejorar la eficiencia de los motores de combustión interna a través de la llamada *pila de combustible de hidrógeno*. Esta batería es un ejemplo de la extendida afirmación de los defensores de la energía libre que dicen ser capaces de hacer que los coches quemen gasolina de una forma más completa o eficiente. Sobra decir que las empresas automovilísticas llevan décadas trabajando en la optimización de la eficiencia y que seguramente no habrán pasado por alto algo tan sencillo y radicalmente efectivo.

La Comisión Federal de Comercio llevó a cabo una investigación sobre este tipo de afirmaciones en 2009, pero a pesar de haber incluido a Lee como demandado, durante décadas ha seguido desarrollando su carrera en la venta de pseudociencia en estado puro. De vez en cuando se le expulsa de algún que otro estado o se le obliga a retirar una afirmación, pero en general es libre de seguir con sus timos.

Para vender sus fantásticas ideas, acude a quienes tienden a aceptar las teorías de la conspiración. Las conspiraciones son las mejores aliadas de los estafadores porque son expertas a la hora de justificar hechos incómodos: los científicos dicen que los dispositivos de energía libre son imposibles porque son cómplices de la conspiración; cualquiera que trate de derrocar sus afirmaciones o de advertir sobre sus condenas por fraude anteriores lo hace para reprimir su mensaje; seguramente todos trabajan para las grandes petroleras. Y si el gobierno trata de cerrarles el negocio, ¿todavía necesitas más pruebas?

Lee también mete en la ecuación la creencia en Dios y el patriotismo estadunidense para construir un tridente de atracción emocional. Parece ser que ni siquiera las advertencias directas sobre el largo historial de delitos de Lee basta para disuadir a algunos de pensar que un librador de cheques sin fondos de Nueva Jersey ha revolucionado el campo de la física.

La existencia de Lee nos recuerda que no todos los que van por ahí lanzando afirmaciones paranormales o pseudocientíficas son creyentes auténticos. También hay tiburones merodeando en las aguas.

42. Estafas hollywoodenses

La aventura de Cara

> Si lo que buscas es el conocimiento sagrado y no un mero paliativo para tus miedos, aprenderás a ser un buen escéptico.
>
> —Ann Druyan

Los de Texas tenemos mala reputación. Es cierto, algunos mantienen una relación delicada con la ciencia del cambio climático y con la evolución. Y sí, Texas suele estar al final en las escalas académicas del país. Pero a la texana que escribe estas líneas le esperaba un desagradable despertar anticiencia cuando se mudó a Los Ángeles.

En el sur de Estados Unidos, la gente suele seguir una dieta horrible, y las estadísticas sobre obesidad están ahí para reflejarlo. Cada vez que vuelvo a casa me doy cuenta de ello. Las "llantitas" son una epidemia. Y yo también me convierto en víctima. Cuando vuelvo a Los Ángeles tras visitar a mi familia, mi equipaje pesa unos tres kilos más y yo llevo encima el mismo peso en pollo frito y donas.

Pero ¿de verdad son las prácticas de carne-con-papas de mis hermanos texanos menos saludables que las de los angelinos —sí, así se llaman los habitantes de Los Ángeles—, siempre obsesionados con su imagen? Sí, es fácil ir bien peinado, depilado y tonificado en la ciudad de Los Ángeles. Pero bajo esta fachada de perfección plástica se extiende un arraigado mundo de estafas pseudocientíficas.

Si me paseo por una calle de mi barrio, Los Feliz, seguramente pasaré por delante de un bar de jugos especializado en tónicos limpiadores, un centro de belleza integral que ofrece reiki y ayurveda, una boutique con cristales y cuencos tibetanos en el escaparate y un centro "médico" que anuncia infusiones de vitamina B e hidroterapia de colon. Este conjunto de escaparates no es nada fuera de lo normal. Entre los gimnasios de CrossFit y los salones de bronceado en espray, la industria de la medicina alternativa está en pleno auge.

El sur de California es el hogar de la cienciología —negacionistas de la psiquiatría—, de Jenny McCarthy —negacionista de las vacunas—, de Gwyneth Paltrow —negacionista de la ciencia— y de Deepak Chopra —negacionista de la realidad. Los líderes de las sectas y los famosos ostentan un asombroso poder sobre los residentes de la segunda ciudad más grande del país. Puede que Los Ángeles sea simplemente un microcosmos de una plaga generalizada que está azotando a la población estadunidense… no, al mundo entero. O puede que haya algo en el aire. (¿Contaminación? ¿Cannabis? ¿Desesperación?) Pero lo que me parece más extraño es el eterno dilema de por qué unas personas tan brillantes caen en las redes de este tipo de charlatanería.

En el momento de escribir esto, llevo casi una década viviendo en Los Ángeles. He conocido a muchas personas distintas: ricos y pobres, jóvenes y viejos, inteligentes y… bueno, a algunos menos listos. Para no destruir ninguna relación previa o actual (y para evitar poner a nadie en evidencia), he decidido condensar mis experiencias en un conglomerado humano llamado Aubrey. No conozco personalmente a nadie que se llame así, y además es un nombre apto para todos los géneros, igual que mis anécdotas. Pero, a partir de ahora, con el ánimo de facilitar la lectura, me referiré a Aubrey en femenino. Aubrey encarna a todas las personas que he conocido en la pretenciosa y rara tierra de Hollywood.

En esta ciudad, a menudo observo un fenómeno al que me gusta llamar *síndrome del famoso*, el gradual alejamiento de la realidad que afecta a los miembros de la élite hollywoodense. Aubrey es un ejemplo idóneo de ello. Puesto que los famosos suelen ser acosados en los lugares públicos, empiezan a evitarlos (igual que un agorafóbico recorta poco a poco la lista de lugares seguros en un intento por evitar padecer graves síntomas de ansiedad). Tienen ayudantes que les compran la ropa y la comida. Los sastres, entrenadores personales y esteticistas acuden a sus casas en lugar de ser al revés. Y con el tiempo desarrollan relaciones profundas y singulares con practicantes de medicinas alternativas, profesores de yoga, mentores personales y otros exclusivos "expertos" en bienestar. A menudo ignoran los consejos médicos legítimos en beneficio de la retórica estudiada, intuitiva y empoderadora de sus gurús.

Aubrey me dijo un día que "los mosquitos necesitan una ciénaga para sobrevivir. Si tratamos a nuestros cuerpos como si fueran una ciénaga, las enfermedades florecerán. Si nos mantenemos limpios desde el interior, no enfermaremos jamás". Dejemos a un lado el hecho de que incluso el argumento básico es incorrecto (los mosquitos no necesitan ciénagas para sobrevivir; suelen necesitar agua para reproducirse), ya que es más importante el hecho de que, por desgracia, las infecciones, el cáncer y las enfermedades genéticas no funcionan así en absoluto. Sí, el sistema inmunitario tiene el poder de mantener alejados a los invasores más débiles, pero con una dosis suficientemente elevada de bacterias, virus o parásitos, enfermarás, muy a pesar de tu dieta de licuados de frutas. Y evitar las sustancias cancerígenas siempre es una buena idea, pero muchas personas llevan el cáncer y otras enfermedades hereditarias escritos en su ADN.

En su empeño por no convertirse en una ciénaga, Aubrey se ha obsesionado con el bienestar. Presenta los signos sintomáticos de la vida estereotípica de Los Ángeles y se aferra a cualquier dieta de moda que encuentra diseñada para que quede bien en Pinterest. ¿Pimienta de Cayena y jugo de limón durante días y días? ¡Claro que sí! ¿Dieta sin gluten hoy, sin lactosa mañana? ¿Por qué no? Y ni se te ocurra ofrecerle nada que contenga OGM, productos de origen animal, jarabe de maíz alto en fructosa, solanáceas o colores, sabores o conservantes artificiales. Básicamente, si la bloguera Food Babe (Vani Hari) ha hecho campaña contra algo, Aubrey no querrá ni olerlo. Y aunque existen muchos estudios que demuestran que las dietas de moda (especialmente las de estilo yo-yo) son potencialmente dañinas, Aubrey tiene otras cosas en las que pensar. Por ejemplo, en las infusiones de vitaminas. Aunque jura y perjura que se siente con más energías y más despierta tras recibir una infusión intravenosa de vitamina B, los estudios sobre el tema no respaldan tal afirmación. De hecho, uno tras otro demuestran que no son más eficaces que cualquier placebo. Y no están libres de riesgos, ya que si se llevan a cabo fuera de un hospital (como por ejemplo en los llamados centros "medi-spa"), no existe garantía alguna de pureza o esterilidad. Y a pesar de que la administración intravenosa de vitaminas puede estar indicada para un pequeño porcentaje de personas con una deficiencia médicamente verificable, la mayoría de los médicos coinciden en que la vía oral es la forma idónea de administrar las vitaminas.

Pero Aubrey no se detiene aquí. También confía plenamente en los tratamientos de colon. Cree sinceramente que un chorro de agua en el recto es la única forma de eliminar las "toxinas endurecidas" que ha acumulado durante años comiendo... col rizada y quinoa. Depende tanto de esta llamada "terapia" que incluso tiene un kit de hidroterapia en casa, una especie de tortura hídrica que te haces tú mismo. Y no pasaría nada si estas limpiezas de colon tuvieran las mismas consecuencias que el uso de un bidé, pero por desgracia, pueden resultar muy peligrosas. Ignoremos por un momento el hecho de que el "médico" holístico de Aubrey recomiende esta extraña práctica y analicemos lo que de verdad ocurre cuando conviertes tu intestino grueso en un tobogán acuático.

Existen distintos métodos, pero la irrigación del colon suele requerir la introducción de un tubo en el recto y la descarga de litros y litros de agua en el sentido opuesto a la gravedad mediante el uso de una máquina moderna o de la presión pasiva. Sus defensores pregonan su habilidad de eliminar unas toxinas sin nombre de las paredes del tracto digestivo, pero no existe ninguna evidencia de que dichas toxinas existan o de que la hidroterapia consiga otra cosa que no sea hacerte sentir muy lleno y que luego defeques. Y los riesgos son serios. Las personas con problemas de riñón o de corazón podrían alterar sus niveles de electrolitos y provocar fallas en dichos órganos. Las personas que han pasado por quirófano o tienen hemorroides, diverticulitis u otros problemas gastrointestinales se arriesgan a perforarse el intestino, una complicación grave que puede provocar la muerte. Y, naturalmente, dado que estas limpiezas de colon raramente se llevan a cabo en un contexto médico legítimo (y en especial en el caso de la autoadministración), existe el riesgo de utilizar instrumentos que no han sido esterilizados adecuadamente, lo que puede provocar el efecto contrario al beneficio deseado: una infección aguda. No sé tú, pero yo no me voy a arriesgar a morir pegada a una máquina para defecar, mientras trato de limpiar mi cuerpo de unas toxinas que mi biología está perfectamente capacitada para gestionar.

El "médico" holístico de Aubrey también utiliza una herramienta diagnóstica conocida como iridología. La primera vez que oí hablar de ella fue en boca de Aubrey, y no me extraña, ya que la iridología fue desmentida casi inmediatamente después de su nacimiento en 1893. Tal como se dice en el capítulo sobre la pseudociencia y el problema de la demarcación, este supuesto "método" se formuló con base en una única observación y no ha producido jamás ni la más mínima evidencia que lo respalde. Es una recreación idéntica de la frenología, sólo que en lugar de examinar los bultos de la cabeza, los practicantes relacionan las marcas del iris con todo tipo de molestias médicas. Es pseudociencia pura y dura, pero Aubrey cree plenamente en su eficacia.

Su obsesión con el ejercicio físico raya la locura. Una vez se esforzó tanto en un gimnasio de CrossFit que desarrolló rabdomiólisis, un problema médico potencialmente mortal —apodado con el nombre abreviado de "rabdo"— caracterizado por la orina del color de la Coca-Cola, el síndrome compartimental (un peligroso aumento de la presión sanguínea que impide la circulación de la sangre), dolor muscular y debilidad. La rabdo surge cuando el músculo esquelético sufre un daño tan grave que se rompe dentro del cuerpo y libera mioglobina y otros componentes musculares al flujo sanguíneo. El cuerpo no está acostumbrado a la presencia de unas moléculas tan grandes, de forma que los riñones pueden quedar atascados, lo que puede provocar una deshidratación severa, la falla de los riñones, parálisis e incluso la muerte. Cuando tu obsesión por la salud es de por sí poco saludable, es el momento de parar un momento y replantearte el enfoque.

Puede que una de las peores infractoras en esta categoría sea Gwyneth Paltrow (aunque, desde luego, no es la única). Su página web dedicada al estilo de vida, *Goop*, es una fuente constante de las sandeces que Aubrey repite. Defiende los baños de vapor vaginales y los huevos vaginales de jade (sí, debes llevarlos en tu interior, una práctica que los ginecólogos condenan enérgicamente). Vende toda una línea de suplementos no probados y promueve constantemente las limpiezas *detox*, las limpiezas de colon y la homeopatía. Afirma erróneamente (mediante sus "expertos") que los brasieres de aro provocan cáncer de mama y que las cremas solares hechas con componentes químicos (¿no está todo hecho de componentes químicos?) provocan alteraciones hormonales (cosa que no es verdad). Los consejos de Gwyneth Paltrow no sólo son erróneos, sino directamente peligrosos, tal como ha señalado Timothy Caulfield, autor del libro *Is Gwyneth Paltrow Wrong About Everything?* [*¿Se equivoca Gwyneth Paltrow en todo lo que dice?*]. Y, aun así, a Aubrey y a muchos otros los tiene fascinados.

La lista de los enfoques charlatanescos de Aubrey hacia la salud y el bienestar es extensa —quiropráctica, acupuntura, terapia de quelación, rechazo a las vacunas, y un largo etcétera—, pero todos surgen de una idea similar: mi amiga Aubrey no confía en el "*establishment* de la medicina convencional". Aubrey es lista; tiene estudios; ha leído mucho (aunque a menudo cuestiono sus materiales de lectura procedentes de cámaras de eco). Y, a pesar de todo ello, no cree que la prioridad del sistema sanitario sea nuestra salud. No confía en los médicos alopáticos ni en las instituciones científicas occidentales en general, pero eso sí, escoge selectivamente cómo y cuándo aplicar en su vida los razonamientos establecidos y fundamentados en la evidencia. Por supuesto que tomó antibióticos cuando contrajo una intensa infección del tracto urinario, pero los hongos que aparecieron tras el procedimiento los "trató" con una mascarilla vaginal hecha a base de yogur y kefir. Una vez le supliqué que, si alguna vez contraía cáncer, se sometiera a quimioterapia o a cualquier tratamiento que le recomendara su oncólogo. Me dijo que no podía prometérmelo. Me quedé destrozada.

Aubrey emplea muchísimo el razonamiento motivado, y a decir verdad, no es difícil caer en las redes de esta forma de pensar en Los Ángeles. Esta metrópolis en expansión tiene un largo y rico historial de curanderos, gurús e incluso líderes de sectas que han engañado a la población con la intención de ganar dinero y gloria personal. Los sesgos cognitivos que presentan muchos de los habitantes de la ciudad son tan abrumadores que es más probable que hagan caso de lo que dice el Dr. Oz* que a sus propios médicos licenciados y acreditados. Y en lugar de pagar una cuota adicional de veinticinco dólares, se gastan cientos de dólares en terapias fraudulentas que prometen una vida más larga y una apariencia más joven. Tal vez sea la misma motivación que atrae a la ciudad a millones de jóvenes esperanzados en busca de sus sueños, lo que en última instancia los convierte en víctimas de unos charlatanes embusteros. Naturalmente, en Los Ángeles no todo el mundo es rico y famoso y crédulo. Tenemos el mayor número de personas sin hogar del país. La población es enormemente diversa, tanto étnica como económica y cognitivamente. Muchos angelinos llevan una vida normal, pero no estoy hablando de ellos. Estoy hablando de Hollywood, la tierra de los privilegiados, de los bellos y de los crédulos.

Que al narcisismo se lo lleve el diablo.

* Mehmet Cengiz Öz, conocido profesionalmente como Dr. Oz, es un cirujano cardiotorácico de nacionalidad turco-estadunidense, profesor de la Universidad de Columbia, promotor de pseudociencia y escritor conocido principalmente por sus apariciones televisivas *(N. de la T.)*

43. La singularidad

La aventura de Bob

> Es evidente que, a menos que los seres pensantes se borren inevitablemente poco después de desarrollar la tecnología, la inteligencia extraterrestre podría llevarnos millones o miles de millones de años de ventaja. Somos los novatos pensantes de la galaxia.
>
> —Seth Shostak

Soy un tecnófilo apasionado. En mi opinión, la tecnología es el producto derivado de la cultura y de la cognición humana más fascinante de todos. En muchos sentidos, también soy un tecno-optimista en proceso de recuperación. Las posibilidades y el atractivo de la tecnología futura en ocasiones me provocan vértigo de tanta expectación que me generan. El tecno-optimismo también puede hacer que sea fácil esperar grandes avances en plazos de tiempo poco realistas o que se haga caso omiso de la complejidad y de los marcos temporales de las variables implicadas en proporcionarnos estas nuevas herramientas y dispositivos. Lucho constantemente por templar mi entusiasmo lo suficiente como para valorar de una forma menos sesgada y más realista cuándo podemos esperar que la ciencia ficción de hoy se convierta en la ciencia del futuro.

¿Cuáles son los pasos en falso más comunes que dan muchas personas al predecir el advenimiento de las revolucionarias ciencia y tecnología del futuro? La sobreestimación de la tecnología de un futuro cercano y la subestimación del futuro más profundo es un cliché que casi nunca decepciona. Hace tan sólo veinte años, imaginé con total seguridad que, a estas fechas, ya iríamos al trabajo con *jetpacks* y en autos voladores. Y, sin embargo, si nos remontamos a muchas décadas atrás veremos que nadie predijo el surgimiento y el poder transformador de internet.

A los pronosticadores también les gusta subestimar el alcance total de los cambios que las nuevas tecnologías y el propio tiempo son capaces de forjar. Las imágenes descriptivas del futuro imaginadas a principios del siglo XX incluyen autos voladores razonablemente cercanos, pero están atestadas de singulares personajes ataviados con polainas, bastones y paraguas de plumas. Hoy tenemos la idea de que entre todos compartiremos automóviles autónomos en un futuro cercano, puesto que los coches suelen estar parados en garajes y estacionamientos. Parece razonable, pero la idea de compartir vehículo puede resultar tan anacrónica como llevar monóculo mientras vuelas con una *jetpack* a la espalda. Puede que a la gente le encante pasar tiempo en el auto una vez que sea libre de hacer lo que quiera, ya sea dormir, socializar, ver Netflix durante horas o tener relaciones sexuales. Puede que entonces quieran tener un auto propio para personalizarlo según sus gustos y aficiones. Y esto podría llevar a que el tamaño de los autos aumente más allá de las expectativas actuales.

Por ejemplo, en la película de 2002 *Minority Report* (una cautivadora visión del futuro cercano), imaginaron que tendríamos teléfonos celulares diminutos. Teniendo en cuenta la tendencia de la década de 1990, esta extrapolación era razonable. Pero se les pasó por alto la revolución de los *smartphones* que ha llevado a que los teléfonos sean cada vez más grandes para maximizar el tamaño de la pantalla.

Puede que el obstáculo más peligroso para los pronosticadores sea la predicción basada en los deseos. Los meteorólogos acuñaron este término al darse cuenta de que los presentadores del tiempo predicen con una frecuencia poco realista que el 4 de julio hará sol y que nevará el día de Navidad. Las personas tenemos una fuerte tendencia a dejar que los deseos conscientes o inconscientes influyan en nuestras predicciones. La anticipación y expectación por las empleadas domésticas y mayordomos robóticos antropomórficos como Robotina de *Los Supersónicos* acumula una larga historia y un atractivo indiscutible. El atractivo es tal que muchas personas dan por hecho que ocurrirá y construyen su predicción alrededor de dicha asunción. Pero es posible que ningún hombre metálico vestido con esmoquin acabe limpiándote la casa. Ahora tenemos un aparato en forma de disco, llamado Roomba, que se encarga de aspirar. En el futuro, tal vez unos brazos instalados en el techo se ocupen de hacer la comida, sin necesidad de tener piernas o torso. Puede que las camas se hagan solas (por favor, por favor, por favor). Cuando se trata del futuro, no hay conclusiones previsibles.

Casi siempre ocurre que imaginar un elemento tecnológico futurista concreto es la parte fácil. La implementación específica de dicha tecnología y, lo que es más importante, el uso que decidan darle las personas son aspectos tan contingentes e impredecibles que suponen la ruina de muchas visiones del futuro. Si les hubieras dicho a las personas del año 2000 que hoy preferiríamos enviar mensajes de texto en lugar de hacer videollamadas, lo más probable es que se hubieran reído de ti.

Ahora que tenemos presentes estas advertencias, echemos un vistazo a una de las predicciones más controvertidas y revolucionarias sobre el futuro: la singularidad tecnológica.

El término *singularidad* tiene muchos significados distintos en una gran variedad de campos científicos. En las matemáticas, se trata de un punto que no es definido o que presenta un comportamiento errático. Una singularidad gravitacional es un punto de densidad abrumador que produce fuerzas de marea infinitas. Una singularidad mecánica es un mecanismo cuyos estados futuros son inherentemente impredecibles. La singularidad tecnológica es similar, ya que se trata de un cambio disruptivo e impredecible de enormes proporciones.

La singularidad tecnológica admite distintos matices según quién la describa, pero la mayoría de las personas coincidirá en que se trata de un hipotético punto futuro en la historia de la humanidad en el que una explosión de inteligencia causada por la superinteligencia artificial (SIA) o por las mentes humanas aumentadas modificará la civilización de una forma tan súbita que es inherentemente imposible trazar cualquier predicción más allá de dicho punto.

Uno de los primeros indicios del concepto de dicha singularidad surgió en 1958 de la mano del célebre matemático John von Neumann, tal como cita su amigo Stanislaw Ulam:

> Una conversación centrada en el progreso en constante aceleración de la tecnología y en los cambios en el modo de vida de los humanos, que da la sensación de acercarse a una singularidad esencial en la historia de la raza más allá de la cual los asuntos humanos, tal como los conocemos, no podrían continuar.

I. J. Good fue otro pionero conceptual. Este matemático y criptólogo británico también trabajó con el legendario especialista en computación Alan Turing. Fue Good quien originó el concepto de una explosión de inteligencia con la siguiente cita:

> Definamos una máquina ultrainteligente como una máquina que puede sobrepasar con mucho todas las actividades intelectuales de cualquier hombre, por muy inteligente que sea. Puesto que el diseño de máquinas es una de estas actividades intelectuales, una máquina ultrainteligente podría diseñar máquinas incluso mejores; entonces no cabe duda de que ocurriría una "explosión tecnológica", y la inteligencia del hombre quedaría muy atrasada. Así, la primera máquina ultrainteligente es el último invento que el hombre necesitará inventar jamás, siempre que la máquina sea lo suficientemente dócil como para decirnos cómo controlarla.

Este resultado surge de un punto crítico inicial de esta situación hipotética: la creación de una inteligencia general artificial. No tiene que ser necesariamente más inteligente que un humano, pero que se aproxime probablemente es lo mejor. A partir de aquí, lo único que sería necesario para llevar a cabo proezas sobrehumanas sería acelerar el sustrato computacional. Imagina una inteligencia artificial (IA) de nivel humano que fuera capaz de dedicar diez años a la misma tarea. Ahora imagina que esos diez años de trabajo se pudieran realizar en una semana laboral.

¿Y si la tarea fuera la mejora de su propia mente, la reescritura o reorganización de los cimientos de su propia cognición? Naturalmente, esta mente digital tendría a su alcance muchas más opciones que un humano con un doctorado. Ya hemos hablado del *overclocking** del cerebro, pero ¿y si añadimos el equivalente a millones de neuronas digitales más a la corteza prefrontal artificial? ¿Y si duplicamos el número de conexiones en el conectoma, el mapa que describe los cientos de billones de interconexiones neuronales que conforman el cerebro biológico? Es razonable pensar que cualquiera de estas estrategias —u otras— podrían producir una inteligencia más inteligente de lo que un humano podría llegar a ser jamás. En el momento en que emprendamos ese camino, habremos encendido los detonadores de la explosión de la inteligencia.

En cuanto esto ocurra, el proceso de la automejora repetitiva podría producir rápidamente unas mentes dos veces más inteligentes que el humano más inteligente, y luego diez veces más. A medida que esto suceda y vayan emergiendo informaciones imprevistas, y a medida que los cambios de paradigma empiecen a... cambiar, el "horizonte de predicciones" de nuestra cultura empezará a encoger. En este momento, en el año 2018, podemos predecir con seguridad algunos avances que es probable o posible que ocurran en el futuro cercano, en unos quince o veinte años. No cabe duda de que es

* El propósito de la práctica conocida como *overclocking* es aumentar la frecuencia de reloj de un componente electrónico para lograr un mayor rendimiento, por encima de las especificaciones del fabricante *(N. de la T.)*

una visión brumosa, pero estoy bastante seguro de que, para entonces, muchos autos de los que veremos en las carreteras serán autónomos. Pero una cosa es segura: en veinte años no estaremos yendo en coche a la Luna.

Cuanto más inteligentes sean las inteligencias artificiales en constante mejora, más cerca nos quedará el horizonte de predicciones. En un corto periodo, pensar a más de un año será totalmente inútil, y luego serán seis meses, y luego tal vez serán horas, y finalmente...

Cuando hayamos perdido toda esperanza de predecir el futuro en cualquier medida, la singularidad tecnológica habrá llegado.

Siempre me ha gustado cómo Ray Kurzweil describe esta singularidad como un "cambio tecnológico tan súbito y profundo que representa una ruptura en el tejido de la historia de la humanidad". Esta idea tiene sentido, porque en cuanto una mente que es cientos o miles de veces más inteligente que cualquier persona empiece a llevar la batuta, ¿cómo podrán unos meros humanos anticipar cualquier cosa que sea capaz de hacer o descubrir? Para reafirmar el poder predictivo que antaño tuvimos, tendríamos que ser igual de inteligentes que la IA.

Puede que te estés preguntando qué pasará entonces. Evidentemente, por definición, no podemos predecir la respuesta a esta pregunta, pero podemos analizar las posibilidades extremas que nuestra mente exigua es capaz de imaginar. Sería posible que la superinteligencia artificial se preocupara y respetara todas las formas de vida. Podría trabajar con la humanidad para mejorar nuestra situación en infinidad de maneras: curando enfermedades, alargando la esperanza de vida en gran medida, haciendo que todo el sistema solar fuera habitable o incluso elevando nuestra propia inteligencia hasta el nivel de la superinteligencia, si lo deseáramos. Éste es el escenario de superinteligencia artificial benevolente que Neal Asher crea para su universo de ciencia ficción en *Polity*. (Una lectura que recomiendo altamente, por cierto.)

El otro extremo del espectro es... no tan bonito. Una entidad con una inteligencia un millón de veces superior podría considerar a la humanidad igual que V'Ger veía al capitán Kirk y a su tripulación en *Star Trek: The Motion Picture* [*Star Trek: la película*], es decir, como una infestación de carbono a la que —con suerte— simplemente hay que ignorar o, más probablemente, aniquilar. Seguir añadiendo todos los demás ejemplos que encontramos en la cultura sobre este escenario distópico de inteligencia artificial sobrepasaría el número de páginas recomendado para este libro.

¿Qué piensas ahora de esta singularidad tecnológica? ¿Se trata de un dislate, de un simple "embelesamiento de ratas de biblioteca", como se la ha calificado? ¿Está cada vez más justificado el temor que ha ido creciendo alrededor de esta idea? ¿Es ésa una falsa dicotomía?

Algunos están en desacuerdo con la propia premisa de que una inteligencia consciente pueda crearse de forma artificial, digital... no biológica. A esto yo lo llamo biochovinismo blando. No hay ninguna razón para pensar que el *wetware*[*] o la electroquímica sean los únicos medios capaces de soportar alguno de los innumerables tipos de inteligencias que podrían llegar a existir. Muchos teóricos de la mente adoptan una visión funcionalista en la que la organización y la autointeracción del cerebro son más importantes que su propio sustrato material. Muchos sustratos no biológicos distintos podrían, potencialmente, soportar lo que describiríamos como mente.

Plantéate lo siguiente: ¿y si dispusiéramos de un proceso que pudiera convertir lentamente cada una de las neuronas de tu cerebro en un dispositivo digital electrónico capaz de recrear las entradas y salidas de información con total precisión? Tras cierto tiempo, tu cerebro pasaría a ser totalmente no biológico. Partiendo de la base de que la tecnología funcionara tal como la he descrito, ¿llegaría un momento durante la transformación en la que la conciencia de ti mismo empezara a desaparecer o se interrumpiera por completo? ¿Te convertirías en un zombi-f que se comportaría con normalidad pero

[*] Término aplicado a formas de vida biológicas acuñado a partir de los términos informáticos *hardware* o *software*.

sin experimentar la rica vida interior, sin las qualias que tenemos cada uno de nosotros y que asumimos que los demás también tienen? ¿Existe algo totalmente desconocido o que no presente ningún indicio de existir en el campo de la neurociencia que sólo permita a las neuronas biológicas, única y exclusivamente, generar el epifenómeno de la mente?

Al margen de si es o no posible replicar la conciencia, también está la cuestión de si deberíamos intentarlo siquiera. Ahora que sabemos que las superinteligencias artificiales podrían suponer un riesgo existencial, tal vez no haremos que ese genio salga de su lámpara. En la última década hemos visto que la IA de enfoque limitado y no consciente es capaz de alcanzar muchísimos objetivos, y eso que sólo hemos rascado la superficie de lo que incluso esta limitada IA es capaz de hacer. No necesitamos forzosamente robots y electrodomésticos con mentes totalmente formadas. No es ético crear mentes de un nivel similar o superior a las humanas para convertirlas en nuestras esclavas. Las investigaciones para crear mentes sintéticas conscientes de sí mismas se pueden llevar a cabo de forma segura en laboratorios aislados, sin redes y con computadoras con sistemas *air gap*[*] para evitar que escapen. Puede que no exista ninguna necesidad real de replicar este tipo de mentes en miles de robots que estarán esperando a que las hagamos enojar para ponerse en modo *Terminator*.

Por otro lado, en los últimos diez años, muchos modelos de negocio han abrazado con gran entusiasmo los frutos y avances potenciales que ofrece la IA. Así, la inversión en IA ha aumentado hasta niveles sin precedentes en todo el mundo, y no hay indicios de que se reduzca. A medida que pase el tiempo, el poder de las superinteligencias artificiales de mejorar la normalidad hasta puntos insospechados irá ganando adeptos y será cada vez más insistente. Puede que mantenerlas a salvo y encerradas en un laboratorio estéril

[*] Sistema de seguridad que consiste en aislar físicamente una red informática segura de otras redes inseguras, como la red de internet pública o una red local desprotegida. *(N. de la T.)*

termine viéndose como un acto enormemente ingenuo y poco realista en un mundo aquejado de una competencia global intensa y de problemas aparentemente irresolubles.

Puede que construir una inteligencia artificial sea eminentemente posible pero en alto grado tan difícil que esté en esencia fuera del alcance de los humanos. En este círculo vicioso, necesitaríamos una inteligencia sobrehumana para crear la inteligencia artificial. Esta idea cobra sentido si tenemos en cuenta que la mente humana es el objeto más complejo del que tenemos constancia en todo el universo. Peor aún es caer en la cuenta de que, para construir un cerebro falso, el cerebro humano primero tendría que entender su propio funcionamiento por completo. ¿Es eso siquiera posible? De serlo, ¿no se estaría rompiendo alguna regla fundamental de la lógica? Por fortuna, este planteamiento tiene toda la pinta de ser un argumento de hombre de paja. Codificar un cerebro desde cero sería una cosa, pero copiar un cerebro existente sería la forma más razonable de enfocar esta tarea.

La emulación total del cerebro es el conocido concepto de escanear un cerebro con una fidelidad y una resolución tan elevadas que permitirían emularlo en una plataforma informática adecuada. Potencialmente, esto podría crear una mente digital equivalente a la humana, sin que tuviéramos que entender el cerebro mucho más de lo que lo entendemos ahora. Sobra decir que el proceso sería sumamente complejo y que no disponemos de la tecnología de escaneado o del hardware informático necesario para llevarlo a cabo. Pero entonces, la pregunta es: ¿podremos en un futuro crear este tipo de tecnología de soporte? La duda es mínima. Estamos muy lejos de los límites de lo que los escáneres y la informática son capaces de hacer.

Por ejemplo, el computronio es un sustrato hipotético que se calcula como el material informático más denso y eficiente permitido por las leyes de la física. El físico Seth Lloyd calcula que este material mítico podría computar en el orden de 5×10^{50} (500 octillones) cálculos por segundo, lo que supera en treinta y cinco órdenes de magnitud a la supercomputadora más rápida del planeta en 2017. Es cierto que la idea del computronio suena un poco a chiste, ya que en la práctica lo más probable es que no fuera capaz de efectuar 10^{50} cálculos por segundo. Además, decir que una secuencia de materia pueda ser optimizada para todos los tipos de computación (tanto para la paralela como la serial, por ejemplo) es un disparate. Y aun así, tan sólo un pequeño porcentaje de ese máximo teórico sobrepasaría con mucho la potencia de la que disponemos ahora y sería más que suficiente para emular un cerebro humano.

Como puedes ver, el tecno-optimista que llevo dentro ve mucho potencial en el futuro de la IA, siempre que se utilice adecuadamente. Pero también debo cumplir con las comprobaciones escépticas debidas (cosa que Steve nunca permite que se me olvide). Así que ¿en qué punto podría torcerse el relato de la existencia de esta singularidad?

Para empezar, todavía no hemos creado una IA general consciente de sí misma. Todavía es hipotética. Hace cincuenta años se creía que la creación de esta IA estaba a cincuenta años de distancia, y sin embargo ya han pasado y los científicos siguen prediciendo que podemos seguir estando a cincuenta años de distancia. Ha resultado ser mucho más difícil de lo que se creía, y puede que sea todavía más difícil. No estamos lo suficientemente cerca de su creación como para poder decir cuánto nos queda. Además, como he apuntado anteriormente, puede que nunca lleguemos a necesitar una IA consciente de sí misma. De momento, las inteligencias artificiales más concentradas nos vienen bien, y puede que sencillamente sigamos en esta línea.

Si vamos a hablar de inteligencia, también debemos mencionar que esta cuestión es mucho más compleja de lo que se consideró en el pasado. Existen muchos tipos de inteligencia, y es probable que la IA sobresalga en algunos aspectos y que se quede atrás con respecto de los cerebros humanos en otros (como es el caso actualmente). Puede que nuestras inteligencias artificiales estén aquejadas del equivalente al síndrome de Asperger, y que no sepamos por qué o cómo evitarlo. Puede que carezcan de una creatividad real.

Asimismo, no sabemos si las entidades complejas y conscientes de sí mismas se enfrentan a algún límite físico o práctico. En nuestros intentos de hacer que las inteligencias artificiales sean más rápidas, más inteligentes y mejores, puede que todas se vuelvan psicóticas o que sufran alguna limitación inherente de autocomunicación. Y, naturalmente, puede que nos topemos con los propios límites de la potencia informática.

Todo esto significa que no podemos extrapolar de manera simplista una tecnología tan compleja hacia el futuro y asumir que todas las tendencias seguirán avanzando sin límite. La inteligencia artificial superinteligente (y por extensión la singularidad) pueden ser los autos voladores y *jetpacks* del siglo que viene, siempre a cincuenta años de distancia.

Yo no creo que ese vaya a ser el caso porque sigo siendo tecno-optimista, pero también soy escéptico, lo que significa que debo reconocer que, sencillamente, no lo sabemos. El futuro siempre nos sorprende.

Confío en que transfieran mi cerebro a un microchip para poder ver el futuro por mí mismo.

44. Los Warren y la caza de fantasmas

La aventura de Evan

No se puede explicar un misterio atribuyéndolo a otro misterio.

—Joe Nickell

La creencia en lo sobrenatural parece ser un elemento casi universal de la condición humana, pero los detalles de los sistemas de creencias paranormales específicos varían según la cultura y el lugar. En Nueva Inglaterra tenemos fantasmas o, al menos, cazadores de fantasmas. Así que no es sorprendente que en nuestra época de jóvenes activistas escépticos, el equipo de investigación de la Sociedad de Escépticos de Nueva Inglaterra (Steve, Bob, Perry y yo [Evan]) afiláramos nuestros escépticos colmillos investigando a los cazadores de fantasmas.

Al enfrentarnos con la industria de los cazafantasmas de Nueva Inglaterra nos topamos de bruces con Ed y Lorraine Warren, el patriarca y la matriarca de la caza de fantasmas de la región. Ed (ya fallecido) y Lorraine se dedicaban a la caza de todo tipo de fantasmas, apariciones y demonios, así como de personas, lugares y objetos poseídos.

La publicidad más reciente del trabajo de Ed y Lorraine ha consistido en dos películas, *The Conjuring* y *The Conjuring 2* [*El conjuro 1* y *2*]. Las películas se basan en dos de sus casos más difundidos: el acoso demoniaco de la familia Perron y el poltergeist de Enfield.

El matrimonio Warren afirmó haber estudiado casi cuatro mil casos en las últimas cuatro décadas de la vida de Ed. Alcanzaron la fama mundial a través de libros y películas, pero la suerte quiso que vivieran a tan sólo un par de pueblos de distancia del nuestro, en Monroe, Connecticut.

Nosotros queríamos evaluar el fenómeno de los fantasmas (en un sentido genérico, refiriéndonos a todo tipo de manifestaciones espirituales) y ver si existía alguna evidencia que respaldara la hipótesis de la existencia de dicho fenómeno. Los Warren decían disponer de evidencias científicas capaces de demostrar la existencia de los fantasmas, el tipo de afirmación comprobable a la que nosotros hincamos nuestros dientes investigadores.

Lo cierto es que, cuando iniciamos esta investigación, nos sentíamos algo intimidados. Los Warren eran famosos —eran toda una sensación en el mundo de los cazadores de fantasmas— y nosotros acabábamos de empezar. Éramos unos don nadie. Sabíamos que si queríamos enfrentarnos a ellos, tendríamos que ir con cuidado y ser sumamente exhaustivos.

Lo que nos encontramos fue a una pareja de lo más agradable, unas personas honestas de verdad, así como a una ausencia total de evidencias convincentes. Para ser más precisos, había muchas "evidencias", pero ninguna capaz de superar un examen científico riguroso. Absolutamente ninguna. La mayoría ni siquiera superaba el análisis más somero.

Como todas las pseudociencias, el campo de la caza de fantasmas se presenta categóricamente como una ciencia legítima. Los Warren llamaban a su organización la Sociedad de Investigación Psíquica de Nueva Inglaterra, pero lo único que tenían de organización de "investigación" era el nombre. Todavía tienen presencia en internet, y Lorraine sigue dando conferencias sobre fantasmas. Su página web original proclamaba con orgullo que: "Nuestra misión es sacar el ámbito de los fenómenos psíquicos de la Edad Media e introducirlo en la corriente dominante del pensamiento y de la investigación científica y rigurosa".

Pero un examen detallado reveló que sus métodos carecen de los elementos de una investigación científica auténtica e incluso de la pretensión más fundamental de perseguir el rigor científico. En lugar de una búsqueda honesta de la verdad, al margen de lo que ésta pueda ser, su sociedad sólo busca respaldar su asunción previa de que el fenómeno es real.

Nuestra investigación empezó con una visita al singular museo de los Warren, instalado en su sótano y considerado el lugar más embrujado de todo Connecticut. El museo resultó ser una buena representación de la calidad de sus evidencias: todo fingimiento y nada de sustancia. Durante la visita al museo, Ed nos advirtió de que no tocáramos ninguno de los objetos de la sala principal, ya que nos estaríamos exponiendo a una posible posesión. Si rozábamos algo sin querer (algo prácticamente inevitable en un lugar tan lleno de cosas), debíamos avisarles para que pudieran "purificar nuestras auras" antes de irnos. La sala era una caótica colección de objetos que los Warren habían obtenido a lo largo de sus cuarenta años de carrera. Había cuadros, máscaras, estatuillas y muchos libros.

Ed nos contó que el objeto más peligroso de la casa era una muñeca de trapo Raggedy Ann, que supuestamente seguía poseída por una entidad demoniaca. (Esta muñeca se convirtió en la protagonista de su propia película en 2017, *Annabelle: Creation.*) La tenían guardada en una vitrina de cristal por seguridad, y nos contaron el inquietante relato de un hombre que ignoró las advertencias de Ed, se burló de la muñeca y murió unas horas más tarde en un trágico accidente de motocicleta. Bob tentó al destino mofándose de la muñeca e incluso tocó la vitrina, y de alguna forma logró sobrevivir a la experiencia. Eso sí, veinte años después, se le está empezando a poner gris el pelo… Ahí lo dejo.

A Ed le gustaba referirse a la Sociedad de Investigación Psíquica de Nueva Inglaterra como un "instituto teológico", y decía que sus investigaciones estaban íntimamente relacionadas con sus convicciones religiosas. De hecho, una de las primeras cosas que nos preguntó, igual que hizo con otros escépticos con los que se ha enfrentado en el pasado, fue que si creíamos en Dios, ya que si carecíamos de fe no podríamos comprender sus investigaciones.

A Lorraine, quien se define como "sensitiva" o clarividente, también le inquietó nuestra falta de fe. Tal vez el momento más divertido de nuestra investigación fue cuando nos preguntó: "¿Qué les pasó, jóvenes [refiriéndose a nuestra falta de fe]? ¿Fue lo de la ciencia?".

Pues… sí. Básicamente.

Para entonces ya conocíamos bastante bien el fenómeno del “archivo de dos metros”. Pregunta a cualquier creyente auténtico sobre las evidencias del fenómeno en el que creen y te dirigirá a una gran cantidad de evidencias de una calidad ínfima (la mencionada cantidad de dos metros). Luego insistirá en que las examines todas cuidadosamente antes de rechazar su poder.

Naturalmente, nosotros tenemos nuestro propio lema: por muy alto que llegue tu archivo de sandeces, no se convertirán en oro. En lugar de dedicar nuestra vida entera a bucear en sus tonterías, solemos solicitar la mejor evidencia de la que dispongan. Si nos sorprende, seguimos tirando del hilo. No les pedimos que demuestren su fenómeno con una sola prueba, sino que nos enseñen algo convincente.

Ante nuestras repetidas solicitudes de examinar algunas de las evidencias que supuestamente respaldaban los fenómenos fantasmales, solían cambiar de tema. Ed pretendía darnos una conferencia en vez de ofrecernos las evidencias. Las horas “psíquicas”, dijo Ed, eran desde las nueve de la noche hasta las seis de la mañana, y las apariciones más violentas ocurren sobre las tres de la madrugada. ¿Por qué? Porque es un insulto a la Santísima Trinidad. Prosiguió con su discurso explicándonos que un “fantasma” es una luminiscencia sin forma definida, mientras que una “aparición” presenta forma y rasgos. La infinidad de bolas de luz que hemos visto en fotografías se conocen como “glóbulos fantasmales”, y las manchas alargadas son “líneas de luz”. Nos dijo que hay espíritus humanos y que luego están los malos de verdad, los espíritus no humanos. Por supuesto, estos últimos son las esencias de seres que no han vivido jamás, o entidades demoniacas. Ed también nos dio varios consejos: lleva siempre contigo un frasco de agua bendita para repeler a las entidades, y si una persona poseída te mira a los ojos, nunca seas el primero en retirar la mirada, ya que si lo haces estarás demostrando debilidad. Y siguió con el discurso, plagado de reglas y jerga del oficio.

Las evidencias fotográficas

Al final logramos ver algunas evidencias, pero, ay de nosotros, tuvimos que bucear en el lodo (de dos metros). La inmensa mayoría de las evidencias físicas de los Warren son fotografías. Tienen cientos de imágenes de fantasmas capturadas por ellos y sus colaboradores. La mayor parte de estas fotografías no son más que manchas de luz en una película (para quienes sean demasiado jóvenes para recordarla, la película es una tecnología arcaica que se usaba para capturar imágenes antes de las cámaras digitales). Hay decenas de maneras de obtener este tipo de ardides lumínicos en la película, pero la mayoría entran en estas tres categorías: el rebote del flash, la difracción de la luz o las correas de la cámara. Las infrecuentes exposiciones dobles o múltiples dan lugar a fotografías más interesantes, pero no dejan de ser efectos fotográficos. Cabe señalar que en casi todos los casos de fotografías de fantasmas, el fantasma no se ve en el momento de sacar la fotografía. El fantasma o el glóbulo o la línea no aparece hasta que se revela la fotografía, un fuerte indicio de que la imagen es el resultado de un fallo fotográfico.

El rebote del flash no es más que la luz del flash de la cámara reflejada en la lente, lo que da lugar a una región difusa y sobreexpuesta en la película. El resultado suele ser un punto de luz tenue y borroso. Detectar cuándo se usó flash es fácil gracias a las sombras nítidas que se crean y porque los objetos que aparecen en primer plano están muy iluminados. En una ocasión, la página web de los Warren llegó incluso a sugerir que usar flash ayuda a crear fotografías de fantasmas, y que "cuanto más brille el flash, mejor". También recomendaba usar un objeto en el primer plano —algo que reflejara el flash—, aunque admiten que es algo paradójico, especialmente porque su argumento es que estas fotografías son el resultado de imágenes creadas psíquicamente. Sin embargo, no se menciona ni admite en ningún momento que las imágenes de luz puedan ser el resultado de un efecto fotográfico provocado por el flash.

Los llamados "glóbulos fantasmales" son esferas de luz y no las formas tenues que ya hemos visto. Sin embargo, es curioso cómo las imágenes recuerdan a la difracción de la luz alrededor de un punto de origen. Una ligera condensación en la lente basta para generar una producción masiva de glóbulos fantasmales. Bajo las condiciones adecuadas, cualquier fuente de luz específica puede provocar este efecto.

Antes de la era de las cámaras de los teléfonos celulares, las cámaras de fotos casi siempre venían con una correa o un cordón. Esto condujo a lo que el investigador de lo paranormal Joe Nickell llamó "el efecto de la correa de la cámara". Es muy fácil que la correa o el cordón de una cámara Instamatic caiga delante de la lente, algo que pasaría desapercibido en las cámaras en las que no se mira a través de la lente sino por una apertura independiente. Incluso las correas negras parecen manchas blancas o rayos de luz cuando reflejan la luz del flash. Logramos reproducir este efecto al primer intento, y creamos una fotografía "fantasmal" tan buena como cualquier otra que hayamos visto.

Naturalmente, no hace falta una correa para crear el efecto de la correa de la cámara; cualquier objeto que obstruya la lente de cerca sirve, incluso tu propio dedo.

La era de la fotografía digital ha creado algunas fuentes nuevas de efectos fotográficos. Se nos pidió que investigáramos una curiosa fotografía en la que aparecían diversas líneas de colores a lo largo de una imagen que, por lo demás, era nítida y enfocada. Tras investigar un poco (la ventaja de las cámaras digitales es que los archivos de imagen contienen todo tipo de información técnica sobre la fotografía, como el tiempo de exposición, etcétera) nos dimos cuenta de que el "modo crepúsculo" se había activado por accidente. Este modo utiliza el flash pero deja el obturador abierto durante un segundo o dos para mostrar el fondo oscuro.

En la página web de los Warren y de otros cazadores de fantasmas se pueden encontrar una gran cantidad de estos frecuentes efectos. Asimismo, todas estas páginas muestran una nula consideración de cualquier explicación alternativa que no tenga que ver con las capturas reales de fantasmas. No hay rastro de investigación sobre las fuentes naturales, no hay escepticismo… en realidad, no hay diálogo alguno. Sólo contienen el simple e incontestable dictamen de que estas manchas de luz son evidencias de lo paranormal.

Evidencias en video

La otra evidencia que los Warren tuvieron a bien compartir con nosotros fue un video; el plato fuerte es el video de la famosa Mujer de Blanco del Cementerio Union en Easton, Connecticut. Sólo pudimos ver esta cinta en casa de los Warren, porque Ed se negó a darnos una copia para que pudiéramos analizarla, un hecho recurrente en nuestra investigación. Muestra una aparente figura humana blanca que se mueve detrás de unas lápidas. No obstante, e igual que ocurre en los videos de ovnis, del yeti y del monstruo del lago Ness, la figura se encuentra a la distancia y resolución idóneas para que se vea una figura sugestiva pero ningún detalle que pudiera ayudar a identificarla de forma definitiva. Ed Warren no había aplicado ningún rigor científico a su investigación del video y se negaba a dejar que otros lo hicieran. A pesar de la insistencia de Ed en que su ocupación era la investigación científica, guardaba con recelo sus supuestas evidencias en lugar de permitir que fueran analizadas de forma crítica.

Sin embargo, otro investigador que colaboraba con los Warren nos proporcionó una de sus evidencias en video, la cual mostraba a un hombre "desmaterializándose" y había sido grabada con una cámara instalada en un salón, en plena noche, durante una de sus investigaciones. En la cinta, un hombre joven entra en la habitación, se rasca la cabeza y ¡puf!, desaparece. A este extraordinario suceso enseguida le sigue una "luz fantasmal" que aparece momentáneamente en la ventana en el fondo de la escena.

Aceptamos encantados la cinta y la sometimos a un análisis profesional. El informe del análisis dice:

> En este segmento de la cinta se observa un borrado. Aunque existen diversos métodos en la edición de video que permiten lograr un efecto de borrado, en este caso se ha empleado el más sencillo de todos. De forma deliberada o accidental, la cámara dejó de grabar en el último fotograma de la persona en la habitación y reinició la grabación unos segundos después de que la persona hubiera salido del campo de visión de la cámara.
>
> En la observación relacionada, las propiedades de la luz por sí solas podrían dar pie a un centenar de explicaciones diferentes para el misterioso "punto" de luz que aparece unos segundos después de que el hombre haya "desaparecido". Sin embargo, creo que este punto de luz fue causado por el reflejo en la ventana del salón de los faros de un auto que pasó por allí. Los faros se pueden apreciar al observar el lado derecho de la pantalla justo después de que se apague el "punto" de luz.

Así que la única evidencia que se nos ofreció resultó estar muy lejos de ser convincente. En realidad, lo más probable es que se tratara de un simple error de la cámara. Incluso un análisis superficial de esta cinta habría revelado la misma información a los Warren, pero ningún miembro de su red de investigadores se preocupó por estudiarla. En lugar de seguir este obvio primer paso, uno de sus investigadores se limitó a declarar que la "luz fantasmal" era "inexplicable". Además, ninguna de las personas que aparecían en la cinta fueron conscientes de que había ocurrido algo hasta el día siguiente, cuando la vieron (he aquí la huella dactilar de un artefacto), ni siquiera el joven que supuestamente se había desmaterializado. Ed arriesgó gravemente su credibilidad al afirmar, y sin ningún tipo de verificación, que los expertos "sólo han llegado a una conclusión: ese chico desapareció".

A pesar de múltiples intentos de examinar otras evidencias físicas que los Warren dicen poseer, lo único que se nos dio fueron excusas como: "La película fue borrada", "Las personas que aparecen en la grabación quieren privacidad", "Acabábamos de apagar el equipo de grabación cuando...". Tras "investigar" un fenómeno durante cuarenta años, tenían muy poca cosa que respaldara su existencia.

Testigos oculares

El despliegue de evidencias físicas de baja calidad de los Warren se veía muy superado en número por sus copiosas evidencias anecdóticas. Son grandes narradores de historias de fantasmas, lo que contribuyó en gran medida a su popularidad en el circuito de conferencias. Sin embargo, no parecían entender que la cuestión de la existencia de los fantasmas jamás podrá apoyarse únicamente en las historias.

En este sentido, los Warren son una representación típica de la mayoría de las personas, a quienes una historia apasionante les convence y carecen de una comprensión profunda de la poca fiabilidad de la memoria y de la percepción humanas. Como ya hemos visto en profundidad, la percepción y la memoria son falibles. Los "testigos fiables" no existen.

Además, muchos avistamientos o interacciones con una supuesta entidad (ya sea un fantasma o un alienígena) ocurren en el dormitorio, bien a altas horas de la noche o por la mañana temprano, es decir, en lugares y horarios relacionados con el sueño o, para ser más precisos, con el estado de vigilia. Un ejemplo clásico es el de Jack Smirle, a quienes los propios Warren investigaron, quien contaba que un día se despertó muy temprano, paralizado y abrumado por el terror. Sintió la presencia de una entidad en su habitación, y entonces fue violado por un fantasma.

Puede que reconozcas estos indicios del capítulo sobre la hipnagogia.

Cuando le ofrecimos la explicación alternativa de la hipnagogia a Ed, pareció intrigado. "Pero —prosiguió, seguro de sí mismo— ¿y qué hay de la presión que sintió la víctima en el pecho cuando la entidad estaba tratando de entrar en su interior?" Lamentamos tener que contarle a Ed que la presión en el pecho y la falta de aliento son aspectos bien documentados de la hipnagogia.

"Ah", dijo Ed.

Muchas investigaciones de casas encantadas se llevan a cabo a altas horas de la madrugada. Suele llamarse a los investigadores para que pasen allí la noche, lo que provoca privación del sueño. En el estado de privación del sueño, nuestros cerebros son enormemente susceptibles a las alucinaciones, una fuente fértil de experiencias fantasmagóricas.

La imaginación humana es otra fuente fecunda. Cada persona tiene una capacidad imaginativa distinta. En un extremo del espectro están los individuos que son especialmente propensos a la fantasía. Esta propensión, sumada al deseo de creer y a la inmersión en un sistema de creencias que goza del apoyo de un grupo, puede llevar a estas personas a generar una enorme cantidad de experiencias supuestamente paranormales.

Es razonable pensar que los grupos como la Sociedad de Investigación Psíquica de Nueva Inglaterra atraen a este tipo de personas. Gracias a su amplia visibilidad, la posibilidad de "filtrar" involuntariamente a muchas personas es muy elevada. Cientos o miles de personas asistirán a una de sus conferencias en un año. De todas ellas, decenas harán el esfuerzo de apuntarse a una de sus clases semanales. A las que llevan asistiendo durante un largo periodo las invitan a asistir a sus investigaciones. Y de entre este último grupo, unas pocas son consideradas "sensitivas", lo que significa que pueden ver cosas que los demás no ven.

No esperamos que todo el mundo esté versado en la hipnagogia, en los efectos de la privación del sueño y en los caprichos de la imaginación humana, pero sí lo esperamos de alguien que afirme estar llevando a cabo una investigación científica en un campo en el que dichos fenómenos desempeñan un papel importante. Aunque Ed decía que sus críticos son de mente cerrada, él mismo rechazó, sin pensarlo dos veces, las explicaciones alternativas de sus evidencias y no llevó a cabo ninguna investigación que tuviera el potencial de refutar dichas alternativas. Lo que en la Sociedad de Investigación Psíquica de Nueva Inglaterra y en el campo de la caza de fantasmas en general pasa por investigación, en realidad no es más que documentación pasiva de anécdotas e interpretación paranormal resumida.

¿Qué aprendimos?

Investigar a los Warren en una etapa tan temprana de nuestras carreras como escépticos nos abrió los ojos. La primera lección que aprendimos, y que ha sido reforzada muchas veces desde entonces, es que quienes difunden afirmaciones paranormales y pseudocientíficas decepcionan. Resulta que no teníamos motivos para sentirnos intimidados por los Warren. En lugar de los formidables académicos de las películas, nos encontramos con una pareja mayor que no tenía idea y que había logrado ganarse la vida contando historias de fantasmas.

También aprendimos que los aspectos específicos de una creencia concreta no tienen demasiada importancia. Las personas cometen los mismos errores mentales una y otra vez. Los fantasmas están un poco pasados de moda, aunque volvieron más o menos a la palestra gracias a los *reality shows*. ¿Has visto alguna vez uno de esos programas de cazadores de fantasmas? Son casi tan convincentes como el tipo de evidencias que encontrarás en una pijamada de niños de diez años.

Y lo mismo ocurre con los médiums, los cazadores del yeti, los entusiastas de los ovnis, los que creen en las experiencias cercanas a la muerte, los negacionistas de las vacunas o el hombre que cree en el tiempo cúbico. Las falacias son las mismas, sólo cambian los detalles.

La popularidad de ciertas creencias varía con el tiempo y según la región, pero los viejos clásicos siempre vuelven.

Y nosotros estaremos esperando.

45. El endeble pensamiento de *Loose Change*

La aventura de Jay

> La realidad sobre el mundo es que es verdaderamente caótico. La realidad es que no son los Illuminati, ni la conspiración de los banqueros judíos ni la teoría del alienígena gris. La realidad da mucho más miedo, y es que nadie tiene el control. El mundo carece de timón.
>
> —Alan Moore

¿Recuerdas dónde estabas el 11/S en el momento en que te enteraste de que unos aviones se estrellaron contra el World Trade Center? Bien, pues si crees que lo recuerdas, repasa el capítulo sobre la memoria.

Yo tengo el recuerdo de que en 2006 vi un documental titulado *Loose Change* que formaba parte de una serie documental que trataba sobre los sucesos ocurridos el 11/S. *Loose Change* afirma que los ataques contra el World Trade Center y el Pentágono y el vuelo 93 de United Airlines formaron parte de una operación de falsa bandera perpetrada por el gobierno de Estados Unidos. Relata una larga lista de incidentes que, paso a paso, ponen al descubierto una gran conspiración que conllevaría el trabajo coordinado de miles de personas, no sólo para llevarla a cabo sino también para mantenerla en secreto.

He vivido en la ciudad de Nueva York en dos ocasiones, primero como estudiante y luego por trabajo. Y cuando vivía en Connecticut, estaba a tan sólo unos ciento quince kilómetros de distancia y solía ir a menudo para visitar a mis amigos. Fue y sigue siendo mi ciudad. Así que, cinco años después del 11/S, todavía seguía muy afectado por lo ocurrido. Ver *Loose Change* me recordó lo grave y terrible que fue, también a nivel personal. Uno de mis mejores amigos perdió a su hermano, un bombero que pereció en la segunda torre, y tengo otros amigos que salieron de las torres antes de que se derrumbaran. Conozco a alguien que estaba en el Pentágono cuando el vuelo 77 de American Airlines colisionó contra el edificio y me contó una historia espeluznante sobre cómo oyó el estruendo, sintió que el edificio se quejaba a causa del impacto y terminó saliendo para ver qué ocurría por sí mismo. Otros amigos estaban viviendo en la ciudad y compartieron conmigo detalles de los momentos posteriores al desastre. Todavía hoy algunos de ellos me vienen a la cabeza como una pesadilla. En cuanto fue posible acercarse a la zona cero, fui. Tenía que verlo.

A pesar de todas estas conexiones personales y de practicar el pensamiento crítico y de haberme ya entrenado para llevar siempre activado el detector de tonterías, no me quedaba claro si los "hechos" presentados en *Loose Change* —o más importante todavía, la interpretación del director del documental de dichos hechos— eran legítimos o no. La primera vez que lo vi me pareció que habían recopilado muchos hechos curiosos sobre lo sucedido el 11/S. Mientras lo veía, hubo un momento en el que pensé: "Caray, ¿cómo podrían haber inventado todo esto?". Tenía que haber algo de cierto en ello. Había demasiadas piezas del rompecabezas que no era capaz de explicar. Y recuerdo sentir rabia durante el documental porque todavía estaba afectado por el ataque. Pensé que el gobierno de Estados Unidos tenía que haber metido la pata en algún momento para permitir que ocurriera aquella tragedia. Como mínimo, el documental me dejó con muchas interrogantes (cosa que supongo era su intención).

Poco después de ver *Loose Change*, grabamos el podcast. Había esperado para hablar sobre él con los demás y estaba emocionado ante la idea de la conversación. A una parte de mí le gustaba toda aquella intriga. Aunque detestaba remover el dolor y la muerte que trajo consigo el 11/S, la idea de un encubrimiento a gran escala era seductora. Cuando por fin estuvimos todos con los cascos puestos, les pregunté a los demás qué opinaban, expectante hasta más no poder. Esto es más o menos lo que se dijo:

JAY: Oigan, ¿alguno de ustedes ha visto *Loose Change*?

PERRY: ¡¿Qué!?

JAY: Sí, el documental sobre el 11/S.

PERRY: Lo conozco, ¡pero parece que tú no tienes ni la más remota idea de lo que es!

STEVE: Jay, son todo patrañas.

JAY: No, espera. Lo vi completo y había muchas cosas que parecían ser coincidencias demasiado grandes como para que todo fuera una patraña.

PERRY: Steve, ¿lo puedes creer? Nuestro propio amigo y hermano se ha tragado una de las teorías más tontas que he visto en mi vida.

JAY: Yo sólo digo que todo era muy interesante. Algunas de las cosas que decían parecen bastante convincentes.

STEVE: Por Dios, Jay, escúchame. Todo el documental parte de una conclusión y no deja de mover las piezas de ajedrez para demostrar su premisa original. Es todo inventado, y cuando analizas más de cerca cualquiera de las cosas que dicen, ves que es todo basura.

PERRY: ¿Y éste colabora en un podcast para escépticos?

STEVE: ¿Qué argumento te pareció el más convincente de todos?

PERRY: Comparten genes, Steve.

JAY: La parte en la que hablan de que el acero…

PERRY: No es capaz de pensar por sí mismo…

STEVE: No hacía falta que el acero se fundiera, sólo que se debilitara.

JAY: Sí, ¿pero el edificio se habría derrumbado como lo hizo si…?

PERRY: ¡Bobadas! Jay, todo ese rollo ha sido preparado para idiotas como tú que se sientan y babean mientras ven las luces parpadeantes de su computadora. Steve, yo voto por que echemos a Jay del podcast hasta que se despabile… Sí, hasta que se despabile.

Al final no me echaron del podcast.

Lo que sí pasó es que Perry se rio de mí sin parar durante al menos un año. Tenía la capacidad de partirte en dos con una sola frase. Incluso cuando bromeaba, blandía las palabras como si fueran un sable de luz. Y yo me lo tenía bien merecido, porque él tenía razón. Formaba parte de un podcast para escépticos y llevaba años siendo un activista escéptico. Si echo la vista atrás me doy cuenta de que permití que las emociones y la hábil presentación de una versión de la historia me descarrilaran, al menos temporalmente. Casi como cuando descubres cómo se hace un truco de magia sorprendente, en cuanto aprendí por qué los "hechos" del documental eran erróneos, de pronto todo me pareció sumamente obvio y ridículo.

¿Por qué lo creí? Ahora creo que en ese momento fue por las emociones que todavía arrastraba y por la necesidad de culpar a alguien tangible. Ello me llevó a cometer errores básicos de lógica que se desarrollaron de forma inconsciente mientras mi mente holgazaneaba, entretenida por el documental.

No seas como yo. Hay ciertas cosas básicas que puedes tener presentes para no dejarte influir por informaciones malinterpretadas, escenarios inventados y, en ocasiones, mentiras deliberadas, y para evitar que tus amigos se rían de ti durante un año.

Ten cuidado cuando sólo estés oyendo una versión de la historia. En la ausencia de otras opiniones o interpretaciones, es fácil que te convenzan para que estés de acuerdo con una versión del argumento. Todos sabemos que la mayoría de los documentales no cuenta las dos versiones de la misma historia, y si los escépticos recurren a ambas es por algo. Imagina un juicio en el que sólo una de las partes presenta evidencias. Dirigen a los espectadores de forma deliberada por un camino concreto para ayudarles a extraer una conclusión concreta. Buscar la otra versión de la historia dependía de mí.

El volumen de información se vuelve oneroso. Las grandes cantidades de evidencias circunstanciales pueden resultar muy convincentes. Ésta es la falacia de "si el río suena, es que agua lleva". En este caso, lo único que había era un río artificial. Es fácil creer en una visión distorsionada cuando no dispones de información fiable con la que compararla. Los documentales como

Loose Change proporcionan toda una ráfaga de hechos envueltos en un relato atractivo. Si alguna vez acudes a una presentación de ventas multinivel o de tiempo compartido, verás cómo emplean la misma estrategia. El orador te bombardeará con información que no podrás comprobar en el momento. No tienes tiempo de procesar todo lo que acabas de oír, y para el final del discurso puedes terminar abrumado y convencido.

Es fácil subestimar lo efectivo que resulta escoger la información selectivamente para crear una realidad falsa. Sólo por su volumen, *Loose Change* es un ejemplo magnífico. Casi todas las evidencias que se presentan en el documental han sido escogidas cuidadosamente para que encajen en la historia que decidieron contar. Lo que nosotros, los espectadores, no sabemos son todos los fragmentos de información que no han sido incluidos.

Por ejemplo, los directores del documental afirman que Danielle O'Brien, controladora de tráfico aéreo en el Aeropuerto Internacional Dulles, dijo a la cadena ABC News que en la sala de control todo el mundo creía que el vuelo 77 era un avión militar. Naturalmente, esta declaración sembraría la duda sobre la versión oficial de que todos los aviones eran de pasajeros. Sin embargo, ésta es su declaración íntegra a la ABC: "La velocidad, la maniobrabilidad, la forma del giro... en la sala de radar todos creímos, siendo controladores aéreos con experiencia, que era un avión militar –dice O'Brien–. Los 757 no se pilotean así. No es seguro."

El 757 no estaba volando como debería hacerlo un avión comercial, así que lo primero que pensaron fue que era del ejército. Pero claro, que unos terroristas hubieran secuestrado el avión también explicaría un estilo de vuelo peligroso.

Los directores también afirman lo siguiente: "Se vio a los empleados del Pentágono llevándose una gran caja cubierta con una lona azul. ¿Por qué tanto misterio?".

Sí, esto puede parecer extraño si no estás familiarizado con la actuación ante una catástrofe. El objeto de gran tamaño que había bajo la lona azul era una tienda de campaña, ante lo cual los teóricos de la conspiración responden: "No se parece a ninguna tienda de campaña que yo haya visto". Eso es porque no se estaban yendo de campamento. Es el tipo que se usa para instalar servicios de emergencia, como de primeros auxilios. No es una tienda de campaña típica, sino que es más como un edificio portátil. Éste es un buen ejemplo de cómo los teóricos de la conspiración pueden explotar lo desconocido para hacer que los sucesos parezcan inusuales y, por consiguiente, siniestros.

Loose Change descontextualiza lo que ocurrió el 11/S y plantea la presunción de que todo lo que sucedió está relacionado de una forma que no es cierta. También ilustra a la perfección cómo los teóricos de la conspiración pueden crear la impresión de que ha ocurrido algo siniestro con tan sólo lanzar preguntas. No tienen que demostrar nada, nada más tienen que hacer que parezca que algo no cuadra.

¿Por qué se derrumbaron las torres tal como lo hicieron? Pues… ¿cómo vamos a saber cómo se derrumba este tipo de edificios bajo esas circunstancias? ¿Por qué la zona donde cayeron los restos tuvo la apariencia que tuvo cuando el avión se estrelló contra el Pentágono? ¿Qué apariencia debería tener? Es fácil hacer presuposiciones ingenuas sobre sucesos únicos y sumamente inusuales y luego decir que las cosas no tienen la apariencia que "deberían" tener.

Finalmente, tu propio sesgo distorsiona tu percepción. El sesgo de confirmación está en funcionamiento todo el tiempo y afecta a cualquier cosa que entre en tu cerebro. Si buscas deliberadamente algo que confirme tus creencias existentes, lo encontrarás. Recuerda que siempre debes tratar de demostrar que tus propias hipótesis son incorrectas. Es lo que hacen los buenos científicos.

Si apilas la cantidad necesaria de sesgos y afirmaciones, podrá parecer que algo está ocurriendo. La lección que yo aprendí por las malas es que ese "algo" que está ocurriendo es el sesgo de confirmación, el pensamiento descuidado y el conspiracionismo.

TERCERA SECCIÓN

Cambiarte a ti mismo y al mundo

Espero que hayas disfrutado de esta fascinante aventura por los caprichos de la psicología humana y de los desafíos que plantean para nuestra humilde especie. Aunque creo que estos temas son sumamente interesantes, el auténtico propósito es emplearlos en la vida diaria. Sé que esto nos acerca peligrosamente a la categoría de la autoayuda, pero si me lo permites, me gustaría dejar una cosa perfectamente clara: éste no es un libro de autoayuda.

Entendamos el pensamiento crítico más como una ciencia aplicada, como la medicina. Me encanta descubrir cosas sobre el cuerpo, especialmente el cerebro, pero todo cobra un interés aún mayor cuando tratas de darle un uso práctico al conocimiento. Así, se convierte en algo real y deja de ser abstracto e hipotético. Bueno, ¿y cómo se hace? ¿Cómo llevar una vida escéptica? Esta pregunta en todas sus versiones es, por mucho, la que más recibimos de nuestros oyentes. Quieren saber cómo aplicar cierto aspecto del pensamiento escéptico a un problema específico de su vida.

En este capítulo pondremos todo este pensamiento crítico a nuestro servicio como individuos, padres y miembros de la sociedad. Puede que esta sección sea la más compleja de todas, puesto que en ella sacaremos al pensamiento crítico del plano de lo abstracto, lo extraeremos de todos los ejemplos que hemos visto a lo largo del libro y te pondremos directamente a ti, el lector, en el punto de mira del escepticismo.

Pero no te preocupes, con esta parte también te divertirás.

46. Cómo ser escéptico

> Se considera la ciencia (o al menos se habla de ella) como si fuera una especie de invento desmoralizador del hombre, algo ajeno a la vida real que debe ser protegido con mucho celo y mantenerse separado de la existencia cotidiana. Pero la ciencia y la vida cotidiana no se pueden ni se deben separar.
>
> —Rosalind Franklin

La primera regla del escepticismo *no* es que no se habla del escepticismo. Habla sobre él tanto como quieras. La primera regla es que los principios del pensamiento crítico los debes aplicar principalmente a ti mismo. No olvides que los sesgos cognitivos, los defectos de la memoria y de la percepción, la heurística, el razonamiento motivado, el efecto Dunning-Kruger… todos te afectan a ti, no sólo a los demás. Asimílalo honestamente. Estos conceptos no son armas con las cuales atacar a los demás para sentirte superior, sino herramientas necesarias para minimizar los sesgos, los errores y las sandeces que embozan tu cerebro.

Sé consciente de que nunca alcanzarás el objetivo de librarte totalmente de los sesgos y de los errores. Lo único que puedes hacer es estar alerta y esforzarte para minimizarlos. Y mientras enfocas esa luz hacia tu interior, reconoce que tienes tus propias vacas sagradas, esas ideas que forman parte de tu identidad y que te dolerá cambiar. No niegues tu humanidad: acéptala y trabájala.

Para mí, este proceso significó enorgullecerme de mi capacidad de cambiar de opinión. En lo referente a mi forma de enfocar la información, me identifico con un proceso escéptico y crítico, con dejar que los hechos reinen, con ser honesto, justo y transparente. Mi identidad es ésa y no una creencia o conclusión concreta. Por eso, si me equivoco sobre algo, tengo la oportunidad de cambiar de opinión y demostrar que puedo corregir mis errores. No es fácil. Equivocarse nunca deja de herir el ego. Pero debes llegar al punto en el que negarte a corregir un error duela más.

Cuando se trata de lidiar con los demás, no se me ocurriría jamás decirte qué "debes" hacer. Lo único que puedo hacer es compartir mi enfoque, el de la *SGU*, y contarte si nos ha funcionado. Me recuerdo constantemente que todos somos humanos imperfectos tratando de abrirnos camino en un mundo complejo y que a menudo da miedo. Más que nada, somos el producto de nuestras circunstancias.

Por ejemplo, la mayoría de las personas terminan aceptando el sistema de creencias en el que han nacido. Así que no parece justo culpar a los demás por el único aspecto de sus vidas sobre el que no tuvieron absolutamente ningún control, a saber: la situación en la que nacieron. Todos somos el resultado de nuestras oportunidades, de nuestros mentores y de las personas que nos rodean, además de las propensiones neurológicas que nos fueron otorgadas.

Esta actitud me ayuda a juzgar menos a los demás. Prefiero adoptar un acercamiento educado. Estoy contento con dónde me ha llevado la vida y le estoy sumamente agradecido a todo aquel que me ha cuidado y enseñado durante el camino, así que siento que lo mejor que puedo hacer a cambio es enseñar y cuidar a los demás.

Esto no significa que no considere que cada uno es responsable de sus actos. Los estafadores siempre consiguen enfadarme, y creo que merecen ser castigados. Pero en la *SGU* nos dedicamos a abordar las creencias y los argumentos, y tratamos con mucho cuidado de no atacar a los creyentes. No son más que seres imperfectos, igual que nosotros. Por otro lado, criticamos a los divulgadores de sandeces que difunden informaciones erróneas, mentiras y pseudociencia. Han entrado en el ámbito público para promover sus tonterías, así que son una presa legítima del escrutinio, del análisis escéptico y de las refutaciones. Pero incluso con ellos siempre tratamos de ser justos.

Otros defensores de la ciencia y de la razón prefieren adoptar un enfoque más afilado, cosa que me parece bien. Cada uno es libre de hacer lo que encaje con sus capacidades y personalidad. No puedo demostrar si un enfoque es más efectivo que el otro, pero te recomiendo que, cuando intentes hacer cambiar de opinión a los demás o de extender tu visión del mundo, tengas en cuenta tu estrategia y hagas seguimiento de tus resultados. Puede que tus instintos te estén ayudando y también puede que no, así que lo mejor es aplicar algo de ese pensamiento crítico en tu forma de difundir el pensamiento crítico.

Si mi primera recomendación es ser humilde y la segunda es la de cuidar a los demás, la tercera es que hay que ser valiente. Puede ser difícil e incómodo enfrentarse a las creencias de los demás o tratar de hacer retroceder a la pseudociencia. Una pregunta que nos llega muy a menudo es qué hacer cuando estás en el consultorio del médico y te está recomendando el uso de bobadas como la homeopatía. Tal vez lo más fácil sea darle las gracias y no volver jamás. Pero estarás desaprovechando la oportunidad de darle a ese profesional una opinión valiosa. Debe saber lo que piensas de su recomendación, que valoras la medicina basada en la ciencia y que eso es lo que esperas de tu médico. Puede que aun así decidas no volver a su consulta nunca más, pero habrás hecho tu pequeña aportación de pensamiento crítico al mundo, y todo suma.

Lo mismo ocurre con tus profesores o con el colegio de tus hijos, con tu lugar de trabajo y tu círculo social. Puedes mantener la cordialidad si no te gustan los enfrentamientos, pero yo no tendría nunca miedo de defender algo legítimo. Por supuesto, siempre hay que saber elegir el momento y el lugar, y saber cuándo retirarse. Una cosa es ser valiente y otra ser molesto. Si tu empresa es contratada por un charlatán, ¿agachas la cabeza y sigues con lo tuyo, o le dices algo a tu superior? Eso dependerá de muchas variables, pero yo no descartaría poner sobre la mesa dónde se encuentra la responsabilidad de la empresa.

Tal como yo lo veo, a todo círculo social le iría bien tener su propio escéptico, esa persona que ofrece un punto de vista escéptico en cualquier tema que se trate. No tardarás en ver que las personas empiezan a acudir a ti para preguntar qué opina el escéptico, y como sabrán qué esperar, lo que les digas no tendrá por qué causarles rechazo.

Cuando decidas implicarte, hazlo de verdad. No te limites a dar tu opinión, descubre qué piensa la otra persona y por qué. Aborda su relato y su comprensión del tema. Si no dispones de una buena respuesta para un punto concreto, es una oportunidad fantástica para decir que no lo sabes y descubrirlo juntos. Lo mejor que puedes hacer es no limitarte a ofrecer la respuesta escéptica, sino demostrarles cómo llegar a ella por sí mismos. En la *SGU* nos esforzamos mucho por no explicar *qué* pensar, sino *cómo* pensar.

Muéstrales el proceso y todo el caos que conlleva. La ciencia es caótica. Pensar por ti mismo es un circo que no se acaba nunca. Pero hay que ir abriéndose camino para llegar al menos a una respuesta provisional y razonable a través de un proceso lógico que respete los hechos y la precisión.

El escepticismo también es divertido y empoderador. Una de las opiniones más frecuentes que recibimos de nuestros oyentes es lo liberador que resulta por fin haber dejado atrás determinado sistema de creencias. Han dejado de estar sometidos por una creencia opresiva. Ahora pueden pensar libremente y creer únicamente cosas a las que de verdad encuentran sentido.

Me gusta enseñar a los demás lo mucho que disfruto de ser escéptico. Sí, puede ser frustrante lidiar con los abyectos sinsentidos que acosan a nuestra especie, pero al final resulta muy entretenido explorar preguntas interesantes, intercambiar ideas con personas que no están de acuerdo contigo y aprender cosas nuevas sobre ti mismo y sobre el universo. El escepticismo no puede ser sólo negativo, también tiene que ser positivo.

Creo que por eso Carl Sagan goza de un respeto tan universal entre los escépticos y los divulgadores científicos. Él más que nadie simbolizaba el equilibrio óptimo entre oponerse a la pseudociencia y abrazar la visión científica del universo con toda su belleza y su magia. La ciencia puede proporcionarte una perspectiva igual de asombrosa y mucho más maravillosa que cualquier fantasía.

Cómo hablar con amigos y familiares

Hubo una época en casa de los Novella en que las cenas de los domingos no terminaban hasta que nuestra hermana se iba del comedor llorando. De alguna forma, las sencillas discusiones sobre cualquier nimiedad, como la naturaleza de la realidad y la existencia de una vida eterna, terminaban convirtiéndose en algo personal. Una vez se me prohibió asistir a la cena del Séder de Pésaj con la familia de Evan, sólo porque había escrito algo sobre que su hermana creía en los fantasmas. Cara llegó incluso a romper con un novio por sus opiniones contrarias a las vacunas y sobre la medicina alternativa.

Todos hemos pasado por ello. Nadie es capaz de sacarte de quicio tanto como tu familia y tus seres queridos. El riesgo también aumenta cuando se trata de relaciones que seguramente conservarás durante toda tu vida (y que quieres que duren para siempre). Lo que está en juego es mucho más importante.

No estamos hablando sólo sobre si el monstruo del lago Ness existe o no; a menudo nos enfrentamos a decisiones vitales importantes. Recibimos preguntas de oyentes cuyos cónyuges padecen cáncer y se están planteando no seguir el tratamiento recomendado para probar con las vitaminas o los enemas de café; padres que quieren curar a sus hijos con homeopatía; o personas cuyos hermanos están invirtiendo mucho dinero en estafas de ventas multinivel.

Tener estas conversaciones con amigos y familiares puede llegar a ser muy frustrante. Durante una discusión, es raro recibir la respuesta que quieres. No esperes que digan: "Lo sé, nunca me lo había planteado así" o "Es verdad que lo que me estás diciendo no admite discusión". Lo más probable es que reaccionen a la defensiva, desvíen la atención e incluso recurran a los ataques personales. También es posible que el mismo tema vuelva a salir meses más tarde y que descubras que todo sigue igual, como si tus discusiones anteriores no hubiesen ocurrido.

Pero, a estas alturas, al menos nada de esto te tomará por sorpresa. Hemos repasado una larga lista de mecanismos psicológicos que parecen conspirar entre ellos para proteger nuestras creencias existentes o las creencias que deseamos. Tendemos a resistirnos a modificar nuestras creencias fundamentales o queridas con todas nuestras fuerzas. Cuando trates con personas cercanas a ti, es especialmente importante recordar los consejos anteriores y ser humilde y paciente, y concentrarse en educar en lugar de ganar la discusión. Y recuerda que a veces serás tú el que esté equivocado. Siempre considera primero esta posibilidad.

Estrategia a largo plazo

Cuando alguien nos pide consejos específicos sobre cómo lidiar con un familiar o un amigo, siempre decimos que depende. Primero depende de tus objetivos. Puede parecer obvio, pero es importante saber qué es exactamente lo que quieres obtener de la interacción. ¿Quién es tu verdadera audiencia, estás tratando de cambiar una opinión o un comportamiento? Y luego, ¿cuánto tiempo y esfuerzo estás dispuesto a invertir?

Si estás hablando con alguien en las redes sociales, lo más probable es que jamás llegues a conocerlo o a tener una relación con él o ella, y por lo tanto te puedes contentar con presentar unos cuantos argumentos breves y luego salir a cenar pizza. Sin embargo, cuando se trata de tu cónyuge, puede que estés dispuesto a invertir años de trabajo para ir cambiando su visión del mundo poco a poco. Esto significa que tienes que ser increíblemente paciente. No esperes que se le caiga la venda de los ojos de un día para otro.

Muy bien, ¿y esto cómo se hace?

1. Tal como nos gusta decir en la *SGU*, planta la semilla. Lanza una pregunta o una idea e invita a la otra persona a que reflexione sobre ello

o que profundice por su cuenta. No les pidas ni esperes que exprese su opinión en este momento. Puede que le resulte más cómodo cuestionar sus creencias en la privacidad de su mente.

2. No lo conviertas en una competencia o en un conflicto. Cuanto más lo lleves al terreno personal, más defensivo se mostrará. Exploren la cuestión juntos. De hecho, resulta muy útil no entrar pisando fuerte, sino haciendo preguntas, reconociendo las cosas que no sabes y convirtiendo el tema en una misión conjunta.
3. Encuentra puntos en común. Tal como vimos en el capítulo sobre las falacias lógicas y cómo presentar posturas, cada argumento tiene sus premisas y su lógica. Si tú y otra persona disienten, será porque están partiendo de premisas distintas o porque uno o ambos están usando una lógica inválida. Busquen primero los puntos en los que acuerdan, y a partir de ahí, traten de identificar en qué están en desacuerdo y ver si pueden resolver sus diferencias juntos. Puede que lleguen a opiniones subjetivas o juicios de valor, pero al menos sabrán en qué no están de acuerdo.

   No discutan sobre los hechos: resuélvanlos. Convengan de antemano que sólo buscarán los detalles que estén en tela de juicio, y traten de recurrir a fuentes en las que ambos confíen.
4. No ataques de frente, ya que es mejor despertar y cuidar su escepticismo. Puede que tengas mucho más éxito si no abordas la creencia que más te preocupa. Encuentra un tema sobre el que estén de acuerdo. Tengo un amigo cercano con el que disiento muy a menudo, pero vio un buen documental sobre el caso Roswell y comprendió por qué las afirmaciones sobre un ovni estrellado carecían de fundamento. Ése era un tema en el que podíamos estar de acuerdo, y se convirtió en una muy buena puerta de entrada para entrenar su pensamiento crítico. Gracias a ese tema, y sin confrontación alguna, podíamos hablar sobre los tipos de evidencias que son útiles, cómo se propagan las

informaciones erróneas y cómo las personas pueden llegar a convencerse a sí mismas y creer cosas que no son ciertas. Todo el mundo es escéptico de algo. Encuentra ese algo.

En lugar de intentar convencer a alguien de que no crea en algo, o de que acepte el consenso científico sobre un tema concreto, dedica tiempo a enseñarle habilidades de pensamiento crítico. Al final, puede que ellos mismos cuestionen sus creencias.

5. Cuida tu tono. Es asombrosa la controversia que envuelve al sencillo consejo de ser cordial en la comunidad de escépticos. Phil Plait (creador del blog *Bad Astronomy*) dio una famosa conferencia a la que tituló "No seas un cretino" en una edición de la conferencia para escépticos Amazing Meeting, y recibió una sorprendente cantidad de reacciones negativas de personas que creían que estaba siendo un cretino.

El asunto encierra una controversia legítima. Existe algo llamado "troleo de tono" que se da en las redes sociales: en lugar de abordar los argumentos que alguien está presentando, este tipo de trols se centran excesivamente en el tono percibido. Es una estrategia diseñada para apartar a alguien de una discusión o para hacerlo callar. A mí me han dicho muchas veces que soy arrogante simplemente porque he señalado un error en los hechos o he dicho que un argumento es una falacia lógica. El tono se convierte en una distracción para evitar los verdaderos problemas y para hacer callar a alguien cuyas opiniones no son de tu agrado.

Asimismo, algunas personas defienden con mucho celo su derecho a utilizar el tono que les plazca, a ser directos e incluso a ridiculizar a los demás siempre que quieran. Algunos problemas, dicen, requieren un tono severo. Me he encontrado con esta actitud al hablar con o sobre estafadores o charlatanes. Ellos mismos o sus defensores exigen respeto y adoptan el papel de trol de tono frecuentemente contra quienes los critican. Pero es posible que la verdadera cuestión a tratar sea si ellos o sus opiniones merecen respeto.

6. Trata de entender el relato de la otra persona. Las personas no sólo albergamos creencias específicas sobre los hechos, sino que construimos relatos sobre cómo funciona el mundo, cómo dar sentido a informaciones a menudo abrumadoras y confusas, sobre las motivaciones de los demás y sobre lo que ha ocurrido en el pasado. Si quieres que alguien cambie de opinión, no puedes despojarlo de su relato diciéndole que se equivoca, porque lo que conseguirás es que se sienta vulnerable e inseguro. Debes reemplazar su relato con otro que ofrezca un poder explicativo más eficaz, preferiblemente un relato basado en la ciencia y la razón.

   En otras palabras, debes ayudarlo a comprender los hechos y las afirmaciones desde tu punto de vista escéptico. En el ejemplo del caso Roswell, el relato de mi amigo era que el gobierno estaba encubriendo las evidencias de un ovni alienígena que se había estrellado. Mi objetivo era ayudarlo a sustituir el relato de la conspiración por otro relato escéptico que incluía la mitología, el autoengaño, la mala labor periodística y el afán de publicidad de quienes pretenden vender el relato de la conspiración.

Dicho esto, lo más probable es que quieras mantener una buena relación con tus amigos y familiares, y hay maneras de expresar todos tus argumentos sin ser agresivo u ofensivo. A veces es difícil ser negativo —es decir, decirle a alguien que se equivoca— sin que el resultado sea negativo. Pero es posible. Sólo hay que ir con cuidado.

Sea cual sea el enfoque que decidas adoptar, nosotros hemos descubierto que éste es el que mejor nos funciona. Por ejemplo, a menudo recibimos correos electrónicos beligerantes y ofensivos de oyentes que, o bien no están de acuerdo con un segmento concreto, o bien no les gustan la voz de Evan o las bromas de Jay. Nuestra política es responder (cuando lo hacemos) de una forma profesional y educada. Es sorprendente lo tranquilizador que resulta.

A menudo el autor del correo electrónico da marcha atrás e incluso se disculpa por el tono empleado. No hace falta decirle a alguien que su comportamiento es infantil, basta con actuar como un adulto y dejar que el contraste hable por sí solo.

Finalmente, si veo que alguien merece que le dedique mi atención, ser amable es lo único que surte efecto. Pero, insisto, el contexto manda. A veces, si tu objetivo lo requiere, es necesario sacar un cuchillo más afilado.

La buena noticia es que las personas pueden cambiar, aunque no existe una fórmula mágica y no es fácil. Los estudios psicológicos nos traen algunos hallazgos alentadores: si dedicas tiempo a explorar los argumentos y las evidencias, tu interlocutor podrá cambiar de opinión y obtener una comprensión más sofisticada del tema en cuestión. Ejercer una influencia escéptica en las personas que te rodean dará frutos a largo plazo.

Educar a los hijos desde el escepticismo

Ahí estaba yo, escuchando a Gimli —enano, guerrero y miembro de la Comunidad del Anillo de Tolkien— quien le daba una lección sobre lactancia materna a mi cuñada. No, no era un sueño, es que a veces la vida te lleva a lugares inesperados.

Pero mejor empecemos por el principio… Casi todos los años asistimos a la Dragon Con, una gran convención de todo lo relacionado con la ciencia ficción, la fantasía y lo nerd, para dar conferencias en las secciones sobre escepticismo y ciencia (y, de paso, disfrutar viendo los asombrosos disfraces). Un año fuimos con la esposa de Jay, Cortney, que estaba embarazada de su primer hijo.

Nos pusimos en la fila para que John Rhys-Davies, el actor que hizo de Gimli en la trilogía de *El Señor de los Anillos*, nos firmara una foto. Se dio cuenta de que Cortney estaba embarazada y decidió preguntarle si pensaba dar de amamantar. Cortney todavía no lo había decidido, y parece ser que

Rhys-Davies se había informado mucho sobre el tema por sus hijos. Que nadie se confunda, es un tipo muy simpático y la conversación fue agradable. Pero también era un poco aguerrido en favor de que "dar el pecho es lo mejor".

Durante aquella extraña conversación, se me ocurrieron unas cuantas cosas. La primera fue que el pobre hombre no tenía ni idea de con quién estaba hablando. Quería decirle "Pero Gimli, las evidencias científicas publicadas no respaldan las afirmaciones típicas sobre que dar el pecho sea lo mejor. Presionar a las madres para que den el pecho puede resultar contraproducente". Pero teníamos detrás a un montón de seguidores molestos que seguramente no tenían ningún interés en presenciar un debate sobre los relativos beneficios de la leche materna y de la leche de fórmula. En concreto, Spider-Man se estaba poniendo un poco nervioso.

También me hizo pensar en algo que había observado anteriormente, y es que todo el mundo cree que tiene derecho a opinar sobre ciertos temas, como el embarazo y la educación de los hijos, incluso cuando están en juego ciertos problemas científicos complejos. No es sólo que algunas personas crean que sus opiniones son igual de válidas que las revisiones de datos científicos rigurosos llevadas a cabo por expertos, sino que además creen que tienen casi el deber de compartir sus opiniones de forma dogmática con los demás, incluso cuando llevan puesto un disfraz en una feria del cómic.

Los psicólogos llaman a esto la "ilusión de la profundidad explicativa". Tendemos a creer que sabemos cómo funcionan las cosas incluso cuando no es así. Este fenómeno se debe, en parte, al hecho de que estamos acostumbrados a apoyarnos en el conocimiento de otros y a confundirlo con el nuestro. La mayoría conducimos nuestros coches o utilizamos nuestras computadoras sin tener mucha idea de cómo funcionan. A veces podemos sobreestimar nuestro conocimiento superficial sobre ellos y subestimar el conocimiento técnico de los verdaderos expertos. Y un mecanismo similar nos hace sentir que tenemos derecho a sostener una opinión sobre la lactancia materna, incluso sin ser expertos en medicina.

También encontramos un elevado grado de juicio moral enredado en lo que en realidad no dejan de ser cuestiones o bien de ciencia médica o de preferencias personales. Si no das el pecho o si tomas medicación para el dolor durante el parto o si alimentas a tu hijo con algo que no sea col rizada orgánica de granja hipoalergénica y sin gluten, es que eres una mala madre o un mal padre.

Todo esto significa que, en cuanto anuncies al mundo (o sea evidente) que vas a tener un hijo, te convertirás en el blanco de consejos de todo tipo que no has pedido.

Motiva el pensamiento crítico

Educar a tus hijos desde el escepticismo no sólo significa saber cómo lidiar con cuestiones científicas relacionadas con tener y criar a tus hijos, sino también cómo motivar a tus hijos para que se conviertan en adultos que practiquen el pensamiento crítico. Ojalá tuviera una fórmula que garantizara este resultado, pero naturalmente, cada niño es diferente y cada entorno un mundo. Como ocurre con todo lo demás, no puedes controlar a tus hijos, sólo puedes influir en su comportamiento. Poniendo por delante que el consejo general de los psicólogos es mantener una relación afectuosa y de cuidado con los hijos. Eso es lo más importante.

Pero, por el camino, puedes motivarlos gradualmente para que sean curiosos, para que amen la ciencia y para que practiquen el pensamiento crítico.

Aprovecha las oportunidades

Cuando surja algo que puedas convertir en una lección sobre pensamiento crítico, acostúmbrate a hacerlo. Muestra a tus hijos cómo cuestionar lo que ven. Es la primera pieza de su detector de tonterías. Básicamente, deben ver en ti las buenas prácticas de pensamiento que estás intentando inculcarles. Si te preguntan algo, no les des una respuesta autoritaria, por muy sencilla que sea la pregunta. Lo que yo hago con mis hijas es decirles lo bien que han hecho al preguntarme y ser curiosas, luego reflexiono con ellas sobre lo interesante que es la pregunta y la respondo.

Por ejemplo, mi hija me preguntó de qué color eran los dinosaurios. Aunque no lo parezca, la pregunta encierra perspicacia porque asume que la representación típica de los dinosaurios podría no ser precisa. Yo le pregunté: "Bueno, y ¿cómo podríamos saber de qué color eran?". Ahí está la pregunta verdaderamente interesante. Y a partir de ahí, la exploramos juntos.

También me resulta útil reconocer que no sé la respuesta cuando la desconozco, o cuando ni siquiera los científicos lo saben. En realidad, casi todas las preguntas te permiten llegar hasta el límite de lo que se sabe y señalar lo que la ciencia todavía no ha descubierto. Esto enseña varias cosas: que está bien cuestionar cualquier cosa; que el conocimiento no es absoluto, sino un proceso de descubrimiento; y que no existe ninguna autoridad absoluta, ya que cualquier afirmación es tan válida como las evidencias que la respaldan.

Con este enfoque descubrí que mis hijas se iban convirtiendo en escépticas de manera natural. Les gusta especialmente demostrar que me equivoco sobre algún detalle, lo que me da la oportunidad de demostrarles cómo debemos comportarnos cuando nos encontramos cara a cara con un error.

He aquí otra regla que me parece útil: apunta un poco más alto de lo que te dicten tus instintos. En otras palabras, tendemos a asumir que los niños no entienden las cosas, pero seguramente saben y entienden más de lo que crees. Evita simplificar demasiado las cosas o subestimarlos. Coloca la zanahoria delante de ellos y haz que se esfuercen un poco por alcanzarla, pero evidentemente, no demasiado. Al menos agradecerán que les hables como a una persona de verdad.

Transmite el amor por la ciencia

Me apasiona la ciencia, igual que a los demás miembros de la *SGU*, y a todos nos viene desde pequeños. También tenemos en común el hecho de que al menos uno de nuestros padres compartió con nosotros su pasión por la ciencia cuando éramos niños. Para mí, ésa es la parte más fácil de ser padre, transmitirles a mis hijas mi amor por la ciencia con entusiasmo.

El consenso general es que compartir momentos divertidos y de calidad con tus hijos es probablemente lo mejor que puedes hacer por ellos. Los expertos también coinciden en que es útil leer a tus hijos con frecuencia y tener alrededor cuantos más libros, mejor. En realidad, lo único que hay que hacer es asegurarse de que algunos de esos libros y parte de ese tiempo de calidad tengan que ver con la ciencia. Mis hijas y yo emprendíamos aventuras de exploración en el bosque que está cerca de casa, pero si no tienes acceso a algo así, hay muchas otras cosas que puedes hacer.

También hacíamos viajes imaginarios por el sistema solar. Para ello no hace falta nada más que una caja o incluso un clóset, y tu imaginación. En lugar de limitarme a contarles cosas sobre el sistema solar, "despegábamos" juntos en nuestra nave espacial imaginaria y viajábamos a cada uno de los planetas en orden. Les describía lo que tardábamos en llegar, lo que veíamos desde la órbita y cómo era estar en la superficie, la gravedad y todo lo demás.

También puedes encontrar algo que les interese y motivarlos. No les impongas ningún tema: prueba con distintas cosas, y cuando muestren interés en alguna, sigue por ese camino. A mi hija mayor le fascinaban las aves, por ejemplo, mientras que a la pequeña le interesa la ingeniería. El tema no importa, pueden ser las plantas, los insectos, los dinosaurios, los planetas... Cualquier cosa que les apasione te dará la oportunidad de demostrar cómo observar, cómo funciona la categorización, lo que saben los científicos, cómo diferenciar las afirmaciones confiables de los mitos comunes, y cómo explorar un tema mediante la lectura. También puedes buscar formas de mostrarles la relación que une el tema que más les interesa con otros campos de conocimiento.

Incluso si no tienes hijos, puede que tengas niños a tu alrededor, ya sean de tus amigos o familia. Hay muchas oportunidades de difundir el pensamiento crítico o el amor por la ciencia entre los que te rodean, tengan la edad que tengan.

En última instancia, ser un "padre" escéptico tiene que ver con ser una persona escéptica que valora la enseñanza y el cuidado. A lo largo de la vida, todos somos discípulos y maestros. Nunca debemos dejar de aprender, e independientemente de nuestro nivel de conocimiento, todos tenemos algo que enseñar a los demás. De hecho, ésa es la mejor forma de aprender, ya que enseñar y aprender son partes dinámicas del mismo proceso.

Las personas que cuentan con más experiencia o un fondo de conocimiento más profundo que el tuyo pueden compartir muchas cosas. Pero las que poseen menos experiencia o conocimiento también tienen algo que aportar: su entusiasmo y una perspectiva fresca. Las preguntas más profundas e interesantes suelen venir de quienes están libres de ideas preconcebidas. Por eso los niños a veces plantean las mejores preguntas, porque no saben lo suficiente como para tener presuposiciones ocultas que constriñan su pensamiento. Y estas preguntas te dan la oportunidad de enfrentarte a tus propias presuposiciones, de las que no eras consciente.

Este enfoque del alumno-profesor es el que empleamos también en la *SGU*. Enseñamos y aprendemos al mismo tiempo, como parte del mismo proceso. Y no tengo previsto que mi infinito proceso de enseñar y aprender termine hasta que se acabe también mi vida.

Epílogo

Formar parte de la comunidad de escépticos ha sido una de las aventuras más enriquecedoras de mi vida. Ha sido un viaje personal e intelectual, así como una aventura colectiva con las personas más cercanas a mí. Gracias a esta comunidad, y especialmente gracias al podcast de *SGU*, he podido ampliar mi círculo en varios órdenes de magnitud.

Ha sido divertido, iluminador, frustrante y empoderador, y sé que es un viaje que no terminará jamás.

Una de las observaciones más comunes de nuestros oyentes habituales es que, cuando nos escuchan, se sienten como si fueran el sexto Escéptico Solitario, sólo que uno muy callado. A menudo, el podcast no es nada más una herramienta con la que aprender o un entretenimiento, mientras llevan a cabo tareas mecánicas. Para muchos, es una forma de conectar con amigos de mentalidad afín, y nos encanta que nos digan eso porque es exactamente lo que pretendemos. Para muchos también es una forma de "viajar a la realidad". A menudo puede parecer que el mundo está loco, y es agradable saber que no eres el único que valora la ciencia, la lógica y la razón.

Si este libro ha sido tu primer contacto con la *SGU* y el escepticismo, espero que te haya parecido valioso y entretenido. Puede incluso que algunos apartados te hayan hecho enojar, y eso está bien, porque significa que hemos logrado cuestionar algo que te importa, quizá más de lo que creías.

Para terminar, me gustaría dejarte con una última reflexión: no confíes en nosotros. Tal vez parezca extraño que diga esto después de que has leído este libro, pero lo que quiero decir es que, cuando se trata del conocimiento empírico, no deberías confiar en nadie. Piensa por ti mismo. Si algo te importa, verifícalo lo mejor que puedas. Todos necesitamos apoyarnos en los expertos y en otros como fuentes de información, pero al mismo tiempo deberíamos esforzarnos por entender cómo sabemos lo que sabemos. ¿Por qué los expertos opinan lo que opinan? ¿Hay algo que se nos esté escapando sobre el tema?

Todo el mundo comete errores, nosotros también. Espero que no hayamos cometido ninguno en este libro. Nos esforzamos al máximo, pero equivocarse es inevitable. Lo único que podemos hacer es estar abiertos a corregir nuestros errores cuando se nos ponen enfrente.

Creo que, a lo largo de los años, hemos aprendido tanto colectivamente de nuestros oyentes como ellos de nosotros. Casi todas las semanas, algún experto a nivel mundial sobre un tema muy específico del que hemos hablado nos escribe para proporcionarnos más información. Los oyentes nos ofrecen nuevas perspectivas o rellenan huecos que hemos dejado vacíos en nuestra conversación, o incluso discuten los hechos o argumentos que hemos planteado. Creo firmemente que el aspecto más positivo de los nuevos medios es que son interactivos. En el programa no hablamos al público, sino que mantenemos una conversación que estamos encantados de abrir a nuestros oyentes cuando tienen algo que añadir.

Uno de los objetivos que perseguimos con este libro es que también forme parte de la conversación. Es una guía para exprimir al máximo la *SGU*. Son muchas las veces que nos han pedido una guía exhaustiva de todos los conceptos a los que hacemos referencia habitualmente en el programa. Pues bien: aquí está. Esperemos que no sea más que un paso más en el viaje infinito del pensamiento crítico.

Hasta la próxima. Este libro ha sido una nueva entrega de *Skeptics' Guide to the Universe.*

Agradecimientos

Estamos eternamente agradecidos a la multitud de mentores y divulgadores científicos que nos han enseñado e inspirado durante décadas. Carl Sagan, Isaac Asimov, Stephen J. Gould, Eugenie Scott, Joe Nickell, Paul Kurtz, James Randi, Martin Gardner, Mary Roach, Bill Nye, Neil deGrasse Tyson, Oliver Sacks y muchos otros (sí, incluso Leonard Nimoy) son los gigantes a cuyos hombros nos alzamos. Además, formamos parte de una comunidad enérgica y alentadora de escépticos que nos animan todos los días, con sus carreras y sus acciones diarias, a hacer del mundo un lugar un poco más racional.

A la cabeza de esta lista están los oyentes de la *SGU*, de quienes hemos aprendido tanto durante todos estos años como ellos de nosotros. Queremos dar las gracias a todos y cada uno de los oyentes que alguna vez nos han enviado un correo electrónico, una pregunta, una opinión, una corrección presuntuosa, una sugerencia para el programa o que simplemente han dedicado un momento a contarnos cómo hemos influido en sus vidas.

Y, en especial, gracias a nuestros miembros y a los mecenas que apoyan nuestro trabajo.

Perry DeAngelis, a quien este libro va dedicado, fue un miembro fundador de la Sociedad de Escépticos de Nueva Inglaterra y de la *SGU*, y no cabe duda de que fue el culpable de gran parte de su éxito inicial. Perry falleció en agosto de 2007, pero su influencia no se desvanecerá jamás. Mike Lacelle estuvo ahí como nuestro "fan número uno" autoproclamado, pero se convirtió en un amigo íntimo y abeja obrera entre bambalinas. A él también lo perdimos demasiado pronto.

Rebecca Watson formó parte del programa durante nueve años, desde sus primeros años de oscuridad, contribuyendo con su estilo y astucia únicos, y ayudando a moldear el tono y la popularidad de la *SGU*. El también presentador de podcast, escéptico y músico George Hrab ha sido un invitado habitual de la *SGU* y nuestro "compañero de fechorías" en muchos otros sentidos. Ha desarrollado un espectáculo con nosotros, ha grabado videos, nos ha ayudado a producir programas de emisión en directo y otros proyectos especiales. Y lo que es más importante, es uno de nuestros amigos más cercanos y un defensor abnegado de nuestra misión compartida.

Hemos construido lazos de estrecha colaboración y amistad en todo el mundo, especialmente con nuestros muchos amigos australianos, entre ellos Richard Saunders, Eran Segev, Rachie Dunlop y Jo Benhamu, y los escépticos de Nueva Zelanda.

Hemos tenido el privilegio de trabajar con muchos otros colaboradores y voluntarios, entre ellos Liz Gaston, Phil Hudson, Douglas Sobon, David Young, Jake Willson, Ian Callanan, Joel Bellucci, Reid Gower, Kernan Coleman, todos nuestros amigos del Congreso de Ciencia y Escepticismo del Noreste, todas las personas que nos han ayudado en nuestros proyectos de video, todo el mundo que ha hecho reír a Jay, y ese tipo que hizo aquello (tú sabes quién eres).

Este libro es nuestro proyecto más reciente y ha contado con la ayuda de muchas manos durante el camino. Gracias a Richard Wiseman por sus consejos y ejemplo al inicio del proceso, a Kiera Wilhelm por sugerir el subtítulo, a nuestro agente Rob Kirkpatrick por ayudarnos a que el proyecto se convirtiera en una realidad, al tremendo trabajo de nuestra editora Maddie Caldwell, y a todo el equipo de Grand Central Publishing por su dedicación a este libro.

Queremos dar las gracias especialmente a nuestras familias y amigos cercanos por habernos apoyado, ayudado y soportado durante todos estos años.

No podríamos haber mantenido este proyecto sin el amor, el apoyo (y esfuerzo) de Jocelyn Novella, Cortney Novella, Jennifer Bernstein y Gabriel Lewis. Y por encima de todo, los hermanos Novella deben su pasión de toda la vida por la ciencia, la ciencia ficción y el pensamiento crítico a su padre, Joe Novella, quien, delante de un plato de espaguetis con albóndigas, inspiró las conversaciones que terminarían convirtiéndose en la *SGU*.

Y, finalmente, a todas las personas para quienes este libro ha supuesto su primer contacto con el escepticismo queremos decirles que esperamos que los haya inspirado para —en menor o mayor medida— cambiar el mundo.

Referencias bibliográficas

PRIMERA SECCIÓN
CONCEPTOS BÁSICOS QUE TODO ESCÉPTICO DEBERÍA CONOCER

1. Escepticismo científico

Richard Feynman, "The Problem of Teaching Physics in Latin America", *Engineering and Science*, 7 (2), noviembre de 1963, pp. 21-30.

John Cook, Stephan Lewandowsky y Ullrich K. H. Ecker, "Neutralizing Misinformation Through Inoculation: Exposing Misleading Argumentation Techniques Reduces Their Influence", *PLOS One*, 5 de mayo de 2017, https://doi.org/10.1371/journal.pone.0175799.

Humildad neuropsicológica

Robert E. Bartholomew, "Two Mass Delusions in New England", *NESS*, abril de 1998, http://www.theness.com/index.php/two-mass-delusions-in-new-england/.

2. La falibilidad de la memoria y el síndrome del falso recuerdo

Steven Novella, "Did Hillary Lie?", *NESS*, 30 de marzo de 2008.

Elizabeth F. Loftus y Jacqueline E. Pickrell, "The Formation of False Memories", *Psychiatric Annals*, 25, 1995, pp. 720-725.

Isabel Lindner *et al.*, "Observation Inflation: Your Actions Become Mine", *Psychological Science*, 21 (9), 5 de agosto de 2010, https://doi.org/10.1177/0956797610379860.

Julia Shaw y Stephen Potter, "Constructing Rich False Memories of Committing Crime", *Psychological Science*, 26 (3), 2015.

Travis J. Tritten, "NBC's Brian Williams Recants Iraq Story After Soldiers Protest", *Stars and Stripes*, 4 de febrero de 2015.

Ian Skurnik *et al.*, "How Warnings about False Claims Become Recommendations", *Journal of Consumer Research*, 31 (4), 2005, pp. 713-724.

Ulric Neisser y Nicole Harsch, "Phantom Flashbulbs: False Recollections of Hearing the News about Challenger", en Eugene Winograd y Ulric Neisser (eds.), *Affect and Accuracy in Recall: Studies of 'Flashbulb' Memories, Emory Symposia in Cognition (4)*, Nueva York: Cambridge University Press, 1992, pp. 9-31.

Takashi Kitamura *et al.*, "Engrams and circuits crucial for systems consolidation of a memory", *Science*, 356 (6333), pp. 73-78, doi: 10.1126/science.aam6808.

Ellen Bass y Laura Davis, *The Courage to Heal: A Guide for Women Survivors of Child Sexual Abuse*, edición del veinte aniversario, Nueva York: HarperCollins, 2008.

J. S. La Fontaine, *Speak of the Devil: Tales of Satanic Abuse in Contemporary England*, Cambridge, Reino Unido: Cambridge University Press, 1998, https://books.google.com/books?id=JBxfvDeQdmoC&printsec=frontcover&hl=en#v=onepage&q&f=false.

R. J. McNally, "Searching for Repressed Memory", *Nebraska Symposium on Motivation*, 58, 2012, pp. 121-147.

Cara Laney y Elizabeth F. Loftus, "Traumatic Memories Are Not Necessarily Accurate Memories", *Canadian Journal of Psychiatry*, 50 (13), noviembre de 2005, pp. 823-828, https://doi.org/10.1177/070674370505001303.

Kenneth Lanning, "Investigator's Guide to Allegations of Ritual Child Abuse", enero de 1992, http://www.sacred-texts.com/pag/lanning.htm.

Ed Cara, "The Most Dangerous Idea in Mental Health", *Pacific Standard*, 3 de noviembre de 2014, https://psmag.com/social-justice/dangerous-idea-mental-health-93325.

Elizabeth F. Loftus, "The Reality of Repressed Memories", *American Psychologist*, 48, 1993, pp. 518-537.

3. La falibilidad de la percepción

Christopher Chabris y Daniel Simons, "The Invisible Gorilla", 1999, http://www.theinvisiblegorilla.com/videos.html.

"Missing the Gorilla: Why We Don't See What's Right in Front of Our Eyes", *Medical Xpress*, 18 de abril de 2011, https://medicalxpress.com/news/2011-04-gorilla-dont-front-eyes.html.

Richard Wiseman, "Colour Changing Card Trick", https://www.youtube.com/watch?v=v3iPrBrGSJM.

Trafton Drew, Melissa L. H. Vo y Jeremy M. Wolfe, "The Invisible Gorilla Strikes Again: Sustained Inattentional Blindness in Expert Observers", *Psychological Science* 24 (9), septiembre de 2013, pp. 1848-1853, doi: 10.1177/0956797613479386.

Alan D. Castel, Michael Vendetti y Keith J. Holyoak, "Fire Drill: Inattentional Blindness and Amnesia for the Location of Fire Extinguishers", *Attention, Perception, & Psychophysics* 74 (7), octubre de 2012, pp. 1391-1396.

Daniel Simons y Daniel Levin, "Failure to Detect Changes to People During a Real-World Interaction", *Psychonomic Bulletin & Review* 5 (4), 1998, pp. 644-649, http://psych.unl.edu/mdodd/Psy498/simonslevin.pdf.

Janelle K. Seegmiller, Jason M. Watson y David L. Strayer, "Individual Differences in Susceptibility to Inattentional Blindness", *Journal of Experimental Psychology: Learning Memory and Cognition*, mayo de 2011, pp. 785-91.

4. Pareidolia

Elizabeth Svoboda, "Facial Recognition—Brain—Faces, Faces Everywhere", *New York Times*, 13 de febrero de 2007.

Nancy Kanwisher y Galit Yovel, "The Fusiform Face Area: A Cortical Region Specialized for the Perception of Faces", *Philosophical Transactions of the Royal Society of London, B: Biological Sciences*, 361 (1476), diciembre de 2006, pp. 2109-2128, doi: 10.1098/rstb.2006.1934.

Bettina Sorger *et al.*, "Understanding the Functional Neuroanatomy of Acquired Prosopagnosia", *Neuroimage*, 35 (1), abril de 2007, pp. 836-852.

Leonardo Da Vinci y Edward McCurdy, *Leonardo da Vinci's Note-Books*, Londres: Duckworth, 1906, p. 173.

5. Detección de agencia hiperactiva

Justin L. Barrett, *Why Would Anyone Believe in God?*, Lanham, Maryland: AltaMira Press, 2004.

Bruce M. Hood, *SuperSense: Why We Believe in the Unbelievable*, Nueva York: Harper-Collins, 2009.

6. Hipnagogia

Brian A. Sharpless y Jacques P. Barber, "Lifetime Prevalence Rates of Sleep Paralysis: A Systematic Review", *Sleep Medicine Reviews*, 15, 2011, pp. 311-315. Consultado el 25 de mayo de 2017. doi: 10.1016/j.smrv.2011.01.007.

American Academy of Sleep Medicine, "Sleep Paralysis. Overview & Facts", consultado el 25 de mayo de 2017, http://www.sleepeducation.org/sleep-disorders-by-category/parasomnias/sleep-paralysis/overview-facts.

"Ghost Attacked Me, Says Spooked Alba", *Sydney Morning Herald*, 6 de febrero de 2008, consultado el 27 de mayo de 2017, http://www.smh.com.au/news/people/ghost-attacked-me-says-jessica-alba/2008/02/06/1202233907134.html.

Keith Hillman, "What Is Hypnagogia?", consultado el 25 de mayo de 2017, http://www.psychology24.org/what-is-hypnagogia/.

Whitley Strieber, *Communion: A True Story*, Sag Harbor, Nueva York: Beech Tree, 1987.

7. El efecto ideomotor

British Dowsers, https://www.britishdowsers.org/learn/

Ray Hyman, "How People Are Fooled by Ideomotor Action", *Quackwatch*, http://www.quackwatch.org/01QuackeryRelatedTopics/ideomotor.html.

William Benjamin Carpenter, "On the Influence of Suggestion in Modifying and directing Muscular Movement, independently of Volition", registros del Colegio Real de Cirujanos de Inglaterra, Real Institución de Gran Bretaña, Londres, 12 de marzo de 1852, pp.147-153.

"Using a Pendulum… to Communicate with Spirit and Your Higher Self", *Healing Crystals for You*, http://www.healing-crystals-for-you.com/using-a-pendulum.html.

American Psychological Association, "Facilitated Communication: Sifting the Psychological Wheat from the Chaff", noviembre de 2003, https://www.apa.org/research/action/facilitated.aspx.

John Jackson, "What Is the Ideomotor Effect? A Natural Explanation for Many Paranormal Experiences", en *UK-Skeptics*, 2005, consultado el 25 de mayo de 2017, https://ww.scribd.com/document/56837545/Ideomotor-Effect.

Mark Tutton, "Trapped 'Coma' Man: How Was He Misdiagnosed?", *CNN*, 24 de noviembre de 2009, http://www.cnn.com/2009/HEALTH/11/24/coma.man.belgium/index.html?eref=igoogle_cnn

Metacognición

8. El efecto Dunning-Kruger

Justin Kruger y David Dunning, "Unskilled and Unaware of It: How Difficulties in Recognizing One's Own Incompetence Lead to Inflated Self-Assessments", *Journal of Personality and Social Psychology,* 77 (6), diciembre de 1999, pp. 1121-1134, http://dx.doi.org/10.1037/0022-3514.77.6.1121.

David Dunning, "We Are All Confident Idiots", *Pacific Standard*, 27 de octubre de 2014.

9. El razonamiento motivado

Julia Galef, "Why You Think You're Right. Even If You're Wrong", presentación en *TED Talks*, University Park, Pennsylvania, febrero de 2016, https://www.ted.com/talks/julia_galef_why_you_think_you_re_right_even_if_you_re_wrong.

Troy H. Campbell y Aaron C. Kay, "Solution Aversion: On the Relation Between Ideology and Motivated Disbelief", *Journal of Personality and Social Psychology*, 107 (5), noviembre de 2014, pp. 809-824, http://dx.doi.org/10.1037/a0037963.

Leon Festinger, *A Theory of Cognitive Dissonance,* Evanston, Illinois: Row, Peterson, 1957.

Toby Bolsen, James N. Druckman y Fay Lomax Cook, "The Influence of Partisan Motivated Reasoning on Public Opinion Political Behavior", *Political Behavior,* 36 (2), junio de 2014, pp. 235-62, doi 10.1007/s11109-013-9238-0.

Brendan Nyhan y Jason Reifler, "When Corrections Fail: The Persistence of Political Misperceptions", *Political Behavior,* 32 (2), junio de 2010, pp. 303-330.

Thomas Wood y Ethan Porter, "The Elusive Backfire Effect: Mass Attitudes' Steadfast Factual Adherence", pendiente de publicación en *Political Behavior*, escrito en diciembre de 2017, https://papers.ssrn.com/sol3/papers.cfm?abstract_id=2819073.

Drew Westen *et al.*, "An fMRI Study of Motivated Reasoning: Partisan Political Reasoning in the U.S. Presidential Election", artículo en proceso, https://www.uky.edu/AS/PoliSci/Peffley/pdf/Westen%20The%20neural%20basis%20of%20motivated%20reasoning.pdf.

Jonas T. Kaplan, Sarah I. Gimbel y Sam Harris, "Neural Correlates of Maintaining One's Political Beliefs in the Face of Counterevidence", en *Scientific Reports,* 6, art. núm. 39589, 2016, doi:10.1038/srep39589.

Arms Control Association, "Nuclear Weapons: Who Has What at a Glance", https://www.armscontrol.org/factsheets/Nuclearweaponswhohaswhat.

10. Argumentos y falacias lógicas

Madhucchanda Sen, "Evaluating Arguments: Inferences and Fallacies", en Madhucchanda Sen *et al.* (ed.), *An Introduction to Critical Thinking*, Chennai: Pearson Education India, 2011, p. 46.

11. Sesgos cognitivos y heurística

Daniel Casasanto y Evangelina G. Chrysikou, "When Left Is 'Right': Motor Fluency Shapes Abstract Concepts", *Psychological Science*, 22 (4), abril de 2011, pp. 419-422, doi: 10.1177/0956797611401755.

Rugg, *apud* Scott Plous, *The Psychology of Judgment and Decision,* Nueva York: McGraw-Hill, 1993.

Daniel Kahneman y Amos Tversky, "Subjective Probability: A Judgment of Representativeness", *Cognitive Psychology,* 3 (3), julio de 1972, pp. 430-454.

Andrew B. Geier y Paul Rozin, "Univariate and Default Standard Unit Biases in Estimation of Body Weight and Caloric Content", *Journal of Experimental Psychology: Applied,* 15 (2), junio de 2009, pp. 153-162, doi: 10.1037/a0015955.

12. Sesgo de confirmación

Jon Ronson, *So You've Been Publicly Shamed,* Nueva York: Riverhead Books, 2015.

Chris Lee, "Confirmation Bias in Science: How to Avoid It", *Ars Technica*, 13 de julio de 2010, https://arstechnica.com/science/2010/07/confirmation-bias-how-to-avoid-it/.

Daniel Klein, "I Was Wrong, and So Are You", *The Atlantic*, diciembre de 2011.

Jonah Lehrer, "The Reason We Reason", en *Wired*, 4 de mayo de 2011, https://www.wired.com/2011/05/the-sad-reason-we-reason/.

Centers for Disease Control and Prevention, "CDC Study: Flu Vaccine Saved 40,000 Lives during 9 Year Period", 30 de marzo de 2015, https://www.cdc.gov/flu/news/flu-vaccine-saved-lives.htm.

Thomas Gilovich, *How We Know What Isn't So: The Fallibility of Human Reason in Everyday Life*, reedición, Nueva York: Free Press, 1993.

Ben Tappin, Leslie Van Der Leer y Ryan McKay, "The Heart Trumps the Head: Desirability Bias in Political Belief Revision", *Journal of Experimental Psychology: General*, 146 (8), agosto de 2017, https://www.ncbi.nlm.nih.gov/pubmed/28557511.

P. C. Wason, "Reasoning about a Rule", *Quarterly Journal of Experimental Psychology*, 20 (3), 1968, pp. 273-81.

13. Apelación a la antigüedad

Team Register, "Indian Courts 'Rule Astrology Is a Science'", *The Register*, 7 de febrero de 2011, consultado el 25 de mayo de 2017, http://www.theregister.co.uk/2011/02/07/telegraph_astrology_bunkum/

Thomas Paine, *The Age of Reason; Being an Investigation of True and Fabulous Theology*, París: Barrois, 1794.

Steven Novella, "Acupuncture Doesn't Work", en *Science-Based Medicine*, 19 de junio de 2013, consultado el 25 de mayo de 2017, https://sciencebasedmedicine.org/acupuncture-doesnt-work/

14. Apelación a la naturaleza

Organización de las Naciones Unidas para la Alimentación y la Agricultura, " ¿Por qué son más caros los alimentos orgánicos que los alimentos ordinarios?", consultado el 25 de mayo de 2017, http://www.fao.org/organicag/oa-faq/oa-faq5/es/

James Randi, en su conferencia en la Universidad Yale, octubre de 1999.

David Hume, *A Treatise of Human Nature*, Londres: White-Hart, 1739, sección 3.1.1. [*Tratado de la naturaleza humana*, 4.ª ed., Madrid: Tecnos, 2005].

G. E. Moore, *Principia ethica*, ed. revisada, Cambridge, Reino Unido: Cambridge University Press, 1903. [*Principia ethica*, México: Universidad Nacional Autónoma de México, 1997].

Orac, "'Natural' doesn't necessarily mean better", *Respectful Insolence*, 12 de mayo de 2015, consultado el 25 de mayo de 2017, http://scienceblogs.com/insolence/2015/05/12/the-naturalistic-fallacy-on-parade/

U.S. Food and Drug Administration, "What Is the Meaning of 'Natural' on the Label of Food?", consultado el 25 de mayo de 2017, http://www.fda.gov/AboutFDA/Transparency/Basics/ucm214868.htm.

15. Error fundamental de atribución

Robert Todd Carroll, *The Skeptic's Dictionary: A Collection of Strange Beliefs, Amusing Deceptions, and Dangerous Delusions*, Hoboken, Nueva Jersey: John Wiley, 2003.

16. La caza de anomalías

Brian L. Keeley, "Of Conspiracy Theories", *Journal of Philosophy,* 96 (3), marzo de 1999, pp. 109-126.

Karl Tate, "Space Radiation Threat to Astronauts Explained (Infographic)", en *Space.com*, 30 de mayo de 2013, http://www.space.com/21353-space-radiation-mars-mission-threat.html.

Bill Kaysing y Randy Reid, *We Never Went to the Moon: America's Thirty Billion Dollar Swindle,* Pomeroy, Washington: Health Research Books, 1997.

17. La minería de datos

"You a Gemini? Drive Carefully and Get Insurance", *Reuters*, 11 de febrero de 2002.

Naomi Kim, "Had a Car Crash? It's All in the Stars, Study Says", *Reuters*, 14 de diciembre de 2006, https://uk.reuters.com/article/oukoe-uk-astrology-driving/had-a-car-crash-its-all-in-the-stars-study-says-idUKNCD15739420061214.

18. La coincidencia

Gina Kolata, "1-in-a-Trillion Coincidence, You Say? Not Really, Experts Find", *New York Times*, 27 de febrero de 1990.

J. A. Paulos, "Coincidences", *Skeptical Inquirer,* 15 (4), verano de 1991, pp. 382-385.

Thomas L. Griffiths y Joshua B. Tenenbaum, "Randomness and Coincidences: Reconciling Intuition and Probability Theory", *Proceedings of the Annual Meeting of the Cognitive Science Society*, 23, http://web.mit.edu/cocosci/Papers/random.pdf.

Donald Saucier y Scott Fluke, "Research Project Offers Insight into Superstitious Behavior", Kansas State University, 2 de septiembre de 2010, http://www.k-state.edu/media/news releases/sept10/superstition90210.html.

Ruma Falk, "A Closer Look at the Probabilities of the Notorious Three Prisoners", *Cognition,* 43 (3), pp. 197-223, doi: 10.1016/0010-0277(92)90012-7.

Steve Selvin, "A Problem in Probability (letter to the editor)", *American Statistician,* 29 (1), febrero de 1975, https://www.jstor.org/stable/2683689?seq=1#page_scan_tab_contents.

W. T. Herbranson y J. Schroeder, "Are Birds Smarter Than Mathematicians? Pigeons (*Columba livia*) Perform Optimally on a Version of the Monty Hall Dilemma", *Journal of Comparative Psychology,* 124 (1), pp. 1-13, doi: 10.1037/a0017703.

Ciencia y pseudociencia

Daryl J. Bem, "Feeling the Future: Experimental Evidence for Anomalous Retroactive Influences on Cognition and Affect", *Journal of Personality and Social Psychology,* 100 (3), 2011, pp. 407-425.

19. El naturalismo metodológico y sus detractores

"The Wedge Strategy: Center for the Renewal of Science & Culture", The Discovery Institute, 1998.

20. Posmodernismo

Dave Holmes *et al.*, "Deconstructing the Evidence-Based Discourse in Health Sciences: Truth, Power and Fascism", *International Journal of Evidence-Based Healthcare,* 4, 2006, pp. 180-186.

Thomas Kuhn, *The Structure of Scientific Revolutions,* Chicago: University of Chicago Press, 1962.

E. O. Wilson, *Consilience: The Unity of Knowledge,* Nueva York: Knopf, 1998.

21. La navaja de Occam

Isaac Newton, "Newton's Principia: Rules of Reasoning in Natural Philosophy", trad. de A. Motte, 1729.

22. La pseudociencia y el problema de la demarcación

Larry Arnold, *Ablaze: The Mysterious Fires of Spontaneous Human Combustion,* Nueva York: M. Evans, 1995.

Pew Research Center, "Public Praises Science; Scientists Fault Public, Media", 2009, http://www.people-press.org/2009/07/09/public-praises-science-scientists-fault-public-media.

Hannah Osborne, "Head Transplants: Sergio Canavero Says First Patient Will Be Chinese National, Not Valery Spiridonov", *Newsweek,* 28 de abril de 2017, http://www.newsweek.com/head-transplant-sergio-canavero-valery-spiridonov-china-2017-591772.

Harriet Hall, "Cranial Manipulation and Tooth Fairy Science", *Science-Based Medicine,* 27 de agosto de 2013, https://sciencebasedmedicine.org/cranial-manipulation-and-tooth-fairy-science/

Richard P. Feynman, "Cargo Cult Science", discurso de graduación en Caltech, 1974, http://calteches.library.caltech.edu/51/2/CargoCult.htm.

Sergio Canavero, *Immortal: Why CONSCIOUSNESS is NOT in the BRAIN,* CreateSpace, 2014.

23. El negacionismo

Stephen J. Gould, "Evolution as Fact and Theory", en *Hen's Teeth and Horse's Toes: Further Reflections in Natural History,* Nueva York: W. W. Norton, 1994.

John Cook *et al.*, "Quantifying the Consensus on Anthropogenic Global Warming in the Scientific Literature", *Environmental Research Letters,* 8 (2), 2013.

24. El dragado de datos y otros errores de la investigación

Kenneth L. Cavanaugh y Michael C. Dillbeck, "Field Effects of Consciousness and Reduction in U.S. Urban Murder Rates: Evaluation of a Prospective Quasi-Experiment", *Journal of Health and Environmental Research,* 3 (3-1), mayo de 2017, pp. 32-43.

Regina Nuzzo, "Scientific Method: Statistical Errors: P Values, the 'Gold Standard' of Statistical Validity, Are Not as Reliable as Many Scientists Assume", *Nature,* 506, 12 de febrero de 2014, pp. 15-52.

John P. A. Ioannidis, "Why Most Published Research Findings Are False", *PLOS Medicine,* 2 (8), agosto de 2005, doi: 10.1371/journal.pmed.0020124.

Joseph P. Simmons, Leif D. Nelson y Uri Simonsohn, "False-Positive Psychology: Undisclosed Flexibility in Data Collection and Analysis Allows Presenting Anything as Significant", *Psychological Science,* 22 (11), pp. 1359-1366.

Monya Baker, "1,500 Scientists Lift the Lid on Reproducibility: Survey Sheds Light on the 'Crisis' Rocking Research", *Nature,* 533 (7604), 25 de mayo de 2016, corregido el 28 de julio de 2016, https://www.nature.com/news/1-500-scientists-lift-the-lid-on-reproducibility-1.19 970.

Daniel Engber, "Daryl Bem Proved ESP Is Real: Which Means Science Is Broken", *Slate,* 17 de mayo de 2017, https://slate.com/health-and-science/2017/06/daryl-bem-proved-esp-is-real-showed-science-is-broken.html.

Eric Loken y Andrew Gelman, "Measurement Error and the Replication Crisis", *Science,* 355 (6325), febrero de 2017, pp. 584-585, doi: 10.1126/science.aal3618.

Open Science Collaboration, "Estimating the Reproducibility of Psychological Science", *Science,* 349 (6251), 28 de agosto de 2015, doi: 10.1126/science.aac4716.

25. Teorías de la conspiración

Michael J. Wood, Karen M. Douglas y Robbie M. Sutton, "Dead and Alive: Beliefs in Contradictory Conspiracy Theories", *Social Psychological and Personality Science,* 3 (6), 25 de enero de 2012, http://journals.sagepub.com/doi/abs/10.1177/1948550611434786.

David Robert Grimes, "On the Viability of Conspiratorial Beliefs", *PLOS One,* 26 de enero de 2016, http://dx.doi.org/10.1371/journal.pone.0147905.

Dean Koontz, *Fear Nothing,* Nueva York: Bantam, 1998.

Kathy Frankovic, "Belief in Conspiracies Largely Depends on Political Identity", *YouGov,* 27 de diciembre de 2016.

Public Policy Polling, Conspiracy Theory Poll Results, abril de 2013, http://www.publicpolicypolling.com/main/2013/04/conspiracy-theory-poll-results-.html.

Gina Kolata, "1-in-a-Trillion Coincidence, You Say? Not Really, Experts Find", *New York Times,* 27 de febrero de 1990, http://www.nytimes.com/1990/02/27/science/1-in-a-trillion-coinci dence-you-say-not-really-experts-find.html.

Viren Swami y Rebecca Coles, "The Truth Is Out There", *The Psychologist,* 23, julio de 2010, pp. 560-563, http://thepsychologist.bps.org.uk/volume-23/edition-7/truth-out-there.

Richard Hofstadter, "The Paranoid Style in American Politics", en Richard Hofstadter (ed.), *The Paranoid Style in American Politics and Other Essays*, Nueva York: Knopf, 1966, pp. 3-40.

Damaris Graeupner y Alin Comin, "The Dark Side of Meaning-Making: How Social Exclusion Leads to Superstitious Thinking", *Journal of Experimental Social Psychology*, 69, pp. 218-222, http://psycnet.apa.org/record/2016-50282-001.

Media Matters for America, "Alex Jones Gives 'Final' Unhinged Rant Defending His Sandy Hook Conspiracy Theories", 18 de noviembre de 2016.

26. Las cacerías de brujas

History.com, "Salem Witch Trials", 2011, http://www.history.com/topics/salem-witch-trials.

Jess Blumberg, "A Brief History of the Salem Witch Trials", *Smithonian.com*, octubre de 2007.

Heinrich Kramer y Jacob Sprenger, *Malleus Maleficarum*, http://www.malleusmaleficarum.org/

Douglas Walton, "The Witch Hunt as a Structure of Argumentation", *Argumentation*, 10 (3), agosto de 1996, pp. 389-407.

Paul Achter, "McCarthyism", *Britannica*.com, https://www.britannica.com/topic/McCarthyism.

Tom Dart, "Texas Pair Released after Serving 21 Years for 'Satanic Abuse'", *The Guardian*, 5 de diciembre de 2013.

27. Los efectos placebo

"Radium Cures", en *Museum of Quackery*, http://www.museumofquackery.com/devices/radium.htm.

Richard Van Vleck, "The Electronic Reactions of Albert Abrams", *American Artifacts*, 39, http://www.americanartifacts.com/smma/abrams/abrams.htm.

Scientific American, "Our Abrams investigation (Staff) series I-XI, and Our Abrams verdict", *Scientific American*, octubre de 1923-septiembre de 1924.

Michael E. Wechsler *et al.*, "Active Albuterol or Placebo, Sham Acupuncture, or No Intervention in Asthma", *New England Journal of Medicine*, 365, pp. 119-26, 14 de julio de 2011, doi: 10.1056/NEJMoa110331.

28. Las anécdotas

"Interview: Andrew Weil, M.D.", *Frontline*, Public Broadcasting Service, noviembre de 2003, http://www.pbs.org/wgbh/pages/frontline/shows/altmed/interviews/weil .html.

Barry L. Beyerstein, "Why Bogus Therapies Seem to Work", *Skeptical Inquirer*, 21.5, septiembre/octubre de 1997, https://www.csicop.org/si/show/why_bogus_therapies_seem_to_work.

Ejemplos admonitorios icónicos de la historia

29. El efecto de "Clever Hans"

http://www.intropsych.com/ch08_animals/ clever_hans.html.

30. El efecto Hawthorne

J. R. P. French, "Experiments in Field Settings", en L. Festinger y D. Katz, *Research Methods in the Behavioral Sciences*, Nueva York: Holt, Rinehart & Winston, 1953, cap. 3, pp. 98-135.

Jim McCambridge, John Witton, y Diana R. Elbourne, "Systematic Review of the Hawthorne Effect: New Concepts Are Needed to Study Research Participation Effects", *Journal of Clinical Epidemiology*, 67 (3), marzo de 2014, pp. 267-277, doi: 10.1016/j.jclinepi.2013.08.015.

Robert Rosenthal y Lenore Jacobson, "Teachers' Expectancies: Determinants of Pupils' IQ Gains", *Psychological Reports*, 19 (1), 1966, pp. 115-118.

31. Las lecturas en frío

Ray Hyman, "Cold Reading: How to Convince Strangers That You Know All About Them", *Skeptical Inquirer*, 1 (2), 1977, pp. 18-37.

Bertram R. Forer, "The Fallacy of Personal Validation: A Classroom Demonstration of Gullibility", *Journal of Abnormal and Social Psychology* (American Psychological Association), 44 (1), 1949, pp. 118-123.

33. La charlatanería cuántica

Liema Davidovich *et al.*, "Mesoscopic Quantum Coherences in Cavity QED: Preparation and Decoherence Monitoring Schemes", *Physical Review A*, 53 (1295), 1995.

Michel Raimond, M. Brune y S. Haroche, "Manipulating Quantum Entanglement with Atoms and Photons in a Cavity", *Review of Modern Physics*, 73 (585), 2001.

Deepak Chopra, "The Illusion of Past, Present, Future", *Huffpost*, 18 de marzo de 2010, actualizado el 6 de diciembre de 2017, www.huffingtonpost.com/deepak-chopra/the-illusion-of-past-pres_b_326250.html.

Oakridge Associated Universities, "Radithor", 1999, https://www.orau.org/ptp/collection/quackcures/radith.htm.

https://chem.libretexts.org/Core/Physical_and_Theoretical_Chemistry/Quantum_Mechanics/02._Fundamental_Concepts_of_Quantum_Mechanics/De_Broglie_Wavelength.

34. La teoría del homúnculo

Paracelso, "Concerning the Nature of Things", en *Hermetic Chemistry*, Londres: James Elliott & Co., 1894.

John C. McLachlan, "Integrative Medicine and the Point of Credulity", *BMJ*, 8 de diciembre de 2010, doi: https://doi.org/10.1136/bmj.c6979.

35. El diseño inteligente

"Definition of Intelligent Design", intelligentdesign.org, http://www.intelligentdesign.org/whatisid.php.

Michael Behe, *Darwin's Black Box: The Biochemical Challenge to Evolution*, Nueva York: Free Press, 1996.

Jonathan Wells, "Darwin of the Gaps. Review of *The Language of God: A Scientist Presents Evidence for Belief* by Francis S. Collins", Discovery Institute, 26 de marzo de 2008, www.discovery.org/a/4529.

Kenneth R. Miller, "The Flagellum Unspun: The Collapse of 'Irreducible Complexity'", en William A. Dembski y Michael Ruse (eds.), *Debating Design: From Darwin to DNA*, Cambridge, Reino Unido: Cambridge University Press, 2004, http://www.millerandlevine.com/km/evol/design2/article.html.

36. Vitalismo y dualismo

S. C. Morris, J. E. Taplin y S. A. Gelman, "Vitalism in Naive Biological Thinking", *Development Psychology*, 36 (5), septiembre de 2000, pp. 582-595.

S. Wilson, "Vitalistic Thinking in Adults", *British Journal of* Psychology, 104 (4), noviembre de 2013, pp. 512-24, doi: 10.1111/bjop.12004. Epub, 16 de octubre de 2012.

Linda Rosa *et al.*, "A Close Look at Therapeutic Touch", *JAMA*, 279 (13), abril de 1998, pp. 1005-1010, doi:10.1001/jama.279.13.1005.

Thelma Moss, *The Body Electric: A Personal Journey into the Mysteries of Parapsychological Research, Bioenergy, and Kirlian Photography*, Los Ángeles: J. P. Tarcher, 1979.

Chun Siong Soon *et al.*, "Unconscious Determinants of Free Decisions in the Human Brain", *Nature Neuroscience,* 11, 2008, pp. 543-545, doi:10.1038/nn.2112.

Susan Blackmore, *Journal of Consciousness Studies,* 9 (5-6), pp. 17-28.

Jerry Fodor, *The Mind Doesn't Work That Way*, Cambridge, Massachusetts: MIT Press, 2001.

David J. Chalmers, *The Conscious Mind: In Search of a Fundamental Theory*, Nueva York: Oxford University Press, 1996.

Daniel C. Dennett, *Consciousness Explained*, Boston: Little, Brown, 1991.

37. Los rayos N

Mary Jo Nye, *Science in the Provinces: Scientific Communities and Provincial Leadership in France, 1860-1930*, Oakland: University of California Press, 1986.

Robert W. Wood, "The n-Rays", *Nature*, 70, 29 de septiembre de 1904, pp. 530-531.

Ernie Tretkoff, "This Month in Physics History, September 1904: Robert Wood Debunks N-rays", *APS News*, 17 (8), agosto/septiembre de 2007, https://www.aps.org/publications/apsnews/200708/history.cfm.

Elisabeth Davenas *et al.*, "Human Basophil Degranulation Triggered by Very Dilute Antiserum Against IgE", *Nature*, 333, 30 de junio de 1988, pp. 816-818.

John Maddox, James Randi y Walter W. Stewart, "'High-Dilution' Experiments a Delusion", *Nature*, 334, 28 de julio de 1988, pp. 287-290, doi: 10.1038/334287a0.

38. El pensamiento positivo

James Coyne y Howard Tennen, "Positive Psychology in Cancer Care: Bad Science, Exaggerated Claims, and Unproven Medicine", *Annals of Behavioral* Medicine, 39 (1), febrero de 2010, pp. 16-26.

Lien B. Pham y Shelley E. Taylor, "From Thought to Action: Effects of Process- Versus Outcome-Based Mental Simulations on Performance", *Personality and Social Psychology Bulletin*, 25 (2), febrero de 1999, pp. 250-260, https://doi.org/10.1177/0146167299025002010.

James Coyne, Howard Tennen y Adelita Ranchor, "Positive Psychology in Cancer Care: A Story Line Resistant to Evidence", *Annals of Behavioral Medicine*, 39 (1), febrero de 2010, pp. 35-42.

39. Las estafas piramidales

Aditi Jhaveri, "The Telltale Signs of a Pyramid Scheme", FTC.gov, 13 de mayo de 2014.

Jon Taylor, "MLMs Evaluated with 4 Red Flags of a Product-Based Pyramid Scheme", MLM-thetruth.com, 2016.

Jon Taylor, "Multilevel Marketing Primer", MLM-thetruth.com, 2016.

SEGUNDA SECCIÓN
AVENTURAS DEL ESCEPTICISMO

Maurice de Kunder, "The Size of the World Wide Web (The Internet)", 2017, http://www.worldwidewebsize.com/

40. Razonamiento motivado sobre los organismos genéticamente modificados

Pew Research Center, "Major Gaps Between the Public, Scientists on Key Issues", julio de 2015, http://www.pewinternet.org/interactives/public-scientists-opinion-gap/.

Mark Lynas, "How I Got Converted to GMO Food", *New York Times*, 24 de abril de 2015.

William Saletan, "Unhealthy Fixation: The War Against Genetically Modified Organisms Is Full of Fearmongering, Errors, and Fraud. Labeling Them Will Not Make You Safer", *Slate*, 15 de julio de 2015, http://www.slate.com/articles/health_and_science/science/2015/07/are_gmos_safe_yes_the_case_against_them_is _full_of_fraud_lies_and_errors.html.

Chitra Chandrasekaran y Esther Betrán, "Origins of New Genes and Pseudogenes", *Nature Education,* 1 (1), p. 181, https://www.nature.com/scitable/topicpage/origins-of-new-genes-and-pseudogenes-835.

Tina Kyndta *et al.*, "The Genome of Cultivated Sweet Potato Contains *Agrobacterium* T-DNAS with Expressed Genes: An Example of a Naturally Transgenic Food Crop", *PNAS*, 112 (18), pp. 5844-49, https://doi.org/10.1073/pnas.1419685112.

Theresa Phillips, "Genetically Modified Organisms (GMOs): Transgenic Crops and Recombinant DNA Technology", en *Nature Education*, 1 (1), p. 213, https://www.nature.com/scitable/topicpage/genetically-modified-organisms-gmos-transgenic-crops-and-732.

American Association for the Advancement of Science, "Statement by the AAAS Board of Directors on Labeling of Genetically Modified Foods", 20 de octubre de 2012, https://www.aaas.org/sites/default/files/AAAS_GM_statement.pdf.

"Modern Food Biotechnology, Human Health and Development: An Evidence-Based Study", Food Safety Department, World Health Organization, Ginebra, 2005, http://www.who.int/foodsafety/publications/biotech/biotech_en.pdf.

EFSA GMO Panel Working Group on Animal Feeding Trials, "Safety and Nutritional Assessment of GM Plants and Derived Food and Feed: The Role of Animal Feeding Trials", *Food and Chemical Toxicology*, supl. 1, marzo de 2008, pp. S2-70, doi: 10.1016/j.fct.2008.02.008.

A. L. Van Eenennaam y A. E. Young, "Prevalence and Impacts of Genetically Engineered Feedstuffs on Livestock Populations", *Journal of Animal Science*, 92 (10), octubre 2014, pp. 4255-4278, https://doi.org/10.2527/jas.2014-8124.

"Elsevier Announces Article Retraction from Journal Food and Chemical Toxicology", comunicado de prensa de Elsevier, 28 de noviembre de 2013, https://www.elsevier.com/about/press-releases/research-and-journals/elsevier-announces-article-retraction-from-journal-food-and-chemical-toxicology.

David Shukman, "Genetically-Modified Purple Tomatoes Heading for Shops", *BBC News*, 24 de enero de 2014, http://www.bbc.com/news/science-environment -25885756.

Keith Kloor, "The GMO-Suicide Myth", en *Issues in Science and Technology,* 30 (2), invierno de 2014, http://issues.org/30-2/keith/.

Glenn Davis Stone, "Field *versus* Farm in Warangal: Bt Cotton, Higher Yields, and Larger Questions", *World Development.* 39 (3), marzo de 2011, pp. 387-398, https://doi.org/10.1016/j.worlddev.2010.09.008.

Gayathri Vaidyanathan, "Genetically Modified Cotton Gets High Marks in India: Engineered Plants Increased Yields and Profits Relative to Conventional Varieties", *Nature*, 3 de julio de

2012, https://www.nature.com/news/genetically-modified-cotton-gets-high-marks-in-india-1.10927.

Dan Charles, "Top Five Myths of Genetically Modified Seeds, Busted", *The Salt*, NPR, 18 de octubre de 2012, https://www.npr.org/sections/thesalt/2012/10/18/163034053/top-five-myths-of-genetically-modified-seeds-busted.

Claudia Reinhardt y Bill Ganzel, "The Science of Hybrids", Living History Farm, 2003, http://www.livinghistoryfarm.org/farminginthe30s/crops_03.html.

"OSGATA *et al.* v. Monsanto", Organic Seed Growers and Trade Association, http://www.osgata.org/osgata-et-al-v-monsanto/

"Monsanto Canada Inc. v. Schmeiser", Judgments of the Supreme Court of Canada, https://scc-csc.lexum.com/scc-csc/scc-csc/en/item/2147/index.do.

USDA, "Background: The Science of Seed",https://www.ers.usda.gov/webdocs/publications/42517/13593_aib786c_1_.pdf?v=41055.

Steven MacMillan, "Monsanto's GMO Food and its Dark Connections to the 'Military Industrial Complex'", *Global Research*, 3 de julio de 2014, https://www.globalresearch.ca/monsantos-gmo-food-and-its-dark-connections-to-the-military-industrial-complex/5389708.

GMWatch, "Golden Rice: Scientific Realities", 2014.

Guangwen Tang *et al.*, "β-Carotene in Golden Rice Is as Good as β-Carotene in Oil at Providing Vitamin A to Children", *American Journal of Clinical Nutrition*, 96 (3), septiembre de 2012, pp. 658-664, doi: 10.3945/ajcn.111.030775.

Antonio Regalado, "As Patents Expire, Farmers Plant Generic GMOs: Monsanto No Longer Controls One of the Biggest Innovations in the History of Agriculture", *MIT Technology Review*, 30 de julio de 2015, https://www.technologyreview.com/s/539746/as-patents-expire-farmers-plant-generic-gmos/

"Do Seed Companies Control GM Crop Research?", *Scientific American*, 1 de agosto de 2009, https://www.scientificamerican.com/article/do-seed-companies-control-gm-crop-research/

Andrew Pollack, "Crop Scientists Say Biotechnology Seed Companies Are Thwarting Research", *New York Times*, 19 de febrero de 2009, https://www.nytimes.com/ 2009/02/20/business/20crop.html.

Nathanael Johnson, "Genetically Modified Seed Research: What's Locked and What Isn't", *Grist*, 5 de agosto de 2013, https://grist.org/food/genetically-modified-seed-research-whats-locked-and-what-isnt/

Brian Hutchinson, "Ex-Greenpeace president says group's opposition to genetically-modified Golden Rice costing thousands of lives", *National Post*, 11 de octubre de 2013; última actualización: 25 de enero de 2015, http://nationalpost.com/news/canada/ex-greenpeace-presi dent-says-groups-opposition-to-genetically-modified-golden-rice-costing-thousands-of-lives.

Myriam Charpentier y Giles Oldroyd, "How Close Are We to Nitrogen-Fixing Cereals?", *Current Opinion in Plant Biology*, 13 (5), octubre de 2010, pp. 556-564, doi: 10.1016/j.pbi.2010.08.003.

Anindya Bandyopadhyay *et al.*, "Enhanced Photosynthesis Rate in Genetically Engineered Indica Rice Expressing Pepc Gene Cloned from Maize", *Plant Science*, 172 (6), junio de 2007, pp. 1204-1209, https://doi.org/10.1016/j .plantsci.2007.02.016.

41. Dennis Lee y la energía libre

Dennis Lee, "NO EXHAUST Engine. Dennis Lee Shows Running Geet Engine with NO EXHAUST Closed Loop", mayo de 2002, https://www.youtube.com/watch?v=dW0moXn9y9U.

"FTC Sues Promoters of Bogus Fuel Efficiency Device: Ads Appeared in Major Magazines Promising to Turn Any Car into a Hybrid", comunicado de prensa de Federal Trade Commission, 2 de febrero de 2009, https://www.ftc.gov/news-events/press-releases/2009/02/ftc-sues-promoters-bogus-fuel-efficiency-device.

42. Estafas hollywoodenses

Michael Hiltzik, "Reporting on Quacks and Pseudoscience: The Problem for Journalists", *Los Angeles Times*, 13 de abril de 2015.

Kristen Brown, "The Next Pseudoscience Health Craze Is All About Genetics", Gizmodo, febrero de 2017.

Sarah Waldorf, "Physiognomy, The Beautiful Pseudoscience", *The Iris*, octubre de 2012.

Tyler Szelinski, "Pseudoscience in Hollywood: How I Avoided Being Victimized by Pseudoscience on Hollywood Boulevard", Odyssey Online, septiembre de 2016.

Allegra Ringo, "I Took My Dog to Pet Reiki", Vice.com, noviembre de 2014.

Mack Rawden, "Gwyneth Paltrow Says You Need to Steam Your Vagina Because Pseudoscience", Cinemablend.com, 2015.

Fox News Editors, "Gwyneth Paltrow Doesn't Care If You Think Her Health Advice Is Weird", *Fox News Health*, marzo de 2017.

Julie Kelly, "Hollywood Celebrities Embrace Pseudoscience, Promote Anti-GMO Movie 'Consumed'", *Genetic Literacy Project*, junio de 2015.

Rachael Rettner, "Celeb Trend of 'IV Vitamins' Not a Good Idea", *Live Science*, junio de 2012.

Steven Novella, "Iridology", *Science Based Medicine*, diciembre de 2011.

Jessica Goldstein, "Is Gwyneth Paltrow Wrong About Everything? This Researcher Thinks So", thinkprogress.org, abril de 2016.

Timothy Caulfield, *Is Gwyneth Paltrow Wrong About Everything?*, Nueva York: Viking, 2015.

43. La singularidad

Stanislaw Ulam, "Tribute to John von Neumann, 1903-1957", *Bulletin of the American Mathematical* Society, 64 (3), mayo de 1958.

Irving John Good, "Speculations Concerning the First Ultraintelligent Machine", en *Advances in Computers*, *6*, Nueva York: Academic Press, 1965, pp. 31-88, https://doi.org/10.1016/S0065-2458(08)60418-0.

Raymond Kurzweil, "The Law of Accelerating Returns", Kurzweilai.net, Kurzweil.net/the-law-of-accelerating-returns.

Fortune Magazine, 1 de marzo de 2017.

David Thomas, "Artificial Intelligence Investing Gets Ready for Prime Time", *Forbes*, 25 de octubre de 2017.

44. Los Warren y la caza de fantasmas

Frank Moran, "The True Story of the Perron Family, The Harrisville Haunting", *Horror Galore*, consultado el 25 de mayo de 2017. http://www.horrorgalore.com/ true-story/true-story-perron-family-harrisville-haunting.

Joe Nickell, "Enfield Poltergeist: Investigative Files", *Skeptical* Inquirer, 36 (4), julio/agosto de 2012, cosultado el 25 de mayo de 2017. http://www.csicop.org/si/show/enfield_poltergeist.

45. El endeble pensamiento de Loose Change

James B., "It Was A Military Plane", *Screw Loose Change: Exposing the Lies, Distortions and Myths of the 9-11 'Truthers',* mayo de 2006, http://screwloosechange.blogspot.com/2006/05/it-was-military-plane.html.

ABC News, "Air Traffic Controllers Recall Sept. 11", 911Review.com, octubre de 2001, http://911review.com/cache/errors/pentagon/abcnews102401b.html.

James B., "It's Just a Mistake", *Screw Loose Change: Exposing the Lies, Distortions and Myths of the 9-11 'Truthers',* mayo de 2006, http://screwloosechange.blogspot.com/2006/05/its-just-mistake.html.

Griffin, "Danielle Obrien", 911Myths.com, julio de 2012, http://www.911myths.com/index.php?title=Danielle_Obrien.

TERCERA SECCIÓN
CAMBIARTE A TI MISMO Y AL MUNDO

46. Cómo ser escéptico

Lisa-Christine Girard, Orla Doyle, y Richard E. Tremblay, "Breastfeeding, Cognitive and Non-cognitive Development in Early Childhood: A Population Study", *Pediatrics*, marzo de 2017, doi: 10.1542/peds.2016-1848.

Índice analítico

Esta obra se imprimió y encuadernó
en el mes de diciembre de 2019,
en los talleres de Impregráfica Digital, S.A. de C.V.,
Av. Coyoacán 100-D, Col. Del Valle Norte,
C.P. 03103, Benito Juárez, Ciudad de México.